陆相页岩油改造机理及水平井高效压裂技术

石善志　李建民　王俊超　等编著

石 油 工 业 出 版 社

内容提要

本书依托中国石油天然气股份有限公司科技攻关项目"陆相中高成熟度页岩油勘探开发关键技术研究与应用"子课题"页岩油高效压裂改造技术研究与应用"的研究成果，结合近几年吉木萨尔芦草沟组页岩油勘探开发实践，重点阐述了吉木萨尔芦草沟组页岩油体积压裂开发的增产机理和应用效果。本书对国内陆相页岩油储层开发理论研究和矿场应用，具有一定的借鉴作用。

本书可供从事非常规储层改造机理研究的技术人员和石油院校相关专业师生参考。

图书在版编目（CIP）数据

陆相页岩油改造机理及水平井高效压裂技术 / 石善志等编著 . —北京：石油工业出版社，2023.5
ISBN 978-7-5183-5880-9

Ⅰ.①陆… Ⅱ.①石… Ⅲ.①陆相油气田 – 油层改造 ②油页岩 – 水平井 – 压裂 – 技术 Ⅳ.① TE357 ② TE243

中国国家版本馆 CIP 数据核字（2023）第 016578 号

出版发行：石油工业出版社
（北京安定门外安华里 2 区 1 号　100011）
网　　址：www.petropub.com
编辑部：（010）64523541
图书营销中心：（010）64523633
经　　销：全国新华书店
印　　刷：北京中石油彩色印刷有限责任公司

2023 年 5 月第 1 版　2023 年 5 月第 1 次印刷
787×1092 毫米　开本：1/16　印张：19.75
字数：460 千字

定价：160.00 元
（如出现印装质量问题，我社图书营销中心负责调换）
版权所有，翻印必究

《陆相页岩油改造机理及水平井高效压裂技术》

编写组

组　　长：石善志　李建民　王俊超

副组长：许江文　吴宝成　张士诚　丁艳艳

成　　员：王明星　田　刚　崔新疆　程垒明　李嘉成

　　　　　陈　璐　陈　希　贾海正　褚艳杰　吕　照

　　　　　王　亮　徐　鹏　孙宜成

前言 FOREWORD

2020年3月，国家能源局、自然资源部批复设立"新疆吉木萨尔国家级页岩油示范区"，这是我国设立的首个国家级页岩油示范区。示范区位于准噶尔盆地东部，所辖面积130km²，规划要求经过5年建设（2019—2023年），建成首个国家级陆上页岩油示范区，实现引领带动页岩油产业发展，依靠技术与管理创新、提质、增效，形成我国页岩油高效勘探与开发模式。为了加快示范区建设，中国石油天然气股份有限公司设立了科技攻关项目"陆相中高成熟度页岩油勘探开发关键技术研究与应用"，以期加强页岩油勘探开发基础理论研究，实现示范区规划建设目标。通过3年多的刻苦攻关与现场实践，初步揭示了吉木萨尔页岩油体积压裂改造机理，形成了高效压裂改造技术，实现了陆上页岩油的效益开发。

本书以该项目子课题"页岩油高效压裂改造技术研究与应用"的研究成果为基础，结合近几年吉木萨尔芦草沟组页岩油的勘探开发实践，重点阐述了吉木萨尔芦草沟组页岩油体积压裂开发的增产机理和应用效果。全书共分八章，第一章简要介绍全球页岩油资源分布与页岩油体积压裂技术发展现状，以及吉木萨尔页岩油地质特征和开发历程。第二章通过对J10024取心井的岩石力学性质测试和分析，建立芦草沟组页岩油储层可压性综合评价模型和可压性剖面。第三章为页岩油体积压裂裂缝扩展机理研究成果，分别介绍了井下岩心和露头的物理模拟实验方法和实验结果，以及页岩油储层体积压裂裂缝扩展数值模拟模型、求解方法和模拟结果，分析了影响水平井体积压裂裂缝扩展的地质因素和工程因素，揭示复杂缝网人工裂缝扩展机理，建立压裂工艺参数优化图版。第四章为多尺度裂缝支撑机理研究成果，通过三维岩石表面扫描技术建立裂缝壁面三维结构图，构建页岩油典型裂缝扩展壁面形态，并开展裂缝导流能力实验，通过建立的多尺度支撑剂运移数学模型研究复杂裂缝系统支撑剂运移与有效支撑机理。第五章介绍芦草沟组上下甜点储层渗吸实验成果，借助核磁共振技术手段，测试了压裂液与基质的自发渗吸、加压渗吸和渗吸驱替的渗吸速度、渗吸量等，定量评价不同类型压裂液与页岩储层原油的渗吸置换效果。第六章为CO_2前置压裂增产机理研究成果，介绍CO_2（水溶液）与吉木萨尔页岩油储层矿物、原油的物理、化学作用机理和影响因素，以及CO_2前置蓄能压裂增产和提高采收率机理。第七章重点介绍58号立体开发平台井，水平井体积压裂地质—工程一体化模型的建立，影响立体压裂效果的主控因素，以及立体开发压裂方案优化设计和拉链压裂井顺序、压后评估分析等。第八章为各项研究成果综合应用效果。

本书在编写过程中得到了吉庆油田作业区和中国石油大学（北京）相关专家的指导和支持；新疆油田工程技术研究院相关科研人员对本书的编写给予了大量帮助，在此一并表示诚挚的谢意。

页岩油体积压裂技术日新月异，对页岩油体积压裂增产机理的认识也是一个不断加深和创新的过程。受目前研究水平和实践经验的限制，本书的内容还存在一定的局限性，敬请读者批评指正。

目录 CONTENTS

第一章 绪论 ··· 1
  第一节 页岩油资源分布及开发现状 ··· 1
  第二节 页岩油体积压裂技术发展现状 ··· 4
  第三节 吉木萨尔页岩油地质特征与开发历程 ··· 10
  参考文献 ··· 19

第二章 吉木萨尔页岩油储层岩石力学性质 ··· 22
  第一节 岩石力学特征 ··· 22
  第二节 储层综合可压性评价 ··· 61
  参考文献 ··· 68

第三章 体积压裂裂缝扩展机理研究 ··· 69
  第一节 水力压裂物理模拟技术 ·· 69
  第二节 水力压裂三维裂缝扩展数值模拟研究 ·· 93
  参考文献 ··· 124

第四章 复杂裂缝系统支撑剂运移与有效支撑机理 ······································ 126
  第一节 多尺度裂缝导流能力实验评价 ·· 126
  第二节 多尺度裂缝支撑剂运移规律分析 ·· 138
  第三节 段内多簇支撑剂分布规律分析 ·· 158
  参考文献 ··· 169

第五章 微纳米级孔喉油水置换机理 ··· 170
  第一节 核磁共振岩心测试基本原理 ·· 170
  第二节 页岩油自发渗吸实验及规律分析 ·· 177
  第三节 页岩油加压渗吸实验及规律分析 ·· 192
  第四节 页岩驱替返排实验研究 ··· 197
  参考文献 ··· 200

第六章　CO_2 作用机理 201
第一节　CO_2 与原油相互作用机理 201
第二节　CO_2 与岩石相互作用机理 213
第三节　CO_2 压裂作用机理 219
参考文献 224

第七章　水平井体积压裂设计 226
第一节　水平井地质工程一体化三维压裂设计 226
第二节　页岩油水平井压裂后焖井与返排制度设计 255
参考文献 287

第八章　吉木萨尔页岩油开发实践效果评价 288
第一节　大平台立体井网压裂实践 288
第二节　CO_2 前置蓄能压裂技术实践 299
参考文献 306

第一章 绪　　论

北美"页岩气革命"使得美国实现了油气能源的独立，改变了世界油气能源的供给格局，引发的石油工业科技革命正推动世界油气工业从常规油气向非常规油气跨越，非常规油气的地位与作用将越显重要，预计2030年世界非常规油气产量占总产量的比例将升至20%以上。页岩油是非常规油气资源的重要组成部分，全球资源量丰富，水平井+体积压裂是其主要开发手段。本章简要介绍页岩油资源分布和开发技术现状，以及吉木萨尔芦草沟组页岩油的开发历程。

第一节　页岩油资源分布及开发现状

很长一段时间，致密油/页岩油的概念是混同的，代表性的定义为：页岩油（致密油）指以吸附或游离状态赋存于生油岩中，或与生油岩互层、紧邻的致密砂岩、致密碳酸盐岩等储集岩中，未经过大规模长距离运移的石油聚集。页岩油储层邻近富有机质生油岩，源储互层或紧邻，储层致密，覆压基质渗透率≤0.1mD（空气渗透率<1mD），单井无自然产能或自然产能低于商业石油产量下限，但在一定经济条件和技术措施下可获得商业石油产量（贾承造等，2012）。

2020年颁布的国家标准《页岩油地质评价方法》（GB/T 38718—2020），以标准形式界定了页岩油的概念：页岩油指赋存于富有机质页岩层系中的石油。富含有机质页岩层系烃源岩内粉砂岩、细砂岩、碳酸盐岩单层厚度不大于5m，累计厚度占页岩层系总厚度比例小于30%；无自然产能或低于工业石油产量下限，需采用特殊工艺技术措施才能获得工业石油产量。

中国陆相页岩油主要赋存于湖相盆地中，广泛分布在准噶尔盆地二叠系（芦草沟组、风城组、平地泉组），鄂尔多斯盆地延长组7段，松辽盆地白垩系青山口组与嫩江组，渤海湾盆地古近系沙河街组—孔店，四川盆地侏罗系大安寨段，柴达木盆地古近—新近系，三塘湖盆地二叠系（芦草沟组、条湖组），江汉盆地古近系等，页岩油有利区分布如图1-1-1所示（胡素云等，2020）。

中国石油勘探开发研究院根据页岩有机质成熟度差异，将中国陆相页岩油划分为中高成熟度（R_o值一般大于1.0%）和中低成熟度（R_o值一般为0.5%~1.0%）两种类型。中高成熟度页岩油因热演化程度高，具有已生成液态烃数量多、油质较轻、可动油比例较高的特点，采用水平井体积压裂技术可以实现中高成熟度页岩油的商业开采。中低成熟度页岩油因热演化程度偏低，具有可转化资源潜力大、油质较稠、可动油比例较低的特征，提出地下原位加热转化可能是解决中低成熟度富有机质页岩油资源规模开发利用的首选（赵文智等，2020；胡素云等，2020）。

中国陆上页岩油资源量潜力大，受认识能力和技术水平的限制，不同时间、不同机构和学者对资源量的评价结果差异较大，见表 1-1-1（李国欣等，2020）。最新评价结果为中低成熟度页岩油技术可采资源量为（700~900）×10^8t，经济可采资源量为（200~250）×10^8t（赵文智等，2020；胡素云等，2020）。据"十三五"资源评价结果，全国中高成熟度页岩油地质资源量达到 283×10^8t（马永生等，2022），已经在多个盆地获得重大突破，具备增储上产的巨大潜力。

表 1-1-1　中国致密油/页岩油资源量评价历程简表（李国欣等，2020）

类型	资料来源	评价时间	资源量
致密油	中华人民共和国国土资源部	2015 年	地质资源量为 146.6×10^8t，技术可采资源量为 14.54×10^8t
	中国石油第四轮资评	2016 年	中国石油探区地质资源量为 125.8×10^8t，技术可采资源量为 12.34×10^8t
	国家"973"项目	2018 年	地质资源量为 178.2×10^8t，技术可采资源量为 17.65×10^8t
页岩油	李玉喜、罗承先	2011 年	初步估计页岩油可采资源量在 100×10^8t 以上
	中华人民共和国国土资源部油气资源战略研究中心	2013 年	页岩油地质资源量为 402.67×10^8t，技术可采资源量为 37.06×10^8t
	中华人民共和国国土资源部	2013 年	全国页岩油技术可采资源量为 153×10^8t
	邹才能等	2013 年	初步预测页岩油可采资源量为（30~60）×10^8t
	中国石化	2012 年	中国石化探区页岩油地质资源量为 85×10^8t
	中国石化	2014 年	全国页岩油地质资源量为 204×10^8t
	中国石油	"十三五"	中国石油探区页岩油地质资源量为 201.6×10^8t
	中国石油	2016 年	全国页岩油技术可采资源量为 145×10^8t
	杜金虎等	2019 年	初步估算中国陆相中高成熟度页岩油地质资源量约 200×10^8t
	赵文智等	2020 年	中低成熟度页岩油原位转化技术可采资源量为（700~900）×10^8t；中等油价（60~65 美元/bbl）下的经济可采资源量为（150~200）×10^8t；中高成熟度页岩油地质资源量约为 100×10^8t

与北美海相页岩油相比，我国陆相页岩油具有发育淡水、半咸水与咸水湖泊等多种页岩类型，相带变化快，岩性复杂，非均质性强，页岩油赋存方式多样，不同类型含油气盆地页岩油的赋存机理与资源潜力研究薄弱。页岩热演化程度普遍偏低，原油密度较大、含蜡量高、可流动性差等，主要页岩油盆地的沉积环境、物性特征对比见表 1-1-2（马永生等，2022）。由于陆上页岩油的地质特征不同于海相，决定着我国的页岩油勘探、开发不能照搬北美的成功经验，必须结合不同地区的实际，开展基础理论研究和实践应用。

第一章 绪论

表1-1-2 北美与中国主要盆地页岩油气层系特征对比（马永生等，2022）

盆地/凹陷	威利斯顿盆地内部凹陷	墨西哥湾盆地	二叠盆地	松辽盆地古龙凹陷	鄂尔多斯盆地	准噶尔盆地吉木萨尔凹陷	渤海湾盆地济阳坳陷	四川盆地	苏北盆地	江汉盆地潜江凹陷
盆地类型	克拉通内部凹陷	克拉通边缘	前陆盆地	坳陷	坳陷	断陷	断陷	坳陷	断陷	断陷
层系	泥盆系巴肯组	白垩系鹰滩组	二叠系沃夫坎普组	白垩系青山口组一段	三叠系延长组长7段	二叠系芦草沟组	古近系沙河街组三段下亚段/四段上亚段	中下侏罗统凉高山组、自流井组	古近系阜宁组二段	古近系潜江组
沉积环境	海相	海相	海相	淡水湖	淡水湖	咸水湖	半咸水-咸水湖	淡水湖	半咸水湖	盐湖
目的层主要岩性	上下巴肯为富有机质硅质页岩，中巴肯为泥质粉砂岩、生物碎屑砂岩和钙质粉砂岩	页岩、钙质页岩、薄层灰岩	硅质泥岩、钙质泥岩、碳酸盐岩颗粒灰岩	页岩、泥岩、粉砂岩、灰质页岩、云质岩	暗色泥页岩、粉-细砂岩	砂屑云岩、云屑粉砂岩、云质粉砂岩、微晶白云岩、岩屑长石粉细砂岩、泥岩	纹层状泥质灰岩、层状泥质灰岩/灰质泥岩、块状泥质灰岩/泥岩	黏土质页岩、灰质页岩、介壳页岩、粉砂岩	含灰泥岩、粉砂质泥岩	纹层状白云岩、纹层状泥质云岩、纹层状泥质灰岩
有利面积/$10^4 km^2$	7	4	10	0.3	6.5	0.12	0.73	3	0.32	0.052
累计厚度/m	5~55	10~60	20~150	10~80	5~70	30~200	沙四段上亚段250~300；沙三段下亚段150~450	80~150	200~300	50~650
TOC/%	7.2~14.0	3.0~10.0	2.0~5.0	0.9~9.0	3.0~28.0	1.2~8.9	0.6~16.7	0.5~2.0	0.5~4.0	0.5~12.0
有机质类型	I~II	II	I~II	I~II₁	I~II₁	II₁	I~II₁	II~III	I~II	I~II₁
R_o/%	0.6~1.0	0.6~1.4	0.6~1.3	0.5~2.0	0.6~1.2	0.6~1.6	0.4~1.1	0.5~1.6	0.5~1.2	0.5~1.2
孔隙类型	粒间孔、晶间孔、微裂缝和有机孔	粒间孔、晶间孔、有机孔	粒间孔、有机孔	粒间孔、粒内孔、晶间孔、有机质孔、纹理缝、微裂缝	粒间孔、溶蚀孔、黏土晶间孔、有机质孔	粒间孔、晶间孔、溶孔、溶缝	黏土矿物晶间孔、碳酸盐晶间孔、微裂缝和有机孔	黏土矿物晶间孔、溶蚀孔	粒间孔、晶内溶蚀孔、微裂缝发育	碳酸盐晶间孔、黏土矿物晶间孔、溶蚀孔、微裂缝
孔隙度/%	2.5~12	3~10	4.9~18.4/9	3.4~16.0	页岩<2，粉-细砂岩6~12	1.03~6.34	3~16	1.21~8.37	3.49~19.9	4~12
S/(mg/g)	上巴肯：1~16中巴肯：小于4下巴肯：小于10	0.4~7.4	—	1~10	0.51~4.34	1~6	2~8	1.36~3.11	0~10.56/1.61	3~12
原油密度/(g/cm³)	0.81~0.83	0.78~0.83	0.70~0.81	0.80~0.82	0.80~0.86	0.84~0.88	0.76~0.92	0.76~0.81	0.81~0.90	0.84~0.87
主要矿物含量/%	黏土矿物44，石英30，碳酸盐矿物10	黏土矿物7.5，石英20，碳酸盐矿物67	黏土矿物22.8，方石英37.7，方解石21.6	黏土矿物2~52，石英19~43，斜长石8~65	黏土矿物22.0~73.4，石英10.2~64.1，长石0~21.7	黏土矿物13.3，石英20.9，长石25.4，白云石24.5，方解石11.9	黏土矿物2~62/24，石英2~60/22，长石3~35/5，碳酸盐矿物3~95/48	黏土矿物11~71，石英14~81，碳酸盐矿物0~49	黏土矿物36.9~47.7，石英23.1~32.5，碳酸盐矿物12.7~27.5	黏土矿物30~40，碳酸盐35~50，石英25~35

第二节 页岩油体积压裂技术发展现状

自 2011 年开始，我国在引进北美页岩油气开发成功经验的基础上，结合国内地质特征，通过不断探索创新，在页岩油储层改造机理、缝控压裂技术、地质工程一体化储层改造设计平台、低成本压裂材料及大平台立体式井工厂开发方面取得了重要的进展（雷群等，2021），我国非常规油气开采已全面进入了体积压裂 2.0 时代。体积压裂的核心是复杂缝网体系的形成及主控因素，本节重点介绍体积压裂裂缝扩展机理研究进展。

体积压裂 2.0 技术主要指以地质工程一体化方法开展压裂设计，以"大段多簇+暂堵转向+控液多砂"理念为核心，以一体化变黏滑溜水体系、石英砂替代陶粒、大排量泵注和提高加砂强度为关键技术，通过密切割和提高加砂强度增大储层改造体积，通过滑溜水加砂和石英砂替代实现降本增效的非常规油气储层改造增产技术。近年，电驱压裂装置的推广应用和双压裂技术的实现，进一步促进了非常规储层改造的降本增效。体积压裂 2.0 的主要技术指标有簇间距 5~10m、每段射孔 6~12 簇、单孔排量大于 0.25m^3/min、加砂强度大于 3.0 t/m、用液强度小于 25m^3/m、采用 70/140 目石英砂+40/70 目低密度陶粒或 40/70 目石英砂，石英砂用量占比不低于 50%。

我国陆相页岩油储层普遍存在纹层、层理发育和薄互层叠置的特点，体积压裂过程中裂缝纵向上能否穿过层理、纹层，沟通上下储集体，横向能否沟通天然裂缝或岩石弱面，形成复杂裂缝网络，各簇射孔能否均衡进液，实现段内均衡改造等，将影响水平井整体压裂开发井位部署及储层改造工艺的选择和施工参数的优化。页岩油储层体积压裂裂缝扩展机理的研究主要采用物理模拟实验和数值模拟相结合的方法，物理模拟实验采用全直径岩心、人造岩心、天然露头，实验装置有大、中、小尺寸，模拟的水平井有裸眼、单段射孔、多段分簇射孔、暂堵转向等，模拟的油层有单层、多层，通过系统实验揭示裂缝扩展规律和主控因素。数值模拟研究主要采用有限元、边界元、离散元等方法，模拟二维、三维裂缝形态，以及天然裂缝、层理等对复杂裂缝扩展规律的影响等。

一、物理模拟实验研究进展

室内物理模拟实验研究不同应力条件下裂缝扩展机理，主要采用三轴压裂模拟实验装置，辅助于声发射和 CT 扫描技术等。常用的试样大小有 8cm×8cm×10cm 和边长 30~40cm 的立方体，中国石油勘探开发研究院具有 76.2cm×76.2cm×91.4cm 大型试样实验设备（图 1-2-1）。岩样尺寸越大，边界效应影响越小，对认识裂缝起裂扩展行为越有利。但大尺寸天然岩样采集、加工困难，实验操作难度大，成本高，不易于大量开展。

针对页岩油储层非均质的特征，研究者开展了多种压裂试样材料的实验分析，主要包括人造岩样与天然岩样两大类，如图 1-2-2 所示（周彤等，2017）。人造岩样包括石膏、水泥、有机玻璃等。天然岩样包括页岩露头、井下岩心等。Daneshy（1978）最早研究层状地层的水力裂缝扩展行为，实验采用两种类型岩石制作复合地层，层间进行黏结或不黏结，实验发现：水力裂缝会穿过黏结界面，但不能穿过不黏结界面（沿界面延伸），而且与两层力学性质差异无关。Wu 等（2004）通过有机玻璃研究层状介质水力裂缝的扩展形态，研究发现：水力裂缝从刚性介质扩展到软介质时，裂缝会穿过层间界面；水力裂缝从软介质扩展到刚性介质时,裂缝会发生截止或偏折,裂缝是否穿层可以采用界面处断裂力学来判断。Athavale 等(2008)采用水泥和砂岩制作层状岩样研究层状介质的裂缝扩展动态,实验采用 Terratek 真三轴水力压裂物理模拟设备,试样层间界面通过黏结或不黏结进行处理,注入液体为 100mPa·s 的高黏流体。实验发现:均质试样形成径向水力裂缝;具有层间力学性质差异的薄互层试样会形成复杂裂缝,这与层间力学性质差异、界面剪切和界面强度等有关。Fu 等(2016)和 Huang 等(2017)采用混凝土试样制作分层试样,研究了水力裂缝缝高扩展行为。Blanton(1982)通过对天然页岩和人造石膏块开展水力压裂实验,发现水力裂缝在遭遇天然裂缝时,容易发生转向或被天然弱面捕获而停止扩展,只有在两向应力差较大或水力裂缝与天然裂缝夹角接近 90° 时,水力裂缝才有可能穿透天然裂缝。Pater 和 Beugelsdijk(2005)和 Zhou 等(2008)通过对水泥块开展水力压裂实验,研究了水力裂缝遇到不同性质天然裂缝后的扩展行为,发现开度较大或剪切强度较高的天然裂缝易捕获水力裂缝。邹雨时等采用国内油田的多种页岩岩心和露头开展了水力压裂物理模拟实验,在实验中,通过对页岩层理性裂缝的开启和扩展规律的研究,总结了一套针对裂缝性页岩储层的人工裂缝—天然裂缝作用机理。

(a)中国石油大学(北京)
边长30~40cm立方体实验装置

(b)中国石油勘探开发研究院
76.2cm×76.2cm×91.4cm实验装置

图 1-2-1　不同尺寸三轴压裂模拟实验设备

(a)人造岩样

(b)天然岩样

图 1-2-2　不同材料压裂试样

在水平井射孔压裂物理模拟研究方面，Daneshy（1978）利用石膏模拟地层岩石，研究射孔数量与射孔长度对裂缝起裂的影响。Behrmann等研究了压裂液性质及注入速率对砂岩裂缝起裂位置与起裂方向的影响。Deng等利用水泥试样研究了射孔方位、孔密、孔深、孔径等因素对近井筒裂缝起裂与延伸的影响。Bunger等（2005）发现射孔不但可以有效降低破裂压力，还有利于均匀布缝，并讨论了射孔与射孔之间的应力干扰。Fallahzadeh研究了应力各向异性对裂缝起裂与近井筒裂缝几何形态的影响。Lei等在致密砂岩裸眼井筒内部采取割缝的方式模拟射孔，研究了射孔对裂缝起裂的影响，发现有利的射孔数量与射孔深度不但可以增加裂缝条数降低破裂压力，还有利于均匀布缝，从而提高改造效果。

暂堵转向压裂也是提高页岩储层压裂缝网改造效果的重要手段，众多学者也开展了暂堵压裂物理模拟研究（邹雨时，2014，2018；侯冰等，2020；杨恒林等，2022）。实验主要采用龙马溪组页岩露头开展真三轴暂堵压裂物理模拟实验，发现暂堵剂可有效促进页岩水力裂缝转向、分叉，以及多裂缝的形成；小排量条件下，暂堵剂封堵初次裂缝，形成平行于初次裂缝的简单缝；大排量条件下，暂堵剂封堵初次裂缝，形成平行于初次裂缝并伴随天然裂缝张开的复杂缝。当地应力差较小时，暂堵剂仅能诱导裂缝局部短距离转向，无法改变整体延伸路径；当地应力差较大时，暂堵剂封堵沿垂直最小地应力方向的初始裂缝，诱导产生与其平行的二次裂缝，近井筒天然裂缝难以激活。在模拟裂缝内暂堵和段内暂堵实验中发现：增加粒径较大的暂堵剂比例，可以提高缝内暂堵压裂和段内暂堵压裂的效果，并有打开新裂缝的趋势；随着暂堵剂浓度的增加和段内簇数的增加，转向裂缝的形成数量和裂缝的整体复杂性都有增加的趋势。

中国石油大学（北京）储层改造室建立了一套天然岩样水平井多段压裂物理模拟试验方法（郭天魁等，2013；周彤等，2019；李四海，2021），探究页岩水平井分段多级压裂裂缝扩展的影响规律，研究发现由于前一级水力裂缝的扩展通常伴随着层理缝的开启，当压裂级数由二级增加至四级时，压裂段间距减小，段间应力干扰增强，后一级压裂产生深穿透水力主裂缝的概率减小，裂缝易朝井筒根部偏转。同时还开展了常规水基压裂（瓜尔胶、滑溜水）、超临界CO_2压裂和CO_2—瓜尔胶复合压裂的裂缝扩展规律实验。大量的实验结果表明，滑溜水压裂在一定程度上可突破层理对缝高的限制，但由于近井筒层理的开启和平面延伸沟通了未压裂段的射孔，可能导致后续压裂失败［图1-2-3（a）］。超临界CO_2压裂裂缝易沿层理方向扩展，垂向裂缝扩展严重受限，不建议直接用于层理性页岩储层压裂。瓜尔胶压裂可突破层理对裂缝高度的限制，裂缝垂向扩展程度明显高于滑溜水和超临界CO_2压裂，但开启层理的数量较少，水平方向改造程度较低［图1-2-3（b）］。CO_2—瓜尔胶复合压裂可显著提高裂缝垂向扩展程度，同时在水平方向开启大量层理，并沟通远井区域的天然裂缝，从而形成复杂的裂缝网络，压裂改造体积显著提高［图1-2-3（c）］。中国石油勘探开发研究院、中科院力学所和一些高校也都开展了类似的研究。为了表征压裂过程中岩样内的裂缝形态，实验中采用声发射仪器监测裂缝形成过程和分布，应用CT扫描技术观察裂缝形态。物理模拟实验为认识页岩储层复杂裂缝形成机理和主控因素提供了理论依据。

  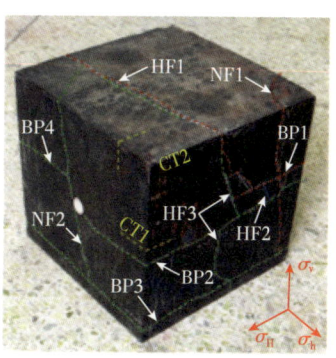

（a）滑溜水压裂　　　　　　（b）超临界CO_2压裂　　　　　（c）CO_2—瓜尔胶复合压裂

图 1-2-3　不同压裂方式裂缝形态

二、裂缝扩展数值模拟研究进展

对于层理性页岩储层的水力裂缝扩展数值模拟，重点开展了裂缝纵向穿层和横向沟通机理研究。

裂缝纵向穿层与横向沟通所关注的首要共同问题在于建立合适的水力裂缝与天然弱面相交准则。相交准则主要包括干裂缝缝尖端应力准则、根据界面断裂韧性的准则和考虑缝尖钝化和滤失的半解析准则（张士诚等，2021）。其中，Blanton 准则（Blanton，1986）、Warpinski-Teufel 准则（Warpinski 和 Teufel，1984）和 Renshaw-Pollard 准则（Renshaw 和 Pollard，1995）是较为经典的几类相交准则。在此基础上，众多学者相继提出了改进准则，如 OpenT 准则（Chuorakov 等，2014），该准则考虑流体排量和黏度的影响，认为天然弱面的剪切变形是导致水力裂缝穿越的主要原因。

目前，通常采用单裂缝扩展模型来研究裂缝纵向扩展涉及的遇层理截止、穿层或沿层理延伸等多种模式的发生条件。PKN 和 KGD 等传统二维模型因假设缝高恒定，故仅适用于裂缝纵向扩展受到限制的情况（陈铭等，2020）。一些学者建立边界元和有限元方法的二维模型，以及边界元和离散元方法的三维模型，来考虑层理对裂缝扩展的影响。Zhang 和 Jeffrey（2008）考虑层理面张开和剪切滑动行为，采用位移间断法和有限差分法表征岩石破裂和流体流动的耦合机制，建立了考虑层理影响的二维裂缝扩展边界元模型。Chen 等（2017）耦合流体流动、裂缝扩展和弹性形变过程，基于有限元黏结单元模型研究了水力裂缝与层理的相互作用问题。Weng 等（2018）考虑裂缝尖端附近层理剪切滑移和裂缝尖端钝化效应，建立了水力裂缝尖端相对面上裂缝成核与穿过层理的应力条件二维解析 FracT 模型，并将该模型集成到复杂水力裂缝扩展拟三维模型。Tang 等（2019）假设水力裂缝与层理垂直相交，并在水力裂缝和层理扩展路径上划分网格，采用 Picard 迭代方法求解层理—水力裂缝体系的流固耦合方程，基于位移不连续方法建立了考虑层理弱面影响的三维裂缝扩展模型。综上，准确刻画层理面与裂缝相交后的力学行为，耦合流体流入层理面的渗流过程，是水力裂缝纵向穿层模拟需要考虑的主要问题。

对于水力裂缝横向沟通模拟，主要结合多裂缝扩展模型和复杂裂缝扩展模型开展相关问题研究。多裂缝扩展的研究已从二维模型发展为目前的全三维模型。边界元法因计算量小，是多裂缝扩展工程计算较常使用的方法。Olson（2008）采用引入高度修正的二维位移不连续模型计算多条受恒定流体内压的裂缝扩展形态。Wu 等（2015）在 Olson 模型基础上，考虑射孔摩阻和缝内流动方程，通过 Picard 迭代求解流固耦合方程。Lecampion 等（2015）基于隐式水平集算法，建立多条径向裂缝扩展模型。有限元、扩展有限元和离散元均有多裂缝方面的研究进展。Salimzadeh 等（2017）通过有限元分析了孔弹性岩体内多条裂缝相互作用问题。Zeng 等（2020）提出了耦合传热的弹塑性扩展模型，并通过扩展有限元法求解。Duan 等（2020）采用离散元模型研究了多裂缝竞争扩展问题。三种方法均为全场离散方法，因而对于多裂缝扩展模拟计算量较大。Nagel 等（2011）、Weng 等（2011）、Zhang 等（2010）、McClure 等（2013）和 Zou 等（2016）对复杂裂缝扩展模型开展了较多研究。复杂裂缝模拟的技术难点主要在于天然裂缝的地质描述和水力裂缝—天然裂缝相交准则的建立。Kresse 等（2013）通过非常规裂缝模型对比不同相交准则下裂缝扩展形态的差异。Chen 等（2019）采用二维边界元模型对比了天然裂缝对多簇裂缝分流的影响。McClure 等（2020）对比离散裂缝模型和平面三维模型的差异，认为多数非常规地层的压裂模拟可通过平面三维模型计算。

除了上述基础算法、模型研究以外，国内外也开发了多款压裂商业软件，用于层理性页岩油储层裂缝扩展形态的研究。国外软件的典型代表为 StimPlan、Meyer、Gohfer、Mangrove 和 FrackOptima，其中斯伦贝谢的 Mangrove 和 Xu 等开发的 FrackOptima 为多裂缝扩展的主要商用模拟器（张士诚等，2021）。Mangrove 模拟器采用位移不连续边界元求解岩石变形，基于拟三维模型计算缝高与缝长扩展。在此基础上，斯伦贝谢进一步开发了 UFM 模拟器，该模型最早应用 Olson 建立的二维边界元模型计算岩石变形、显式求解缝间应力干扰问题，目前逐步发展至能够考虑天然裂缝内流体渗流和层间缝高扩展问题（李四海，2021）。FrackOptima 采用层状地层的边界元方法，考虑多裂缝扩展的应力干扰问题，是非平面三维多裂缝扩展模拟器（陈铭，2020）。Dontsov 等（2020）采用 FrackOptima 模拟器分析了小间距条件下，不同扩展阶段的多裂缝扩展形态。

国内压裂商业软件的研发起步较晚，目前有 Fr-Smart 和 HIFRAC 两款代表性软件（张士诚等，2021）。Fr-Smart 是中国石油勘探开发设计研究院主导设计开发的地质—工程一体化压裂设计软件，其优势在于突破了非平面三维裂缝扩展、复杂裂缝条件下的油气藏产能模拟等软件核心模块的技术瓶颈，且配套多个辅助建模、分析模块，能够实现地质—工程—信息一体化功能。HIFRAC 是中国石化勘探开发研究院主导设计开发的地质—工程一体化压裂设计软件，其优势在于具备压裂全过程所需的地质建模、裂缝扩展和压后分析模块，但仍需增加考虑层理、天然裂缝扩展的复杂裂缝扩展功能。国内高校主要进行模型、算法研究，缺少工业可用的软件开发。在边界元算法方面，西南石油大学赵金洲团队（赵金洲等，2017）自主开发了拟三维和平面三维模拟器，但计算效率、鲁棒性有待提升；南方科技大学张东晓团队（Li 等，2020）开发了全三维多裂缝扩展模拟软件，该软件可实现裂缝空间偏转的计算，但计算量巨大。在离散元算法方面，中国科学院力学所自主开发了 GDEM 软件，可用于岩石非线性破裂、裂缝扩展模拟分析，目前该软件主要用于岩土力学分析，在水力裂缝模拟方面的开发投入较为不足（王理想等，2015）。在有限元与扩展有限元方面，西安石油大学包劲青（2017）开发了平面二维多裂缝有限元模拟软件，清华大学庄茁团队（庄茁等，2015）开发了基于扩展有限元的非平面二维复杂裂缝扩展软件。

中国石油大学（北京）张士诚团队对于层理性页岩储层的裂缝纵、横向扩展问题也开展了深入研究，自主研发了复杂裂缝扩展模拟器（图 1-2-4）、平面三维多裂缝模拟器（图 1-2-5）和考虑层理扩展的平面三维模拟器（图 1-2-6）。复杂裂缝扩展模拟器基于有限元和离散元的混合方法开发，模型重点考虑了离散天然裂缝性质、塑性变形和剪切破裂行为等重要问题，能够系统分析页岩油/气储层中天然裂缝激活条件、网络裂缝形成的主控因素和延伸规律，从地质和工程两方面评价了体积压裂改造的可行性。邹雨时（2014）应

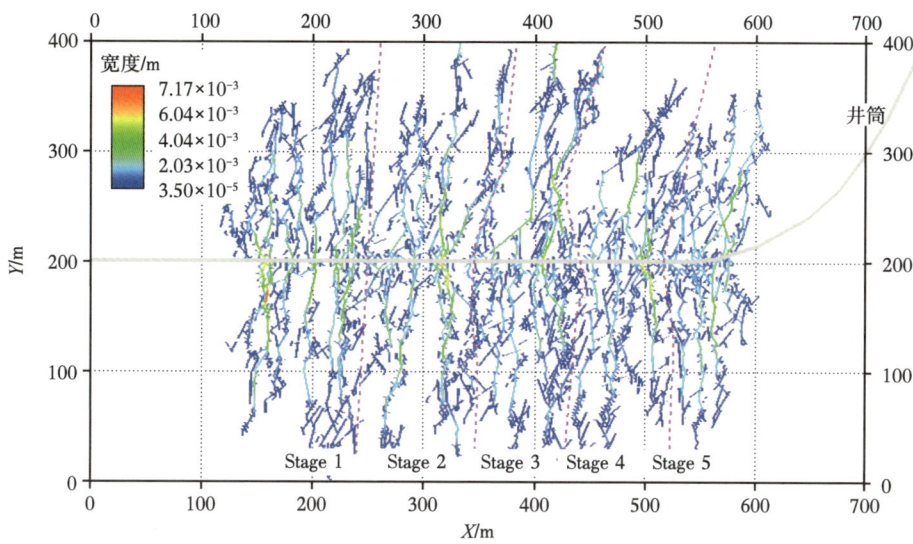

图 1-2-4　基于有限元—离散元混合方法的复杂裂缝扩展模拟器

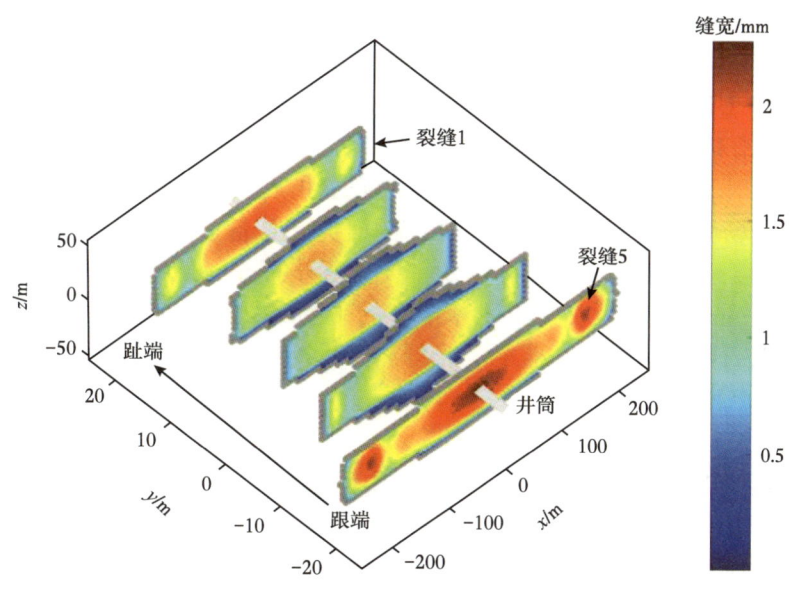

图 1-2-5　平面三维多裂缝模拟器

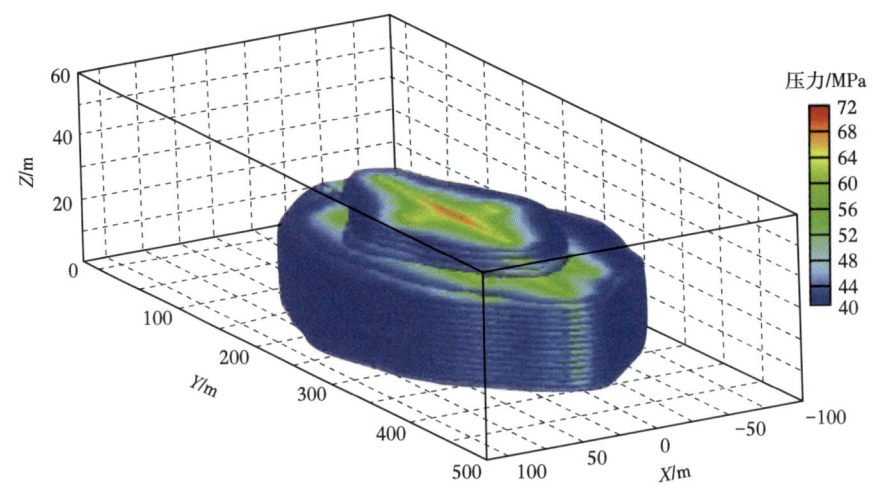

图 1-2-6　考虑层理扩展的平面三维模拟器

用该模型,通过蒙特卡洛随机抽样方法建立了离散天然裂缝模型,模拟分析了层理性储层网络裂缝形成的主要影响因素和条件,发现水平地应力差、天然裂缝角度和强度、净压力是控制层理性储层压裂能否形成复杂网络裂缝的最主要因素,而基质脆性、射孔簇数量间距和段间距决定着网络裂缝的规模、空间展布。

平面三维多裂缝模拟器基于边界元方法开发,该模型考虑了井筒流动、近井摩阻、非均质应力分布、尖端不同断裂准则等因素,同时采用 Runge-Kutta-Legendre 显式大步长算法、尖端解析解和自适应时步算法提高计算效率。陈铭(2020)应用该模型实现工程尺度的压裂裂缝扩展模拟分析,揭示多裂缝竞争扩展机制,提出促进各簇均衡扩展的压裂技术优化设计方法。在此基础上,进一步研发了考虑层理变形和滤失影响的三维裂缝扩展模拟器,其中水力裂缝为平面三维模型,层理扩展采用 Lumped 拟三维模型表征。李四海(2021)应用该模型研究了层间应力差、垂向应力差、层理摩擦系数、层理渗透率和流体黏度对层理剪切滑移的影响规律。

综上所述,对于层理性页岩油/气储层的裂缝扩展数值模拟问题,众多学者已开展了数值算法、多场耦合、工程应用等多方面的研究,具备了较充分的知识储备。随着页岩油/气开发难度逐步加大、工程计算效率要求逐步提高,后续的裂缝扩展数值模拟研究工作应更加注重软件工程效率和计算精度的平衡,立足当前压裂工程领域的技术前沿,结合诸如人工智能、微地震监测、光纤测井诊断等辅助技术,力求将裂缝扩展形态算得更快、更准。

第三节　吉木萨尔页岩油地质特征与开发历程

吉木萨尔凹陷位于准噶尔盆地东部凸起,面积 1278km²,距乌鲁木齐市 150km(图 1-3-1),地形较平坦,地面海拔 580~660m。自 2011 年开始,在非常规油气勘探开发思想指导下,吉木萨尔页岩油从勘探发现到开发试验,取得了重要进展。至 2021 年底,中国石油新疆油田公司从管理与技术两方面着手，进行了效益开发探索，形成了成熟的管理和技术体系，取得良好的开发效果，实现了效益开发。

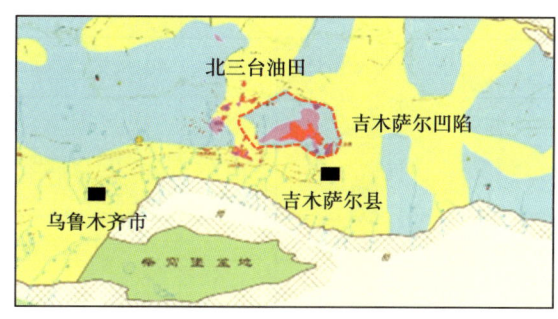

图 1-3-1　吉木萨尔凹陷位置示意图

一、吉木萨尔页岩油地质特征

（一）地层划分

吉木萨尔凹陷自上而下钻遇的地层有第四系（Q），新近系（N），古近系（E），白垩系吐谷鲁群（K_1tg），侏罗系齐古组（J_3q）、头屯河组（J_2t）、西山窑组（J_2x）、三工河组（J_1s）、八道湾组（J_1b），三叠系克拉玛依组（T_2k）、烧房沟组（T_1s）、韭菜园组（T_1j），二叠系上乌尔禾组（P_3w）、芦草沟组（P_2l）、井井子沟组（P_2jj）和石炭系（C）。地层自上而下缺失侏罗系喀拉扎组（J_3k），三叠系郝家沟组（T_3hj）、黄山街组（T_3h），二叠系泉子街组（P_3q）、红雁池组（P_2h）。经多期构造运动，产生五个区域性不整合，即石炭系与上覆地层之间不整合，二叠系上乌尔禾组与下伏芦草沟组之间不整合，侏罗系与下伏三叠系之间不整合，古近系与下伏白垩系之间不整合，新近系与下伏古近系之间不整合（图 1-3-2）。

根据目前勘探结果，石炭系、二叠系芦草沟组、上乌尔禾组、侏罗系八道湾组均发育油层。2010 年前油气勘探主要集中在吉木萨尔凹陷东斜坡区，主要目的层为二叠系乌尔禾组；2010 年后油气勘探的主要目的层为二叠系芦草沟组。二叠系芦草沟组北、西、南三个方向均被逆断裂切割控制，向东地层抬升剥蚀尖灭，总体上是一个东高西低、东陡西缓的"箕状凹陷"，芦草沟组埋深 1800~4800m，地层倾角主体 3°~5°，凹陷内部断裂不发育，东南部、中部区域发育部分走滑性质的小断层，断距一般小于 5m。芦草沟组天然裂缝发育程度不高，岩心可观察到发育有层理缝、压溶缝、构造缝、溶蚀缝，构造缝主要为中高角度微裂缝，一般不穿层。裂缝密度总体小于 0.5 条/m，裂缝不发育。

芦草沟组与二叠系井井子沟组和二叠系上乌尔禾组接触，地层厚度为 100~350m。芦草沟组自下而上划分为芦草沟组一段（P_2l_1，简称芦一段）和二段（P_2l_2，简称芦二段），并进一步细分为 $P_2l_1^2$、$P_2l_1^1$、$P_2l_2^2$、$P_2l_2^1$。$P_2l_1^2$ 自上而下划分为 7 个小层，为 $P_2l_1^{2-1}$、$P_2l_1^{2-2}$、$P_2l_1^{2-3}$、$P_2l_1^{2-4}$、$P_2l_1^{2-5}$、$P_2l_1^{2-6}$、$P_2l_1^{2-7}$；$P_2l_1^1$ 自上而下划分为 3 个小层，为 $P_2l_1^{1-1}$、$P_2l_1^{1-2}$、$P_2l_1^{1-3}$；$P_2l_2^2$ 自上而下划分为 4 个小层，为 $P_2l_2^{2-1}$、$P_2l_2^{2-2}$、$P_2l_2^{2-3}$、$P_2l_2^{2-4}$；$P_2l_2^1$ 是区域泥岩盖层，不发育油层，受抬升剥蚀作用，周边区域均缺失该地层，地层厚度为 0~58.9m，平均为 35.8m。

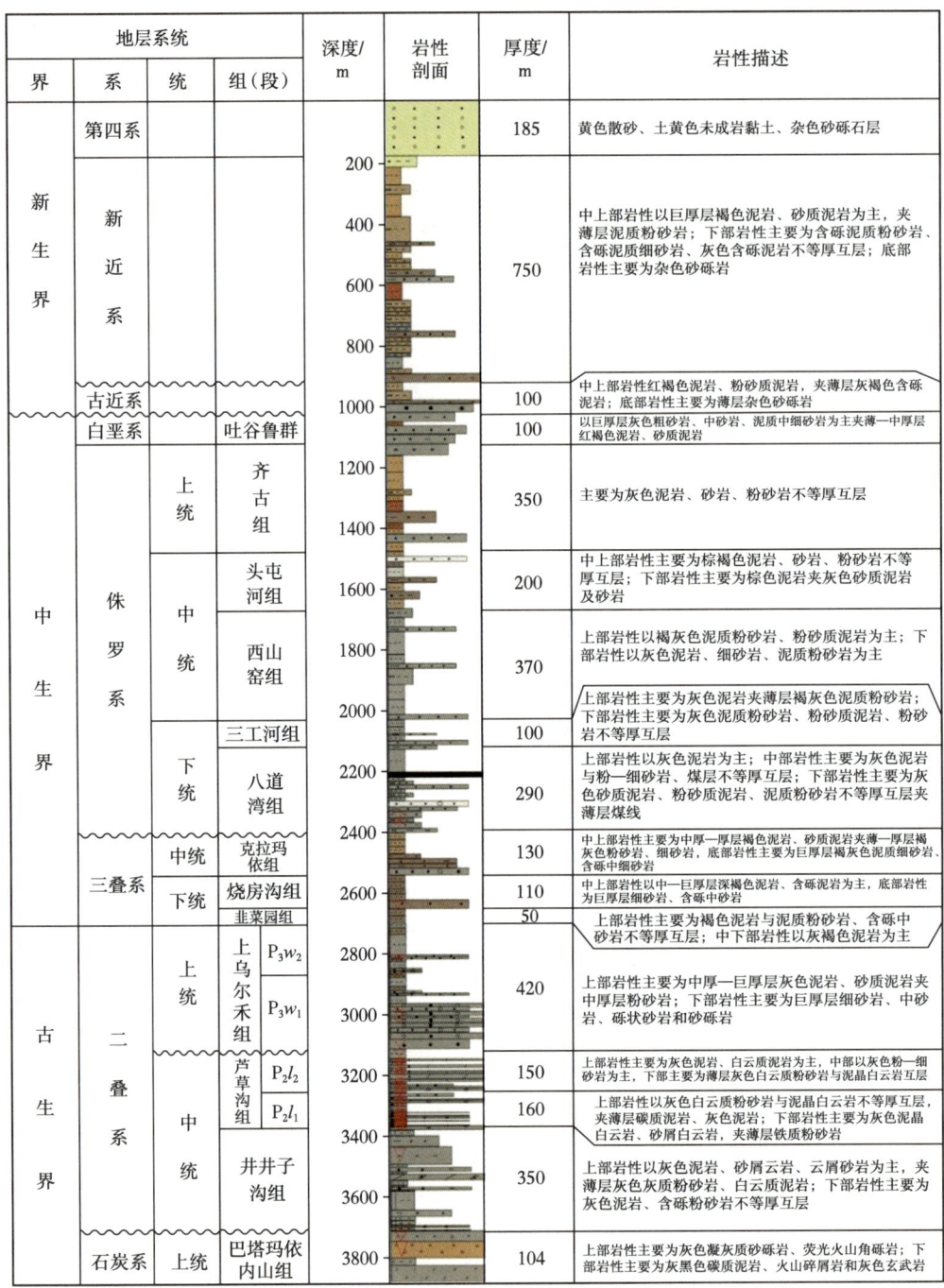

图 1-3-2 吉木萨尔凹陷地层综合柱状图

芦草沟组油层平面非均质性强，$P_2l_2^2$ 油层跨度为 19.5~41.1m，平均为 34.2m，单井油层厚度为 0.5~20.8m，平均厚度为 9.4m；$P_2l_1^1$ 油层跨度为 30.1~48.2m，平均为 42.3m，单井油层厚度为 4.6~11.1m，平均为 5.2m；$P_2l_1^2$ 油层跨度为 14.3~29.3m，平均为 22.3m，单

井油层厚度为0.5~19.8m，平均为8.1m（表1-3-1）。

表1-3-1 吉木萨尔凹陷二叠系芦草沟组页岩油油层厚度统计表

砂层组	小层	油层厚度/m		Ⅰ类油层厚度/m	
		范围	平均	范围	平均
$P_2l_2^2$	$P_2l_2^{2-1}$	0.3~9.2	2.5	0.2~5.3	1.5
	$P_2l_2^{2-2}$	0.6~6.3	3.1	0.1~4.9	1.6
	$P_2l_2^{2-3}$	0.2~10.5	3.7	0.2~4.0	1.3
	小计	0.5~20.8	9.4	0.1~11.5	3.3
$P_2l_1^1$	$P_2l_1^{1-1}$	0.1~4.1	1.9	—	—
	$P_2l_1^{1-2}$	0.2~2.1	1.6	—	—
	$P_2l_1^{1-3}$	0.2~5.5	2.3	0~0.5	0.25
	小计	0.5~11.6	6.2	0~0.5	0.25
$P_2l_1^2$	$P_2l_1^{2-1}$	0.2~7.6	2.2	0.1~1.6	0.8
	$P_2l_1^{2-2}$	0.2~8.0	3.8	0.3~4.7	1.2
	$P_2l_1^{2-3}$	0.3~6.5	2.5	0.1~2.9	1.0
	小计	0.5~19.8	8.1	0.4~7.6	3.3

$P_2l_2^2$油层垂向主要发育在$P_2l_2^{2-1}$、$P_2l_2^{2-2}$、$P_2l_2^{2-3}$三个小层内。$P_2l_2^{2-1}$油层厚度为0.3~9.2m，平均为2.5m；Ⅰ类油层发育规模相对较小，0.2~5.3m，平均为1.5m。$P_2l_2^{2-2}$油层厚度为0.6~6.3m，平均为3.1m；Ⅰ类油层0.1~4.9m，平均为1.6m，分布规律与油层总厚度相似。$P_2l_2^{2-3}$油层厚度为0.2~10.5m，平均为3.7m；Ⅰ类油层0.2~4.0m，平均为1.3m（表1-3-1）。

$P_2l_1^1$油层垂向主要发育在$P_2l_1^{1-1}$、$P_2l_1^{1-2}$、$P_2l_1^{1-3}$三个小层内，底部的$P_2l_1^{1-3}$油层最发育。$P_2l_1^{1-1}$油层厚度为0.1~4.1m，平均为1.9m；Ⅰ类油层不发育。$P_2l_1^{1-2}$油层厚度为0.2~2.1m，平均为1.6m；Ⅰ类油层不发育。$P_2l_1^{1-3}$油层厚度为0.2~5.5m，平均为2.3m；Ⅰ类油层厚度为0.5m（表1-3-1）。

$P_2l_1^2$油层垂向主要发育在$P_2l_1^{2-1}$、$P_2l_1^{2-2}$、$P_2l_1^{2-3}$三个小层内，中部的$P_2l_1^{2-2}$油层最发育，$P_2l_1^{2-3}$次之。$P_2l_1^{2-1}$油层厚度为0.2~7.6m，平均为2.2m；Ⅰ类油层0.1~1.6m，平均为0.8m。$P_2l_1^{2-2}$油层厚度为0.2~8.0m，平均为3.8m；Ⅰ类油层0.3~4.7m，平均为1.2m。$P_2l_1^{2-3}$油层厚度为0.3~6.5m，平均为2.5m；Ⅰ类油层0.1~2.9m，平均为1.0m（表1-3-1）。

$P_2l_2^2$三个主力油层内主要发育4个隔层，其中$P_2l_2^{2-2}$油层之上隔层厚度为0~1.6m，主要为云质泥页岩，下部隔层厚度为4.8~6.2m，主要为泥晶云岩；$P_2l_2^{2-1}$内部发育1个隔层，厚度为0.5~2.0m，岩性为碳质、云质泥页岩；$P_2l_2^{2-3}$内部发育1个隔层，厚度为0.5~2.1m，主要为云质、粉砂质泥页岩。$P_2l_2^2$中上部三个主力油层内部为云质粉砂岩与含云粉砂质泥页岩和云质泥页岩隔层高频互层分布。其中$P_2l_1^{2-2}$油层顶部隔层厚度平均为3.8m，底部隔层厚度平均为5.6m，且横向分布稳定。整体上，上甜点$P_2l_2^2$油层跨度为38m，纵向油层发育较集中，隔层较厚，人工裂缝纵向穿层难，轨迹控制要求高；下甜点$P_2l_1^2$油层跨度为25m，纵向油层较分散，隔层较薄。

（二）地应力特征

芦草沟组甜点段杨氏模量较高、泊松比较低，岩石整体偏硬，可压性较好，且P_2l_1优于P_2l_2，抗压强度、抗拉强度两层相当。P_2l_2甜点段岩石泊松比为0.21~0.31，平均为0.25；弹性模量为18.6~49.8GPa，平均为37.8GPa；抗压强度为156.3~371.0MPa，平均为264.2MPa；抗拉强度为7.2~16.7MPa，平均为12.4MPa。P_2l_1甜点段岩石泊松比为0.18~0.28，平均为0.25；弹性模量为20.9~54.3GPa，平均为42.1GPa；抗压强度为141.9~373.6MPa，平均为272.2MPa；抗拉强度为5.8~17.1MPa，平均为11.8MPa。

芦草沟组三向应力状态为：上覆垂向主应力＞水平最大主应力＞水平最小主应力，地应力模式为正断层机制，最大水平主应力方向为北西—南东向，角度约158°。P_2l_2上覆垂向主应力为72.71~74.46MPa，水平最大主应力为65.99~69.43MPa，水平最小主应力为56.03~59.17MPa，水平最大主应力与水平最小主应力差平均为9.96~10.79MPa。P_2l_1上覆垂向主应力为84.12~86.68MPa，水平最大主应力为72.85~81.17MPa，水平最小主应力为61.70~69.87MPa，水平最大主应力与水平最小主应力差平均为11.15~12.15MPa。

（三）储层特征

芦草沟组岩石中矿物成分主要为白云石和斜长石，含量为20%~25%，石英、铁白云石次之，含量在10%~15%，油层段黏土矿物含量总体小于10%，优质油层段小于5%；总体上可以归结为碎屑岩和碳酸盐岩两大类，储层岩性主要为粉砂岩、云质粉砂岩、粉砂质云岩、泥晶云岩，隔夹层岩性主要为云质泥岩和粉砂质泥岩、含少量碳质泥岩（图1-3-3）。$P_2l_2^{2-1}$储层主要发育粉砂质云岩，$P_2l_2^{2-2}$储层主要发育粉砂岩和泥质粉砂岩、$P_2l_2^{2-3}$储层主要发育云质粉砂岩，$P_2l_1^1$主要为粉砂质、云质页岩，$P_2l_1^2$整体以云质粉砂岩为主。

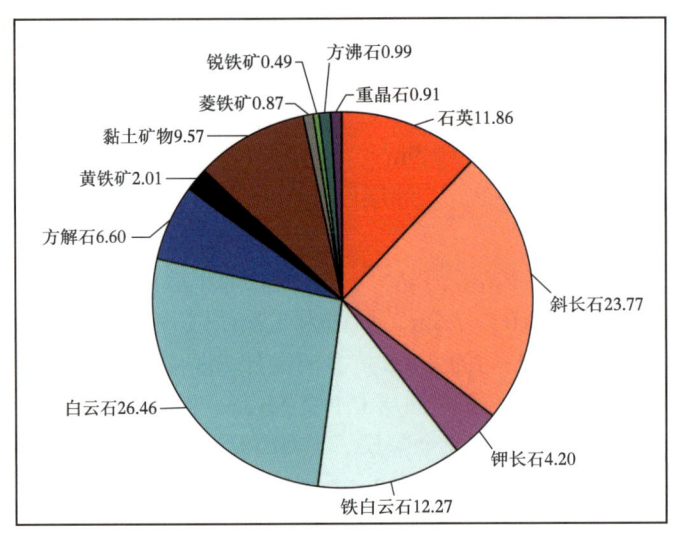

图1-3-3 芦草沟组全岩矿物含量饼状图

根据X衍射全岩定量资料分析，P_2l优质油层段黏土矿物总量为1.96%（表1-3-2），黏土矿物绝对含量较低，储层敏感性不强。据X衍射和扫描电镜分析，P_2l_2储层的蒙皂石和绿蒙混层矿物的相对含量分别为 20%、38%；P_2l_2 储层的蒙皂石和伊蒙混层矿物的相对含量分别为 45%、40%，P_2l_2 和 P_2l_1 储层黏土矿物相对含量见表 1-3-3。通过对清水和压裂液浸泡过的岩心前后重量比较，岩性稳定率均在 99% 以上，水敏性不强（表 1-3-4，图 1-3-4）。

表 1-3-2　吉 174 井芦草沟组油层粘土矿物绝对含量表（抽提法）

样品深度/m	层位	岩性	黏土矿物总量/%	常见非黏土矿物含量/%				
				石英	钾长石	斜长石	方解石	铁白云石
3146.54	P_2l_2	砂质砂屑云岩	1.79	10.34		26.88	5.17	55.82
3264.65		白云质砂屑砂岩	0.91	10.32		17.55		71.22
6267.19	P_2l_1	泥质粉砂岩	1.91	14.77	12.66	42.19	21.09	7.38
3300.17		云质粉砂岩	3.22	13.35	11.12	38.93	3.34	30.04
平　均			2.01	12.81	7.93	32.89	8.14	36.21
平　均			1.96	12.20	5.95	31.39	7.40	41.12

表 1-3-3　吉木萨尔凹陷芦草沟组页岩油黏土矿物相对含量表

层号	样品数块	黏土矿物相对含量/%						伊蒙混层比/%	绿蒙混层比/%
		蒙皂石	伊蒙混层	伊利石	高岭石	绿泥石	绿蒙混层		
P_2l_2	5	100	61	3~39	—	9~44	47~86	85~100	30~40
		20	12	16	—	14	38	37	20
P_2l_1	56	59~100	37~100	3~12	—	—	31~100	75~100	20~30
		45	40	1	—	—	14	81	6

表 1-3-4　芦草沟组页岩油岩心浸泡前后质量比对表

井号	井段/m	液体	原始质量/g	实验后质量/g	岩性稳定率/%
吉 174 井	3268~3276	清水	32.76	32.45	99.05
		压裂液	33.06	32.97	99.72
	3286~3294	清水	32.52	32.27	99.23
		压裂液	32.1	31.99	99.65
吉 31 井	2712~2727	清水	32.32	31.87	98.61
		压裂液	33.25	33.05	99.39
	2893~2898	清水	32	31.54	98.56
		压裂液	32.2	32.1	99.38

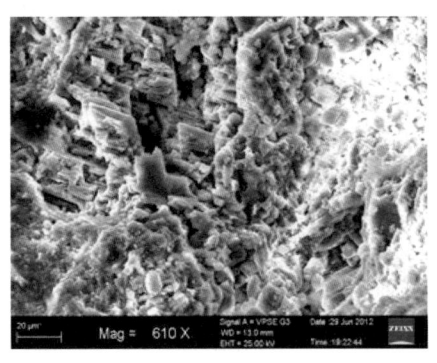 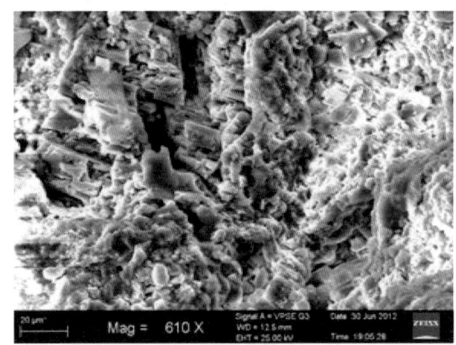

（a）盐水浸泡前　　　　　　　　　　（b）盐水浸泡后

图 1-3-4　吉木萨尔页岩油储层黏土矿物电镜扫描图

与国内外其他非常规资源对比，吉木萨尔页岩油具有非均质性强、埋深大、单油层厚度薄、流度低、天然裂缝不发育、原油密度高、黏度大、不含气等特征（表 1-3-5），其有效改造难度大。P_2l_2 油层有效孔隙度为 7.8%~25.5%，平均为 13.8%，油层水平渗透率为 0.01~9.47mD，平均为 0.096mD；P_2l_1 油层有效孔隙度为 7.8%~23.9%，平均为 13.2%，油层水平渗透率为 0.01~8.35mD，平均为 0.054mD。总体来看，芦草沟组属于低孔、超低渗透的页岩储层。

表 1-3-5　吉木萨尔凹陷二叠系芦草沟组页岩油与国内外页岩油油藏参数对比

区块	巴肯油田	鹰滩油田	大庆	吉林	吐哈	长庆	新疆	
沉积环境	海相沉积	海相沉积	陆相沉积	陆相沉积	湖相	湖相	湖相	
含油层	Bakken 组	鹰滩组	扶余、高台子	扶余、高台子	条湖组	延长组	芦草沟组上甜点（$P_2l_2^2$）	芦草沟组下甜点（$P_2l_1^2$）
岩性	云质粉砂岩、极细砂岩页岩	黑色钙质页岩	泥质粉砂岩、含泥粉砂岩	泥质粉砂岩、含泥粉砂岩	沉凝灰岩	粉砂岩—细砂岩	粉砂质云岩、粉砂岩和泥质粉砂岩、云质粉砂岩	粉砂质、云质页岩、云质粉砂岩
源储关系	源间	源内	源下	源下	源上	源间	源内	源内
深度 /m	2591~3200	1200~4300	1800~2500	1750~2600	2000~3400	1000~2800	3400~3500	3810~3990
单层厚度 /m	15~25	15~100	2~5	2~10	2~15	20~60	0.5~20.8	0.5~19.8
裂缝发育程度	很发育	很发育	0.012~0.046	3.4	一般发育	0.2~0.3	欠发育	欠发育
孔隙度 /%	10~15	5~14	6~13	2~15	14~22	9.2	13.8	13.2
渗透率 /mD	0.01~0.1	0.001~0.002	0.4~2	0.16~0.32	0.1~0.5	0.3	0.096	0.054
含油饱和度 /%	75	88	48~55	48~55	60	73	75~79	65~78

续表

区块	巴肯油田	鹰滩油田	大庆	吉林	吐哈	长庆	新疆	
气油比/（m³/m³）	89~249.2	240	25~100	20~60	20~40	>100	22.5	13.7
地层压力系数	1.6~1.8	1.4~1.7	0.8~1.0	0.9~1	0.9~1.46	0.64~0.87	1.39	1.51
地层原油黏度/（mPa·s）	0.45	—	4~8	5~15	28.8（50℃）	0.75	48.9（50℃）	103~448（50℃）
流度/[mD/（mPa·s）]	0.67	—	0.1~0.27	0.1~0.15	0.015~0.08	0.4	0.00012	0.000029

二、吉木萨尔页岩油开发历程

吉木萨尔页岩油勘探开发历经近10年不懈探索，走过了从实践到认识，再实践到再认识的曲折历程，主要经历了探索发现、先导试验、提产突破、规模试验、效益开发试验五个阶段。

（一）探索发现阶段（2011年10月至2013年4月）

2010年针对二叠系芦草沟组部署实施了吉25井，在芦草沟组页岩层系见良好油气显示。根据核磁测井评价结果，2011年9月在芦草沟组二段3425~3403m井段试油，分2段压裂，压裂后抽汲平均日产油18.3t，累计产油264.9 t，从而发现了吉木萨尔凹陷二叠系芦草沟组页岩油。之后又相继部署实施探井、评价井20口，其中15井20层试油获油流，证实了芦草沟组广泛分布、"满凹含油"的特征，落实井控资源量11.12×10^8t。

借鉴北美页岩油成功开发经验，2012年采用"水平井+体积压裂"方式实施了吉172_H水平井，该井钻探目的层$P_2l_2^2$，水平段长1209m，15级压裂，初期最高日产油69.5 t，证明水平井体积压裂是页岩油开发的技术方向。

（二）开发先导试验阶段（2013年4月至2017年4月）

吉172_H井取得突破后，为探索页岩油降本提产对策，加快资源有效动用，确定经济有效开发方式，攻关形成配套技术，开展了"工厂化、国产化、市场化、标准化"为目标的开发先导试验。2013—2014年，针对芦二段$P_2l_2^2$开辟试验区1块，按照水平井井距300m实施水平井10口的"水平井+体积压裂"开发先导试验井组，水平段长1265~1806m。同时勘探外甩实施水平井3口。13口水平井初期日产油4.6~40.6t，截至2021年12月31日，累计产油1177~14881 t，平均8271t，生产效果未达预期。

通过对先导试验区水平井与吉172_H井系统对比分析，认为水平井部署区地质条件相当，生产效果较差的原因主要有三点：（1）试验区水平井在轨迹目标层$P_2l_2^{2-2}$的油层钻遇率相对较低，钻遇率为60%~93%，平均为75%，而吉172_H油层钻遇率为92.7%；（2）先导试验水平井人工裂缝加砂浓度总体相对较低，加砂强度平均为0.5~1.0m³/m，而吉172_H加砂强度为1.5m³/m；（3）球座抗冲蚀弱，丢级严重，导致排量低，总体控制在6m³/min以内。

（三）提产突破阶段（2017年4月至2018年10月）

2017年采用"水平井+细分切割体积压裂"技术，在吉37井区实施开发试验水平井

2口（JHW023、JHW025），设计水平段长度均为1200m，两口井油层钻遇率均在90%以上。JHW023井水平段长度为1237m，27级压裂，初期最高日产油75.1t，第一年累计产油14455.1t；JHW025井水平段长度为1240m，27级压裂，初期最高日产油92.1t，第一年累计产油11341.1t。

两口高产井证实了在优质甜点区，通过提高主力油层钻遇率和优化压裂改造措施可大幅度提高单井产量，确立了页岩油水平井固井完井、桥塞细分切割、大排量、大砂量压裂的开发方式（表1-3-6）。

表1-3-6　JHW023、JHW025和吉172_H井储层改造参数表（2021.12.31）

井名	水平段长度/m	油层长度/m	段/簇	压裂方式	液量/m³	加砂/m³	平均段间距/m	平均簇间距/m	加砂强度/(m³/m)	初期日产油/t	生产天数/d	累计产油/t	平均日产油/t	目前日产油/t
JHW023	1237	1196	27/79	固井桥塞	37407.9	2480	45	15.2	2.06	75.1	1553	33279	21.4	22.2
JHW025	1240	1149	27/79	固井桥塞	38097.4	2475	45	15.2	2.06	92.1	1563	23680	15.2	11.5
吉172_H	1209.1	886	15/15	裸眼滑套	16030.0	1798	82	82	1.51	59.1	2954	22821	7.7	4.2

（四）规模试验阶段（2018年10月至2020年6月）

2018—2019年，采用上、下甜点控面和上甜点东南部整体开发相结合，整体部署控面探井、评价井及开发控制井57口，水平井77口。

P_2l_2完钻水平井62口，投产61口，生产效果差异较大，存在一定数量的低产井，反应出$P_2l_2^{2-2}$具有较强的平面非均质性。据长期动态监测数据显示，$P_2l_2^{2-2}$ 200m井网井距适应开发要求，生产效果较好；深部区域生产效果差异大，初期日产油6.5~37.8t，平均21.4t；一年期产油642~7530t，平均3279t，总体生产能力较弱。$P_2l_1^{2-2}$完钻并投产水平井15口，平均油层钻遇率为64%，投产效果较好，普遍高产，初期平均单井峰值日产油66.8t，一年期产油量为2350~13724t，平均8632t，展现主力建产目标层开发建产潜力。

2020年1月23日，国家能源局、自然资源部批复同意设立"新疆吉木萨尔国家级陆相页岩油示范区"，明确了示范区的建设任务目标、主要技术目标和主要经济指标。部署长段水平井200口以上，实施压裂150口以上，新建产能350×10⁴t，2021年页岩油产量为100×10⁴t，2023年达到170×10⁴t，方案单井投资5799万元，62美元/bbl油价下内部收益率为6.97%；形成页岩油高效勘探与开发模式，完善我国陆相页岩油勘探开发技术体系，探索提高陆相页岩油勘探开发综合效益途径，创建我国陆相页岩油绿色开采工艺，引领带动我国页岩油产业发展。

（五）效益开发试验阶段（2020年6月至2021年12月）

2020年下半年开始，鉴于$P_2l_1^2$储层相对均质、油层厚度较大、可动油储量丰度较高、脆性指数大、体积压裂易于形成复杂缝网，是规模建产的有利区，确定对芦草沟组$P_2l_1^{2-2}$和$P_2l_1^{2-3}$采用小井距（单层井距200m）、立体式、长井段（水平段长1800m）、小段距（45m）、多簇数（8簇/段）、大液量、高砂比（4m³/m）工艺，实施了58号平台8口水平井开发试验井组，平均水平段长1799m，油层钻遇率92.2%，单井压裂39级300簇，总液量为73214m³，加砂7161m³。2021年5月下旬开井生产，3天见油，单井产量快速上升，19天达到设计产能26t/d，较前期同层井提前28天，60天达40t/d以上，180天单井平均累计产油6000t以上，目前（2021年12月）平均单井日产油30t，含水已降到30%以下，预测单井EUR可达$3.5×10^4$t以上，试验取得较好效果。

2021年持续开展立体开发合理井距规模试验，同步探索"水平井+密切割体积压裂"，进一步提高单井生产能力，在P_2l_1部署并完钻水平井36口，新建产能$34.45×10^4$t，投产16口。截至2021年底，芦草沟组页岩油新疆油田公司矿区内已完钻井217口（水平井138口，直井79口），累计建产能$115.85×10^4$t，累计产油$101.6×10^4$t，开发综合含水60.3%。

参 考 文 献

包劲青，刘合，张广明，等，2017.分段压裂裂缝扩展规律及其对导流能力的影响[J].石油勘探与开发，44（2）：281-288.

陈铭，2020.水平井分段多簇压裂多裂缝竞争扩展数值模拟研究[D].北京：中国石油大学.

陈铭，张士诚，胥云，2020.水平井分段压裂平面三维多裂缝扩展模型求解算法[J].石油勘探与开发，47（1）：163-174.

郭天魁，2013.页岩储层射孔水平井分段压裂的起裂压力[J].天然气工业，33（12）：87-93.

侯冰，木哈达斯·叶尔甫拉提，付卫能，等.2020.页岩暂堵转向压裂水力裂缝扩展物模试验研究[J].辽宁石油化工大学学报，40（4）：98-104.

胡素云，赵文智，侯连华，2020.中国陆相页岩油发展潜力与技术对策[J].石油勘探与开发，47（4）：819-828.

贾承造等，2012.中国致密油评价标准、主要类型、基本特征及资源前景[J].石油学报，33（3）.

雷群，翁定为，熊生春，2021.中国石油页岩油储层改造技术进展及发展方向[J].石油勘探与开发，48（5）：1-8.

李国欣，朱如凯，2020.中国石油非常规油气发展现状、挑战与关注问题[J].中国石油勘探，25（2）：1-13.

李四海，2021.层理性储层二氧化碳复合压裂裂缝扩展规律研究[D].北京：中国石油大学.

马永生，蔡勋育，赵培荣，2022.中国陆相页岩油地质特征与勘探实践[J].地质学报，9（1）：155-171.

王理想，唐德泓，李世海，等，2015.基于混合方法的二维水力压裂数值模拟[J].力学学报，47（6）：973-983.

杨恒林，吕嘉昕，谭鹏，等，2022.基于三维扫描技术的页岩暂堵压裂物理模拟实验[J].断块油气田，29（1）：118-123.

张士诚，李四海，邹雨时，等，2021.页岩油水平井多段压裂裂缝高度扩展试验[J].中国石油大学学报（自然科学版），45（1）：77-86.

张士诚，陈铭，马新仿，等，2021.水力压裂设计模型研究进展与发展方向[J].新疆石油天然气，17（3）：67-73.

赵文智，胡素云，侯连华，等，2020.中国陆相页岩油类型、资源潜力及与致密油的边界[J].石油勘探与开发，47（1）：1-10.

赵金洲，陈曦宇，李勇明，等，2017.水平井分段多簇压裂模拟分析及射孔优化[J].石油勘探与开发，44（1）：117-124.

周彤，张士诚，陈铭，等，2019.水平井多簇压裂裂缝的竞争扩展与控制[J].中国科学：技术科学，49：469-478.

周彤，2017.层状页岩气储层水力压裂裂缝扩展规律研究[D].北京：中国石油大学.

庄茁，柳占立，王永亮，2015.页岩油气高效开发中的基础理论与关键力学问题[J].力学季刊，36（1）：11-25.

邹雨时，2014.页岩气藏网络裂缝压裂机理研究[D].北京：中国石油大学.

ATHAVALE A S, MISKIMINS J L, 2008. Laboratory Hydraulic Fracturing Tests on Small Homogeneous and Laminated Blocks[J]. U.s.rockmechanics Symposium.

BEHRMANN L, NOLTE K, 1998. Perforating requirements for fracture stimulations[C].In: SPE 39453.

BLANTON T L, 1982. An experimental study of interaction between hydraulically induced and pre-existing fractures[C]. Society of Petroleum Engineers. SPE unconventional gas recovery symposium.

BLANTON T L, 1986. Propagation of hydraulically and dynamically induced fractures in naturally fractured reservoirs[J]. SPE-15261.

BUNGER A P, DETOURNAY E, GARAGASH D I, 2005. Toughness-dominated Hydraulic Fracture with Leak-off[J]. International Journal of Fracture, 134 (2): 175-190.

BUNGER A P, JEFFREY R G, KEAR J, et al, 2011.Experimental investigation of the interaction among closely spaced hydraulic fractures[J]. Strength of Materials, 19(8): 1160-1165.

CHEN X Y, ZHAO J Z, LI YM, et al., 2019. Numerical simulation of simultaneous hydraulic fracture growth within a rock layer: Implications for stimulation of low-permeability reservoirs[J]. Journal of Geophysical Reservoir: Solid Earth, 124: 13227-13249.

CHEN Z, JEFFREY R G, ZHANG X, et al., 2017. Finite-element simulation of a hydraulic fracture interacting with a natural fracture[J]. SPE Journal, 22 (1): 219-234.

CHUORAKOV D, MELCHAEVA O, PRIOUL R, 2014. Injection-Sensitivemechanics of hydraulic fracture interaction with discontinuities[J]. Rockmechanics and Rock Engineering, 47 (5): 1625-1640.

DANESHY A A, 1978. Hydraulic Fracture Propagation in Layered Formations[J]. Society of Petroleum Engineers Journal, 18 (1): 33-41.

DENG J, GUO X, SON Y, et al., 2008. Research on oriented perforation optimization technique for fracturing wells in tight gas reservoir[J].Oil Drlling & production Technology.

DONTSOV E V, SUAREZ-RIVERA R, 2020.Propagation ofmultiple hydraulic fractures in different regimes[J]. International Journal of Rockmechanics andmining Sciences, 128: 1-17.

DUAN K, KWOK C Y, ZHANG Q Y, et al, 2020. On the initiation, propagation and reorientation of simultaneously-inducedmultiple hydraulic fractures[J]. Computers and Geotechnics, 117: 1-15.

FALLAHZADEH S H, RASOULI V, SARMADIVALEH M, 2015.An investigation of hydraulic fracturing initiation and near-wellbore propagation from perforated boreholes in tight formation[J]. Rock Mechanics and Rock Engineering, 48 (2): 513-584.

FU W, AMES B C, BUNGER A P, 2016. Impact of Partially Cemented and Non-persistent Natural Fractures on Hydraulic Fracture Propagation[J]. Rockmechanics and Rock Engineering, 49 (11): 4519-4526.

HUANG B, LIU J, 2017. Experimental Investigation of the Effect of Bedding Planes on Hydraulic Fracturing Under True Triaxial Stress[J]. Rockmechanics and Rock Engineering, 50 (10): 2627-2643.

KRESSE O, WENG X W, CHUPRAKOV D, et al, 2013. Effect of flow rate and viscosity on complex fracture development in UFMmodel[C]. ISRM-ICHF-2013-027.

LECAMPION B, DESROCHES J, 2015. Simultaneous initiation and growth ofmultiple radial hydraulic fractures from a horizontal wellbore[J]. Journal of themechanics and Physics of Solids, 82: 235-258.

LEI X, ZHANG S, XU G, et al., 2015.Impact of perforation on hydraulic fracture initiation and extension in tight natural gas reservoirs[J].Energy Technology, 3: 618-624.

LI S B, FIROOZABADI A, ZHANG D X, 2020. Hydromechanicalmodeling of nonplanar three-dimensional fracture propagation using an iteratively coupled approach[J]. Journal of Geophysical Research: Solid Earth, 125: 1-27.

MCCLUREM, HORNE R N, 2013. Discrete fracture networkmodeling of hydraulic stimulation[M]. Springer.

MCCLUREM, PICONEM, FOWLER G, et al., 2020. Nuances and frequently asked questions in field-scale hydraulic fracturemodeling[C]. SPE-199726.

NAGEL I G, MARISELA S N, ITASCA B D, 2011. Simulating hydraulic fracturing in real fractured rock – overcoming the limits of pseudo 3Dmodels[C]. SPE-140480.

OLSON J E, 2008.multi-fracture propagationmodeling: Applications to hydraulic fracturing in shales and tight gas sands[C]. The 42nd US rockmechanics symposium(USRMS). American Rockmechanics Association.

PATER C J de, BEUGELSDIJK L JL, 2005. Experiments and numerical simulation of hydraulic fracturing in naturally fractured rock[C]. American Rockmechanics Association. Alaska Rocks 2005, The 40th US Symposium on Rockmechanics(USRMS).

RENSHAW C E, POLLARD D D, 1995. An experimentally verified criterion for propagation across unbounded frictional interfaces in brittle, linear elasticmaterials[J]. International Journal of Rockmechanics, mining Sciences and Geomechanics Abstract, 32(3): 237-249.

SALIMZADEH S, USUI T, PALUSZNY A, et al., 2017. Finite element simulations of interactions betweenmultiple hydraulic fractures in a poroelastic rock[J]. International Journal of Rockmechanics andmining Sciences, 99: 9-20.

TANG J Z, WU K, ZUO L H, et al., 2019. Investigation of rupture and slipmechanisms of hydraulic fractures inmultiple-layered formations[J]. SPE Journal, 24(5): 2292-2307.

WARPINSKI N R, TEUFEL L W, 1984. Influence of geologic discontinuities on hydraulic fracture propagation[J]. Journal of Petroleum Technology, 39(2): 209-220.

WENG X W, CHUPRAKOV D, KRESSE O, et al., 2018. Hydraulic fracture-height containment by permeable weak bedding interfaces[J]. Geophysics 1-61.

WENG X, KRESSE O, COHEN C, et al., 2011.modeling of hydraulic-fracture-network propagation in a naturally fractured formation[C]. SPE-140253.

WU H, CHUDNOVSKY A, WONG G, et al., 2004. Amap of Fracture Behavior In The Vicinity Of An Interface[C]. American Rockmechanics Association.

WU K, OLSON J E, 2015. Simultaneousmultifracture treatments: Fully coupled fluid flow and fracturemechanics for horizontal wells[J]. SPE Journal, 20(2): 337-346.

ZENG Q, YAO J, SHAO J, 2020. An extended finite element solution for hydraulic fracturing with thermo-hydro-elastic-plastic coupling[J]. Computermethod in Appliedmechanics and Engineering, 364: 1129-1167.

ZHANG X, JEFFREY R G, 2008. Reinitiation or termination of fluid-driven fractures at frictional bedding interfaces[J]. Journal of Geophysical Research: Solid Earth, 113, B08416.

ZHANG X, JEFFREY R G, THIERCELINM, 2010.mechanics of fluid-driven fracture growth in naturally fractured reservoirs with simple network geometries[J]. Journal of Geophysical Reservoir: Solid Earth, 114(B12): 1-16.

ZHOU J, CHENm, JIN Y, et al., 2008. Analysis of fracture propagation behavior and fracture geometry using a tri-axial fracturing system in naturally fractured reservoirs[J]. International Journal of Rockmechanics andmining Sciences, 45(7): 1143-1152.

ZOU Y S, MA X F, ZHANG S C, et al., 2016. Numerical investigation into the influence of bedding plane on hydraulic fracture network propagation in shale formations[J]. Rockmechanics and Rock Engineering, 49(9): 3597-3614.

第二章 吉木萨尔页岩油储层岩石力学性质

岩石力学性质分析是人工裂缝扩展机理分析的基础,本章提出了薄互层状页岩油储层精细地质力学分析方法,建立页岩油储层岩石力学参数与可压性评价模型,构建了J10024井区"工程铁柱子"。

第一节 岩石力学特征

基于岩心观察、CT扫描和测井曲线解释,开展精细化岩心描述与微—宏观测试分析,明确矿物成分、纹层/纹层—界面—天然裂缝特征、岩石力学性质、地应力特征之间的量化关系,构建上、下甜点纵向连续多小层的地质力学模型。针对薄互层状纹层/纹层性储层特征,建立横观各向同性的岩石力学参数与地应力计算模型。综合上、下甜点连续多小层的岩石矿物成分、岩石力学参数、地应力、纹层/层理、天然裂缝及岩心破裂形态,全面系统构建J10024井"工程铁柱子"。

一、矿物成分测试

(一)实验设备与方法

页岩中的矿物直接控制微观孔隙和构造的发育,对页岩的含气性和储集物性具有重要影响。页岩中主要发育石英和黏土等矿物,含少量方解石和白云石等。石英和方解石等脆性矿物在外部应力的作用下易产生裂缝,成为页岩油重要的渗流通道。黏土矿物的比表面积较大,较石英和方解石有更强的吸附能力,使得页岩油能以吸附态保存其中。矿物组分提供了页岩油孔隙形成和演化的物质基础,是页岩油成藏的重要因素。因此,开展页岩矿物分析对页岩油储层评价和后期开采均具有重要的意义。

为明确吉木萨尔凹陷芦草沟组储层矿物成分,采用XRD衍射仪(图2-1-1)进行井

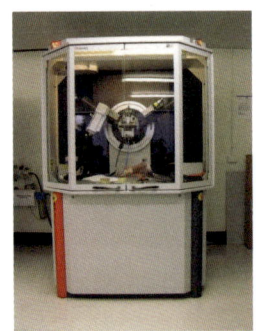 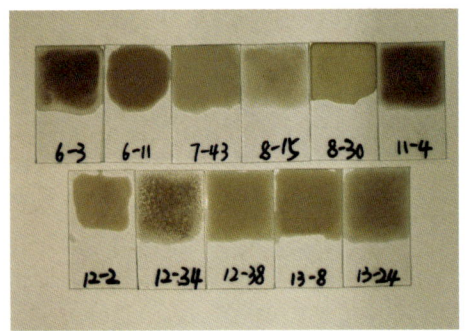

图 2-1-1 XRD衍射仪及试验分析样品

下岩心矿物成分分析。共测试了7种岩性岩心的矿物成分35组，包括泥岩（10组）、灰质泥岩（2组）、粉砂质泥岩（7组）、砂质泥岩（1组）、粉砂岩（1组）、泥质粉砂岩（12组）、白云质粉砂岩（2组）。

（二）实验结果与分析

J10024井岩心主要矿物成分为斜长石、石英、白云石；黏土矿物含量较少，见表2-1-1。

表2-1-1　XRD衍射仪及试验分析样品

序号	样品号	深度/m	岩性	矿物含量/%										
				石英	钾长石	斜长石	方解石	白云石	文石	菱铁矿	黄铁矿	赤铁矿	硬石膏	钙芒硝	黏土
1	4-63	3481.2	泥质粉砂岩	36.3		33.4	10.1	7.9		12.3					
2	4-64	3481.5	泥质粉砂岩	22.3		31.7	10.7	12.2		9.8			7.2		6.1
3	5-8	3483.83	泥岩	24.0	19.3	26.7	10.2	11.3		8.5					
4	6-3	3489.25	粉砂质泥岩	27.9	6.7	34.9		16.4		0.9	3.8		4.5		4.9
5	6-4	3489.32	粉砂质泥岩	54.2		10.6		31.9							3.3
6	6-11	3490.26	白云质粉砂岩	28.0	3.6	21.9	0.4	44.9					1.2		
7	6-15	3490.72	灰质泥岩	26.4	10.7	45.7	2.3	3.7							8.3
8	6-19	3491.35	白云质粉砂岩	28.4	4.3	53.1		2.1					6.0		6.1
9	6-22	3492.52	粉砂岩	18.7		29.1		50.5					1.7		
10	7-43	3503.93	泥岩	16.2		12.4	39.8	0.8	12.6		14.6				3.6
11	8-15	3506.65	泥质粉砂岩	13.0		13.8		72.2		1.0					
12	8-30	3507.09	泥岩	25.9		34.0		21.8					6.0		12.3
13	11-4	3619.8	泥质粉砂岩	28.5		33.1		25.3		0.8			6.3		6.0
14	11-8	3620.75	泥岩	28.2	6.7	25.0		38.2							1.9
15	11-22	3623.13	泥岩	23.5	4.2	25.2	18.8	15.6		2.3		2.4			5.5
16	11-26	3624.18	粉砂质泥岩	13.6	8.5	22.2	7.0	32.6		1.0	3.4				11.7
17	12-2	3627.65	泥质粉砂岩	38.7	3.6	28.8		18.7					4.3		5.9
18	12-33	3632.31	泥质粉砂岩	19.7		35.4		39.6					1.6		3.7
19	12-34	3632.86	泥质粉砂岩	27.6	7.5	47.2		2.2			5.5		6.6		3.4
20	12-38	3633.62	泥质粉砂岩	12.6	7.7	26.4		41.1		0.9	1.3			1.6	8.4
21	13-9	3636.92	泥质粉砂岩	19.7	8.0	33.9		24.6		0.6	2.5		5.4		5.3
22	13-8	3637.16	泥质粉砂岩	25.1	10.8	36.9		20.1			1.2				5.9
23	13-14	3637.8	泥岩	26.8		14.5	8.4	48.4							1.9

续表

序号	样品号	深度/m	岩性	石英	钾长石	斜长石	方解石	白云石	文石	菱铁矿	黄铁矿	赤铁矿	硬石膏	钙芒硝	TCCM
24	13-15	3637.9	泥岩	16.1	2.0	12.6		66.2					0.7		2.4
25	13-24	3639.8	粉砂质泥岩	29.2	9.0	30.2	6.1	18.1			3.7				3.7
26	13-31	3640.75	泥岩	16.0	13.2	28.3	18.8	1.3		1.0	12.4				9.0
27	13-38	3641.97	泥岩	10.1	1.5	12.9	1.6	63.8				4.5	0.7		4.9
28	14-7	3645.01	粉砂质泥岩	13.7	1.3	9.9	0.3	72.5							2.3
29	14-9	3645.26	粉砂质泥岩	12.7	5.4	27.4		45.9		1.0	2.0		1.3		4.3
30	14-27	3649.82	泥岩	18.7	4.4	13.8	21.4	33.0			1.5		3.5		3.7
31	14-32	3650.77	粉砂质泥岩	10.8		26.9		55.6					1.2		5.5
32	15-5	3651.66	泥质粉砂岩	32.1	4.9	23.5		23.5		1.2			1.6		13.2
33	15-11	3652.76	灰质泥岩	15.8		15.2	43.2	13.2			2.8		3.4		6.4
34	16-2	3659.37	砂质泥岩	18.0	2.2	29.4	10.2	24.2			4.0		4.6		7.4
35	16-4	3659.67	泥质粉砂岩	27.0	3.1	31.2		23.1			2.3		5.3		8.0

根据常规岩石矿物分类，将井下岩心矿物成分分成以下三大类：石英类、碳/硫酸盐类、黏土类。石英类包含石英、长石、黄铁矿；碳/硫酸盐类包含方解石、白云石、文石、菱铁矿、菱镁矿、赤铁矿、硬石膏、钙芒硝、重晶石；黏土类包含高岭石、绿泥石、伊利石。并将矿物成分测试实验结果绘制成三角相图，如图2-1-2所示。吉木萨尔凹陷芦草沟组储层主要矿物成分为石英类与碳酸盐类，石英含量为20%~100%、碳酸盐类含量为0~80%。

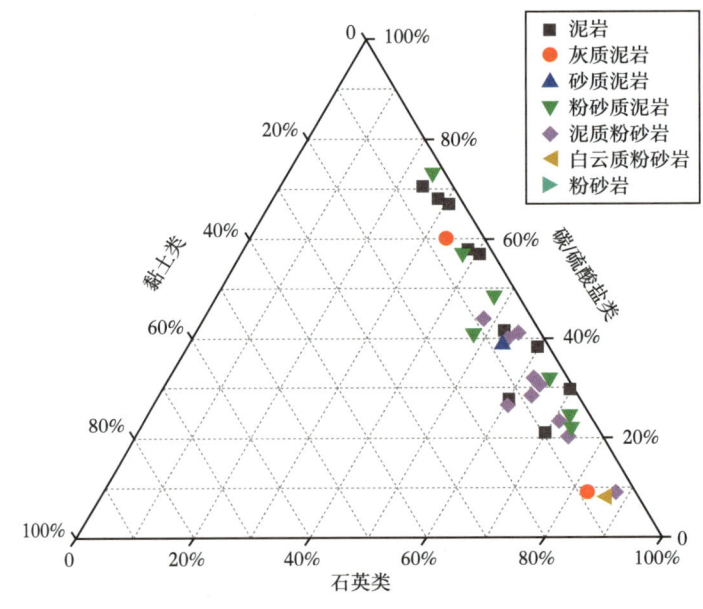

图 2-1-2 矿物含量三角相图

测试结果发现芦草沟组页岩油储层岩心矿物成分呈现明显分区现象。主要矿物成分为石英类与碳酸盐类，相对含量为 20%~90%；黏土矿物含量相对较少，相对含量低于 10%。石英类与碳酸盐类矿物含量高时，岩石的脆性较强，基于前人评价方法，将石英类矿物（石英、钾长石、斜长石）与碳酸盐类矿物（白云石）作为岩石矿物学脆性特征评价的主要矿物类别，计算分析吉木萨尔凹陷芦草沟组储层岩石矿物成分脆性指数。矿物含量与强度变化分布图如图 2-1-3 所示，整体上随碳酸盐类矿物含量增大，岩石力学强度与脆性均增大。抗拉强度与碳酸盐类矿物含量相关图如图 2-1-4 所示。当碳酸盐类矿物含量大于 30% 之后，岩石抗拉强度与脆性指数与碳酸盐类矿物含量成明显的正相关趋势，相关系数可达 0.6 以上。随碳酸盐类矿物含量增大，岩石强度与脆性均有一定程度提升；岩石碳酸盐矿物含量为 70% 时，脆性指数可达 0.9 以上。

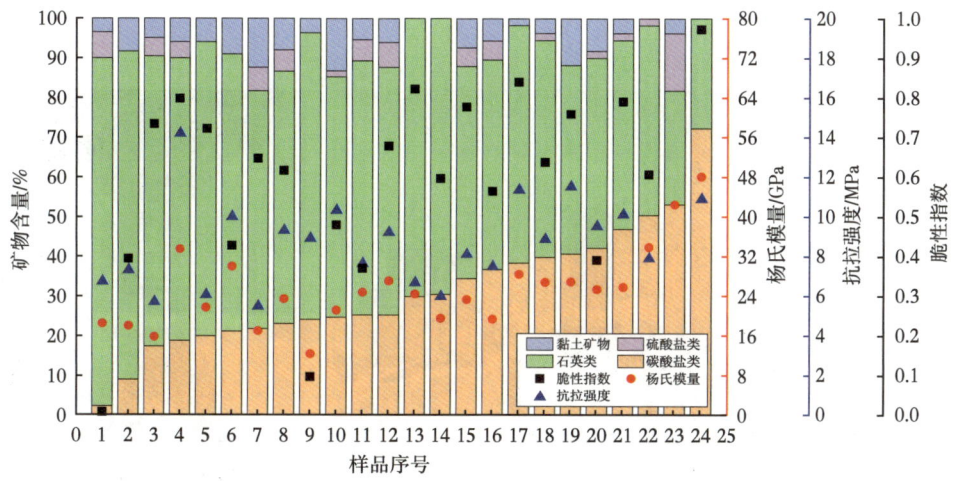

图 2-1-3 矿物含量与强度关系

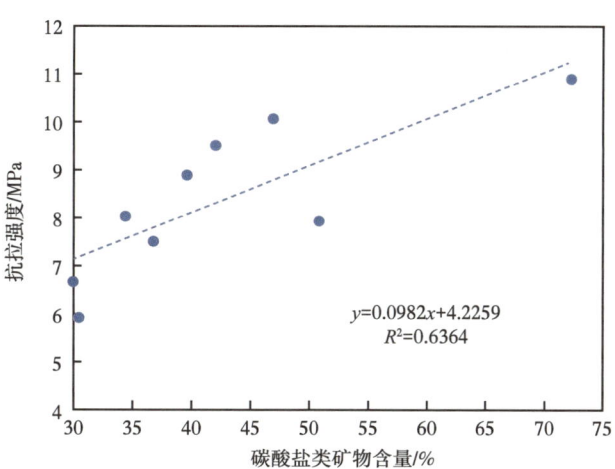

图 2-1-4 抗拉强度与碳酸盐矿物含量关系

二、三轴压缩试验

(一)实验设备与方法

由于页岩储层物性差,渗透率极低,需采用水平井钻井、水力多段压裂、重复压裂、同步压裂及裂缝综合监测等技术改造储层,而页岩非均质性和各向异性比砂岩强,平行层理与垂直层理方向力学性质差异大,迫切需要开展页岩油开采相关力学特性方面的研究工作,为国内页岩油水平井压裂开发探索一条合适的途径。为明确吉木萨尔凹陷芦草沟组储层岩石力学特征,根据岩石物理力学性质试验规程(第 20 部分:岩石三轴压缩强度试验)(DZ/T 0276.20—2015),应用井下岩心制备实验所需的标准试样(长 50mm、直径 25mm 圆柱,),采用岩石力学综合测试系统(GCTS,RTR-1000)(图 2-1-5)开展单/三轴压缩实验共 85 组,测得岩石杨氏模量、泊松比、抗压强度。实验过程采用变形控制,加载速度为 1mm/min。

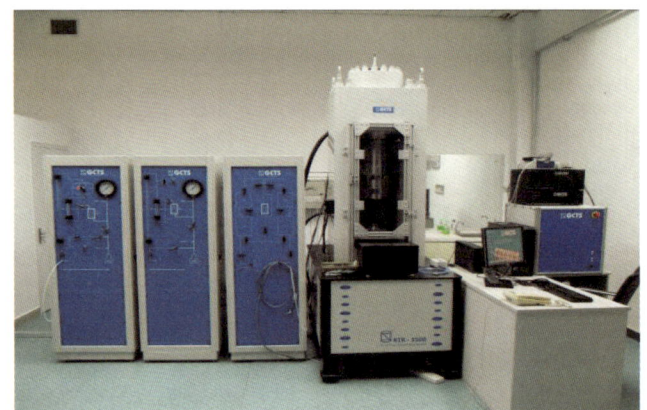

图 2-1-5 岩石力学综合测试系统及测试过程

该系统可以进行围压、孔隙压力条件下的三轴压缩实验、应力敏感实验等,轴向应力加载最大 150t,最大围压为 210MPa,最大孔压为 210MPa。杨氏模量 E,泊松比 μ 及轴向破坏应力 σ(MPa)的计算公式为:

$$E = \sigma_{(50)} / \varepsilon_{h(50)} \qquad (2\text{-}1\text{-}1)$$

式中 E——杨氏模量,MPa;

$\sigma_{(50)}$——最大主应力差值的 50%,MPa;

$\varepsilon_{h(50)}$——$\sigma_{(50)}$ 处的轴向压缩应变。

$$v = \left| \frac{\varepsilon_{d(50)}}{\varepsilon_{h(50)}} \right| \qquad (2\text{-}1\text{-}2)$$

式中 v——泊松比;

$\varepsilon_{h(50)}$——$\sigma_{(50)}$ 处的轴向压缩应变;

$\varepsilon_{d(50)}$——$\sigma_{(50)}$ 处的径向应变。

$$\sigma = P/A \qquad (2\text{-}1\text{-}3)$$

式中 σ——破坏应力，MPa；
  P——载荷，kN；
  A——面积，cm^2。

（二）实验结果与分析

上甜点共测试 6 种岩性 72 块岩样，包括泥质粉砂岩 23 块，白云质粉砂岩 15 块，粉砂岩 6 块，泥岩 16 块，灰质泥岩 6 块，粉砂质泥岩 6 块，上甜点测试深度弹性参数变化趋势如图 2-1-6 所示。下甜点共测试 5 种岩性 85 块岩样，包括泥质粉砂岩 32 块，泥岩 32 块，灰质泥岩 5 块，粉砂质泥岩 12 块，砂质泥岩 4 块，下甜点测试深度弹性参数变化趋势如图 2-1-7 所示。

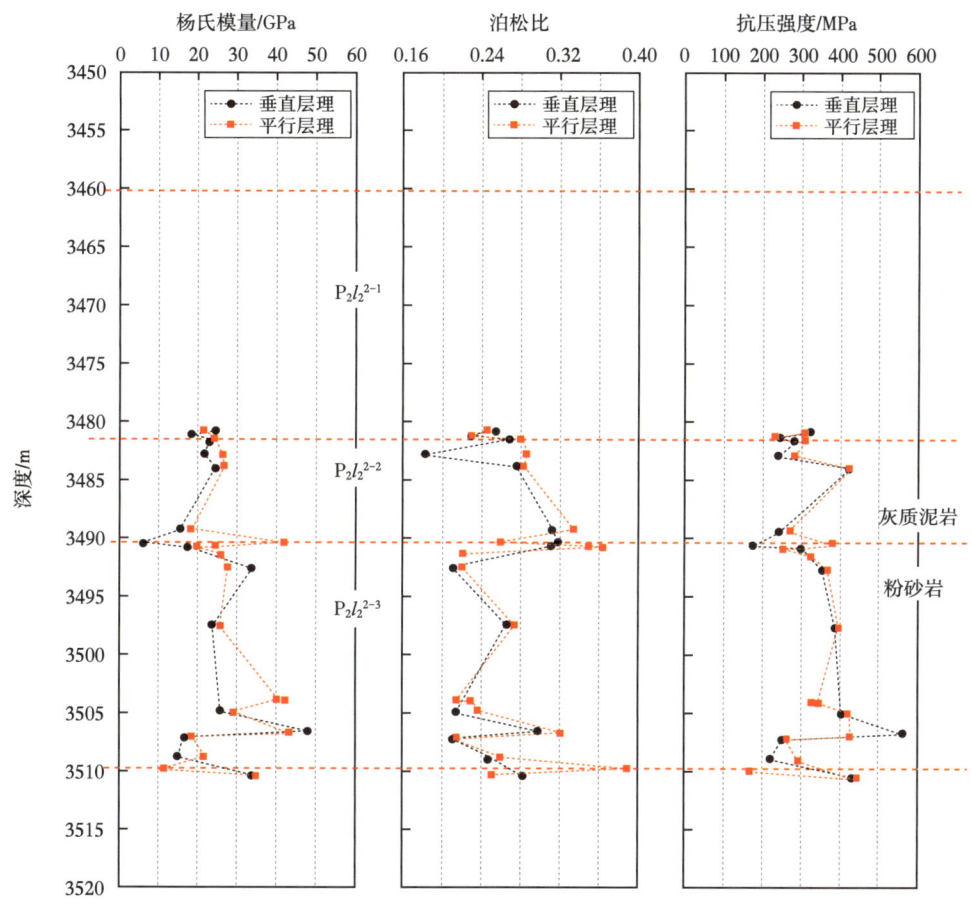

图 2-1-6 上甜点测试深度弹性参数变化

层理对岩石力学性质的影响如图 2-1-8 所示。可以看到：上甜点整体上平行层理方向的杨氏模量、抗压强度明显大于垂直层理方向，各向异性系数分别为 1.48、1.11；杨氏模量各向异性系数最大可达 6.82，$P_2l_2^{2-2}$ 与 $P_2l_2^{2-3}$ 小层间岩性变化处弹性参数变化明显。图 2-1-9 为下甜点测试结果。下甜点岩石各向异性差异较大，其中白云质粉砂岩与粉砂质泥岩各向异性强；平行层理方向与垂直层理方向力学性质差异较大，垂直层理方向呈明显的塑性特征，抗压强度远小于平行层理方向。整体上，平行层理方向的杨氏模量、泊松比、抗压强度略大于垂直层理方向，各向异性系数平均为 1.13，下甜点 $P_2l_1^{2-1}$ 层整体强度高于 $P_2l_1^{2-2}$ 层与 $P_2l_1^{2-3}$ 层。

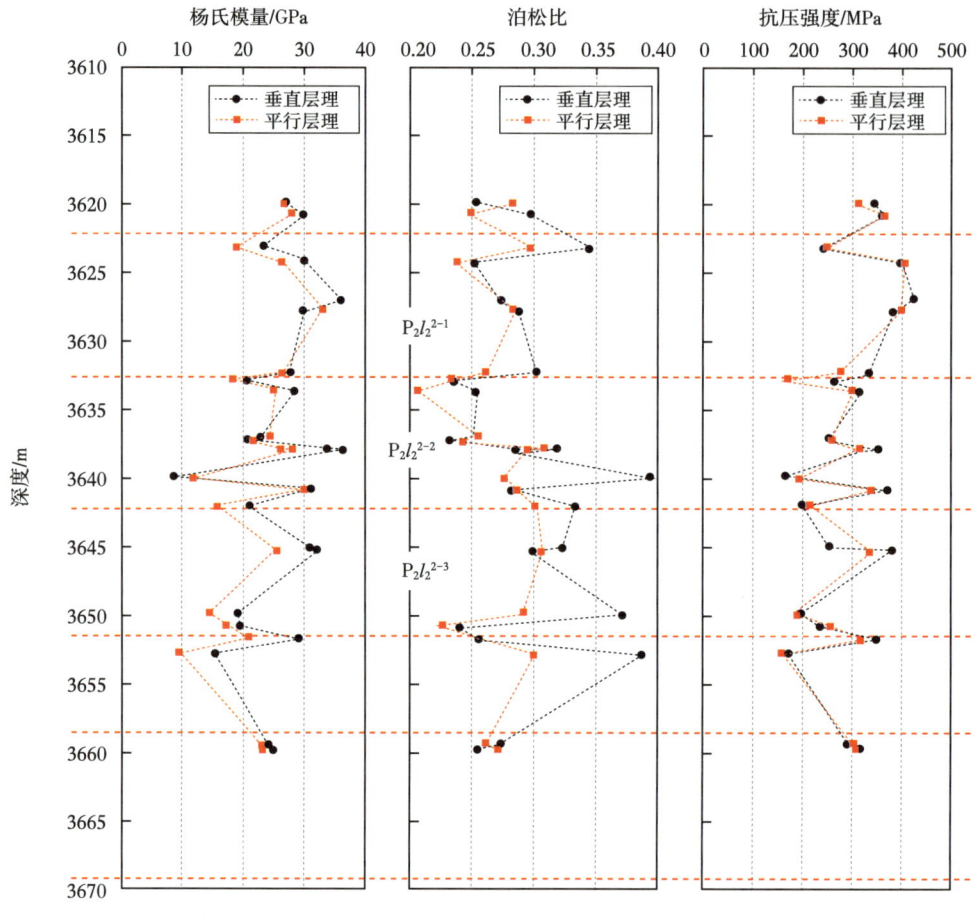

图 2-1-7　下甜点测试深度弹性参数变化

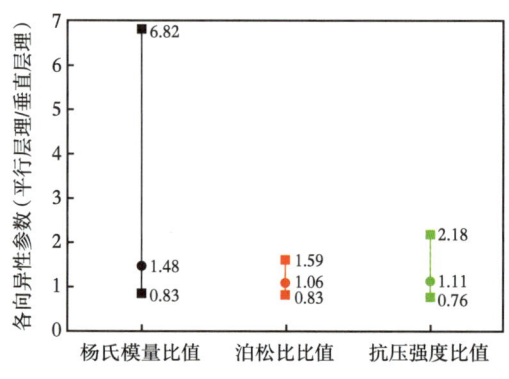

图 2-1-8　上甜点弹性参数各向异性

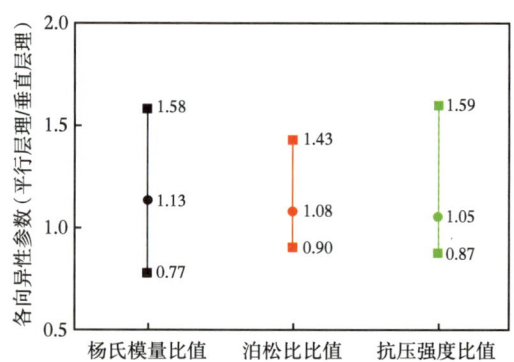

图 2-1-9　下甜点弹性参数各向异性

上甜点杨氏模量最大值为49.3GPa,平均值为25.9GPa,下甜点杨氏模量最大值为36.9GPa,平均值为24.5GPa;上甜点泊松比最大为0.46,平均为0.27,下甜点泊松比最大为0.42,平均为0.28。

砂质泥岩的杨氏模量、泊松比分布比较集中(中等杨氏模量、低泊松比),泥岩、白云质粉砂岩和泥质粉砂岩的杨氏模量变化范围较广,整体上泥岩、泥质粉砂岩杨氏模量较大,灰质泥岩的杨氏模量低于其他岩性,如图2-1-10所示。

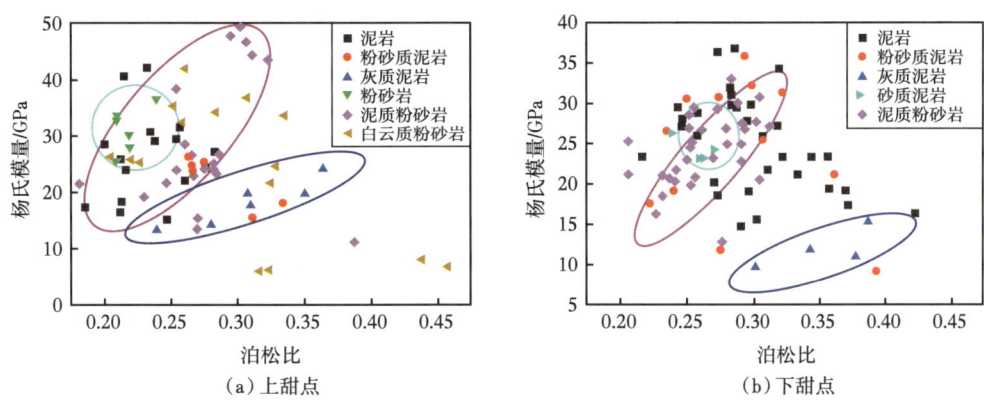

图2-1-10 杨氏模量与泊松比交会图

上下甜点抗压强度变化范围广,上甜点抗压强度存在异常高值。抗压强度频数分布(围压35MPa)如图2-1-11所示。上下甜点抗压强度主要集中在200~400MPa,上甜点存在大于550MPa的高抗压强度点($P_2l_2^{2-3}$层,3506.27m附近的泥质粉砂岩)。

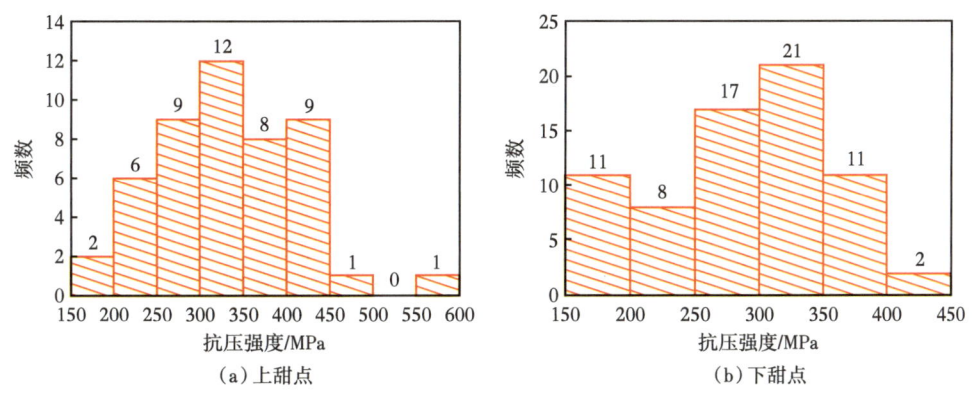

图2-1-11 抗压强度频数分布

不同层位抗压强度分布(围压35MPa)如图2-1-12所示。上甜点抗压强度:$P_2l_2^{2-1}$层<$P_2l_2^{2-2}$层<$P_2l_2^{2-3}$层<$P_2l_2^{2-4}$层。$P_2l_2^{2-1}$层平均抗压强度为276.8MPa,$P_2l_2^{2-2}$层平均抗压强度为323.4MPa,$P_2l_2^{2-3}$层平均抗压强度为341.2MPa,$P_2l_2^{2-4}$层平均抗压强度为347.8MPa。下甜点抗压强度:$P_2l_1^{2-4}$层<$P_2l_1^{2-3}$层<$P_2l_1^{2-2}$层<$P_2l_1^{2-1}$层。$P_2l_1^{2-1}$层平均抗压强度为324.1MPa,$P_2l_1^{2-2}$层平均抗压强度为266.9MPa,$P_2l_1^{2-3}$层平均抗压强度为

261.2MPa。

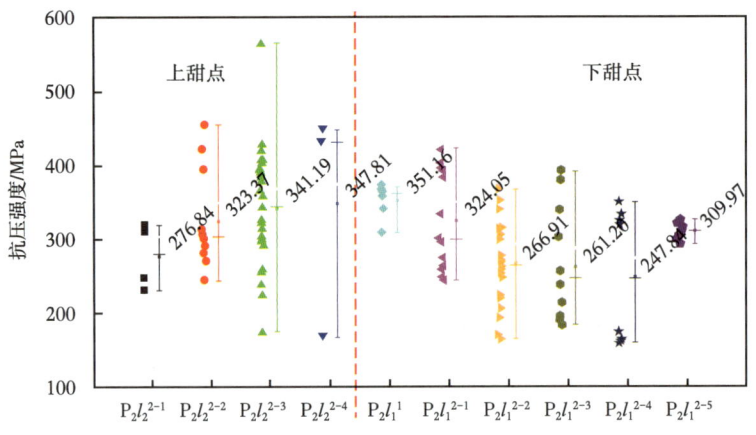

图 2-1-12　不同层位抗压强度分布（围压 35MPa）

上下甜点不同岩性岩石抗压、抗拉强度变化范围较广，非均质性强（图 2-1-13）。上甜点泥岩平均抗压强度为 347.6MPa，粉砂质泥岩平均抗压强度为 350.3MPa，灰质泥岩平均抗压强度为 289.3MPa，粉砂岩平均抗压强度为 362.7MPa，泥质粉砂岩平均抗压强度为 305.9MPa，白云质粉砂岩平均抗压强度为 351.2MPa。下甜点泥质粉砂岩平均抗压强度为 301.7MPa，泥岩平均抗压强度为 281.0MPa，粉砂质泥岩平均抗压强度为 301.6MPa，灰质泥岩平均抗压强度为 164.4MPa，砂质泥岩平均抗压强度为 302.2MPa；灰质泥岩抗压强度明显小于其他岩性。

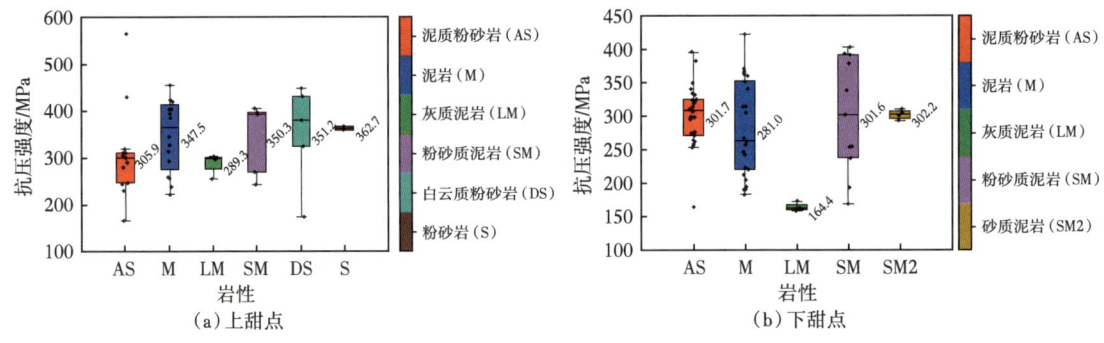

图 2-1-13　不同岩性抗压强度分布

不同岩性岩石各向异性差异较大，白云质粉砂岩与粉砂质泥岩各向异性强。典型应力应变曲线与破裂形态如图 2-1-14 所示。白云质粉砂岩各向异性较强，平行层理方向与垂直层理方向力学性质差异较大，垂直层理方向呈明显的塑性特征，抗压强度远小于平行层理方向。泥岩整体脆性较好。泥质粉砂岩垂直层理方向呈现塑性特征，脆性较差。下甜点粉砂质泥岩呈现塑性特征，脆性较差。下甜点灰质泥岩呈现塑性特征，脆性较差。

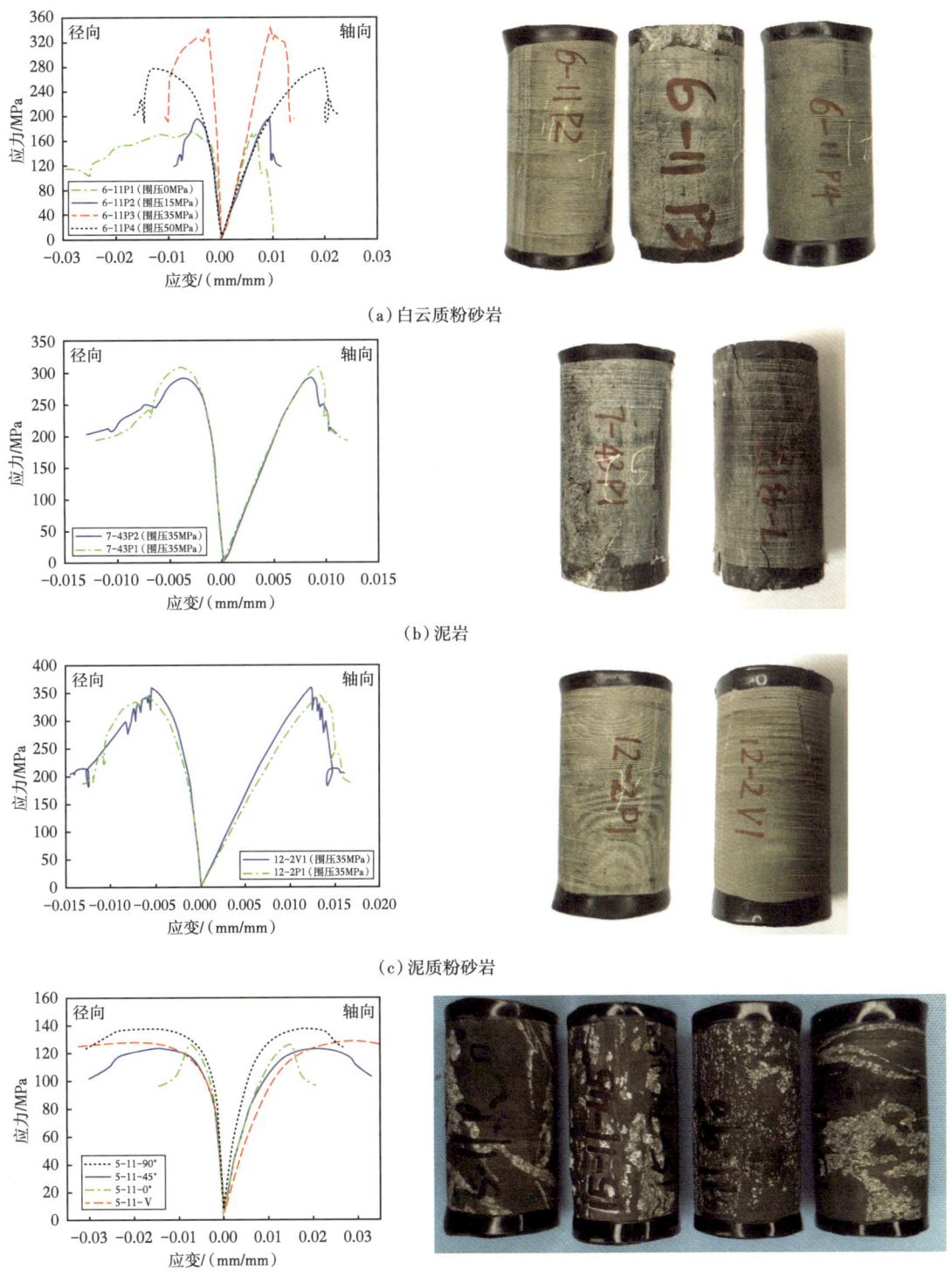

(a)白云质粉砂岩

(b)泥岩

(c)泥质粉砂岩

(d)灰质泥岩

图 2-1-14 不同岩性岩心三轴应力应变曲线与破裂形态

各种岩性岩石的内聚力与内摩擦角如图 2-1-15 所示。整体上垂直层理方向的岩心内摩擦角小于平行层理方向，内聚力大于平行层理方向。白云质粉砂岩的差异更明显、各向异性较强。泥质粉砂岩内垂直层理方向存在高内聚力岩心，内摩擦角变化范围广。泥岩垂直层理方向内聚力大于平行方向，内摩擦角小于平行层理方向。

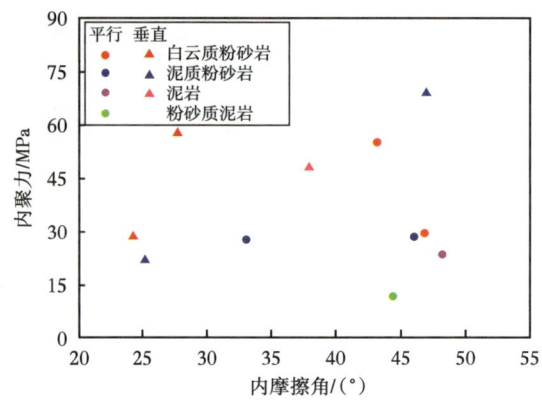

图 2-1-15　内聚力—内摩擦角交汇图

根据三轴压缩测试结果，拟合抗压强度与杨氏模量相关关系，发现抗压强度与杨氏模量存在较好的线性相关关系，如图 2-1-16 所示。拟合得到两者转换公式包括垂直层理方向与平行层理方向，可以用作连续的力学参数剖面计算。

$$\sigma_{cv} = 10.001E + 53.494 \qquad (2-1-4)$$

$$\sigma_{cp} = 9.806E + 43.381 \qquad (2-1-5)$$

式中　σ_{cv}——垂直层理方向抗压强度，MPa；

　　　σ_{cp}——平行层理方向抗压强度，MPa；

　　　E——杨氏模量，GPa。

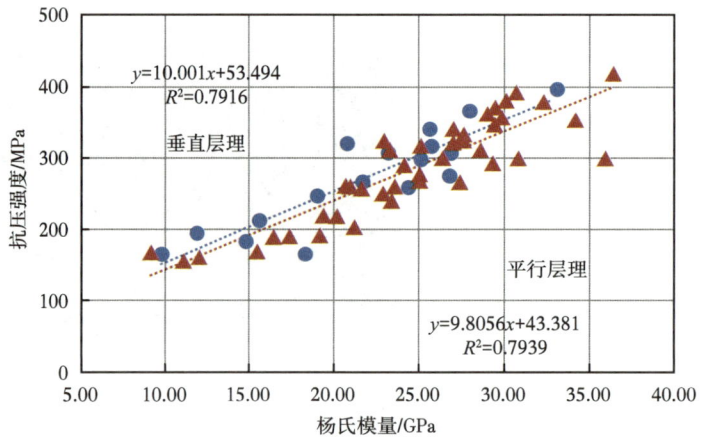

图 2-1-16　抗压强度与杨氏模量转换关系

三、抗拉强度测试

(一)实验设备与方法

页岩最典型的特征就是具有薄片的层状节理,层理的存在使页岩在各个方向表现出了明显不同的力学响应和破坏方式。巴西劈裂试验是测量岩石抗拉强度的一种简单而有效的方式。在实际的水力压裂过程中,当地应力相差较大,原生裂隙方位与主应力成30°~60°且注入流体黏度较低时,地层容易沿原生裂隙诱发剪切破裂,但一般情况下,地层的张拉破裂更容易发生,所以有必要针对页岩的抗拉性质做系统的分析。为明确吉木萨尔凹陷芦草沟组储层抗拉强度特征,根据实验标准:美国岩石力学协会推荐标准 第3部分:Suggested Method for Determining the Dynamic Strength Parameters and Mode Ⅰ Fracture Toughness of Rock Materials,应用岩石力学综合测试系统(GCTS,RTR-1000)开展抗拉强度测试。测试试样为直径25mm厚度13mm的圆片,如图2-1-17所示。测试过程为变形控制,加载速度为1mm/min,如图2-1-18所示。

图 2-1-17 抗拉强度测试试样(ϕ25mm×H13mm)

 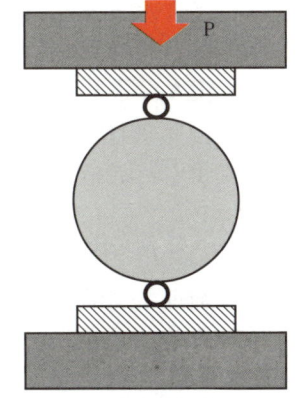

(a)实拍　　　　　　　　　　　(b)示意图

图 2-1-18 抗拉测试测试过程

（二）实验结果与分析

上甜点共测试7种岩性69块岩样，包括泥岩10块，灰质泥岩13块，粉砂质泥岩8块，泥质灰岩8块，泥质粉砂岩17块，白云质粉砂岩10块，粉砂岩3块。下甜点共测试5种岩性72块岩样，包括泥质粉砂岩28块，泥岩21块，灰质泥岩10块，粉砂质泥岩11块，砂质泥岩2块。

上、下甜点抗拉强度主要集中在4~10MPa，上甜点存在大于16MPa的高抗拉强度点（$P_2l_2^{2-3}$层，3510.38m附近的白云质粉砂岩）。上甜点平均抗压强度7.2MPa与下甜点平均抗拉强度6.9MPa相差不大。上下甜点抗压强度变化范围广，频数分布如图2-1-19所示。上甜点抗拉强度存在异常高值。

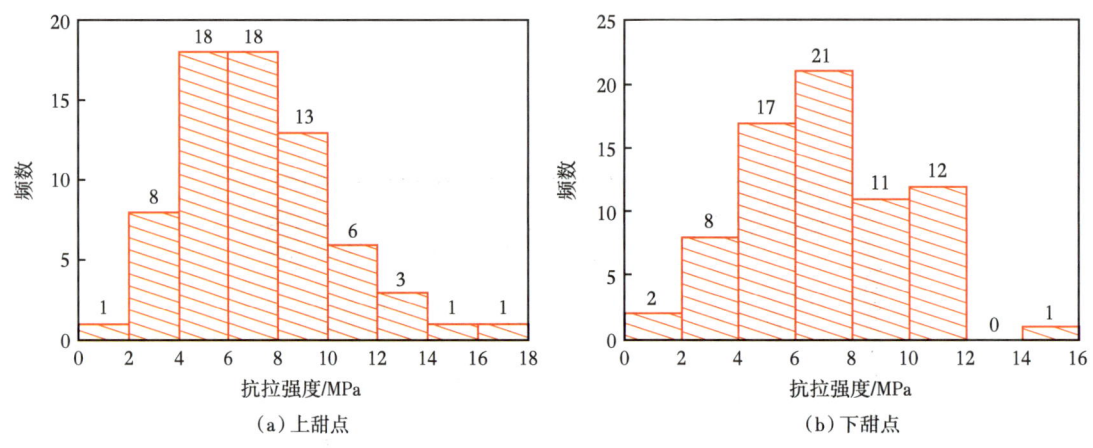

图2-1-19 抗拉强度频数分布

不同岩性抗拉强度测试结果如图2-1-20所示。J10024井上甜点平均抗拉强度：泥质灰岩为6.39MPa，泥质粉砂岩为6.37MPa，泥岩为6.89MPa，灰质泥岩为7.84MPa，粉砂质泥岩为7.93MPa，白云质粉砂岩为7.73MPa，粉砂岩为7.77MPa。上甜点抗拉强度平均值：粉砂质泥岩＞灰质泥岩＞粉砂岩＞白云质粉砂岩＞泥岩＞泥质灰岩＞泥质粉砂岩。下甜点平均抗拉强度：泥质粉砂岩为6.71MPa，泥岩为7.90MPa，灰质泥岩为4.68MPa，粉砂质泥岩为7.68MPa，砂质泥岩为6.51MPa。下甜点抗拉强度平均值：泥岩＞粉砂质泥岩＞泥质粉砂岩＞砂质泥岩＞灰质泥岩。灰质泥岩抗拉强度明显小于其他岩性。上、下甜点灰质泥岩抗拉强度相差较大，下甜点灰质泥岩抗拉强度仅为上甜点的60%。

不同层位抗拉强度分布如图2-1-21所示，上甜点平均抗拉强度：$P_2l_2^{2-1}$层（5.84MPa）＜$P_2l_2^1$层（6.39MPa）＜$P_2l_2^{2-2}$层（6.48MPa）＜$P_2l_2^{2-3}$层（7.83MPa）＜$P_2l_2^{2-4}$层（12.38MPa）。下甜点平均抗拉强度：$P_2l_1^{2-4}$层（5.25MPa）＜$P_2l_1^{2-3}$层（6.58MPa）＜$P_2l_1^{2-2}$层（7.34MPa）＜$P_2l_1^{2-5}$层（7.89MPa）＜$P_2l_1^{2-1}$层（10.23MPa）。

典型破裂形态与载荷曲线如图2-1-22所示。不同岩性岩石，平行层理方向抗拉强度均远小于垂直层理抗拉强度，在其20%左右。平行层理加载负荷曲线波动明显，岩石不稳定，极易沿层理弱面破裂，抗拉强度显著降低。垂直层理加载，岩石受载稳定，抗拉强度大，易形成层理分支缝。

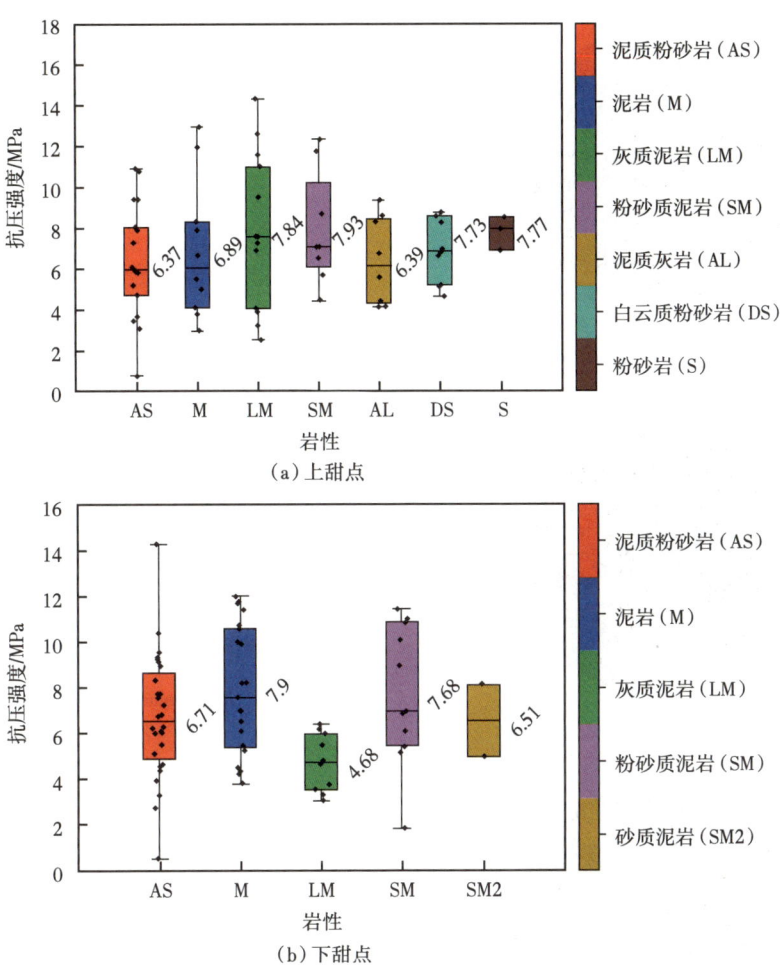

图 2-1-20　不同岩性抗拉强度分布

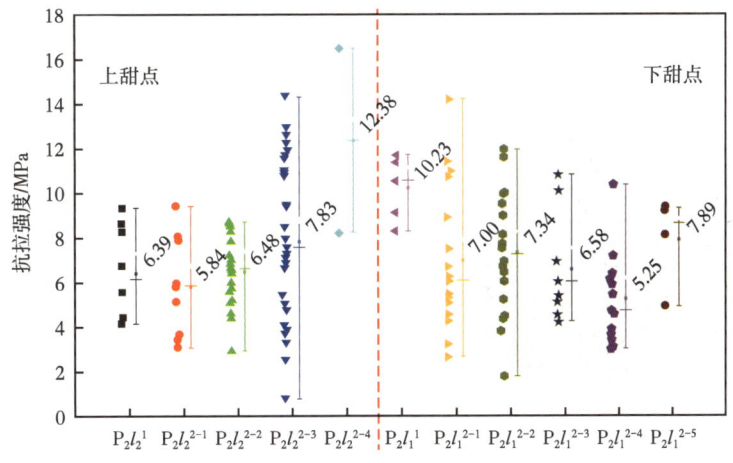

图 2-1-21　不同层位抗拉强度分布

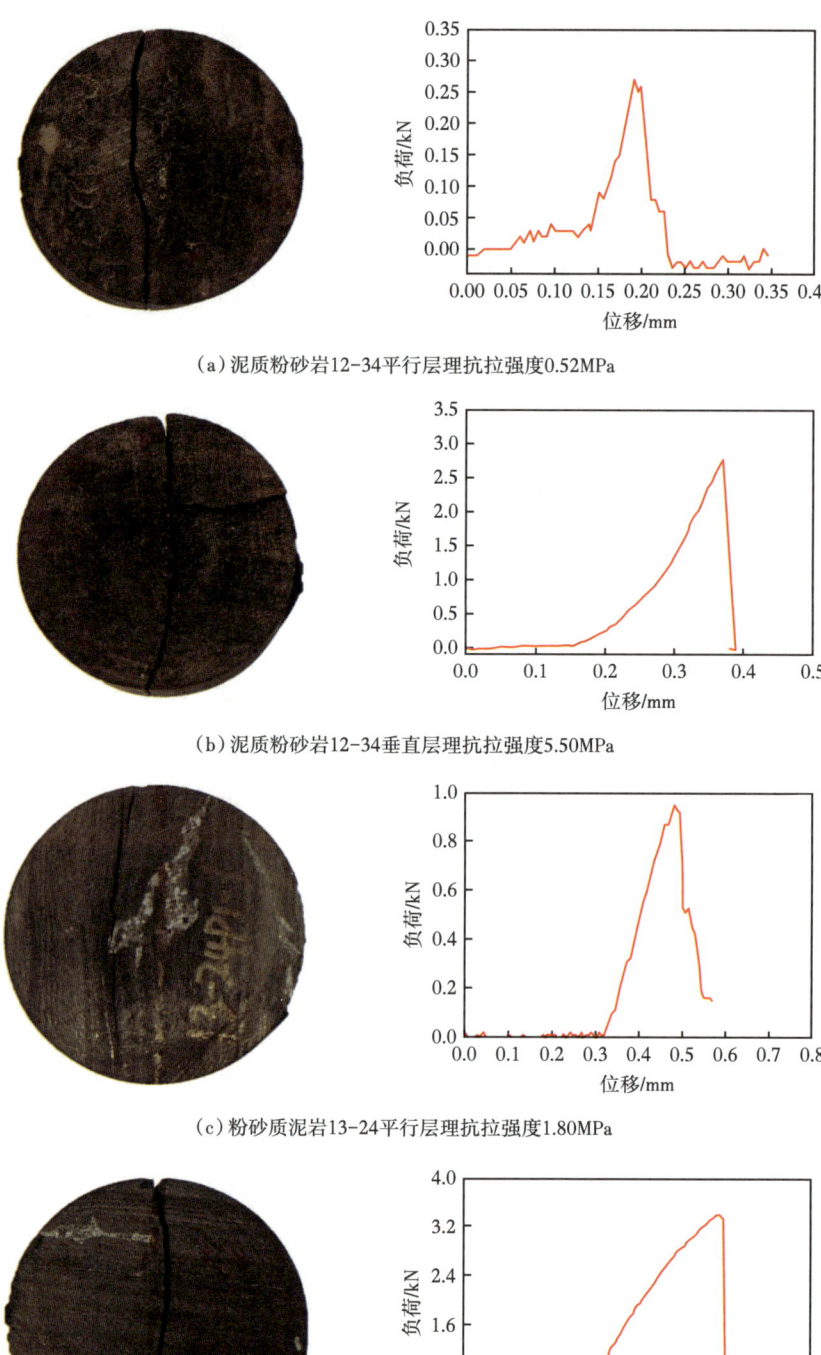

(a)泥质粉砂岩12-34平行层理抗拉强度0.52MPa

(b)泥质粉砂岩12-34垂直层理抗拉强度5.50MPa

(c)粉砂质泥岩13-24平行层理抗拉强度1.80MPa

(d)粉砂质泥岩13-24垂直层理抗拉强度6.86MPa

图 2-1-22 典型破裂形态与载荷曲线

上、下甜点室内测试抗拉强度与抗压强度存在较好的线性关系，拟合得到转换公式，可用作测井力学剖面计算。上甜点强度关系拟合如图 2-1-23 所示，下甜点强度关系拟合如图 2-1-24 所示。垂直层理方向强度拟合关系相关性较高，平行层理方向强度拟合关系相关性一般，这主要是由于层理力学性质各向异性较强。

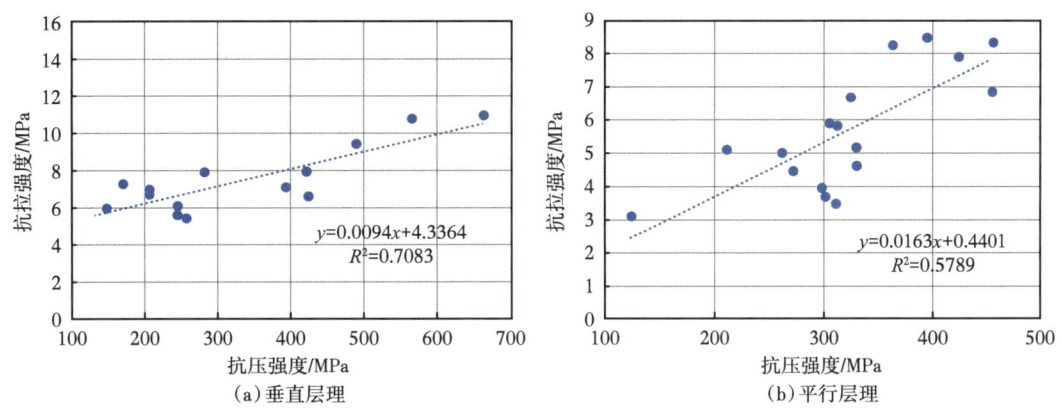

图 2-1-23　上甜点抗拉强度关系拟合

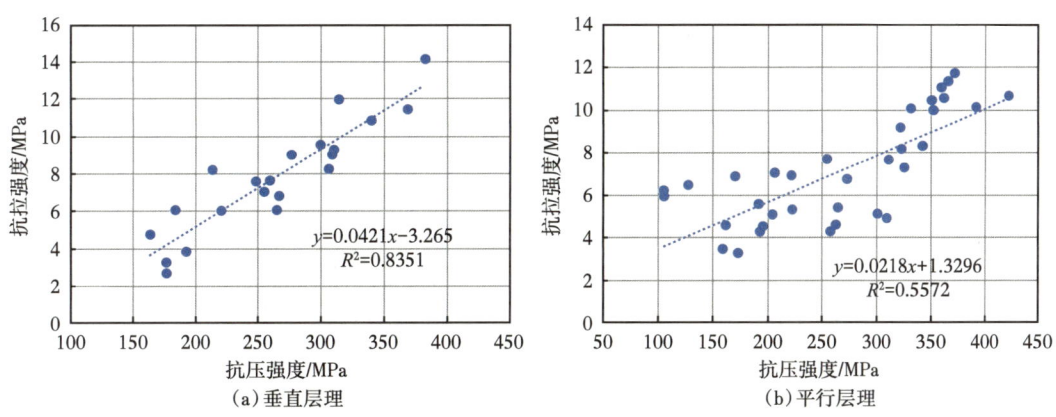

图 2-1-24　下甜点抗拉强度关系拟合

四、岩石脆性评价

吉木萨尔凹陷芦草沟组储层岩性复杂，压裂段岩石的脆性强弱对产能影响显著。在矿物学、力学参数及能量演化特征分析的基础上，应用层次分析法，提出适合芦草沟组储层的脆性评价新方法，对比分析不同岩性岩石的综合脆性特征。

岩石脆性与岩石的矿物组成、微观结构、力学性质等密切相关，脆性较高的岩石通常具有如下特征：石英等脆性矿物含量高；内摩擦角大或剪切破裂面倾角小；产生清晰的破裂面等。现有的脆性评价方法根据理论基础可以分为以下四类。

一是基于矿物成分法，即通过岩石中脆性矿物的含量来定量表征岩石的脆性强弱；二是基于岩石力学强度参数计算法，即将脆性视为单轴抗压强度、裂纹萌生应力或抗张强度的函数；三是基于岩石变形特征法，即采用单轴或三轴压缩过程中岩石的变形参数来表征岩石的脆性强弱；四是基于能量演化理论法，即通过岩石破坏过程中的能量转化形式来定量表征岩石的脆性。

石英类与碳酸盐类矿物含量高时，岩石的脆性较强，基于前人评价方法（Arvie 等，2007；Wang 等，2009；李钜源，2013；Jin 等，2014），将石英类矿物（石英、钾长石、斜长石）与碳酸盐类矿物（白云石）作为岩石矿物学脆性特征评价的主要矿物类别（式2-1-6），计算分析吉木萨尔凹陷芦草沟组储层岩石矿物成分脆性指数。

$$B_1 = \left(W_\mathrm{q} + W_\mathrm{f} + W_\mathrm{d}\right)/W_\mathrm{t} \tag{2-1-6}$$

式中　B_1——矿物成分脆性指数；
　　　W_d——白云石含量，%；
　　　W_f——长石含量，%；
　　　W_q——石英含量，%。

由矿物学脆性评价结果可知，吉木萨尔凹陷芦草沟组储层多数岩样的矿物成分脆性指数均高于 0.6（图 2-1-25），这是由于该区岩心矿物成分主要为石英类与碳酸盐类矿物，黏土矿物含量较少。

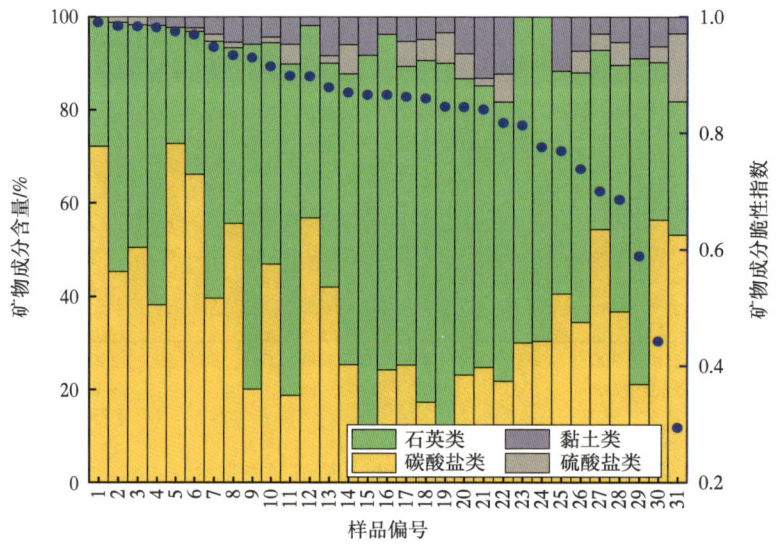

图 2-1-25　吉木萨尔凹陷芦草沟组储层矿物学脆性特征

为明确吉木萨尔凹陷芦草沟组储层岩石力学特征，采用岩石力学综合测试系统对标准岩心样品（长 50mm、直径 25mm）开展三轴压缩实验，实验过程采用变形控制，加载速度为 1mm/min，为模拟地层条件，设定围压为 35MPa（平均地层压力），测定储层岩石杨氏模量、泊松比、抗压强度及应力—应变曲线，并根据 Rickman 的方法（Rickman 等，2008）计算芦草沟组岩心力学参数脆性。

$$B_2 = \left(E_\mathrm{D} + v_\mathrm{D}\right) \tag{2-1-7}$$

式中　B_2——基于岩石力学参数的脆性指数；

E_D——归一化杨氏模量；

ν_D——归一化泊松比。

结果表明，不同深度不同岩性的储层岩石力学性质变化较大，杨氏模量为 10~35GPa，泊松比变化相对较小，多数为 0.2~0.3，抗压强度为 160~410MPa（图 2-1-26）。

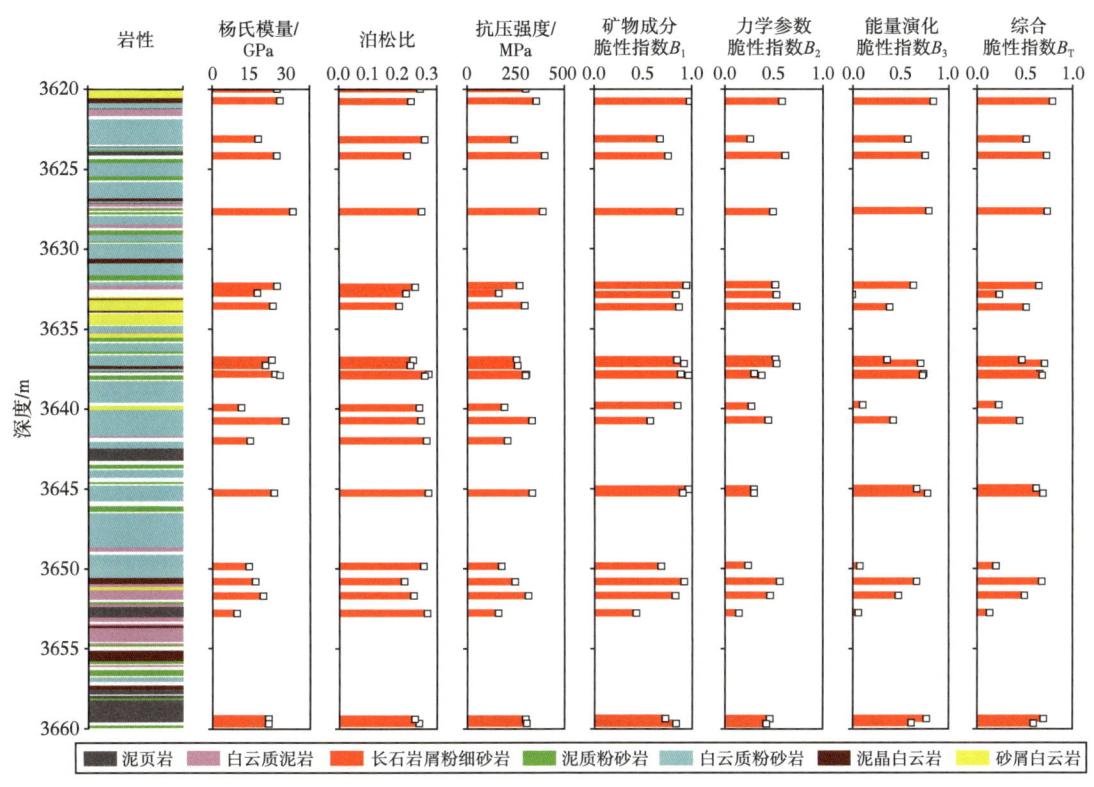

图 2-1-26　吉木萨尔凹陷芦草沟组储层力学参数与脆性指数剖面

在轴向载荷的加载过程中，岩样的轴向应变先线性增加，输入能量以弹性能的形式存储在岩石中；应力在达到峰值应力前出现明显的非线性阶段，表明岩样内部微裂纹的产生和扩展；峰后阶段岩样承载能力逐渐降低，储存的能量逐渐释放。通过峰后应力—应变曲线的斜率可以确定岩石的软化模量，表征峰后岩石承载能力丧失的快慢。软化模量的绝对值越大，即发生较小的轴向应变时岩石的承载能力降低越快，岩石的脆性越大。

相同岩性的不同岩心，表现出不同的力学特征，其应力—应变曲线不同（图 2-1-27）。白云质粉砂岩（岩样 6#）表现出明显的塑性特征，峰后随应变增加应力变化平缓，承载能力丧失的较慢。然而矿物组分脆性评价未能体现出这种差异，这主要是由于岩石的破坏行为是一个复杂的力学过程，矿物往往难以准确表征其特征，且该区域脆性矿物不同成分含量相差较小。Rickman 方法考虑归一化杨氏模量与泊松比的脆性表征较矿物成分表征较为准确，但其仅考虑应力—应变曲线的峰前阶段，不能完整表征岩石在受力全过程中发生的破坏。脆性较大的岩石，通常具有以下特征：应力达到峰值前，岩石以弹性应变能形式储存更多的吸收能量；驱动岩石破坏过程的能量主要为释放的弹性应变能；应力达峰值后，弹性应变能的消耗更为彻底。能量演化方法考虑岩石应力—应变全过程，即峰前阶段、峰后阶段和残余阶段，更能全面描述岩石在受力过程中发生的破坏，因此采用 Li 等（2019）提出的脆性指数 B_3（由 B_{31}、B_{32} 和 B_{33} 组成）评价芦草沟组储层岩石能量演化脆性特征。

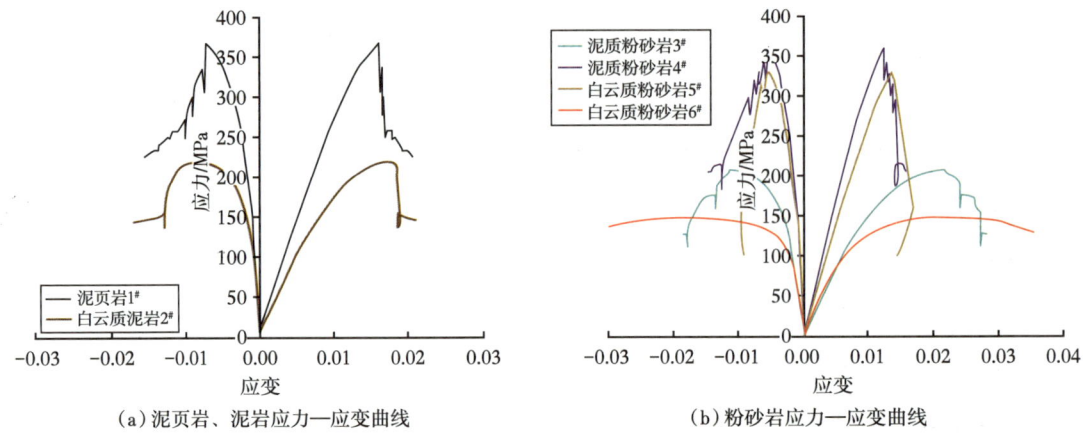

（a）泥页岩、泥岩应力—应变曲线　　　　（b）粉砂岩应力—应变曲线

图 2-1-27　吉木萨尔凹陷芦草沟组储层应力—应变曲线

峰前阶段：输入的能量中以弹性能的形式存储的比例越高，脆性越大。

$$B_{31}=\frac{U_\text{t}}{U_\text{p}}=\frac{\frac{1}{2E}\left\{\left(\sigma_\text{p}+\sigma_\text{c}\right)^2+2\sigma_\text{c}^2-2\nu\left[2\left(\sigma_\text{p}+\sigma_\text{c}\right)\sigma_\text{c}+\sigma_\text{c}^2\right]\right\}}{\int_0^{\varepsilon_\text{f}}\sigma_\text{a}d\varepsilon_\text{a}+\sigma_\text{c}\varepsilon_\text{t}} \quad (2-1-8)$$

峰后阶段：释放的弹性能在驱动岩石破裂的过程中所占的比例越高，脆性越大。$W>0$，Ⅰ类曲线（脆性—塑性），$W<0$，Ⅱ类曲线（超脆性）。

$$B_{32}=\begin{cases}\dfrac{\Delta U_\text{e}}{W+\Delta U_\text{e}}=\dfrac{\dfrac{1}{E}(\sigma_\text{p}+\sigma_\text{r}+2\sigma_\text{c}-4\nu\sigma_\text{c})}{\dfrac{-1}{M_\text{a}}\left[\sigma_\text{p}+\sigma_\text{r}+2\sigma_\text{c}-4\sigma_\text{c}\left(\dfrac{-M_\text{a}}{M_\text{r}}\right)\right]+\dfrac{1}{E}(\sigma_\text{p}+\sigma_\text{r}+2\sigma_\text{c}-4\nu\sigma_\text{c})}, & W>0 \\ 1, & W\leqslant 0\end{cases}$$

（2-1-9）

残余阶段：弹性能释放的越彻底，脆性越大。

$$B_{33}=1-\frac{U_\text{r}}{U_\text{t}}=1-\frac{\left(\sigma_\text{r}+\sigma_\text{c}\right)^2+2\sigma_\text{c}^2-2\nu\left[2\left(\sigma_\text{r}+\sigma_\text{c}\right)\sigma_\text{c}+\sigma_\text{c}^2\right]}{\left(\sigma_\text{p}+\sigma_\text{c}\right)^2+2\sigma_\text{c}^2-2\nu\left[2\left(\sigma_\text{p}+\sigma_\text{c}\right)\sigma_\text{c}+\sigma_\text{c}^2\right]} \quad (2-1-10)$$

因此，岩石能量演化脆性指数为：

$$B_3=3\bigg/\sum_{i=1}^{3}\frac{1}{B_{3i}} \quad (2-1-11)$$

式中　B_3——能量演化脆性指数；

　　　B_{31}——峰前脆性指数；

　　　B_{32}——峰后脆性指数；

　　　B_{33}——残余脆性指数；

M_a——轴向软化模量,GPa;
M_r——径向软化模量,GPa;
U_e——弹性释放能,J;
U_p——吸收能量,J;
U_t——弹性应变能,J;
U_r——残余能量,J;
W——额外能量,J;
ε_a——轴向应变;
ε_f——峰值轴向应变;
ε_t——体积应变;
σ_a——轴向应力,MPa;
σ_c——围压,MPa;
σ_p——峰值应力,MPa;
σ_r——残余应力,MPa。

采用不同方法评价得到的同种岩性脆性指数差异明显:矿物成分脆性指数明显偏高,力学参数脆性指数偏低,最能反映脆性特征的能量演化脆性指数中等(图2-1-28)。为了综合评价岩石的脆性指数,提出综合脆性指数B_T,应用层次分析法确定上述3种脆性指数的权重。

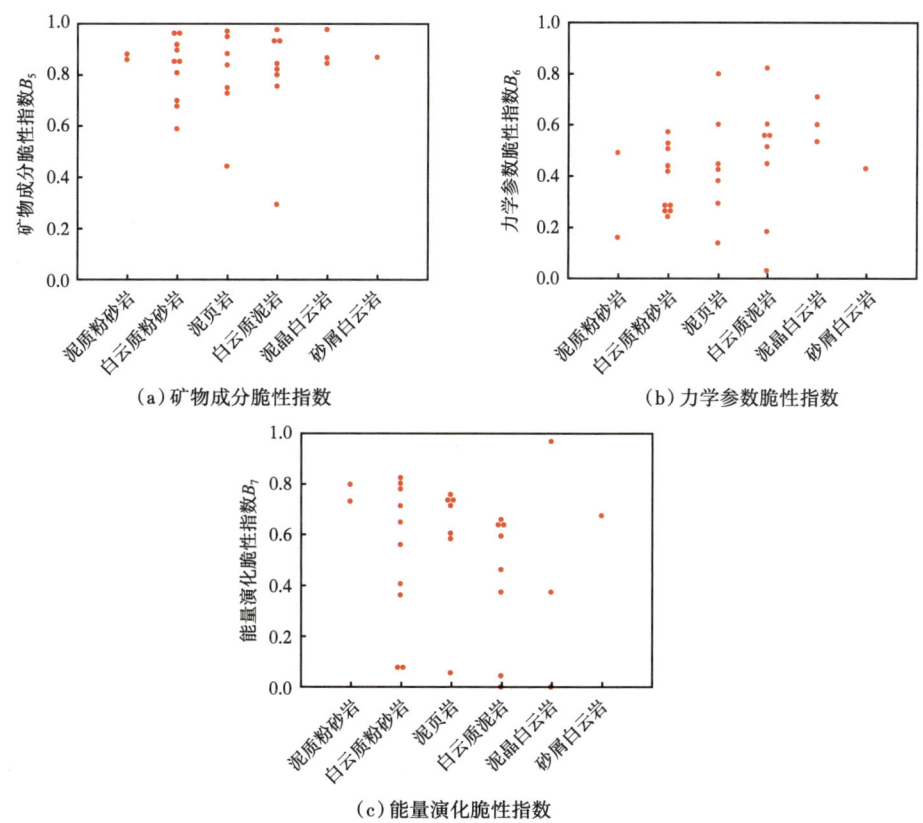

图 2-1-28 吉木萨尔凹陷芦草沟组储层不同岩性3种脆性指数分布

判断矩阵表示某一层元素之间相对于上一层元素的重要程度，用 1~9 标度不同程度。标度为 1 时，表明两者同等重要；标度为 3 时，表明此元素比上一层元素重要一些；标度为 5 时，此元素比上一层元素明显重要；标度为 7 时，表明此元素比上一层元素重要得多；标度为 9 时，此元素比上一层元素极度重要；标度为 2、4、6、8 时，为上述两相邻判断中间值。将综合脆性指数相关的各参数进行对比后，用不同标度值构造判断矩阵，由于该区块脆性矿物成分变化不大，矿物成分脆性指数对综合脆性指数影响最小；力学参数脆性指数仅考虑应力—应变曲线的峰前阶段，不能完整表征岩石在受力全过程中发生的破坏特征，故力学参数脆性指数对综合脆性指数影响适中；能量演化脆性指数可以考虑应力—应变曲线全过程，对综合脆性指数影响最大。所以将能量演化脆性指数标度为 1、力学参数脆性指数标度为 3、矿物成分脆性指数标度为 5（表 2-1-2）。

表 2-1-2 脆性指数评价新方法判断矩阵取值

因素	能量演化脆性指数	力学参数脆性指数	矿物成分脆性指数
能量演化脆性指数	1	3	5
力学参数脆性指数	1/3	1	1/5
矿物成分脆性指数	1/5	3/5	1

利用和积法计算判断矩阵 A 的最大特征根及其对应的特征向量，从而确定可压性各影响因素的权重：

$$\bar{a}_{ij} = \frac{a_{ij}}{\sum_{k=1}^{n} a_{kj}} \quad (2\text{-}1\text{-}12)$$

$$\bar{\omega}_i = \sum_{j=1}^{n} \bar{a}_{ij} \quad (2\text{-}1\text{-}13)$$

$$\omega_i = \frac{\bar{\omega}_i}{\sum_{j=1}^{n} \bar{\omega}_i} \quad (2\text{-}1\text{-}14)$$

$$\boldsymbol{\omega} = [\omega_1, \omega_2, \cdots, \omega_n]^{\mathrm{T}}$$

式中 $i,\ j=1,\ 2,\ \cdots,\ n$；

a_{ij}——判断矩阵 A 的元素；

ω——所求的特征向量；

ω_i——特征向量第 i 行数据；

ω_n——第 n 行特征向量；

$\bar{\omega}_i$——第 i 行归一化特征值总和。

可得，$\omega=[0.65,\ 0.22,\ 0.13]^{\mathrm{T}}$，即能量演化脆性指数 B_3、力学参数脆性指数 B_2、矿物成分脆性指数 B_1 所对应的权重值分别为 0.65、0.22、0.13。因此综合脆性指数 B_{T} 计算公

式为：

$$B_T = 0.65B_3 + 0.22B_2 + 0.13B_1 \quad (2-1-15)$$

式中 B_1——矿物成分脆性指数；
B_2——基于岩石力学参数的脆性指数；
B_3——能量演化脆性指数；
B_T——综合脆性指数。

经计算可知（图2-1-29），吉木萨尔凹陷芦草沟组储层岩石非均质性较强，不同岩性岩石脆性大小变化范围较大，其中，泥质粉砂岩、砂屑白云岩和泥页岩脆性相对较大，平均综合脆性指数分别为0.68、0.65和0.60，白云质泥岩综合脆性指数平均为0.49、泥晶白云岩综合脆性指数平均为0.55、白云质粉砂岩综合脆性指数平均为0.54。砂滩沉积、三角洲前缘砂坝沉积、混合坪沉积、半深湖沉积的泥质粉砂岩、砂屑白云岩、泥页岩，综合脆性指数较高，均大于0.60；浅湖—半深湖混合滩沉积、云坪沉积的白云质粉砂岩、泥晶白云岩，综合脆性指数中等，均为0.50~0.60；白云质泥岩作为云坪与混合坪沉积的过渡性岩石，综合脆性指数较低，小于0.5。

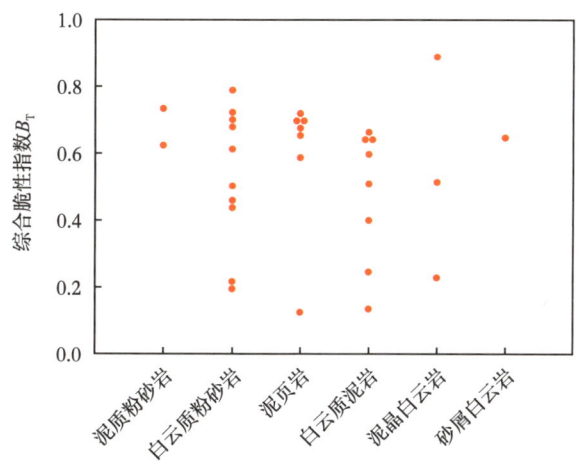

图2-1-29 吉木萨尔凹陷芦草沟组储层不同岩性综合脆性指数分布

对同一块全直径岩心以平行层理方向与垂直层理方向钻取标准岩心，开展三轴压缩实验。由应力—应变曲线可以看出，垂直层理方向的泥晶白云岩1V呈现明显的塑性特征，达到峰值应力130MPa后，随应变增加没有明显的损伤行为，受载没有突降；平行层理方向的泥晶白云岩1P呈现较强的脆性特征，达到峰值应力228MPa后，出现明显的破裂，受载能力大幅度下降，峰后应力下降快，残余应力在150MPa左右（图2-1-30）。泥晶白云岩1V体积应变为$4.19×10^{-3}$，泥晶白云岩1P体积应变为$-5.06×10^{-4}$，表明岩心在垂直层理方向发生了塑性变形和体积压缩，在平行层理方向产生宏观断裂且体积膨胀。经脆性指数评价新方法计算，岩心在平行和垂直层理方向的综合脆性指数分别为0.68和0.23。综上可知，层理各向异性对岩样的力学性质和脆性特征影响较大，取自同一块全直径岩心的岩样，平行层理方向的脆性大于垂直层理方向，前者为后者的2.96倍。

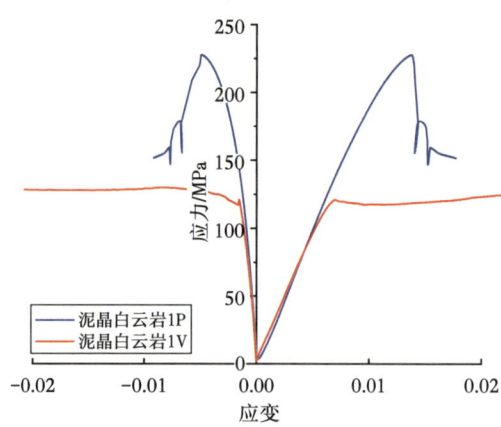

图 2-1-30 吉木萨尔凹陷芦草沟组储层岩样平行和垂直层理方向应力—应变曲线

应用综合脆性评价方法分析储层岩石脆性特征，可为吉木萨尔凹陷芦草沟组储层甜点选择提供依据，优选高脆性层段进行体积压裂改造，脆性较低层段实施密切割、暂堵转向等压裂技术，增大储层整体改造体积。砂滩沉积和三角洲前缘砂坝沉积的泥质粉砂岩、混合坪沉积的砂屑白云岩、半深湖沉积的泥页岩脆性较高，易形成复杂裂缝，预测压裂改造效果较好；云坪与混合坪沉积的白云质泥岩脆性指数较低，难以形成复杂裂缝。

综上所述，芦草沟组储层岩心黏土含量较少，脆性矿物含量相差不大，整体矿物成分脆性指数整体在 0.6 以上区别较小，矿物成分脆性指数难以准确评价其脆性特征。砂滩和三角洲前缘砂坝沉积、混合坪沉积、半深湖沉积的泥质粉砂岩、砂屑白云岩、泥页岩，其综合脆性指数较高均大于 0.6；浅湖—半深湖混合滩和云坪沉积的白云质粉砂岩、泥晶白云岩，其综合脆性指数中等均在 0.5~0.6；云坪与混合坪沉积的过渡性岩石白云质泥岩综合脆性指数较低小于 0.5。层理各向异性对岩样的力学性质和脆性特征影响较大，同一块全直径岩心中平行层理方向岩样脆性要大于垂直层理方向岩样；平行层理岩样脆性是垂直层理方向岩样的 2.96 倍。层理的存在导致综合脆性指数在一定范围内可能存在偏差，在水平井分段多簇压裂选井选段过程中不能仅考虑其综合脆性指数，还需考虑其地质构造特征、层理是否发育及其胶结强度。

五、岩石声波测试

（一）实验设备与方法

现今求取岩石力学参数的方法有两种，一是通过岩石力学实验测定，二是由测井资料计算得到。在没有岩石力学实验数据的情况下，岩石力学参数就可以利用测井计算模型计算得到；在有岩石力学实验数据的情况下，可以利用实验数据对计算得到的岩石力学参数结果进行校正从而使得计算更精确，误差更小。同时，通过声波测井还可以解释地应力，避免了取心对地层原始性质破坏，连续性好、可靠性较高、被广泛用于现场。为获取吉木萨尔凹陷芦草沟组页岩油储层声波响应特征，采用 DPO3012 示波器及发射器装置（图 2-1-31），进行声波各向异性测试，明确纵横波波速关系（图 2-1-32），确定不同岩性动态弹性参数，为测井参数校正提供基础数据。

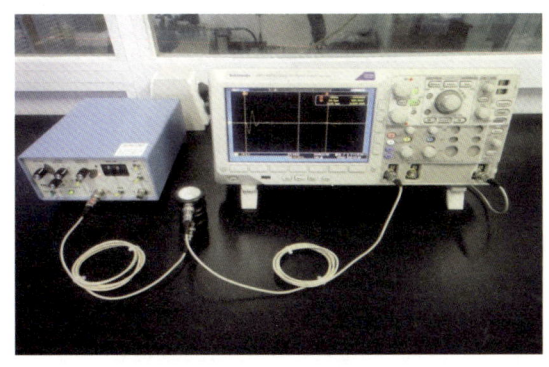 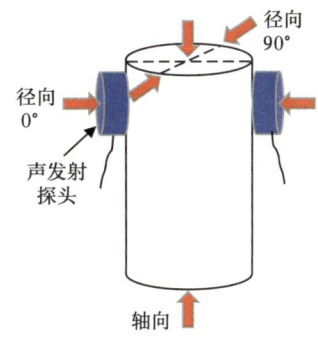

(a)示波器及发射器装置　　　　　　　(b)声发射探头放置方式

图 2-1-31　DPO3012 示波器及发射器装置及声发射探头放置方式

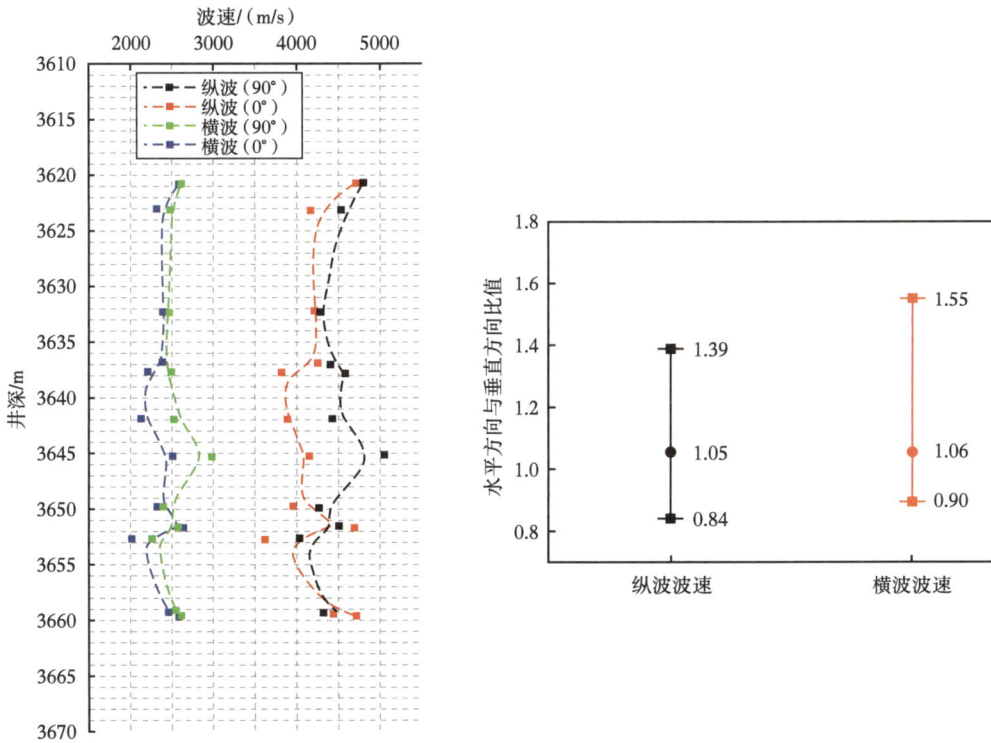

图 2-1-32　下甜点纵横波波速各向异性与变化

$$v_{\mathrm{p}} = \frac{L}{t_{\mathrm{p}}} \tag{2-1-16}$$

$$v_{\mathrm{s}} = \frac{L}{t_{\mathrm{s}}} \tag{2-1-17}$$

式中　L——试样长度，m；
　　　t_p——纵波走时，s；
　　　t_s——横波走时，m；
　　　v_p——纵波波速，m/s；
　　　v_s——横波波速，m/s。

（二）实验结果与分析

通过声波各向异性测试，拟合得到不同方向纵波波速、横波波速与垂直方向纵波波速转换关系。纵横波波速拟合相关关系如图 2-1-33 所示。

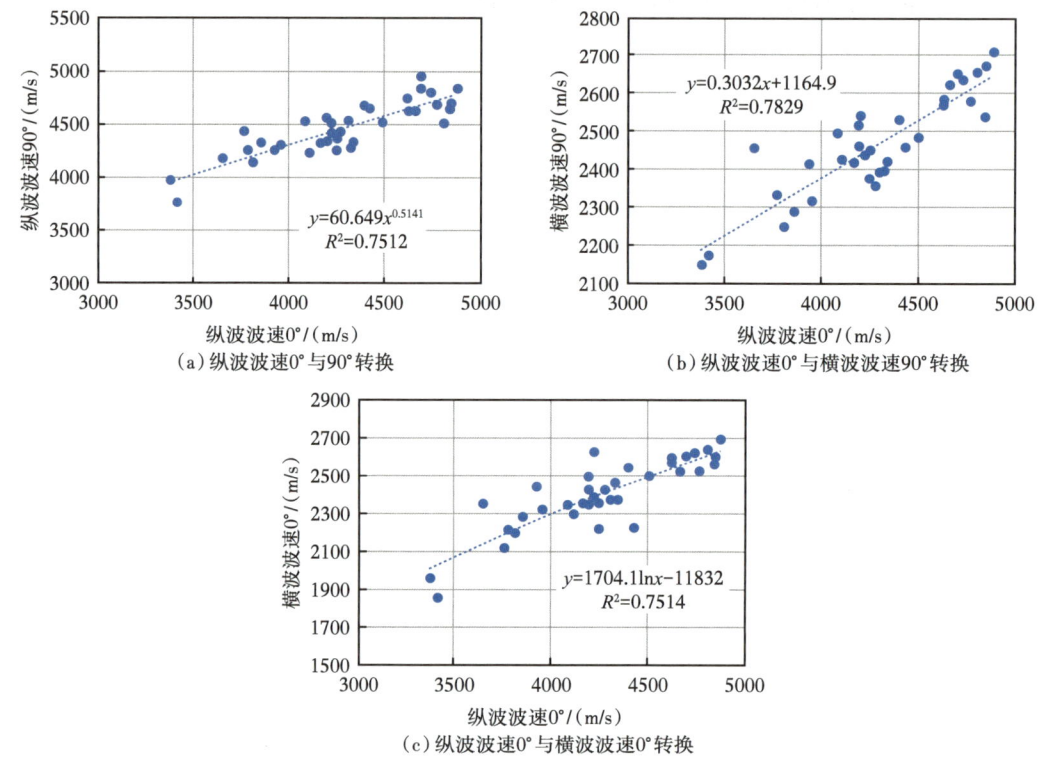

图 2-1-33　纵横波波速拟合

上甜点动静态弹性参数转换如图 2-1-34 所示，下甜点动静态弹性参数转换如图 2-1-35 所示。上、下甜点动态弹性模量与静态杨氏模量具有较好的相关关系，可通过转换关系对测井声波资料计算的杨氏模量进行校正。转换公式见式（2-1-18）和式（2-1-19），其中各符号意义同上。

$$E_\mathrm{d}=\frac{\rho v_\mathrm{s}^2\left(3v_\mathrm{p}^2-4v_\mathrm{s}^2\right)}{v_\mathrm{p}^2-v_\mathrm{s}^2} \qquad (2\text{-}1\text{-}18)$$

$$\mu_\mathrm{d}=\frac{v_\mathrm{p}^2-2v_\mathrm{s}^2}{2\left(v_\mathrm{p}^2-v_\mathrm{s}^2\right)} \qquad (2\text{-}1\text{-}19)$$

式中　　v_p——纵波波速，m/s；
　　　　v_s——横波波速，m/s；
　　　　ρ——密度，kg/m³；
　　　　E_d——动态杨氏模量，GPa；
　　　　μ_d——动态泊松比。

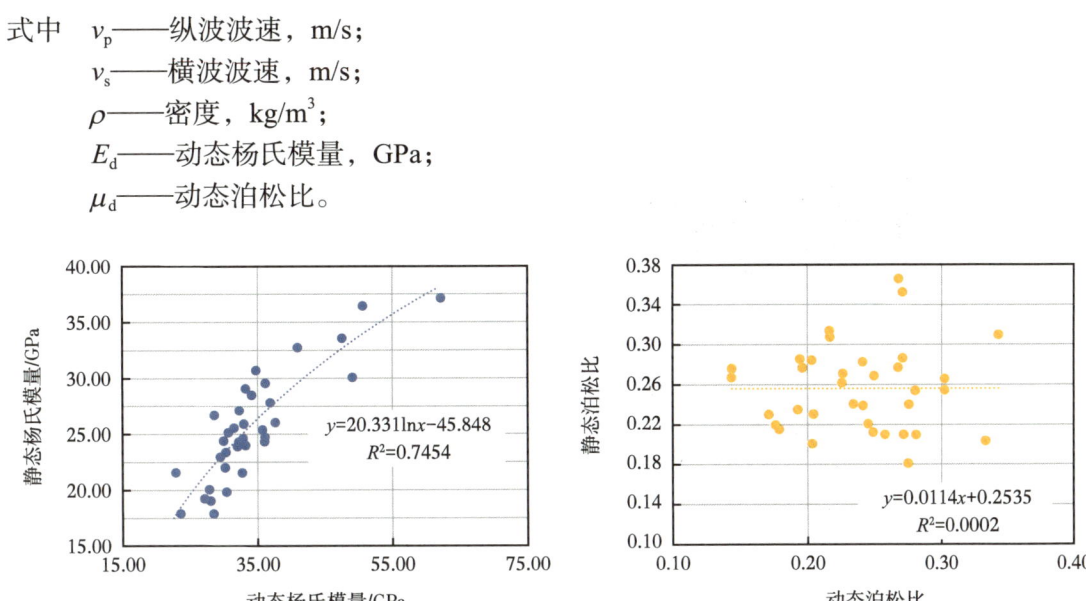

图 2-1-34　上甜点动静态弹性参数转换

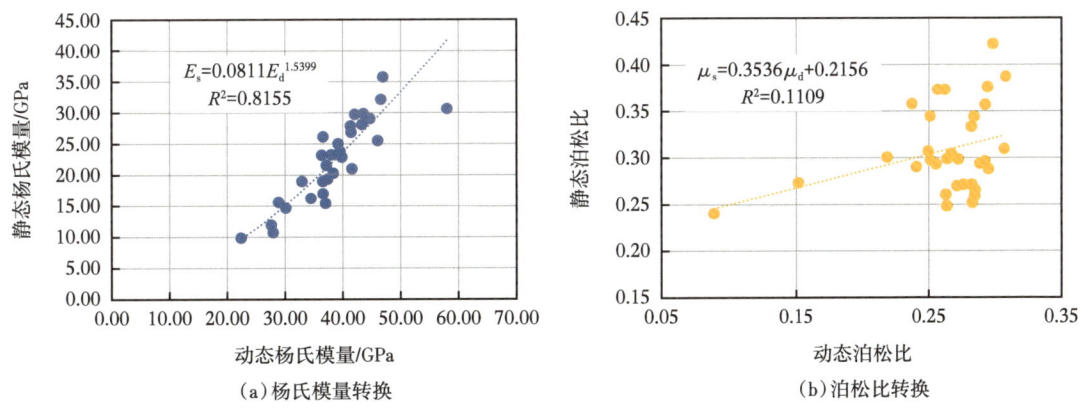

图 2-1-35　下甜点动静态弹性参数转换

六、断裂韧性测试

岩石的断裂韧性表征了岩石材料抵抗裂纹扩展的性能，是辨别断裂稳定的主要指标，对评价工程岩体的稳定性有重要的作用。

（一）实验设备与方法

岩石是由具有不同的矿物成分和结晶格架的矿物，并以不同的结构方式组合而成的物体，与金属材料相比岩石的矿物成分复杂、粒径粗大、相互的联结较为松散，故其断裂特性特征复杂。为获得不同岩性的断裂韧性与断裂特征应用三点弯曲实验装置，测试岩心断裂韧性，三点弯曲实验装置如图 2-1-36 所示。F 为施加的载荷，单位 kN；S 代表两支撑端距离的二分之一，单位 mm；a 为人工切槽的长度，单位 mm；R 表示半圆盘试样的半径，单位 mm。根据国际岩石力学学会建议的标准，确定预制裂缝的尺寸，本测试采用的标准为：$S/2R=0.8$，$a/R=0.4$，即预制缝长为 2cm，两支撑端距离为 8mm，且预制裂缝宽度为 1mm。

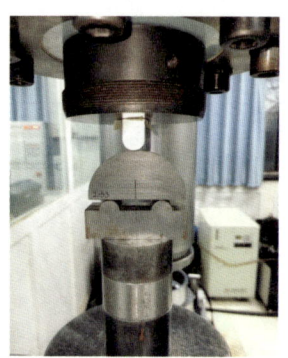 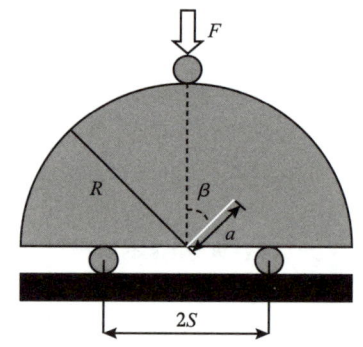

(a) 三点弯曲实验实拍　　　(b) 断裂韧性测试试样

图 2-1-36　三点弯曲实验装置与原理

根据实验获得的载荷大小及试样和预制裂缝尺寸，半圆盘试样的断裂韧性 K_{IC} 由下式计算得出：

$$K_{IC} = \frac{P_{max}\sqrt{\pi a}}{2RB}Y' \qquad (2\text{-}1\text{-}20)$$

式中　P_{max}——试样破断时载荷，kN；
　　　Y'——归一化应力强度因子；
　　　B——半圆盘试样厚度，mm；
　　　K_{IC}——断裂韧性，MPa·m$^{1/2}$；
　　　a——人工切槽的长度，mm；
　　　R——半圆盘试样的半径，mm。

$$\begin{aligned}Y' = &-1.297 + 9.516(S/2R) - [0.47 + 16.547(S/2R)]\beta \\ &+ [1.071 + 34.401(S/2R)]\beta^2\end{aligned} \qquad (2\text{-}1\text{-}21)$$

式中　S——两支撑端距离的二分之一，mm；
　　　β——角度，(°)。

$$\beta = a/R \qquad (2\text{-}1\text{-}22)$$

式中　a——人工切槽的长度，mm。

（二）实验结果与分析

采用岩石力学综合测试系统开展半圆盘三点弯曲实验，测试上下甜点不同岩性岩心共 10 块。断裂韧性测试半圆盘试样如图 2-1-37 所示。

实验结果（表 2-1-3）表明整体上上甜点岩心断裂韧性大于下甜点；上甜点存在高断裂韧性泥岩；断裂韧性主要集中在 1.2~1.8MPa·m$^{1/2}$。

图 2-1-37　断裂韧性测试半圆盘试样

表 2-1-3　断裂韧性结果统计

序号	深度 /m	层位	岩性	岩心编号	断裂韧性 /（MPa·m$^{1/2}$）
1	3462.38	$P_2l_2^{2-2}$	泥质粉砂岩	2-53	1.78
2	3466.1	$P_2l_2^{2-2}$	灰质粉砂岩	3-39	1.44
3	3478.29	$P_2l_2^{2-2}$	泥岩	4-45	3.07
4	3489.93	$P_2l_2^{2-2}$	白云质粉砂岩	6-9	1.62
5	3492.25	$P_2l_2^{2-3}$	粉砂岩	6-21	2.81
6	3497.5	$P_2l_2^{2-3}$	粉砂质泥岩	7-5	1.49
7	3509.91	$P_2l_2^{2-4}$	泥质粉砂岩	8-34	1.29
8	3626.15	$P_2l_1^{2-1}$	泥质粉砂岩	11-37	1.46
9	3641.97	$P_2l_1^{2-2}$	泥岩	13-38	1.35
10	3649.75	$P_2l_1^{2-3}$	灰质泥岩	14-26	2.79

断裂韧性测试半圆盘破裂形态如图 2-1-38 所示。在层理缝不发育情况下，粉砂岩裂缝宽度较宽，断裂韧性较高，粉砂岩、白云质粉砂岩、粉砂质泥岩、泥质粉砂岩裂缝初始阶段发生偏转，角度在 15°~45°，后又回到垂直方向；灰质泥岩断裂裂缝发生多次偏转形态迂曲且断裂韧性值较大。在层理缝发育情况下，灰质粉砂岩与泥岩断裂裂缝沿层理缝发生多次偏转形成阶梯缝，且泥岩断裂韧性远高于其他岩样。层理缝的存在可能导致裂缝发生滑移偏转，并且层理发育的岩石试样断裂韧性值相对较大，这对薄互层状页岩油储层水力裂缝扩展有重要影响。

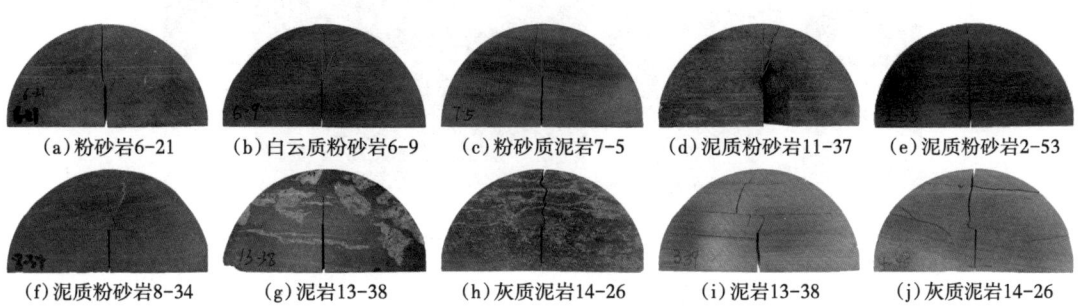

(a) 粉砂岩6-21　(b) 白云质粉砂岩6-9　(c) 粉砂质泥岩7-5　(d) 泥质粉砂岩11-37　(e) 泥质粉砂岩2-53

(f) 泥质粉砂岩8-34　(g) 泥岩13-38　(h) 灰质泥岩14-26　(i) 泥岩13-38　(j) 灰质泥岩14-26

图 2-1-38　断裂韧性测试半圆盘破裂形态

七、压痕测试

压痕实验是从微观尺度研究岩石力学性质的一种方法,可以从微观角度分析影响岩石力学性质的因素。

(一)实验设备与方法

页岩具有较强的非均质性和各向异性。从微观组构上讲,页岩是由多种无机矿物(石英、长石、方解石、白云石和黄铁矿)、不同含量的有机质(沥青和干酪根)及孔隙和其他缺陷组成的。因而矿物或有机质自身的力学性质、含量及矿物或有机质间的接触关系和空间排列方式等都会强烈影响页岩的宏观力学性质;另外,页岩形成时受到造岩矿物类型、沉降环境力学特性和沉降取向等因素的影响,产生黏土矿物的定向排列,并形成非球形孔隙、微裂隙和裂缝等,导致其力学性质表现出明显的各向异性。页岩的这种非均质性和各向异性导致其宏观力学性能主要取决于微观各组分的结构特征,传统单轴和三轴实验测试都不能获得页岩的微观尺度下力学性能,纳米压痕技术为上述问题的解决提供了一个重要的途径。

纳米压痕技术在研究页岩及其各矿物相微观力学性能和蠕变性能等方面提供了全新的视角,使得在微观层面有了更深入的认识,从而能从根本上认识页岩的力学行为,并与页岩的宏、微观力学性能建立了联系。压痕试验仪如图 2-1-39 所示,分别对上、下甜点不同岩性岩心共 8 块开展压痕实验,获取不同岩性岩心微观力学性质。

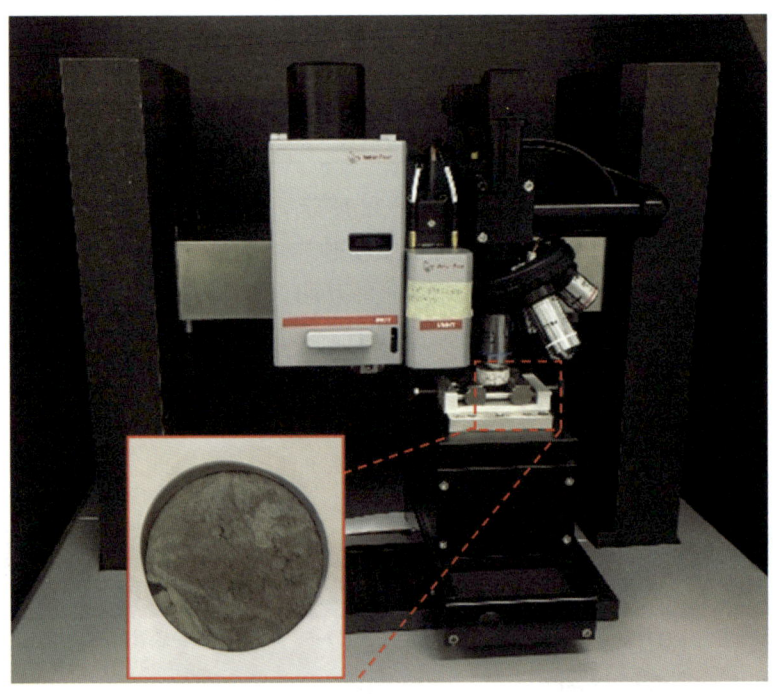

图 2-1-39 压痕测试仪

利用纳米压痕实验可以直接测得的参数有最大压入深度、最大载荷、卸载后的残余深度,可以间接测量的参数有压入总功、接触刚度等,最后通过计算得到样品压痕点的弹性模量、硬度。为了提高微观页岩压痕点力学参数的准确性，运用统计分析方法确定可靠评估压痕指数所需的最小数量分析，选取每块区域 10 个压痕点进行测试。典型位移负荷曲线示意如图 2-1-40 所示。

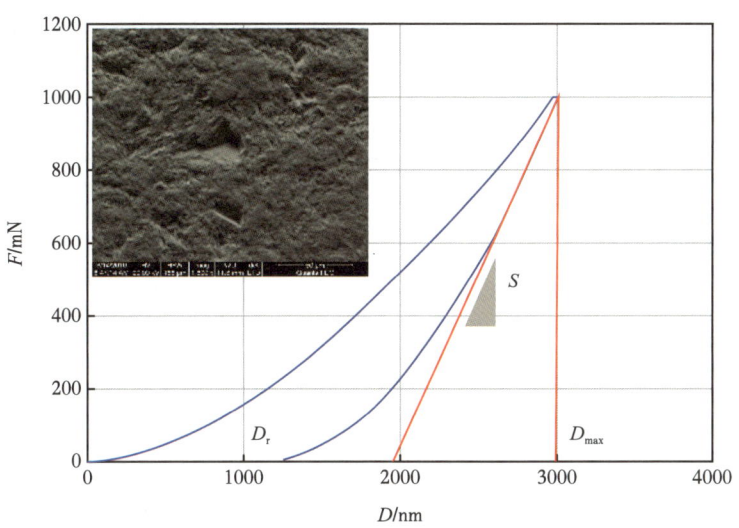

图 2-1-40　位移负荷曲线示意

压入模量：

$$E_\mathrm{r} = \frac{\sqrt{\pi}}{2\beta} \frac{S}{\sqrt{A}} \qquad (2\text{-}1\text{-}23)$$

式中　A——压头接触面积，m^2；

　　　S——接触刚度，N/m；

　　　β——与压头几何形状有关的常数，玻氏压头取 1.034；

　　　E_r——压入折后模量，GPa。

杨氏模量：

$$E_\mathrm{IT} = \frac{1-v^2}{\dfrac{1}{E_\mathrm{r}} - \dfrac{1-v_i^2}{E_i}} \qquad (2\text{-}1\text{-}24)$$

式中　E_i——金刚石压头的弹性模量，取 1140GPa；

　　　v——试样的泊松比，取 0.25。

　　　v_i——金刚石压头的泊松比，取 0.07；

　　　E_IT——杨氏模量，GPa。

压入硬度：

$$H = \frac{F_\mathrm{m}}{A_\mathrm{(hc)}} \qquad (2\text{-}1\text{-}25)$$

式中 $A_{(hc)}$——压头最大接触面积，m^2；
F_m——最大压入载荷，N；
H——压入硬度，GPa。

（二）实验结果与分析

实验结果见表 2-1-4 和图 2-1-41，芦草沟组压入模量整体在 50~90GPa，不同岩性模量变化范围广；硬度在 2~8GPa。

表 2-1-4 压痕测试实验结果统计

块号	深度/m	层位	岩性	备注	平均硬度/GPa	压入模量/GPa	有效模量/GPa
3-40	3466.32	P_2l_2	灰质粉砂岩		1.449	54.732	60.145
5-3-1	3482.81	P_2l_2	泥质粉砂岩	纹层层理	0.354	18.2	20
5-3-2	3482.81	P_2l_2	泥质粉砂岩	纹层层理	0.74	24.487	26.909
6-11	3490.26	P_2l_2	白云质粉砂岩		0.44	17.76	19.52
6-15-1	3490.72	P_2l_2	灰质泥岩		1.081	31.069	34.142
6-15-2	3490.72	P_2l_2	灰质泥岩		5.14	241.802	265.716
6-22-1	3492.52	P_2l_2	粉砂岩	层理纹层	1.734	38.598	42.415
6-22-2	3492.52	P_2l_2	粉砂岩	层理纹层	1.486	35.554	39.07
7-3	3497.14	P_2l_2	粉砂质泥岩		1.339	31.3	34.395
12-34-1	3632.78	P_2l_1	泥质粉砂岩		0.319	17.782	19.541
12-34-2	3632.78	P_2l_1	泥质粉砂岩		0.373	20.703	22.75
14-27	3649.82	P_2l_1	泥岩	阶梯缝	0.446	24.33	26.736

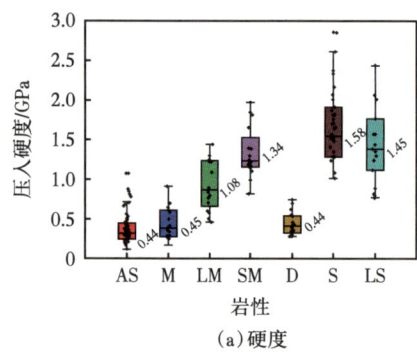
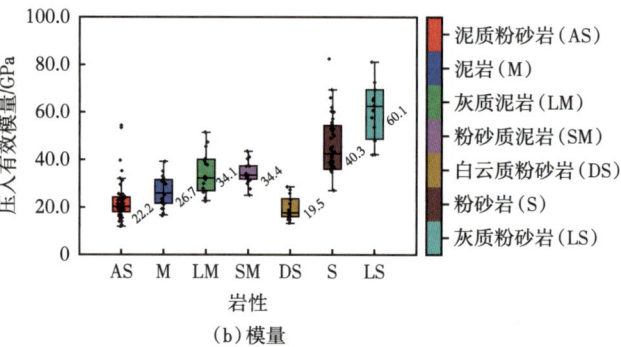

图 2-1-41 压入硬度与模量岩性分布

平均压入硬度：泥质粉砂岩为 0.44GPa，泥岩为 0.45GPa，灰质泥岩为 1.08GPa，粉砂质泥岩为 1.34GPa，白云质粉砂岩为 0.44GPa，粉砂岩为 1.58GPa，灰质粉砂岩为 1.45GPa。平均压入有效模量：泥质粉砂岩为 22.2GPa，泥岩为 26.7GPa，灰质泥岩为 34.1GPa，粉砂质泥岩为 34.4GPa，白云质粉砂岩为 19.5GPa，粉砂岩为 40.3GPa，灰质粉砂岩为 60.1GPa。上甜点杨氏模量最大值为 49.3GPa、平均值为 25.9GPa；下甜点杨氏模量最大值为 36.9GPa、平均值为 24.5GPa。整体上页岩微观矿物压入模量关系为：黏土矿物/有机质<黏土矿物<方解石<长石<石英<白云石<黄铁矿。粉砂岩与灰质粉砂岩压入模量明显高于宏观杨氏模量，主要是由于粉砂岩中石英与黄铁矿含量较高。

八、微观孔隙电镜扫描实验

页岩孔隙特征及其非均质性对于页岩油的储集、运移及勘探开发具有重要意义。页岩矿物组成复杂，富含纳米级孔隙，电镜扫描（SEM）是研究页岩孔隙结构的重要方法之一，能够直观揭示页岩孔隙结构特征（微观孔隙形态、分布及发育特征）。

（一）实验设备与方法

电镜扫描仪-SEM300 如图 2-1-42 所示。根据实验标准：扫描电子显微镜试验方法（JB/T 6842—1993），进行电镜扫描实验。实验前，使用 Leica EM TXP 精研一体机切割样品，制备成边长 5~7mm，高小于 2mm 的薄片，随后通过机械抛光进行表面抛光，保证样品抛光面的平整性。采用 EMITECH K950X 镀膜仪对抛光样品镀碳层，增加样品表面的导电能力。随后将样品置于 SEM 真空腔体内，实验过程中工作模式为高真空。通过 SEM 的背散射电子像（BSEM），观察岩样层理（或纹层）胶结程度、天然裂缝等微观结构。

图 2-1-42　电镜扫描仪-SEM300

（二）实验结果与分析

微观结构观察结果（图 2-1-43）显示芦草沟组岩样存在微米级层理纹层，纹层缝开度从 30μm 到 600μm 均有分布；且岩样层状结构明显，纹层发育；纹层缝存在分支复杂缝。

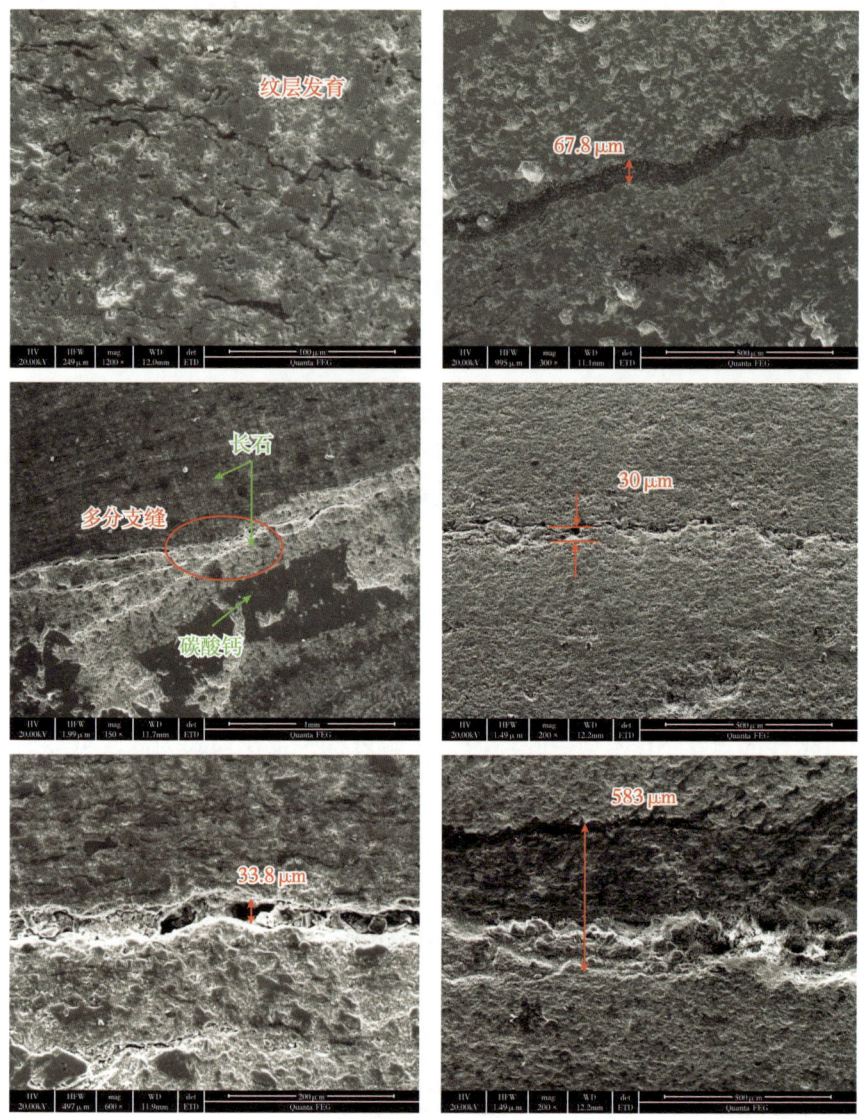

图 2-1-43　微观结构扫描图

九、地应力大小测试——Kaiser 声发射实验

岩石声发射指岩石在加载过程中，由于岩石内部的裂纹产生、扩展过程中释放能量的一种弹性波现象。当岩石的受力未达到之前历史最大应力值时，岩石内部微裂纹不会发生扩展，很少有声发射产生，当超过历史最大应力值时，岩石内部微裂纹迅速扩展、贯穿，并伴随大量的声发射信号产生，这一现象被称为 Kaiser 效应，该点的应力值被称为 Kaiser 应力点（张昕等，2018）。利用岩石的 Kaiser 效应测地应力是一种新兴的地应力测量方法，具有经济、便捷的优点，该方法克服了传统的地应力测量方法的诸多缺点，得到广泛应用。

(一)实验设备与方法

应用 GCTS 高温高压岩石综合测试系统和声发射接收装置,记录实验过程中的瞬时声发射数、累计声发射数和声发射能量,分析得到三向主应力值。实验所使用测试系统为美国 GCTS 公司生产的 GCTS RTR-1000 岩石综合测试系统。

由于岩石在地下受力方向复杂,所以要在不同方向取心进行试验。在全直径的岩心中钻取一块垂直方向 ϕ25mm×50mm 的圆柱(Z 轴),在垂直岩心轴线平面内相隔 45° 钻取三块 ϕ25mm×50mm 的圆柱,共钻取 4 块岩心。岩心钻取位置与试样示例如图 2-1-44 所示。

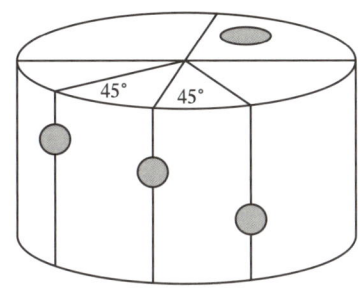 

(a)地应力大小测试取样示意图　　　　　　(b)地应力大小测试试样

图 2-1-44　地应力测试样品

本实验系统采集声发射信号数据结果后,可根据要求调整门槛值,获取更加精确的实验数据结果。进行试验时,加载设定的围压值,对试样进行加载,直至试样破坏,记录声发射信号数据,如图 2-1-45 所示。

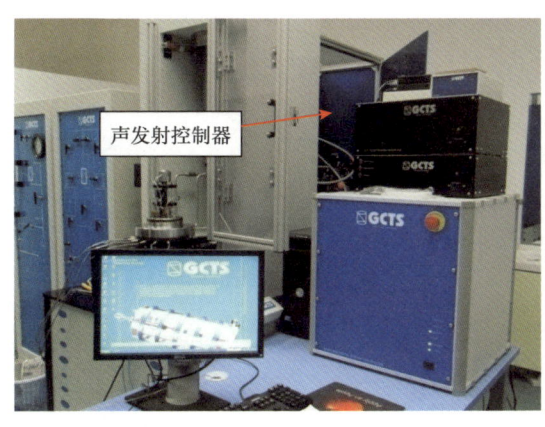 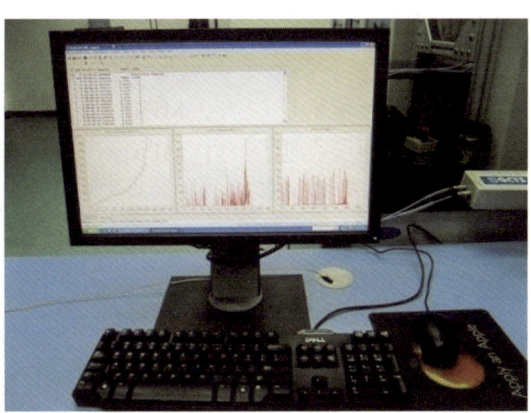

图 2-1-45　记录声发射信号数据图

(二)实验结果与分析

岩石 Kaiser 效应指岩石在单调应力加载作用下,当应力值达到其在地下原位应力时,声发射数量突然增加的现象。在轴压加载过程中累计声发数频率突然增大的点对应着的轴向应力值是该岩样在地下沿钻取方向曾经受过的最大压应力,如图 2-1-46 所示。

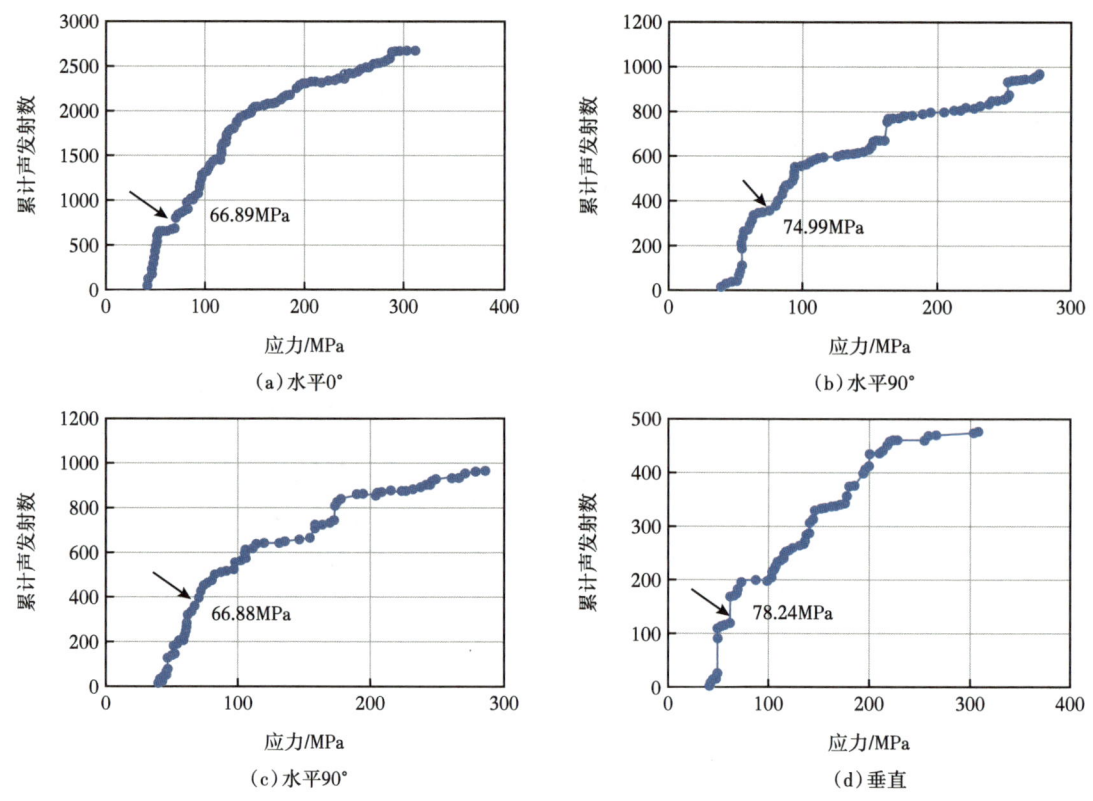

图 2-1-46 声发射 Kaiser 应力点选取示意图

得到各方向岩样的 Kaiser 点应力后，利用下式可确定出深部岩石所处的地应力，测得的应力值加上围压值后参与计算。

$$\sigma_v = \sigma_\perp + \alpha p_p - K p_c \tag{2-1-26}$$

式中　σ_v——上覆地层应力，MPa；
　　　p_p——地层孔隙压力，MPa；
　　　α——有效应力系数；
　　　$\sigma_\perp$——围压下垂直方向岩心 Kaiser 点应力，MPa。

$$\sigma_H = \frac{\sigma_{0°} + \sigma_{90°}}{2} + \frac{\sigma_{0°} - \sigma_{90°}}{2} \left(1 + \tan^2 2\alpha\right)^{\frac{1}{2}} + \alpha p_p - K p_c \tag{2-1-27}$$

式中　σ_H——最大水平主地应力，MPa；
　　　α——有效应力系数；
　　　$\sigma_{0°}$、$\sigma_{45°}$、$\sigma_{90°}$——分别为三个水平向岩心围压下的 Kaiser 点应力，MPa；
　　　p_c——高压井筒内岩心所承受的围压，MPa；
　　　K——围压修正系数。

$$\sigma_h = \frac{\sigma_{0°} + \sigma_{90°}}{2} - \frac{\sigma_{0°} - \sigma_{90°}}{2} \left(1 + \tan^2 2\alpha\right)^{\frac{1}{2}} + \alpha p_p - K p_c \tag{2-1-28}$$

式中 σ_H——最小水平主地应力，MPa。

$$\tan 2\alpha = \frac{\sigma_{0°} + \sigma_{90°} - 2\sigma_{45°}}{\sigma_{0°} - \sigma_{90°}} \quad (2\text{-}1\text{-}29)$$

下甜点岩心实测地应力结果：水平最大地应力平均为73.18MPa，水平最小地应力为56.35MPa，水平应力差平均为18.63MPa。

十、地层岩石力学剖面计算

水力压裂是页岩油开采的重要方式，地应力分布是页岩水力压裂的地质依据，地应力的预测是优化压裂设计极为重要的理论基础。根据页岩的地质特征，基于横向各向同性模型的地应力计算结果能够更准确地反映实际地层情况。基于横向各向同性模型进行测井地应力计算时需要首先确定 C_{11}、C_{33}、C_{44}、C_{66} 和 C_{13} 五弹性参数，其中 C_{11} 和 C_{13} 利用测井资料无法直接获得，需要通过预测模型进行估算。通过综合测井资料和实验室声波测试资料，可以实现缺失声波数据的反演，大大扩展了声波数据的利用广度（楼一珊，1998；马建海等，2002）。下面具体介绍计算模型方法。

横向各向同性岩石的应力、应变关系服从广义的虎克定律：

$$\sigma_{ij} = \mathbf{C}_{ijkl}\varepsilon_{kl} \quad (2\text{-}1\text{-}30)$$

$$\mathbf{C} = \begin{pmatrix} C_{11} & C_{12} & C_{13} & 0 & 0 & 0 \\ C_{12} & C_{11} & C_{13} & 0 & 0 & 0 \\ C_{13} & C_{13} & C_{33} & 0 & 0 & 0 \\ 0 & 0 & 0 & C_{44} & 0 & 0 \\ 0 & 0 & 0 & 0 & C_{44} & 0 \\ 0 & 0 & 0 & 0 & 0 & C_{66} \end{pmatrix} \quad (2\text{-}1\text{-}31)$$

$$C_{11} = \rho v_p^2(90°) \quad (2\text{-}1\text{-}32)$$

$$C_{12} = C_{11} - 2C_{66} \quad (2\text{-}1\text{-}33)$$

$$C_{33} = \rho v_p^2(0°) \quad (2\text{-}1\text{-}34)$$

$$C_{44} = \rho v_s^2(0°) \quad (2\text{-}1\text{-}35)$$

$$C_{66} = \rho v_s^2(90°) \quad (2\text{-}1\text{-}36)$$

$$C_{13} = -C_{44} + \sqrt{4\rho^2 v_p^4(45°) - 2\rho v_p^2(45°)(C_{11} + C_{33} + 2C_{44}) + (C_{11} + C_{44})(C_{33} + C_{44})}$$

$$(2\text{-}1\text{-}37)$$

式中　σ_{ij}——应力；

C_{ijkl}——刚度矩阵，i、j、k、$l=1\sim6$，MPa；

ε_{kl}——应变，k、$L=1\sim6$；

v_p——不同方向纵波波速，m/s；

v_s——不同方向横波波速，m/s；

ρ——体积密度，kg/m³。

杨氏模量计算公式为：

$$E_h = \frac{(C_{11}-C_{12})(C_{33}(C_{11}+C_{12})-2C_{13}^2)}{C_{11}C_{33}-C_{13}^2} \quad (2-1-38)$$

$$E_v = \frac{C_{33}(C_{11}+C_{12})-2C_{13}^2}{C_{11}+C_{12}} \quad (2-1-39)$$

式中　E_h——水平杨氏模量，GPa；

E_v——垂向杨氏模量，GPa；

泊松比计算公式为：

$$v_h = \frac{C_{33}C_{12}-C_{13}^2}{C_{33}C_{11}-C_{13}^2} \quad (2-1-40)$$

$$v_v = \frac{C_{13}}{C_{11}+C_{12}} \quad (2-1-41)$$

式中　v_h——水平泊松比；

v_v——垂向泊松比。

地应力计算公式为：

$$\sigma_v = \int_0^H \rho(z)g\mathrm{d}z \quad (2-1-42)$$

$$\sigma_H = \frac{E_h}{E_v}\frac{v_v}{1-v_h}(\sigma_v - \alpha p_p) + \alpha p_p + \frac{E_h}{1-v_h^2}\varepsilon_H + \frac{E_h v_h}{1-v_h^2}\varepsilon_h \quad (2-1-43)$$

$$\sigma_h = \frac{E_h}{E_v}\frac{v_v}{1-v_h}(\sigma_v - \alpha p_p) + \alpha p_p + \frac{E_h}{1-v_h^2}\varepsilon_h + \frac{E_h v_h}{1-v_h^2}\varepsilon_H \quad (2-1-44)$$

式中　σ_v——上覆地层应力，MPa；

σ_h——最小水平主应力，MPa；

σ_H——最大水平主应力，MPa；

p_p——地层孔隙压力，MPa；

α——有效应力系数；

ξ_h、ξ_H——最小最大水平主应力方向的构造系数；

ρ——上覆岩石密度，kg/m^3。

经过计算，得到上下甜点各向同性剖面，如图 2-1-47 和图 2-1-48 所示。上甜点岩心实测地应力结果：水平最大地应力平均为 81.9MPa，水平最小地应力为 61.3MPa，水平应力差平均为 20.61MPa。由于泊松比动态与静态参数相关性较差，故实测泊松比与计算泊松比对应关系较差；杨氏模量与抗拉强度实测值与计算值对应关系较好。下甜点岩心实测地应力结果：水平最大地应力平均为 73.2MPa，水平最小地应力为 56.4MPa，水平应力差平均为 18.6MPa。同样由于泊松比动态与静态参数相关性较差，故实测泊松比与计算泊松比对应关系较差；杨氏模量与抗拉强度实测值与计算值对应关系较好。

上、下甜点横观各向同性剖面如图 2-1-49 和图 2-1-50 所示。上甜点 $P_2l_2^{2-1}$ 层与 $P_2l_2^{2-2}$ 层层间抗拉强度差与最小水平主应力差分别为 0.8MPa 与 12MPa。上甜点 $P_2l_2^{2-2}$ 层与 $P_2l_2^{2-3}$ 层层间抗拉强度差与最小水平主应力差分别为 1MPa 与 13MPa。下甜点 $P_2l_1^{2-1}$ 层与 $P_2l_1^{2-2}$ 层层间抗拉强度差与最小水平主应力差分别为 0.5MPa 与 2MPa。下甜点 $P_2l_1^{2-2}$ 层与 $P_2l_1^{2-3}$ 层层间抗拉强度差与最小水平主应力差分别为 1MPa 与 4.5MPa。

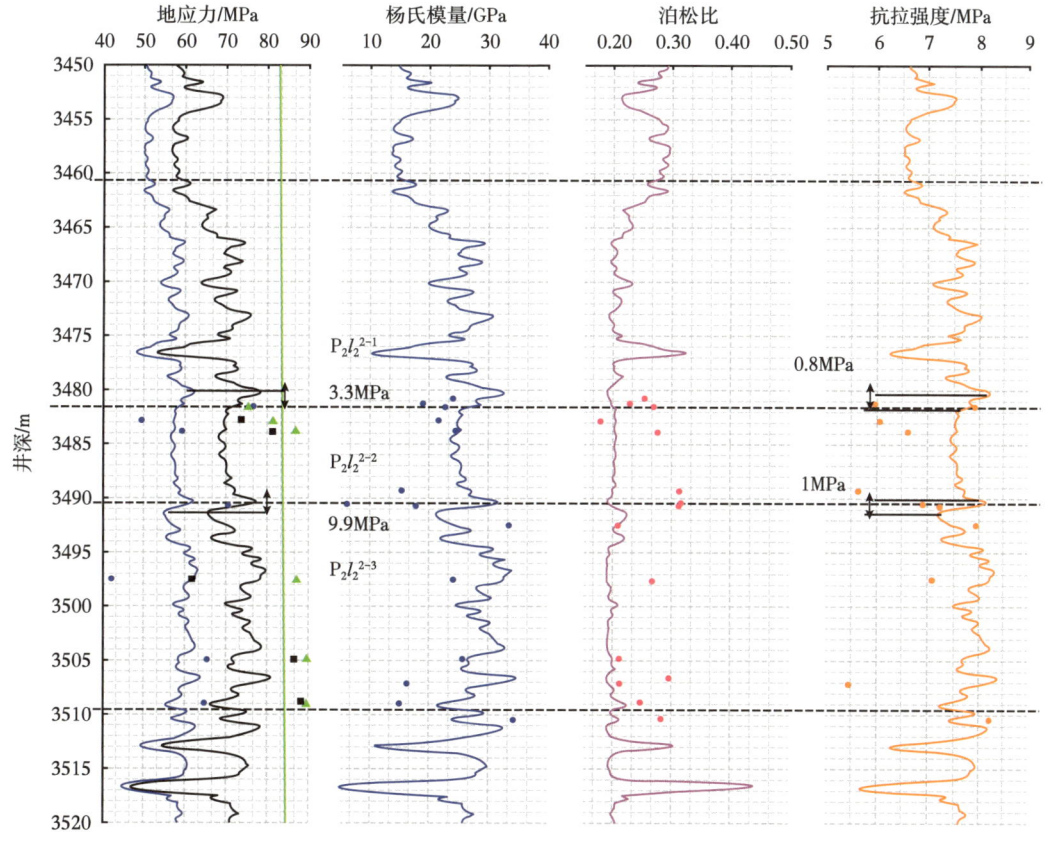

图 2-1-47　上甜点各向同性剖面（深度 3450~3520m，长 70m）

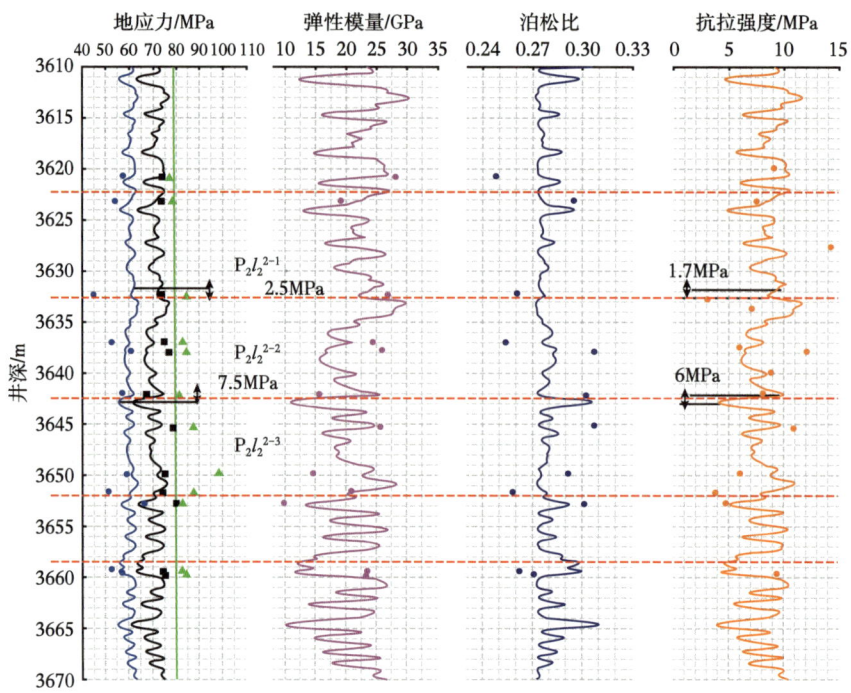

图 2-1-48　下甜点各向同性剖面（深度 3610.05~3667.7m，长 57.65m）

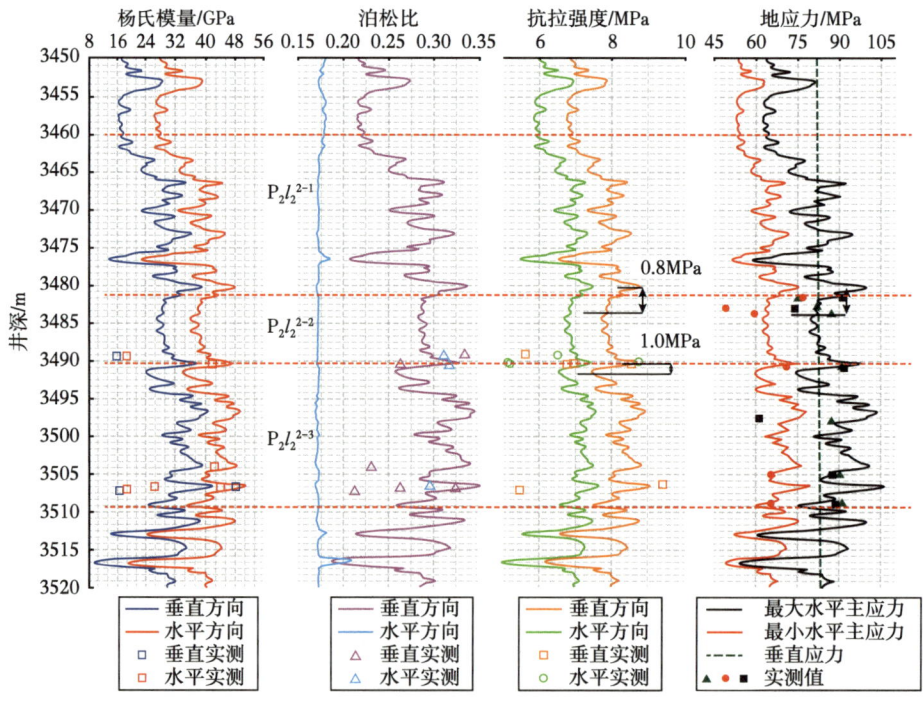

图 2-1-49　上甜点各向同性剖面（深度 3450.06~3518.74m，长 67.91m）

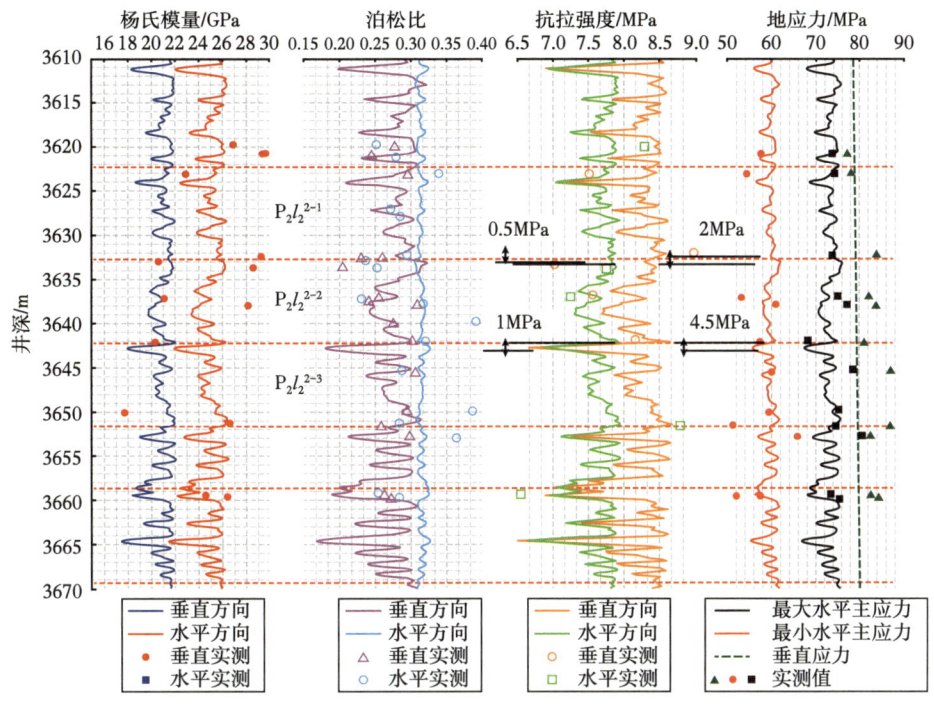

图 2-1-50　下甜点各向同性剖面（深度 3610.05~3667.7m，长 57.65m）

第二节　储层综合可压性评价

根据第一节研究成果，芦草沟组页岩油储层岩性复杂，评价可压性的指标多、数值差异大，为了全面评价岩石的可压性，有必要开展储层综合可压性研究。

页岩油储层岩性多样，考虑参数指标的单位和量纲都不相同，而且各参数值的大小和有效范围也不相同，因此需先对各参数进行归一化处理，然后采用层次分析法确定不同因素对可压性影响的权重，最后将归一化值与权重系数加权即为研究区页岩油储层的可压性指数。可压性评价技术路线如图 2-2-1 所示。

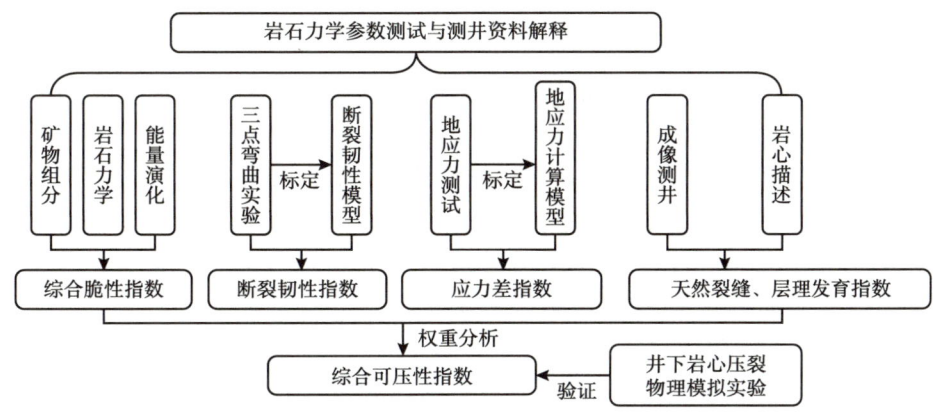

图 2-2-1　可压性评价技术路线

基于岩石力学测试和测井曲线解释结果，综合考虑岩石脆性、断裂韧性、水平地应力差、垂向应力差和天然裂缝及层理发育程度6个影响页岩油储层人工裂缝形态的主要地质因素，应用参数归一化和权重分析方法，建立适用于页岩油储层的可压性评价模型。定义可压性指数大于等于0.7的储层为一类储层，可压性好，趋于形成复杂裂缝；可压性指数大于介于0.3~0.7的为二类储层，可压性一般，趋于形成局部复杂裂缝；可压性指数小于0.3的储层为三类储层，可压性差，趋于形成简单缝。页岩油储层可压性评价指标可以包括岩石脆性、断裂韧性、水平应力差、垂向应力差、层理及天然裂缝发育程度。

一、岩石脆性

（一）矿物脆性指数计算

按照 SY/T 5163 中 3.7.2 规定的方法测定页岩样品中的黏土矿物、石英、长石、方解石、白云石、黄铁矿的质量分数。

综合考虑各矿物含量及力学性能对页岩脆性的影响，取石英、白云石、方解石、长石、黄铁矿为脆性矿物。按式（2-2-1）计算页岩矿物脆性指数。

$$B_M = \left(X_{quart} + X_{dolomite} + X_{calcite} + X_{feldspar} + X_{pyrite} \right) \times 100\% \quad (2-2-1)$$

式中 B_M——页岩矿物脆性指数（脆性矿物法）；

X_{quart}——样品中石英质量分数，%；

$X_{dolomite}$——样品中白云石质量分数，%；

$X_{calcite}$——样品中方解石质量分数，%；

$X_{fedspar}$——样品中长石质量分数，%；

X_{pyrite}——样品中黄铁矿质量分数，%。

（二）岩石力学脆性指数计算

基于测井解释曲线与室内三轴压缩实验结果，进行测井井段的杨氏模量和泊松比剖面标定。按式（2-2-2）计算页岩岩石力学脆性指数。

$$B_{YB} = \frac{(E_s - E_{min})/(E_{max} - E_{min}) + (v_{max} - v_s)/(v_{max} - v_{min})}{2} \times 100\% \quad (2-2-2)$$

式中 B_{YB}——页岩岩石力学脆性指数；

E_s——页岩储层某深度处的静态杨氏模量，MPa；

E_{min}——页岩储层测井井段内静态杨氏模量最小值，MPa；

E_{max}——页岩储层测井井段内静态杨氏模量最大值，MPa；

v_{max}——页岩储层测井井段内静态泊松比最大值；

v_s——页岩储层某深度处的静态泊松比；

v_{min}——页岩储层测井井段内静态泊松比最小值。

（三）能量演化脆性指数计算

基于全应力—应变曲线（图2-2-2）、能量演化理论评价其力学性能对页岩脆性的影响。按式（2-2-3）计算能量演化脆性指数。

$$B_{\mathrm{E}} = \frac{U_{\mathrm{p}}^{e}}{U_{\mathrm{p}}} \times \frac{\Delta U^{e}}{W + \Delta U^{e}} \times \left(1 - \frac{U_{\mathrm{r}}^{e}}{U_{\mathrm{p}}^{e}}\right) \tag{2-2-3}$$

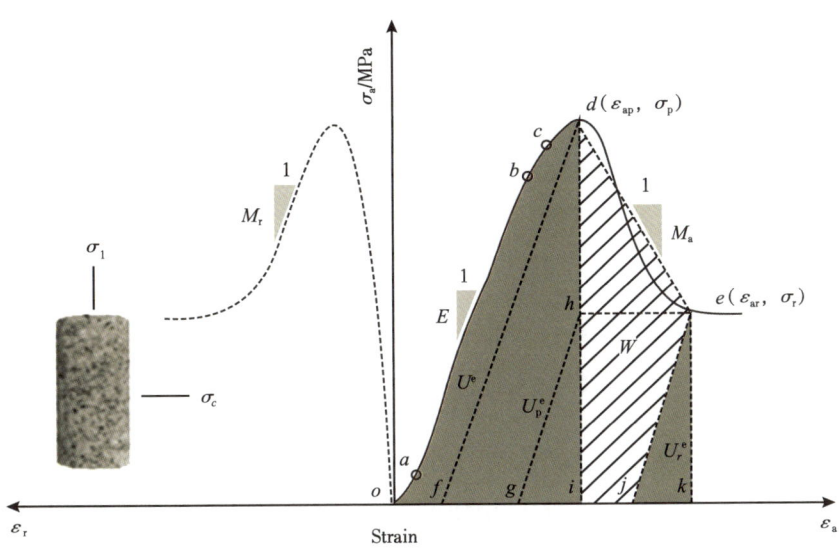

图 2-2-2 全应力应变曲线

式中 B_{E}——能量演化脆性指数；

U_{p}^{e}——由区域 f-d-i 表示；

U_{p}——闭合曲线 o-d-i 包络的范围，$U_{\mathrm{p}} = U^{d} + U_{\mathrm{p}}^{e}$；

ΔU^{e}——由区域 d-f-g-h 表示，$\Delta U^{e} = U_{\mathrm{p}}^{e} - U_{\mathrm{r}}^{e}$；

U_{r}^{e}——区域 e-j-k；

W——由应力应变曲线下方区域 d-i-k-e 表示。

（四）页岩综合脆性指数

综合考虑矿物组分脆性指数、岩石力学脆性指数、能量演化脆性指数，由式（2-2-4）计算页岩综合脆性指数。

$$B_{\mathrm{T}} = 0.65 B_{3} + 0.22 B_{2} + 0.13 B_{1} \tag{2-2-4}$$

由式（2-2-5）计算考虑页岩脆性指数的可压性指数 F_{I1}。

$$F_{\mathrm{I1}} = B_{\mathrm{T}} \tag{2-2-5}$$

二、断裂韧性

由式（2-2-6）计算考虑断裂韧性的可压性指数 F_{I2}。

$$F_{\mathrm{I2}} = \frac{K_{\mathrm{IC}} - K_{\mathrm{ICmin}}}{K_{\mathrm{ICmax}} - K_{\mathrm{ICmin}}} \tag{2-2-6}$$

式中 K_{IC}——断裂韧性，$\mathrm{MPa \cdot m^{1/2}}$；

K_{ICmax}——断裂韧性的最大值，MPa·m$^{1/2}$；
K_{ICmin}——断裂韧性的最小值，MPa·m$^{1/2}$。

三、水平应力差

通过裂缝扩展数值模拟研究水平应力差（水平最大主应力和水平最小主应力的差值）对天然裂缝开启的影响，分析不同水平应力差下的平面裂缝扩展形态，明确压裂形成复杂缝网和简单水力主裂缝的水平应力差阈值。根据地应力测井解释结果，计算水平应力差剖面。由式（2-2-7）计算表征水平应力差对压裂裂缝平面复杂程度影响的可压性指数 F_{I3}：

$$F_{I3} = \begin{cases} 0 & \Delta\sigma_h > \Delta\sigma_{hmax} \\ \dfrac{\Delta\sigma_{hmax} - \Delta\sigma_h}{\Delta\sigma_{hmax} - \Delta\sigma_{hmin}} & \Delta\sigma_{hmax} \geqslant \Delta\sigma_h \geqslant \Delta\sigma_{hmin} \\ 1 & \Delta\sigma_{hmin} > \Delta\sigma_h \end{cases} \quad (2\text{-}2\text{-}7)$$

式中 $\Delta\sigma_h$——水平应力差，$\sigma_H - \sigma_h$；
$\Delta\sigma_{hmax}$——压裂形成水力裂缝为主的裂缝形态时所对应的水平应力差阈值；
$\Delta\sigma_{hmin}$——压裂形成理想缝网时所对应的水平应力差阈值。

四、垂向应力差

通过裂缝扩展数值模拟研究垂向应力差（垂向应力与水平最小主应力的差值）对层理开启的影响，分析不同垂向应力差下的纵向裂缝扩展形态，明确在储层高度方向上压裂形成简单垂直缝、简单层理缝及水力裂缝沟通多条层理的理想复杂缝网时各自对应的阈值。根据地应力测井解释结果，计算垂向应力差剖面。由式（2-2-8）计算表征垂向应力差对压裂裂缝纵向复杂程度影响的可压性指数 F_{I4}：

$$F_{I4} = \begin{cases} 0 & \Delta\sigma_v \geqslant \Delta\sigma_{vmax} \text{ 或 } \Delta\sigma_v \leqslant \Delta\sigma_{vmin} \\ 1 - \dfrac{\Delta\sigma_v - \Delta\sigma'_v}{\Delta\sigma_{vmax} - \Delta\sigma'_v} & \Delta\sigma_{vmax} > \Delta\sigma_v \geqslant \Delta\sigma'_v \\ 1 - \dfrac{\Delta\sigma'_v - \Delta\sigma_v}{\Delta\sigma'_v - \Delta\sigma_{vmin}} & \Delta\sigma'_v > \Delta\sigma_v > \Delta\sigma_{vmin} \end{cases} \quad (2\text{-}2\text{-}8)$$

式中 $\Delta\sigma_v$——垂向应力差，$\sigma_v - \sigma_h$；
$\Delta\sigma_{vmax}$——压裂形成简单垂直缝时所对应的垂向应力差阈值；
$\Delta\sigma_{vmin}$——压裂形成简单层理缝时所对应的垂向应力差阈值；
$\Delta\sigma'_v$——水力裂缝纵向扩展并沟通多条层理形成复杂缝网时所对应的最优垂向应力差。

五、天然裂缝发育程度

通过成像测井和取心描述等现场资料，获得不同井段内的天然裂缝参数，即天然裂缝的密度及天然裂缝与水平最大主应力方向的夹角。采用归一化方法，根据式（2-2-9）和式（2-1-10）对不同井段天然裂缝的发育程度进行比较。

$$\rho = (\rho_i - \rho_{\min})/(\rho_{\max} - \rho_{\min}) \quad (2\text{-}2\text{-}9)$$

$$\theta = 1 - \frac{|45 - \theta_i|}{45} \quad (2\text{-}2\text{-}10)$$

式中　ρ——归一化天然裂缝密度；

　　　$\rho_{\max}$——最大裂缝密度，条/m；

　　　$\rho_{\min}$——最小裂缝密度，条/m；

　　　θ_i——天然裂缝与水平最大主应力方向夹角，(°)；

　　　θ——归一化天然裂缝与水平最大主应力方向夹角，(°)。

采用调和平均值，由式（2-2-11）计算表征天然裂缝发育程度对裂缝形态平面复杂程度影响的可压性指数 F_{I5}：

$$F_{I5} = \frac{2}{\left(\dfrac{1}{\rho} + \dfrac{1}{\theta}\right)} \quad (2\text{-}2\text{-}11)$$

六、层理发育程度

通过裂缝扩展数值模拟研究层理密度对压裂裂缝扩展形态的影响，明确形成纵向复杂裂缝网络的最优层理密度及形成水力主裂缝和简单层理缝时所分别对应的层理密度阈值。通过成像测井和取心描述等现场资料，获得不同井段内的层理密度。由式（2-2-12）计算考虑层理发育程度的可压性指数 F_{I6}：

$$F_{I6} = \begin{cases} 0 & \rho_i \geqslant \rho_{\max} \text{或} \rho_i \leqslant \rho_{\min} \\ 1 - \dfrac{\rho_i - \rho'}{\rho_{\max} - \rho'} & \rho_{\max} > \rho_i \geqslant \rho' \\ 1 - \dfrac{\rho' - \rho_i}{\rho' - \rho_{\min}} & \rho' > \rho_i > \rho_{\min} \end{cases} \quad (2\text{-}2\text{-}12)$$

式中　ρ_i——层理密度；

　　　ρ'——最优层理密度；

　　　$\rho_{\max}$——形成层理主导的裂缝形态时所对应的层理密度阈值；

　　　$\rho_{\min}$——形成水力裂缝主导的裂缝形态时所对应的层理密度阈值。

七、综合可压性

综合可压性指数通过综合考虑脆性指数、断裂韧性、应力差、层理及天然裂缝发育程度，由式（2-2-13）计算页岩综合可压性指数：

$$F_I = \omega_1 F_{I1} + \omega_2 F_{I2} + \omega_3 F_{I3} + \omega_4 F_{I4} + \omega_5 F_{I5} + \omega_6 F_{I5} \quad (2\text{-}2\text{-}13)$$

式中　ω_i——权重系数，通过权重分析法确定，包括构造判断矩阵和权重计算两个过程。

(一)构造判断矩阵

结合工程经验认为,水平应力差与垂向应力差最能反映可压性,其次为层理及天然裂缝发育程度,然后为脆性指数与断裂韧性系数。判断矩阵表示某一层元素之间相对于上一层元素的重要程度,可利用1~9的比例标度来表示这种可压性的程度,见表2-2-1。当以上6个因素均考虑时,可以构造一个6×6的判断矩阵。该矩阵中的标度根据所研究的储层特性确定,对于不同油藏或地层,其标度应根据实际情况确定。鉴于资料的可获得性,本节考虑三个因素:水平应力差、综合脆性指数及断裂韧性,构造判断矩阵见表2-2-2。

表 2-2-1 判断矩阵标度

标度	相对重要性含义
1	A1 与 A2 同等重要
3	A1 比 A2 重要一些
5	A1 比 A2 明显重要
7	A1 比 A2 重要得多
9	A1 比 A2 极度重要
2、4、6、8	上述两相邻判断中间值

表 2-2-2 判断矩阵 A

行:A1/ 列:A2	水平应力差	脆性指数	断裂韧性
水平地应力差	1	3	5
脆性指数	1/3	1	5/3
断裂韧性	1/5	3/5	1

(二)可压性影响因素的权重计算

利用和积法计算判断矩阵 A 的最大特征根及其对应的特征向量,按式(2-2-14)至式(2-2-17)确定可压性各影响因素的权重。

$$\overline{a}_{ij} = \frac{a_{ij}}{\sum_{k=1}^{n} a_{kj}} \quad (2\text{-}2\text{-}14)$$

$$\overline{\omega}_i = \sum_{j=1}^{n} \overline{a}_{ij} \quad (2\text{-}2\text{-}15)$$

$$\omega_i = \frac{\overline{\omega}_i}{\sum_{i=1}^{n} \overline{\omega}_i} \tag{2-2-16}$$

$$\omega = [\omega_1, \omega_2, \cdots, \omega_n]^{\mathrm{T}} \tag{2-2-17}$$

式中　$i, j = 1, 2, \cdots, n$；

　　　a_{ij}——判断矩阵 $\boldsymbol{A}$ 的元素；

　　　ω——权重系数。

计算得 $\omega = [0.65, 0.22, 0.13]^{\mathrm{T}}$，即水平应力差、脆性指数、断裂韧性所对应的权重值分别为 0.65、0.22、0.13。

利用以上方法得到的 J10024 井可压性剖面如图 2-2-3 与图 2-2-4 所示，由图可知上甜点深度 3476m、3516m 附近泥页岩可压性较高，大于 0.7；下甜点深度 3624m、3642m、3659m、3664m 附近泥页岩可压性较高，大于 0.7。可压性较高位置易形成复杂裂缝，可适当增大簇间距。

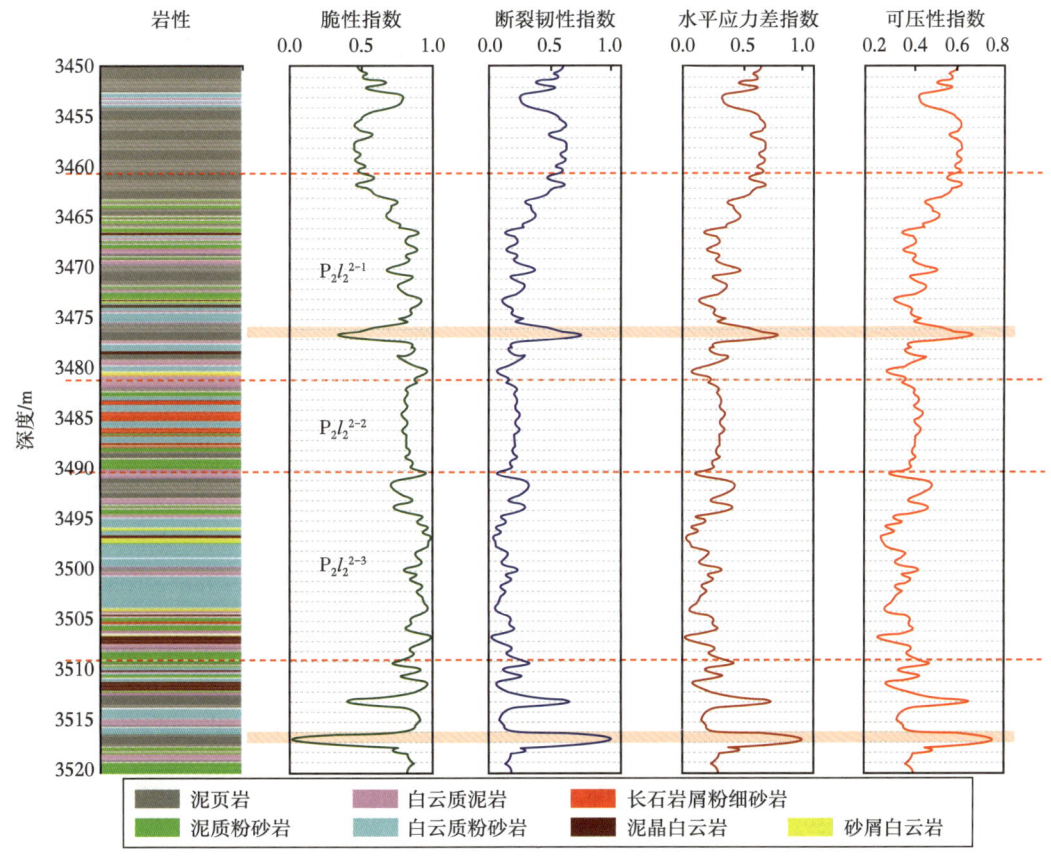

图 2-2-3　J10024 井上甜点可压性剖面

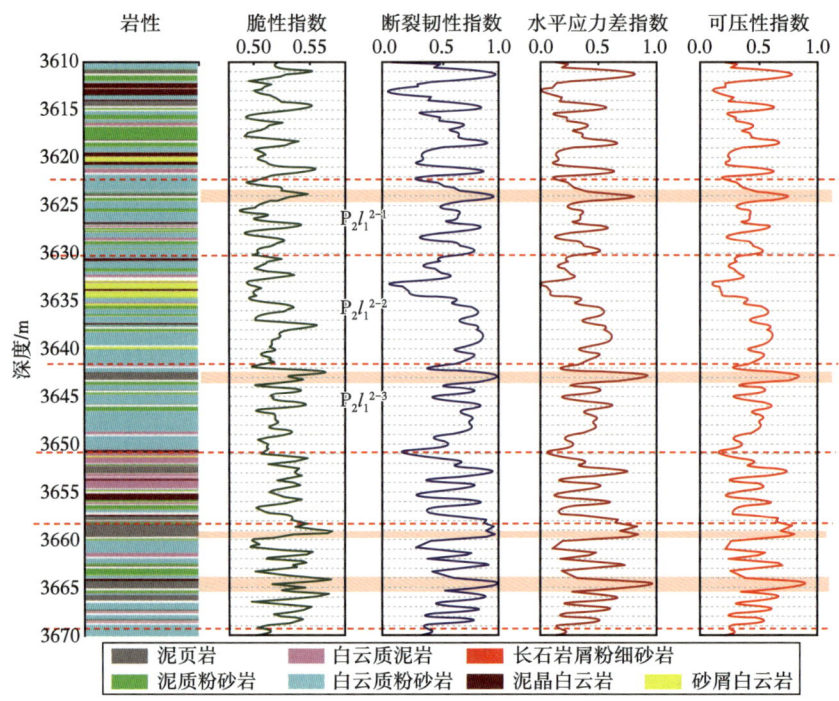

图 2-2-4　J10024 井下甜点可压性剖面

参 考 文 献

李钜源，2013. 东营凹陷泥页岩矿物组成及脆度分析［J］. 沉积学报，31（4）：616-620.

楼一珊，1998. 利用声波测井计算岩石的力学参数［J］. 探矿工程（3）：49-50.

马建海，孙建孟，2002. 用测井资料计算地层应力［J］. 测井技术（4）：347-352.

张昕，2018. 利用岩石 Kaiser 效应测试地应力的研究［D］. 成都：成都理工大学 .

ARVIE Dm，HILL R J，RUBLE T E，et al.，2007. Unconventional shale-gas systems：themississippian Barnett Shale of north-central Texasas onemodel for thermogenic shale-gas assessment［J］. AAPG Bulletin, 91（4）475-499.

JIN X C，SHAH S N，ROEGIERS J C，et al.，2014. Fracability evaluationin shale reservoirs-an integrated petrophysics and geomechanics ap-proach［C］. Texas，USA：SPE Hydraulic Fracturing Technology Conference.

LI N，ZOU Y S，ZHANG S C，et al.，2019. Rock brittleness evaluation based on energy dissipation under triaxial compression［J］. Journal of Petroleμm Science and Engineering，183：1-10.

RICKMAN R，MULLENM，PETRE E，et al.，2008. A practical use of shale petrophysics for stimulation design optimization：all shale plays are not clones of the Barnett Shale［J］. SPE 115258.

WANG F P，Gale J F.，2009. Screening criteria for shale-gas systems［J］. Gulf Coast Association of Geological Societies Transcations，59：779-793.

第三章　体积压裂裂缝扩展机理研究

水力压裂物理模拟实验和数值模拟方法是目前研究水力压裂裂缝起裂及扩展规律最常用的方法。物理实验能够直观地研究裂缝起裂及扩展行为，但是实验结果受试样尺寸的限制；数值模拟技术能够模拟地层尺度的裂缝起裂及扩展行为，但理论模型复杂，求解难度和工作量大。本章利用物理模拟实验结果及数值模拟技术建立页岩油储层体积压裂裂缝扩展模型，分析不同参数的影响程度，揭示复杂缝网人工裂缝扩展机理。

第一节　水力压裂物理模拟技术

水力压裂物理模拟实验是应用三轴压裂装置对地下岩心和地面露头开展的压裂模拟实验，通过实验可以直接观察裂缝起裂和扩展过程，获取裂缝形态和延伸状况。

一、物理模拟实验系统

（一）小尺寸压裂实验模拟系统

实验主要采用中国石油大学（北京）储层改造实验室研制的小尺寸真三轴压裂模拟系统。该系统主要由应力加载系统、岩心室、恒速恒压泵、岩心室温度控制系统、注入口温度控制系统、低温浴槽、中间容器、数据采集系统、辅助装置等部分组成，实验装置如图 3-1-1 所示，线路示意如图 3-1-2 所示。三向应力加载可无级调整，加载最大应力为 23MPa，最高排量为 500mL/min，最大注入压力为 60MPa。注入泵为恒速恒压泵，由计算机精确控制，可实时监测并记录井口注入压力和温度。

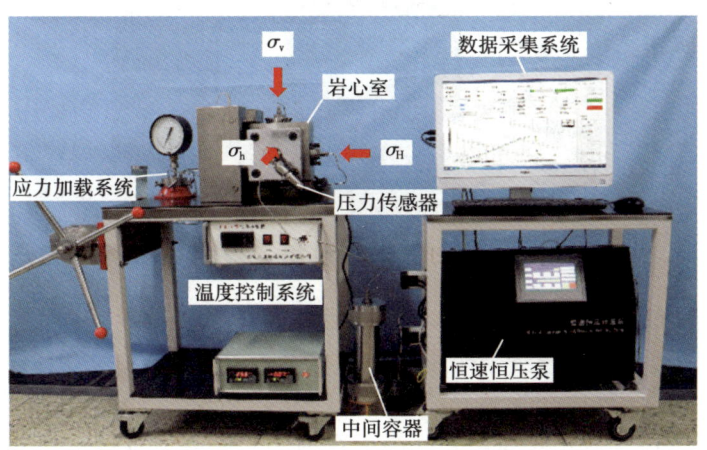

图 3-1-1　小尺寸真三轴压裂模拟系统实物图

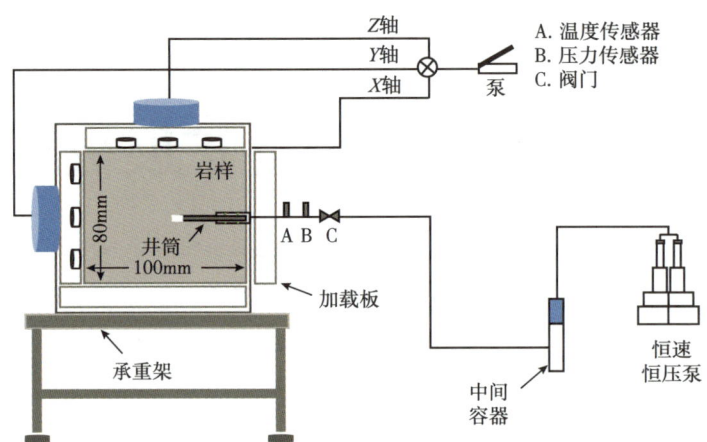

图 3-1-2　小尺寸真三轴压裂模拟系统示意图

（二）大尺寸压裂实验模拟系统

大型物理模拟采用真三轴大尺寸水力压裂模拟系统（图 3-1-3）。模型装置可对 30cm×30cm×30cm 尺寸的岩样开展压裂物理模拟实验，可对试样进行围压加载，垂直方向（Z 轴）和水平方向（Y 轴）最大应力可以达到 30mPa；水平方向（X 轴）最大应力可以达到 15mPa。加载过程采用变频加载技术，通过液压泵快速起压，随后通过控制面板进行精确加压，并能够实现对压力的伺服跟踪。恒速恒压泵采用双缸连续供液方式，最大排量为 300mL/min。应用该装置开展页岩油露头泥岩/页岩薄互多层状试样水平井多段分簇压裂模拟实验。

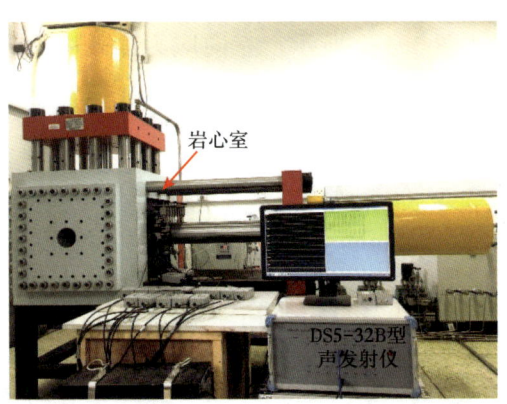

图 3-1-3　真三轴大尺寸水力压裂模拟系统

为实现水平井分段压裂，设计制作了水平井分段压裂实验井筒（图 3-1-4），分为外层 PVC 套管、内层井筒和注液管线 3 个部分，内层井筒插入外层 PVC 套管组装形成实验井筒（刘乃震等，2018）。外层套管为外径 40mm、内径 36mm、长度 25cm 的 PVC 管，内层井筒为外径 35mm、长度 27cm 的钢制井筒，在内层井筒对应外层套管相应分段处设置直径 3mm 的出液孔，并针对每个工作段的环空部分用密封胶圈封隔，以模拟封隔器的作用（图 3-1-5）。

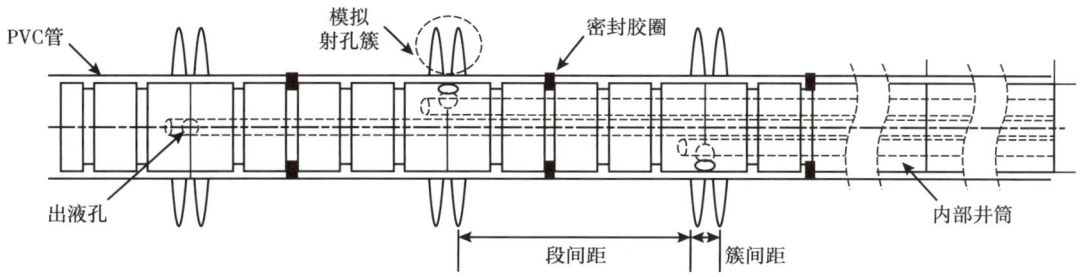

图 3-1-4 水平井分段多簇压裂模拟管柱结构示意图

图 3-1-5 水平井分段多簇压裂模拟管柱

为实现分段注液,将 3 根注液管线一端分别延伸至 3 个压裂段的中心位置,并在内层井筒的每个压裂段焊接分隔钢片,防止压裂液进入其他压裂段。将注液管线另一端六通阀相连再连接中间容器。因此,某一段注液时,将六通阀上该段注液管线与连接的阀门开启,六通阀上其他阀门处于关闭状态,可以实现对单个压裂段泵注压裂液。

为了获取更多裂缝扩展信息,应用了声发射监测技术(马新仿等,2017;张士诚等,2021)。声发射监测具有和微地震监测相似的原理,可以实现监测水力压裂裂缝的产生,实时或精细确定裂缝的高度、长度、倾角及方位,进而刻画裂缝网络,评价压裂作业效果。

二、实验参数设计

(一)小尺寸压裂实验参数设计

目前吉木萨尔页岩油水平井压裂施工排量为 14~18m³/min,簇数 6~8 簇,施工过程起裂阶段与主压裂阶段的排量存在差异,设计单簇最大排量为 3m³/min,压裂液黏度为 50~70mPa·s(变黏度滑溜水体系)。为模拟现场黏性主导裂缝扩展过程,使用相似准则(Andrew 等,2021)计算实验主要注入参数[式(3-1-1)、式(3-1-2)]。现场与室内实验参数总结见表 3-1-1。

$$\mu_\mathrm{l} = \alpha\mu_\mathrm{f} \left[\frac{t_{\mathrm{lmax}}}{t_{\mathrm{fmax}}} \left(\frac{Q_\mathrm{f}}{Q_\mathrm{l}} \right)^{3/2} \left(\frac{E'_\mathrm{f}}{E'_\mathrm{l}} \right)^{13/2} \left(\frac{K'_\mathrm{l}}{K'_\mathrm{f}} \right)^9 \right]^{2/5} \qquad (3\text{-}1\text{-}1)$$

$$t_{\max} = \frac{R_{\max}^{5/2} K'}{QE'} \qquad (3\text{-}1\text{-}2)$$

式中 μ——压裂液黏度，mPa·s；
Q——排量，m³/min；
E'——平面应变杨氏模量，GPa；
K'——修正断裂韧性，MPa·m$^{1/2}$；
t——裂缝特征扩展时间，s；
$R_{\max}$——裂缝特征半径，m；
α——相似系数，此次实验约为 0.85。

其中下角标 f 为现场参数，下角标 l 为实验室参数。

表 3-1-1 压裂实验主要施工参数设计

施工参数	现场参数值	实验参数值
杨氏模量 /GPa	24.2	12~36
断裂韧性 /（MPa·m$^{1/2}$）	3.6	1.54
裂缝特征半径 /m	18	0.05
单簇排量 /（m³/min）	2~6	0.000005~0.00002
压裂液黏度 /（mPa·s）	50~70	3~100

不同岩性特征的全直径岩心组合压裂模拟实验方案见表 3-1-2。

表 3-1-2 小物模实验方案统计表

序号	岩性	$E_{1,3}$/GPa	E_2/GPa	$T_{1,3}$/MPa	T_2/MPa	组合厚度/cm	排量/(mL/min)	黏度/(mPa·s)	水平应力差/MPa
1	泥质粉砂岩+灰质泥岩	13.89	15.71	6.18	++6.36	2+6+2	20	3	13
2	泥岩+灰质粉砂岩	30.91	16.03	7.81	6.39	2+6+2	20	3	13
3	泥质粉砂岩+灰质粉砂岩	29.16	23.92	7.64	7.14	2+6+2	5	100	13
4	泥质粉砂岩+泥岩	28.27	12.02	7.56	6	2+6+2	5	100	13
5	泥质粉砂岩	12	12	6	6	10	20	100	13
7	泥质粉砂岩+泥岩	24.54	19.3	6.44	8.73	3+4+3	5	100	13
8	粉砂质泥岩+白云质粉砂岩	6.16	15.46	6.5	7.88	2+6+2	20	100	13
9	白云质粉砂岩+粉砂岩	33.53	20.2	7.77	6.66	2+6+2	20	100	13
10	灰质泥岩+泥质粉砂岩	33.65	27.38	8.07	7.47	2+6+2	20	3	13
11	粉砂质泥岩+粉砂质泥岩	36.02	36.38	10.37	8.33	2+6+2	20	100	13
12	泥岩+泥质粉砂岩	28.98	16.56	7.63	4.56	2+6+2	20	3	13
13	泥质粉砂岩+白云质粉砂岩	23.45	30.48	12.38	7.77	2+6+2	5	100	13

续表

序号	岩性	$E_{1,3}$/GPa	E_2/GPa	$T_{1,3}$/MPa	T_2/MPa	组合厚度/cm	排量/(mL/min)	黏度/(mPa·s)	水平应力差/MPa
14	泥质粉砂岩+粉砂质泥岩	13.28	21.07	11.21	10.67	2+6+2	20	100	18
15	泥质粉砂岩+泥质粉砂岩	26.78	25.31	7.05	7.26	2+6+2	20	100	13
17	泥质粉砂岩+粉砂质泥岩	25.61	10.96	10.83	4.18	3+4+3	20	100	13
18	泥质粉砂岩+泥岩	29.78	24.75	7.57	7.35	3+4+3	20	3	13
20	泥质粉砂岩+灰质泥岩	9.87	21.01	4.04	7.16	2+6+2	5	100	13
21	泥质粉砂岩+粉砂质泥岩	14.7	24	6.6	8.15	2.5+5+2.5	5	30	13
22	白云质粉砂岩+粉砂质泥岩	14.7	6.9	6.6	9.78	2.5+5+2.5	5	3	13
23	泥质粉砂岩+粉砂质泥岩	13.7	15	6.5	6.8	2.5+5+2.5	5	30	13
24	泥质粉砂岩+粉砂质泥岩	13.7	22	6.5	8.29	2.5+5+2.5	5	3	13

注：$E_{1,3}$—隔层杨氏模量；E_2—中间层杨氏模量；$T_{1,3}$—隔层抗拉强度；T_2—中间层抗拉强度。

为模拟直井的三向地应力状态，施加的最小水平主应力 σ_h 和最大水平主应力 σ_H 垂直于井筒轴线方向，垂向应力 σ_v 平行于井筒轴线方向。采用添加黄色荧光剂的压裂液开展压裂模拟实验以便于观察水力裂缝形态，并安装声发射监测装置监测压裂过程中声发射信号。压裂模拟过程中，利用双缸恒速恒压泵以恒定排量将滑溜水压裂液从中间容器注入井筒内，应用压力传感器记录井口压力并传输到计算机。当井口压力快速下降，不再升压时，表明水力裂缝起裂并延伸至试样表面，此时停泵。实验结束后取出岩样，根据试样表面染色液分布情况确定表面裂缝形态，结合井底注入压力曲线分析裂缝起裂及扩展特征。

（二）大尺寸压裂实验参数设计

实验依据相似理论确定注入参数和井筒参数（柳贡慧等，2000）。相似准则如式（3-1-3）。

$$\frac{Q_F}{A_F \times H_F} = \frac{Q_M}{A_M \times H_M} \tag{3-1-3}$$

式中　下标 M，F——分别代表物理实验数据、现场数据；
　　　Q——排量；
　　　A——井筒横截面积；
　　　H——缝高。

现场排量为 12~14m³/min，净压力为 15~25MPa，设计基准实验泵注排量为 300mL/min，单段累计泵注液量为 120~160mL，压裂液黏度为 1mPa·s。井筒参数根据几何相似原则确定。实验模型段间距与现场实际段间距应满足如下几何相似关系：

$$\frac{S_M}{S_F} = \frac{L_M}{L_F} \tag{3-1-4}$$

式中 下标 M 代表物理实验数据,下标 F 代表现场数据;
S——段(簇)间距;
L——裂缝半长。

实验设置现场实际段间距分别为 30m、40m、50m,现场实际簇间距分别为 5m、9m、16m,实际裂缝半长为 200m,实验裂缝半长 15cm。依据公式,计算得到实验段间距分别为 20mm、30mm、40mm,实验簇间距分别为 4mm、8mm、12mm。野外露头实验方案与参数统计见表 3-1-3,主要包括应力状态、压裂方式、簇数、排量与压裂液黏度。

表 3-1-3 野外露头大物模实验方案与参数统计表

编号	层间应力差/MPa	$\sigma_h/\sigma_H/\sigma_v$/MPa	排量/(mL/min)	压裂液黏度/(mPa·s)	簇数	压裂方式	备注
1	3	10/22/30	300	30	1	单段压裂	未黏结
2	3	10/22/30	300	30	3	单段压裂	未黏结
3	3	10/22/30	100	30	1	单段压裂	未黏结
4	3	10/22/30	100	30	1	单段压裂	分层黏结
5	3	10/22/30	300	30	1	单段压裂	分层黏结
6	3	10/18/30	300	30	1	单段压裂	分层黏结
7	6	10/22/30	300	30	1	单段压裂	分层黏结
8	3	10/22/30	300	30	3	冲击压裂	分层黏结
9	3	10/22/30	300	30	1	冲击压裂	分层黏结
10	3	10/22/30	300	30	1	分段压裂	分层黏结
11	3	10/22/30	300	30	5	分段压裂	分层黏结
12	3	10/22/30	300	30	1	冲击压裂	分层黏结
13	3	10/22/30	300	100	1	单段压裂	分层黏结
14	3	10/26/30	300	30	1	单段压裂	分层黏结
15	3	10/22/30	300	3	1	单段压裂	分层黏结
16	0	10/22/30	300	30	1	单段压裂	分层黏结
17	3	10/22/30	300	30	1	暂堵压裂	分层黏结
18	3	10/18/30	300	30	1	暂堵压裂	分层黏结
19	6	10/22/30	300	30	1	暂堵压裂	分层黏结
20	3	10/22/30	300	30	3	暂堵压裂	分层黏结

三、物理模拟人工裂缝扩展规律

（一）小尺寸压裂裂缝扩展规律

1. 储隔层岩性差异影响

物理力学性质研究发现，芦草沟组岩样不同岩性强度差异明显，本节考虑储隔层岩性差异影响，岩性差异主要考虑强度差异的影响。1号试样岩性为泥质粉砂岩；2号试样岩性为粉砂质泥岩与白云质粉砂岩组合，隔层强度弱于中间层强度；3号试样岩性为白云质粉砂岩与粉砂岩组合，隔层强度高于中间层强度；且中间层强度大小关系为3号＞2号＞1号试样。

图3-1-6为实验测得的裂缝形态与压力曲线，可以看到1号试样破裂压力为8.94MPa，缝高为10cm；2号试样破裂压力为15.16MPa，缝高为6.4cm；3号试样破裂压力为25.59MPa，缝高7.4cm。实验结果表明随着储层与隔层岩石杨氏模量与抗拉强度的增大，试样破裂压力呈明显的上升趋势。3号试样较1号试样中间层杨氏模量增大8GPa，抗拉强度相差0.79MPa，破裂压力提高了1.86倍。并且，随岩样强度增大，试样裂缝内流体流动阻力逐渐升高，1号试样流动阻力为1.58MPa，2号试样为2.05MPa，3号试样为4.5MPa，流动阻力提高了1.84倍，这主要是由于强度较大的岩石，产生的裂缝宽度较窄。

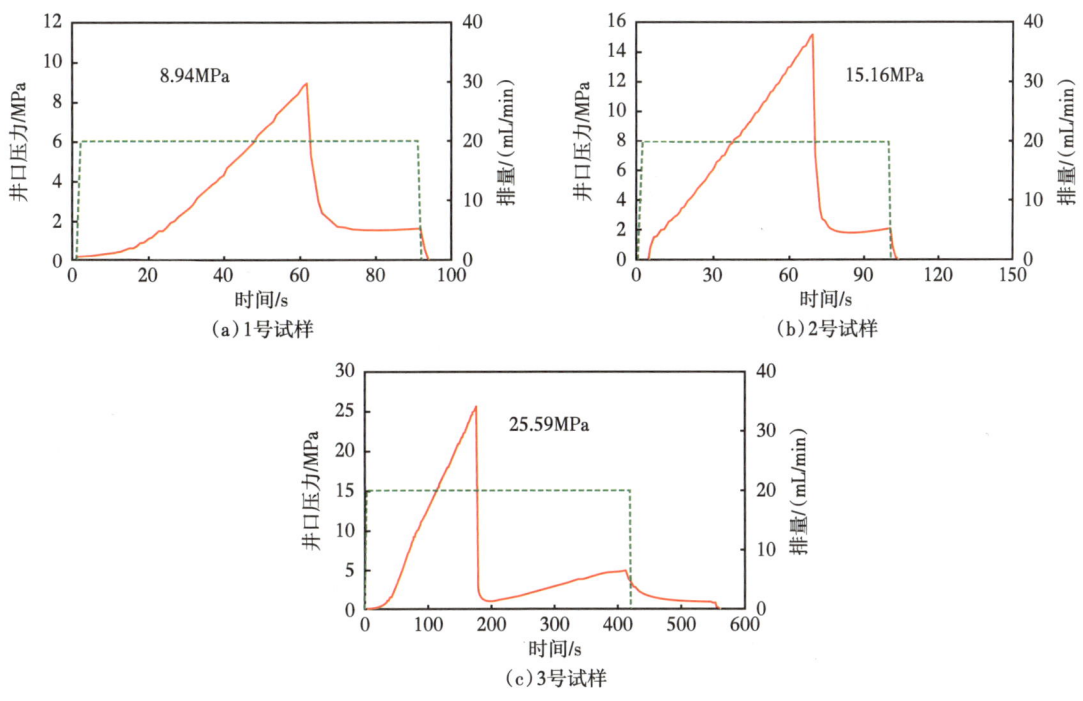

图3-1-6　排量20mL/min下不同岩性压力曲线

从裂缝形态可以看到（图3-1-7），随着破裂压力升高，裂缝形态复杂性降低。在未分层的低杨氏模量和低强度的试样中，裂缝自裸眼段起裂后向井筒上下扩展贯通整个试样，且沟通打开了2条水平层理缝，而在高强度试样中裂缝倾向于向井筒上部扩展，未能贯穿整个试样，强度增大缝高呈下降趋势。在未打开激活纹层层理的情况下，裂缝都能穿过储隔层黏结界面，而2号试样由于沟通打开了上部两条层理缝，未能到达上层黏结界面。

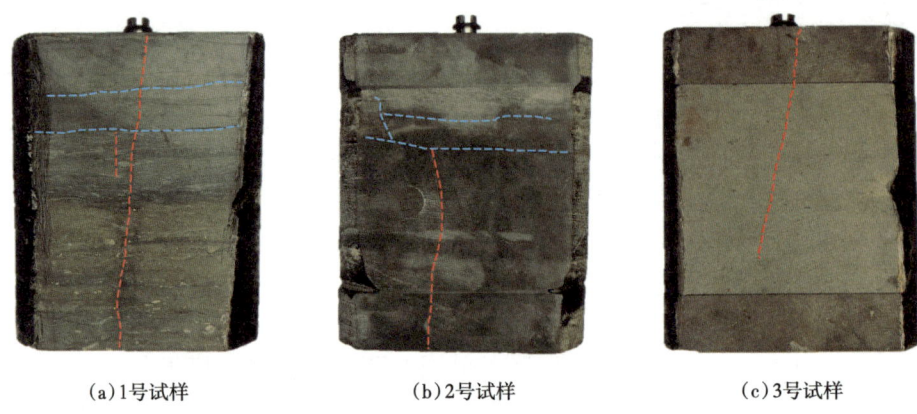

(a) 1号试样　　　　(b) 2号试样　　　　(c) 3号试样

图 3-1-7　排量 20mL/min 下不同岩性裂缝形态特征

图 3-1-8 为压裂液黏度 100mPa·s 条件下的裂缝形态，人工裂缝均能穿过储隔层界面，而与破裂压力和岩石的力学性质无明显相关性。3 号试样岩性为泥质粉砂岩，破裂压力为 17.32MPa；4 号试样岩性为粉砂质泥岩与白云质粉砂岩组合，破裂压力为 18.28MPa，；13 号试样岩性为粉砂质泥岩组合，破裂压力为 5.73MPa。三种岩样的裂缝缝高均为 10cm。

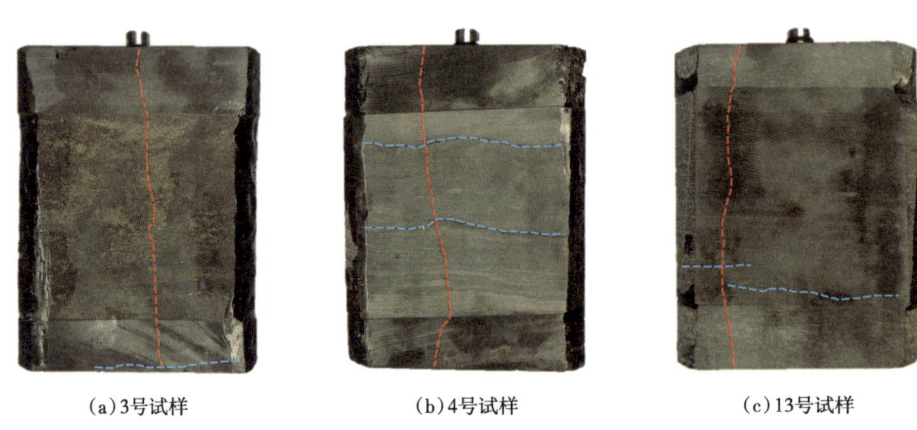

(a) 3号试样　　　　(b) 4号试样　　　　(c) 13号试样

图 3-1-8　压裂液黏度 100mPa·s、排量 5mL/min 下不同岩性裂缝形态特征

裂缝宽度测试位置示意图如图 3-1-9 所示。将裂缝宽度衰减程度定义为：[宽度 2−(宽度 1+宽度 3)/2]/宽度 2。绘制出层间抗拉强度差异与裂缝宽度衰减程度的相关关系，如图 3-1-10 所示。结果表明，裂缝宽度的下降程度与层间抗拉强度的差异有显著的相关性，相关系数达 0.99。虽然高黏度压裂液条件下人工裂缝可以穿过层间界面，但随着层间抗拉强度差异的增大，裂缝宽度减小的程度显著增大。裂缝穿过黏结界面后缝宽大幅度降低，缝宽衰减程度增加 2 倍左右，这种现象将增加支撑剂在隔层裂缝内的铺置难度，为了有效支撑隔层裂缝应探究支撑剂在裂缝内的分布规律与运移特征。

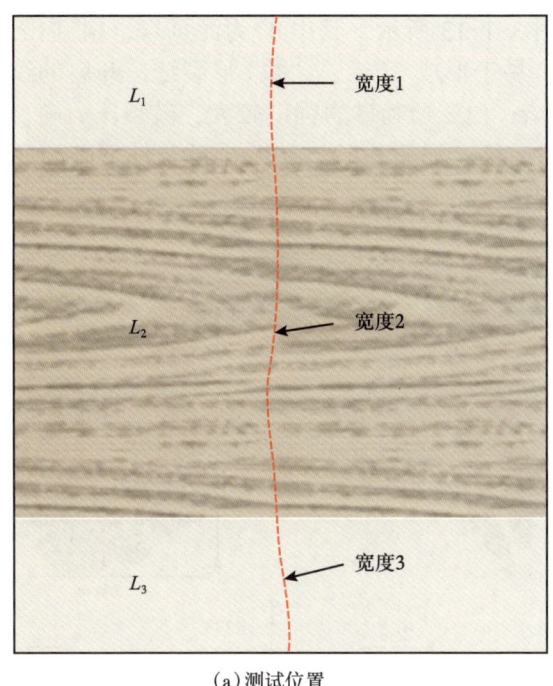

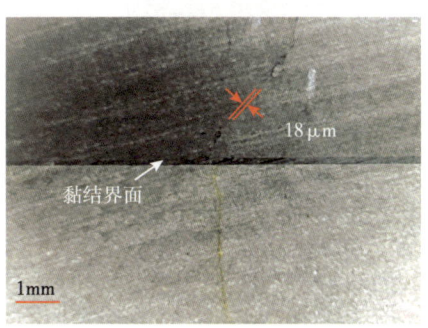

(a)测试位置　　　　　　　　　　　(b) 4#试样典型局部裂缝宽度

图 3-1-9　裂缝宽度测试位置示意图

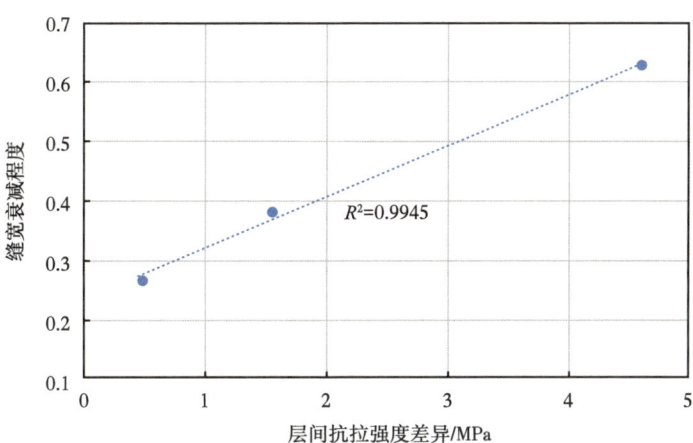

图 3-1-10　层间抗拉强度差异对裂缝宽度衰减程度的影响

2. 不同岩性裂缝穿层与支撑剂运移特征

目前，室内裂缝内支撑剂运移与展布模拟主要采用有机玻璃、岩石等材料预先设定恒定尺寸裂缝形态，无法考虑储层裂缝形态实时变化对支撑剂分布的影响，而室内压裂模拟实验通常不加支撑剂，因此对地应力条件下真实裂缝内支撑剂展布规律及裂缝有效性认识不清。由国内外矿场压裂后邻井取心结果可知，支撑剂运移距离有限，主要聚集在近井筒附近。因此，有必要进一步开展动态压裂支撑剂运移分布研究，本节通过实验研究不同岩性裂缝穿层与支撑剂运移特征。

不同岩性的裂缝扩展如图 3-1-11 至图 3-1-13 所示，其中 4# 为泥页岩、14# 白云质粉砂岩、20# 泥质粉砂岩。泥页岩纹层发育，易于形成"丰"或"井"形裂缝，开启的纹层宽度较小，携砂液泵注阶段压力高，易于砂堵；白云质粉砂岩强度较大，破裂压力高，近井筒主缝扩展充分，缝宽较大，易于支撑剂运移；泥质粉砂岩在低排量条件下破裂压力较低，近井筒裂缝迂曲，多分支裂缝中缺少支撑剂。

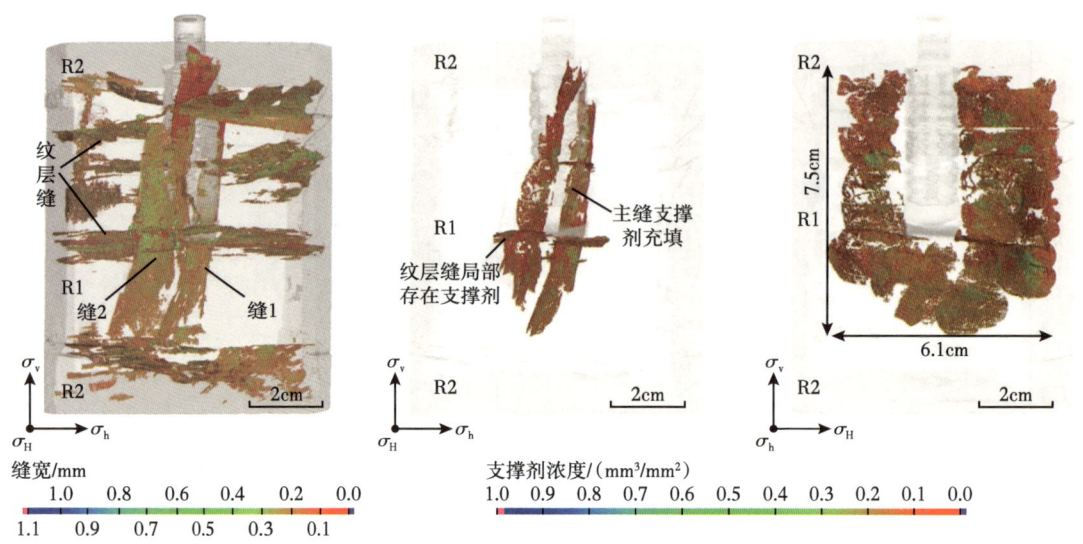

图 3-1-11 泥页岩 4# 人工裂缝形态三维重构

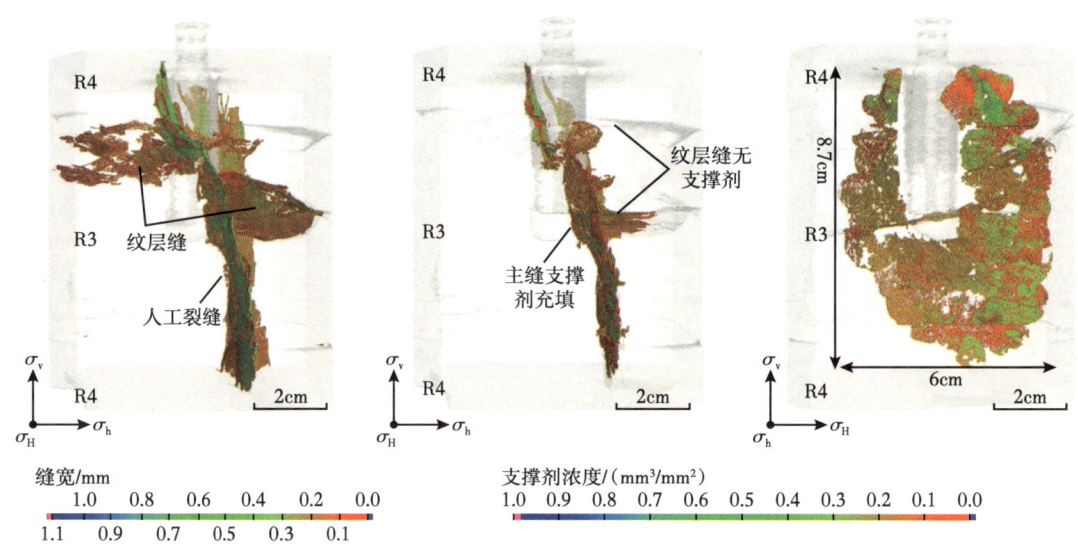

图 3-1-12 白云质粉砂岩 14# 人工裂缝形态三维重构

在实验条件下，层间岩石力学性质差异及岩性界面与纹层对人工裂缝缝高方向扩展抑制不明显。高力学强度邻层及低力学强度邻层均未对人工裂缝缝高产生明显遮挡作用，仅局部人工裂缝在岩性界面截止，或由于纹层、岩性界面开启，人工裂缝发生水平偏转，形成阶梯式穿层扩展现象。纹层发育泥页岩，易于形成"丰"形复杂裂缝。整体上，高黏度压裂液条件下近井人工裂缝倾向于穿层扩展，突破岩性界面与纹层限制。众学者也发现室内实验中层间力学性质差异对缝高影响较小，层间力学性质差异与层理发育主要影响裂缝复杂程度，具有层间力学性质差异薄互层试样倾向于形成复杂裂缝。

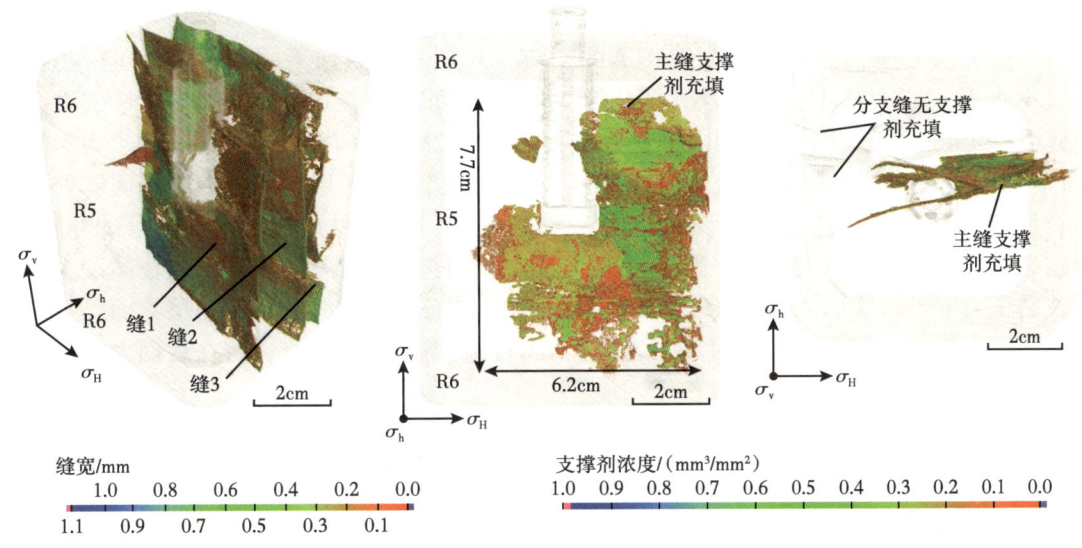

图 3-1-13　泥质粉砂岩 20# 人工裂缝形态三维重构

在垂向上，人工裂缝由射孔层到邻层的缝宽变化较大，一般在纹层、层间界面开启处缝宽变小。界面处缝宽变小导致支撑剂在垂向上运移困难，造成穿层有效性差。平面上，纹层缝内几乎不存在支撑剂，仅在主缝附近存在少量支撑剂，未能有效支撑，支撑剂主要聚集于近井筒主缝中。Warpinski 等也发现体积压裂过程中，支撑剂不能随滑溜水到达所有裂缝位置，且支撑剂粒径越大差异越明显。三轴应力条件下，裂缝形态实时变化得到的支撑剂分布规律，与使用裂缝形态固定模型模拟支撑运移得到的分支次级裂缝中也存在大量支撑剂结果不同。

吉木萨尔页岩油 58 号平台压裂改造中，采用 2 套层系立体井网协同压裂技术，$P_2l_1^{2-2}$ 与 $P_2l_1^{2-3}$ 两层合采。由实验结果可知，支撑剂垂向充填效果差可能导致裂缝穿层失效。一方面，近井人工裂缝宽度较大，上部由压裂液支撑，下部由支撑剂支撑；另一方面，远井未填充裂缝的缝宽较小，仅靠压裂液支撑，在焖井返排初期阶段，生产压差较大，支撑剂沉降、隔夹层应力较高和返排出砂破碎等情况，导致人工裂缝导流能力降低，甚至完全闭合。为使人工裂缝有效穿层和改善远井与纹层支撑剂铺置效果，应实施多粒径组合支撑。

3. 水平应力差影响

水平应力差对天然裂缝发育储层裂缝复杂形态有重要影响，一般来说，水平应力差越小越容易形成复杂缝网，而层理发育天然裂缝欠发育的储层，水平应力差对裂缝扩展的影响还需进一步研究，本节分析水平应力差对裂缝扩展形态的影响。

在排量 20mL/min、黏度 100mPa·s 条件下，水平应力差 13MPa 下 8 号试样破裂压力为15.16MPa，形成了一条纵向人工裂缝，缝高为6.4cm，沟通打开了两条水平层理裂缝，并且穿过了下部黏结层界面；水平应力差18MPa下14号试样破裂压力为23.47MPa，形成了缝高3cm的纵向人工裂缝，裂缝更加平直，未能穿过上部黏结层界面，在中部沟通形成了一条水平层理缝，并被层理缝截止。实验结果表明水平应力差增大水力裂缝更加平直，扩展更加困难，纵向裂缝易被界面截止，缝高较小。水平应力差增大5MPa，破裂压力提高了35.7%，缝高下降了37.5%。

4. 层间应力差影响

为探究层间应力差对水力裂缝扩展的影响，对储隔层施加不同最小水平主应力，隔层最小水平主应力高于储层最小水平主应力。在层间应力差0MPa条件下3号试样人工裂缝缝高7.4cm，穿过上黏结层界面；在层间应力差2MPa条件下，15号试样水力裂缝缝6cm，穿过上黏结层界面，并且沟通打开了一条上隔层的水平层理缝，在层理薄弱处再次起裂形成一条分支裂缝，裂缝形态较复杂（图3-1-14）。15号试样强度与3号试样相近，而破裂压力却远小于3号试样，考虑可能是15号试样中间层泥质粉砂岩存在微裂隙，导致破裂压力降低。实验结果显示2MPa层间应力差未能阻止裂缝穿过储隔层界面，且裂缝复杂程度未降低，层间应力差对水力裂缝扩展的影响需进一步研究，将在后面大尺度露头岩样与数值模拟实验中继续探讨。

(a) 15号试样裂缝形态

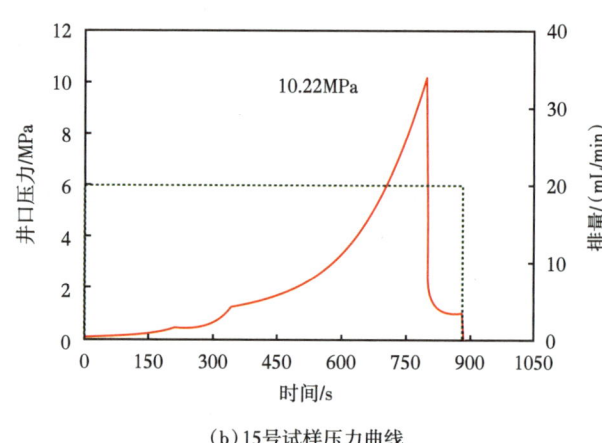

(b) 15号试样压力曲线

图3-1-14　在层间应力差2mPa下裂缝形态特征

5. 隔层厚度影响

薄互层储层、隔层厚度对水力裂缝形态的影响研究较少，本节主要考虑隔层厚度对水力裂缝扩展的影响。隔层厚度3cm情况下，18号试样裂缝形态如图3-1-15（a）所示，水力裂缝未能穿过上部黏结界面，压裂液沿黏结界面流失，缝高为7.4cm；隔层厚度2cm下；4号试样裂缝形态特征如图3-1-15（b）所示，水力裂缝穿过上下黏结界面，贯穿整个试样缝高达10cm，且沟通打开了中间层两条水平层理缝，裂缝形态较复杂。压力曲线如图3-1-16所示，18号试样破裂压力为15.1MPa，4号试样破裂压力为18.28MPa，两组试样岩样强度差异不大，破裂压力相近。实验结果表明隔层厚度增大，水力裂缝趋向在储隔层界面截止纵向扩展沿层界面水平扩展，裂缝缝高受限。隔层厚度增大50%，水力裂缝缝高下降26%。

(a) 18号试样

(b) 4号试样

图 3-1-15　不同隔层厚度试样裂缝形态特征

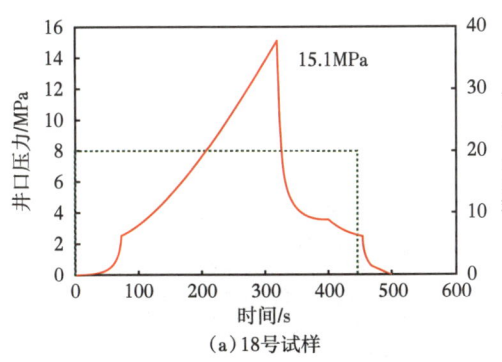
(a) 18号试样

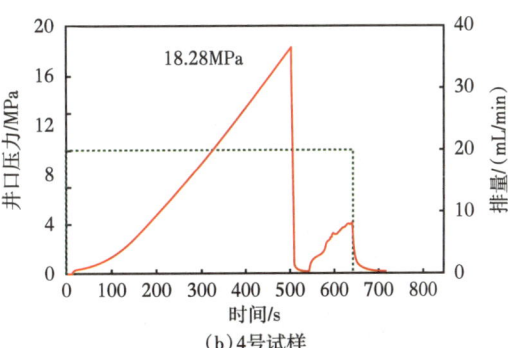
(b) 4号试样

图 3-1-16　不同隔层厚度试样压力曲线

6. 排量影响

为了提高压裂液的效率和SRV，现场一般采用大排量、大液量。为了研究人工裂缝的扩展规律及形态与施工排量的关系，开展不同排量对裂缝形态影响的实验，实验结果如图3-1-17所示。在排量5mL/min条件下，4号试样破裂压力为18.28MPa，人工裂缝缝高为10cm贯穿整个试样，并且沟通打开了两条层理裂缝；排量20mL/min条件下，9号试样破裂压力为25.59MPa，缝高为7.4cm向下延伸较短，未沟通层理裂缝。4号试样在500s时达到破裂压力，9号试样在176s时达到破裂压力，可见提高排量有利于提高增压速率，破裂压力更大。而高排量裂缝扩展纵向上未能穿过整个试样是由于4号试样强度较9号试样相对较大。

从这两组实验结果看施工排量对裂缝扩展影响较小，可能是由于试样尺度小，裂缝扩展路径较短，不能充分体现排量对裂缝扩展的影响，后面通过大尺寸物理模拟实验继续讨论排量对裂缝扩展的影响。

(a)5mL/min下4号试样　　　　　　　　(b)20mL/min 9号试样

图 3-1-17　不同排量下裂缝形态

7. 压裂液黏度影响

实验结果表明：压裂液黏度 100mPa·s 条件下裂缝缝高较 3mPa·s 下增大 1.39 倍，大幅度提高水力裂缝延伸高度。在黏度 3mPa·s 条件下（1 号及 18 号试样），水力裂缝容易激活天然纹层与层理，形成层理缝，裂缝高度严重受限，如图 3-1-18 所示。

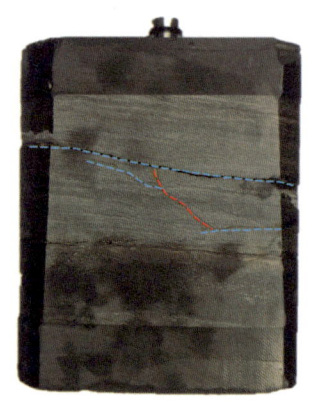 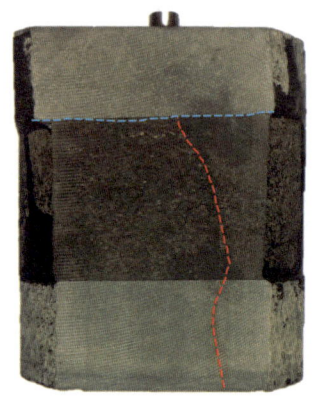

(a)1号试样　　　　　　　　(b)18号试样

图 3-1-18　黏度 3mPa·s 下不同岩性裂缝形态特征

压裂液黏度对层理发育试样水力裂缝扩展有重要影响。由于层理渗透性强，压裂液黏度过低致使液体易沿层理滤失，不利于水力裂缝纵向延伸，提升压裂液黏度有助于裂缝穿过高渗透层理，提高裂缝纵向延伸高度。但高黏压裂液条件下，水力裂缝难以激活打开层理，裂缝形态单一。为提高裂缝控制体积，可考虑采用高黏压裂液—低黏压裂液复合压裂的方法，高黏压裂液突破层理限制，低黏压裂液沟通层理。

压裂液黏度对缝高扩展的影响如图 3-1-19 所示，低黏压裂液（3mPa·s），水力裂缝容易激活打开天然纹层与层理，形成层理缝，裂缝高度严重受限，平均无量纲缝高为 0.31、平均破裂压力为 11.38MPa；高黏（100mPa·s）条件下，水力裂缝纵向上扩展充分，平均无量纲缝高为 0.73、平均破裂压力为 21.32MPa。

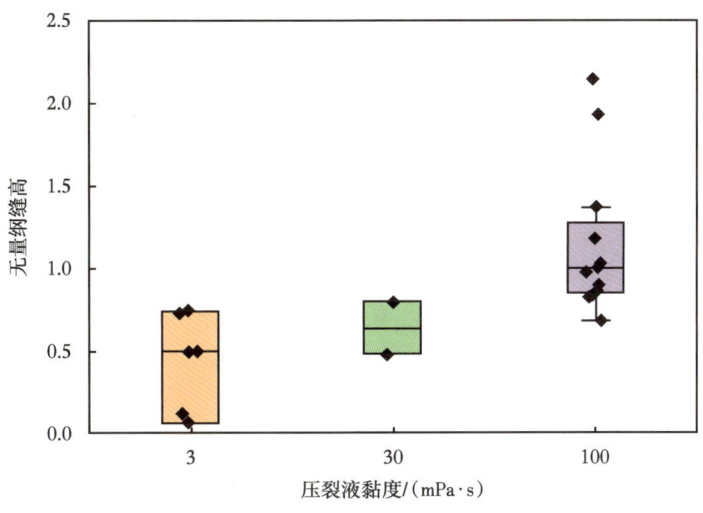

图 3-1-19　压裂液黏度对缝高扩展的影响

8. 薄互层状页岩油储层人工裂缝穿层扩展条件

通过实验可知增加层间应力差、邻层厚度、抗拉强度差可抑制水力裂缝缝高的延伸。根据实验结果建立缝高识别图版（图 3-1-20、图 3-1-21）：层间抗拉强度差或层间应力差小于 2MPa，人工裂缝穿层；在 2~5MPa 穿层、抑制共存；大于 5MPa，缝高受到明显抑制。

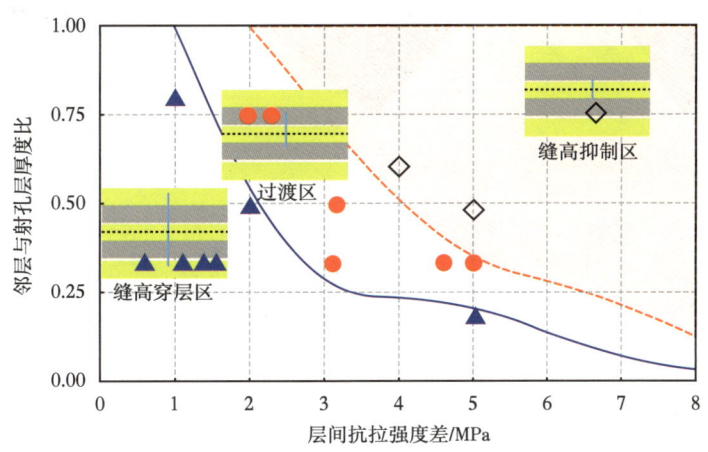

图 3-1-20　层间抗拉强度差—缝高识别图版

（二）大尺寸岩样压裂实验研究

1. 水平应力差影响

小尺寸压裂模拟实验结果表明直井裸眼完井状态下水平应力差增大水力裂缝更加平直，扩展更加困难，本节开展水平井射孔完井状态下水平应力差对裂缝形态的实验研究。图 3-1-22 为三种应力差的实验结果，其中 6 号试样的水平应力差为 8MPa，水力裂缝沟通两条水平层理缝与一条纵向天然裂缝，天然裂缝未能穿过层界面；5 号试样的水平应力差为 12MPa，水力裂缝沟通并打开三条层理缝与一条纵向天然裂缝；14 号试样的水平应力差为 16MPa，水力裂缝仅沟通近井筒一条层理缝。

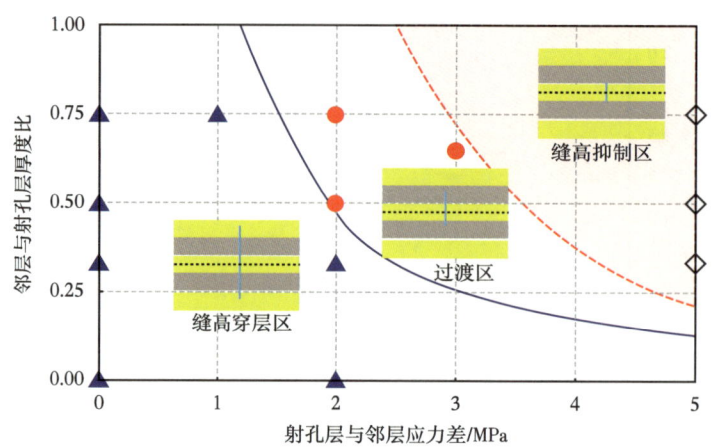

图 3-1-21　层间应力差—缝高识别图版

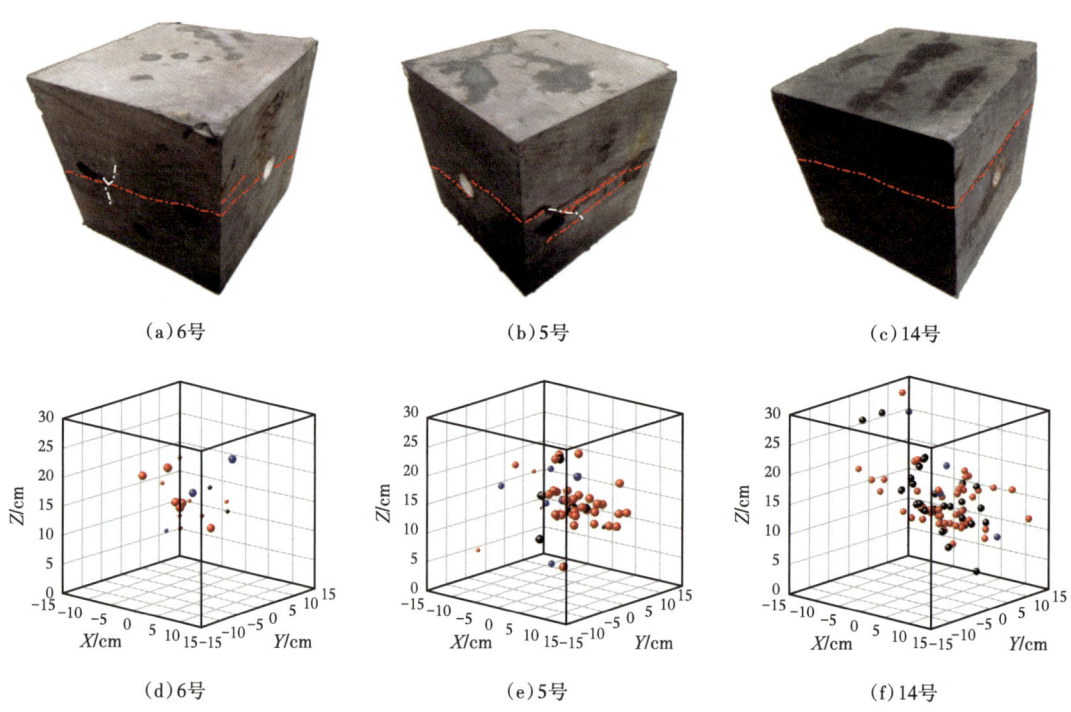

图 3-1-22　不同水平应力差下水力裂缝形态与声发射事件

实验结果表明随水平应力差增大，裂缝形态趋于简单，不利于形成分支缝。水平应力差小于 12MPa 条件下，试样形成两条层理缝并沟通纵向天然裂缝，裂缝形态较复杂；超过 12MPa 后，仅形成一条层理缝，裂缝形态单一。高水平应力差下，裂缝扩展较困难，水力能量与围压相互作用更强，声发射事件较多。整体上各个试样声发射事件比例中，剪切事件占比较高，超过50%。这主要是层理缝的缘故。层理的存在导致局部应力的不均匀性，使裂缝扩展方向与最大主应力方向不同，对水力裂缝表面产生较大的剪切作用。

2. 层间应力差影响

水平井射孔完井状态下层间应力差对裂缝形态实验结果如图3-1-23所示。层间应力差0MPa下16号试样沟通三条水平层理缝；层间应力差3MPa下5号试样沟通打开三条层理缝与一条纵向天然裂缝；层间应力差6MPa下7号试样仅沟通近井筒一条层理缝。

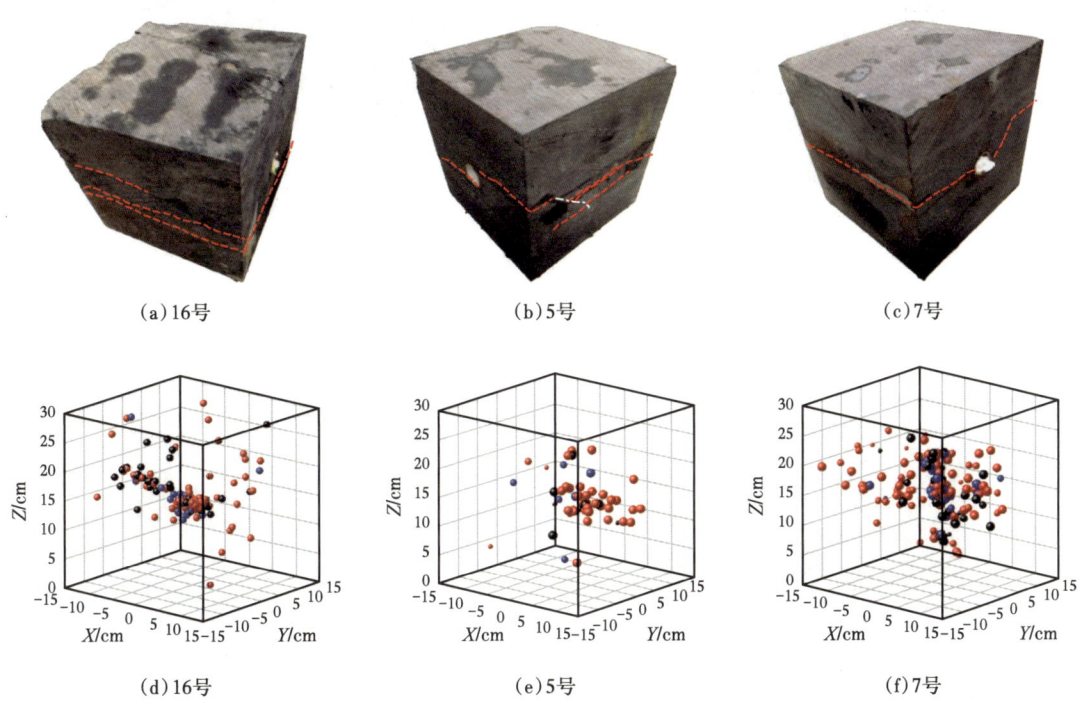

图3-1-23　不同层间应力差下水力裂缝形态与声发射事件

实验结果显示层间应力差3MPa，试样形成两条层理缝并沟通纵向天然裂缝，裂缝形态较复杂；超过3MPa后，仅形成一条层理缝，裂缝形态单一。由于芦草沟组露头岩样层理缝发育，人工裂缝在中间层就沟通大量层理缝，故难以穿过隔层与中间层界面，层间应力差对纵向穿层的影响还需进一步研究，后文将在数值模拟工作中继续研究层间应力差对裂缝扩展的影响。同时由于层理发育，实验中获得了大量的剪切型声发射事件。一方面，薄互层和层理的存在导致局部应力的不均匀性，使裂缝扩展方向与最大主应力方向不同，对水力裂缝表面产生较大的剪切作用；另一方面，薄互层和层理对流体有一定的过滤作用，流体、薄夹层和层理之间的相互作用增加了局部错位和摩擦，导致剪切断裂。因此，破裂过程中产生许多剪切声发射事件。

3. 簇数影响

射孔簇数的确定是水平井缝网体积压裂设计的核心部分，本节主要分析射孔簇数对复杂裂缝扩展的影响。单段压裂情况下，1簇射孔1号试样与3簇射孔2号试样均形成两条近井筒层理缝，裂缝缝高2cm（图3-1-24）；分段压裂情况下，5簇射孔11号试样仅形成一条近井筒层理缝；1簇射孔12号试样形成一条纵向横切缝，裂缝高度11cm，并沟通打开3条层理缝，裂缝形态复杂（图3-1-25）。冲击压裂情况下，3簇射孔8号试样仅沟通近井筒两条层理缝，缝高1.5cm；1簇射孔9号试样形成一条纵向水力裂缝，缝高14.3cm，且沟通4条层理缝与一条纵向天然裂缝，裂缝形态最为复杂（图3-1-26）。

(a) 1号试样1簇射孔

(b) 2号试样3簇射孔

图3-2-24 单段压裂下不同射孔簇数试样裂缝形态

(a) 11号试样5簇射孔

(b) 12号试样1簇射孔

图3-1-25 分段压裂下不同射孔簇数试样裂缝形态

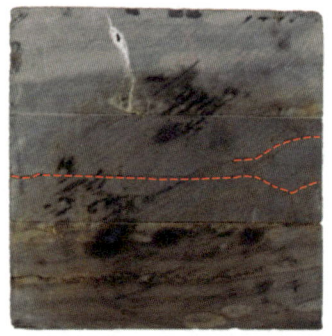
(a) 8号试样3簇射孔

(b) 9号试样1簇射孔

图3-1-26 冲击压裂下不同射孔簇数试样裂缝形态

模拟结果显示水平井单段簇数增加不能增加水力裂缝起裂条数与裂缝复杂程度。在三种压裂方式下，簇数增多均未能起到多裂缝起裂增大水力裂缝沟通体积的效果。这主要是由于近井层理发育情况下，多簇射孔容易沟通层理缝，导致沿层理起裂扩展；单簇射孔时起裂横切缝的概率较高，不易被近井筒层理截止，缝高较高，可以沟通远井层理，水力裂缝控制体积较大。

4. 排量影响

未黏结试样实验结果：排量 100mL/min 条件下，未黏结 3 号试样裂缝形态与压力曲线如图 3-1-27 所示，破裂压力为 5.67MPa，仅形成一条穿过井筒的层理缝；排量 300mL/min 条件下未黏结试样裂缝形态与压力曲线如图 3-1-28 所示，试样破裂压力为 8.64MPa，三段注液孔同时注液后，对三段射孔分别试压，在第二段试压时，压力曲线出现多峰值，试样再次发生破裂，最高破裂压力达到 11.05MPa。未黏结 1 号试样最终形成 2 条近井筒层理缝，裂缝高度 2cm。高排量下，水力能量较大，声发射事件数量较低排量下大大增加。整体上由于层理发育，使裂缝扩展方向与最大主应力方向不同，对水力裂缝表面产生较大的剪切作用，声发射事件中剪切事件占比较高。

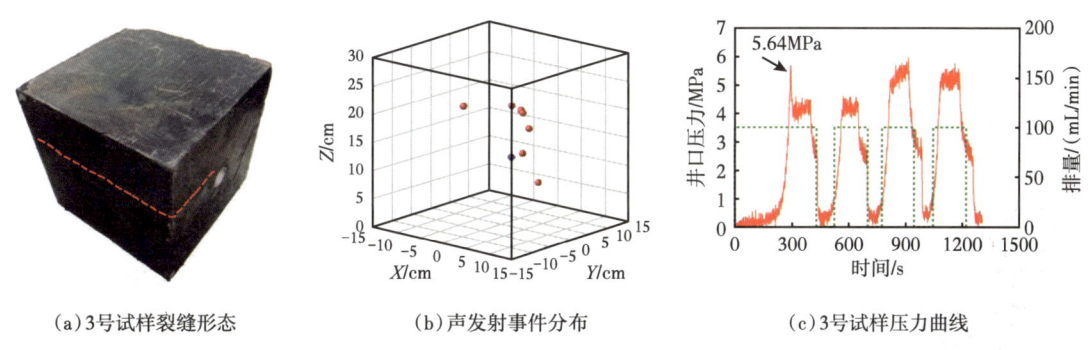

(a) 3 号试样裂缝形态　　(b) 声发射事件分布　　(c) 3 号试样压力曲线

图 3-1-27　排量 100mL/min 下未黏结试样裂缝形态与压力曲线

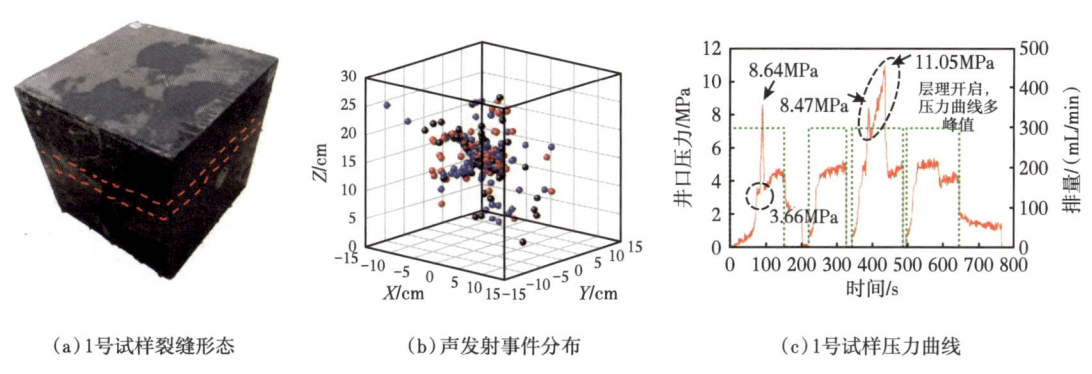

(a) 1 号试样裂缝形态　　(b) 声发射事件分布　　(c) 1 号试样压力曲线

图 3-1-28　排量 300mL/min 下未黏结试样裂缝形态与压力曲线

分层黏结试样裂缝形态与压力曲线如图 3-1-29 所示。排量 100mL/min 条件下，4 号试样破裂压力为 8.6MPa，试样最终形成一条穿过井筒的层理缝；排量 300mL/min 下裂缝形态与压力曲线如图 3-1-30 所示，5 号试样破裂压力为 8.83MPa，最终形成沟通近井筒 4 条近井筒层理缝，缝高 8.46cm。水力裂缝自裸眼段起裂，此处声发射事件数量较多，分布密集。水力裂缝沟通范围与声发射事件点的分布范围存在差别。水力裂缝扩展过程中的诱导应力会降低层理面的正应力，同时产生附加的诱导剪应力。原始开启层理面的缝面扰动会诱发声发射事件，导致基于声发射事件的分布面积偏大，且剪切事件偏多。

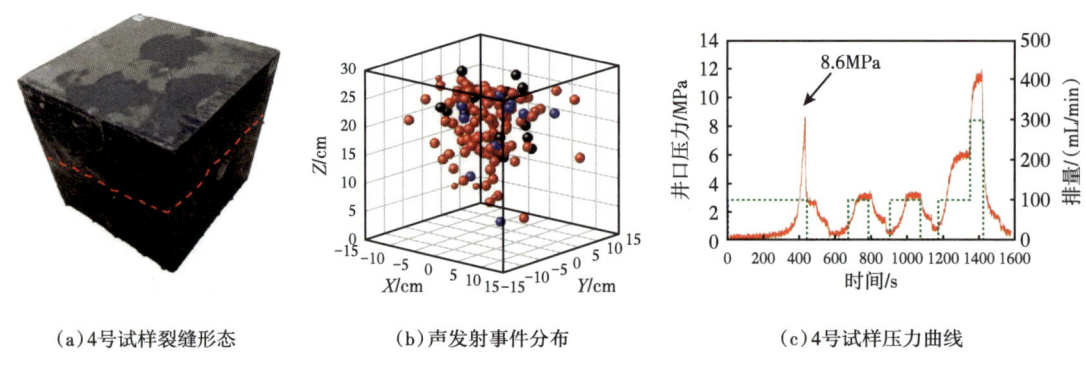

(a) 4 号试样裂缝形态　　(b) 声发射事件分布　　(c) 4 号试样压力曲线

图 3-1-29　排量 100mL/min 下分层黏结试样裂缝形态与压力曲线

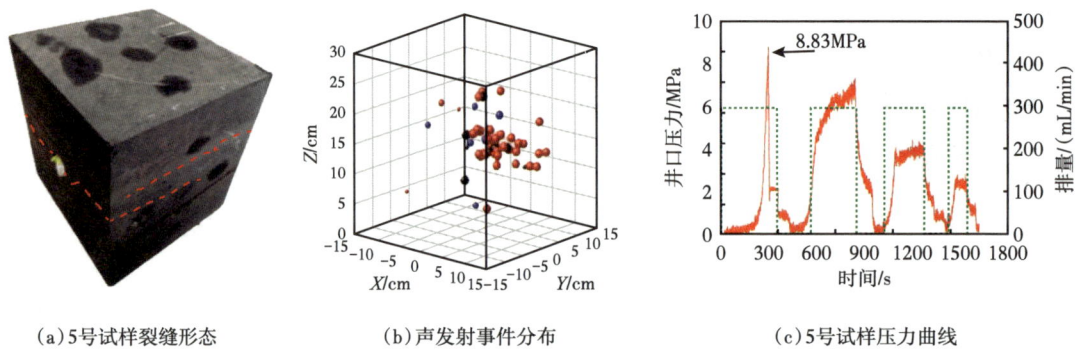

(a) 5 号试样裂缝形态　　(b) 声发射事件分布　　(c) 5 号试样压力曲线

图 3-1-30　排量 300mL/min 下分层黏结试样裂缝形态与压力曲线

不同排量下无量纲缝高如图 3-1-31 所示。提升排量对提高裂缝高度效果不大。实验结果显示增加排量在一定程度上能够提高打开层理缝条数，但对裂缝纵向延伸高度提升作用较小。从裂缝形态上，排量增加近井筒层理开启数增加，但仅在井筒上下 2cm 范围，不能波及远井区域。水力裂缝沟通的区域内声发射事件类型为剪切事件和张性事件共存。

5. 压裂液黏度影响

与小尺寸岩心实验条件一样，开展低黏和高黏压裂液对裂缝形态的实验。图 3-1-32 为低黏压裂液（3mPa·s）下 15 号试样实验结果，破裂压力为 7.07MPa，沟通形成两条层理缝，裂缝缝高 5cm。图 3-1-33 为高黏压裂液（100mPa·s）条件下 13 号试样实验结果，破裂压力为 10.02MPa，三段注液孔同时注液后，对三段射孔分别试压，在第二段试压时，压力曲线再次出现峰值 16.15MPa，试样再次破裂，试样最终形成一条纵向横切缝裂缝，缝高达 18cm，且沟通三条层理缝。可以看出，随压裂液黏度增大，试样破裂压力逐渐升高，黏度 100mPa·s 较黏度 3mPa·s，破裂压力升高 34.68%。

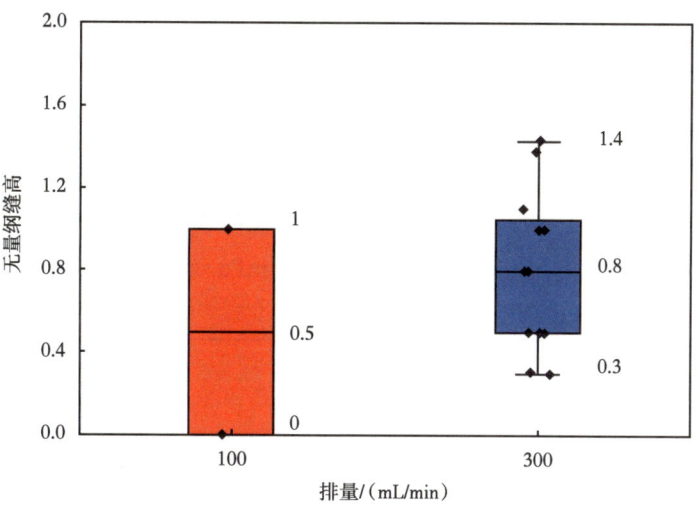

图 3-1-31　不同排量下无量纲缝高

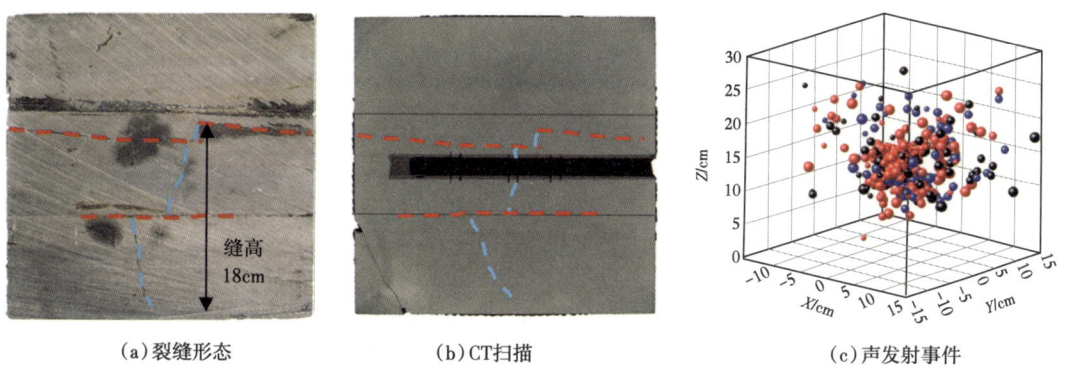

图 3-1-32　压裂液黏度 3mPa·s 下 15 号试样裂缝形态与压力曲线

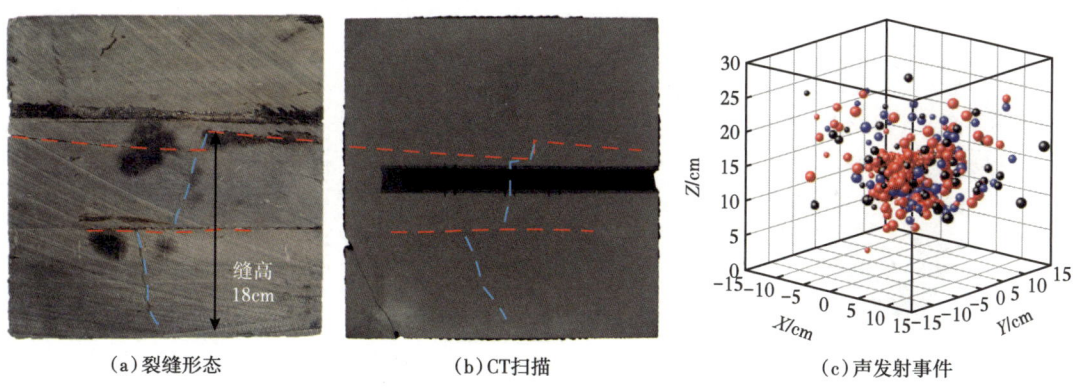

图 3-1-33　压裂液黏度 100mPa·s 下 13 号试样裂缝形态与压力曲线

高黏压裂液条件下，声发射事件分布范围较低黏压裂液更广。裂缝内流体净压力会在水力裂缝的尖端区域产生诱导张应力和剪应力，降低裂缝前缘层理面或天然裂缝弱面的稳定性。在复杂裂缝形态下，水力裂缝的随机扩展更容易导致裂缝延伸路径与层理面之间存在夹角，使应力扰动效应更加明显，进一步增加弱面的不稳定性。考虑垂向应力的压实作用，粗糙层理面容易发生滑移错动，诱发剪切事件。

不同黏度下无量纲缝高如图 3-1-34 所示。实验结果表明，压裂液黏度对层理发育岩石裂缝扩展有重要影响，增加压裂液黏度，水力裂缝纵向延伸高度显著提高，但开启的层理裂缝条数较低黏压裂液少。100mPa·s 压裂液较 3mPa·s 裂缝高度增加 2.6 倍。

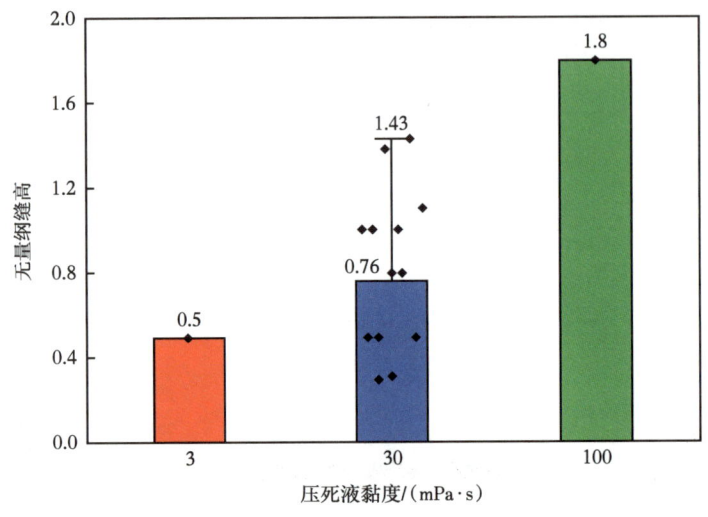

图 3-1-34 不同黏度下无量纲缝高

6. 压裂方式影响

为提高裂缝复杂程度，对比分析不同压裂方式对裂缝扩展的影响。如图 3-1-35 所示为单段压裂（即三段注液孔不分隔同时注液）情况下，15 号试样实验结果，破裂压力为 7.07MPa，压裂后三段试压均难以憋起高压，表明三段射孔已被裂缝沟通，最终试样只形

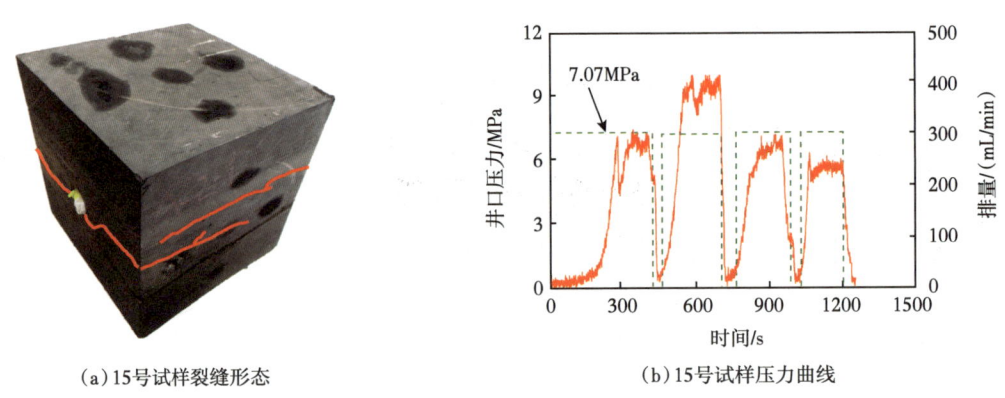

(a) 15号试样裂缝形态　　　　(b) 15号试样压力曲线

图 3-1-35 单段压裂下试样裂缝形态与压力曲线

成了穿过井筒的层理缝。图3-1-36为10号试样分段压裂（即三段注液孔分隔依次注液）实验结果，第一段破裂压力为5.4MPa，在第二段压裂时压力曲线出现了多压力峰值，表明水力裂缝打开了层理又穿过了层理，第三段压裂不起压，最终形成两条近井筒层理缝与一条较短纵向横切缝，缝高6cm。

（a）10号试样裂缝形态

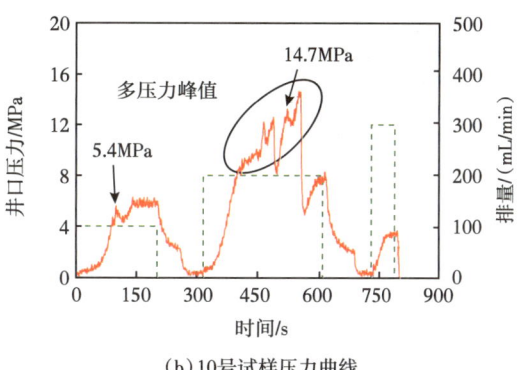
（b）10号试样压力曲线

图3-1-36　分段压裂下试样裂缝形态与压力曲线

为了提高裂缝纵向延伸高度与复杂程度，运用一种新型压裂方法进行实验模拟，即冲击压裂。冲击压裂指在井口处注液管线安装人工阀门，注液过程中人工关闭阀门，在阀门处憋起远超岩石强度的压力后瞬间打开阀门，释放压力至井底，即形成压力冲击。由之前岩样压力曲线可知，露头破裂压力在20MPa以下，故在阀门处憋起超过20MPa的压力。

图3-1-37为冲击压力实验结果。一段冲击压裂（三段注液孔分隔仅一段进行憋压冲击）情况下，12号试样形成了2条层理缝与一条纵向横切缝，缝高达11cm，对第一段进行冲击压裂后，第二段第三段试压均未起压，三段已被裂缝沟通，最终裂缝形态较分段压裂与单段压裂复杂。图3-2-38为2段冲击压裂（三段注液孔分隔对其中两段进行憋压冲击）实验结果，9号试样所获得的裂缝形态最复杂，共打开3条层理缝，水力裂缝纵向延伸达14.3cm，并且打开了一条矿物充填天然裂缝。实验结果表明冲击压裂在一定程度上能增加打开层理缝条数与水力裂缝纵向延伸高度，对提高裂缝复杂程度有促进作用，这为矿场压裂提高裂缝复杂程度与控制体积提供了一种新思路。

（a）12号试样裂缝形态

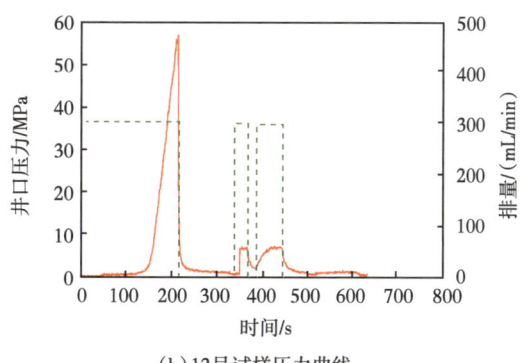
（b）12号试样压力曲线

图3-1-37　一段冲击压裂下试样裂缝形态与压力曲线

 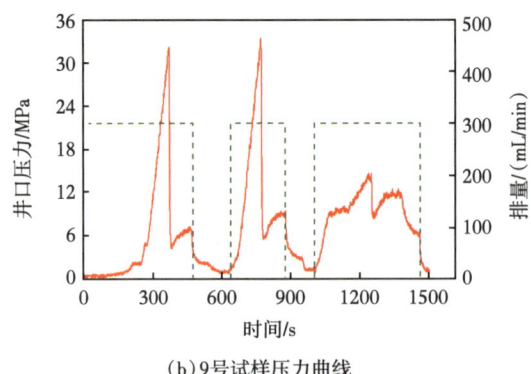

(a)9号试样裂缝形态　　　　　　　　　(b)9号试样压力曲线

图 3-1-38　二段冲击压裂下试样裂缝形态与压力曲线

暂堵压裂实验结果如图 3-1-39 所示。高水平应力差条件下，一次压裂产生水力裂缝形态简单，以纹层裂缝为主；实施暂堵压裂后，暂堵剂封堵近井筒层理裂缝，导致沿水平井筒方向纵向裂缝起裂和延伸，并诱导产生与层理缝平行的二次裂缝。暂堵转向压裂技术能有效改善裂缝纵向沟通能力，大幅度增加裂缝形态复杂程度，增大储层改造体积。暂堵压裂下，无量纲缝高可达 2.3。

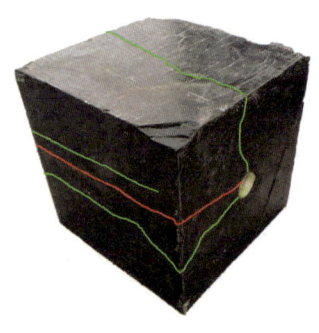 

(a)3号试样暂堵后裂缝形态　　　　　　　(b)7号试样暂堵后裂缝形态

图 3-1-39　暂堵后裂缝形态

不同工艺技术下无量纲缝高如图 3-1-40 所示。暂堵压裂平均无量纲缝高≈冲击压裂＞多段压裂＞单段压裂。由于芦草沟组露头层理发育，常规水平井多段多簇压裂极易形成沿井筒层理缝，储层改造体积有限。采用暂堵压裂技术与冲击压裂技术可有效改善裂缝以水平层理缝为主的情况，形成垂直井筒水力裂缝，有效增加人工裂缝覆盖体积。

综合野外露头大物模与井下岩心小物模物理模拟实验结果可以发现，井下小物模压裂后人工裂缝无量纲裂缝缝高（人工裂缝高度与试样高度比值）较露头大物模压裂后人工裂缝无量纲裂缝缝高大，纵向扩展更充分。这主要是由于芦草沟组岩样含有大量的层理弱面和少量的天然裂缝，而野外露头由于风化较严重的原因，层理具有一定的原始开度，增加了层理的渗透率，导致压裂液易沿层理流失，限制了人工裂缝的垂向扩展。由于物理模拟实验难以控制岩样层理的渗透率及密度等性质，层理渗透率及密度对水力裂缝扩展的影响将在数值模拟部分进一步讨论。综合以上物理模拟实验结果分析,从压裂裂缝缝高方向扩展程度总结裂缝纵向延伸主控因素,各因素对裂缝纵向延伸的影响程度为:压裂液黏度>压裂方式>岩性>层间应力差>排量>水平应力差。

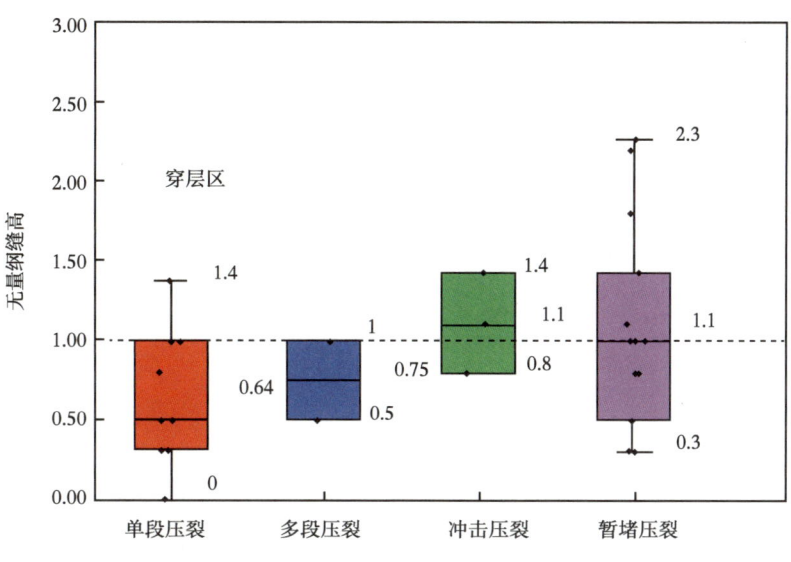

图 3-1-40　不同工艺技术下无量纲缝高

第二节　水力压裂三维裂缝扩展数值模拟研究

吉木萨尔页岩油储层纵向上多层分布,岩性变化频繁,不同于南方海相页岩储层。本节建立吉木萨尔薄互层状页岩油储层复杂人工裂缝扩展理论模型,并与物理模拟实验结果及现场测试数据进行对比验证,明确上、下甜点人工裂缝形态与地质参数、压裂参数的关系,建立压裂施工参数优化关键图版。通过理论研究揭示薄互层状页岩油储层体积压裂裂缝扩展机理,分析各向异性、纹层/纹层特征、层间力学性质差异对缝高扩展规律的影响。

一、三维裂缝扩展理论模型建立

页岩油储层水力裂缝扩展三维模型的基础控制方程包括压裂液井筒流动方程、压裂液流动方程(即连续性方程)、岩石变形方程和裂缝扩展准则(Zou 等,2016;2017),求解方法为有限元(FEM)与离散元(DEM)结合的混合方法。

(一)流动方程

1. 水平井筒流动方程

注入压裂液经过井筒、射孔进入各簇裂缝。各簇进液量受"井筒—射孔—裂缝"系统控制,各簇裂缝入口压力满足:

$$p_w = p_{p,k} + p_{in,k}, k=1.2,\cdots,n_f \tag{3-2-1}$$

式中　$p_{p,k}$——k 裂缝的射孔摩阻,MPa;

$p_{\text{in},k}$——k 裂缝的入口压力，MPa；

p_w——裂缝入口压力，MPa；

n_f——裂缝数量。

射孔摩阻计算公式为：

$$p_{\text{p},k} = \frac{0.807\rho Q_k^2}{n_k^2 d_k^4 K_k^2} \qquad (3\text{-}2\text{-}2)$$

式中　n_k——k 射孔簇的射孔数量；

　　　d_k——k 射孔簇的射孔直径，mm；

　　　K——射孔磨蚀修正系数；

　　　Q_k——k 裂缝的入口流量，m³/s；

　　　$p_{\text{p},k}$——k 裂缝的射孔摩阻，MPa；

　　　ρ——液体密度，g/cm³。

同时各簇分流量满足质量守恒，即

$$Q_\text{T} = \sum_{k=1}^{n_\text{f}} Q_{\text{in},k} \qquad (3\text{-}2\text{-}3)$$

式中　Q_T——总流量，m³/s；

　　　Q_in——各簇流量，m³/s。

2. 缝内压裂液流动方程

将裂缝内压裂液考虑为不可压缩牛顿流体在平板内的层流，满足连续性方程和全局质量守恒方程（Yew 等，1997）：

$$\frac{\partial w}{\partial t} = \frac{\partial}{\partial s}\left(\frac{w^3}{12\mu}\frac{\partial p}{\partial s}\right) \qquad (3\text{-}2\text{-}4)$$

$$Q_0 = \int_\Omega \frac{\Delta w}{\Delta t}\text{d}s + \int_\Omega q_\text{l}\text{d}s \qquad (3\text{-}2\text{-}5)$$

式中　p——流体压力，MPa；

　　　w——动态裂缝宽度，m；

　　　t——时间，s；

　　　q——体积流量，m³/s；

　　　s——裂缝内任一点坐标；

　　　q_l——压裂液滤失量，m³/s，基质具有超低渗透率，模型中忽略了压裂液滤失影响，即 $q_\text{l}=0$；

　　　Q_0——施工排量，m³/s；

　　　μ——流体黏度，Pa·s。

（二）裂缝扩展模型

1. 岩石变形方程

根据离散元理论，将地层离散成若干个基质块体单元，通过虚拟弹簧链接相邻基质块体单元，弹簧的断裂代表岩石的破裂。流体压力作为外部载荷作用在块体的接触面上，然后求解块体变形及弹簧的断裂，模型如图 3-2-1 所示（邹雨时，2014）。此模型可以考虑储层的层理和天然裂缝等复杂地质特征。

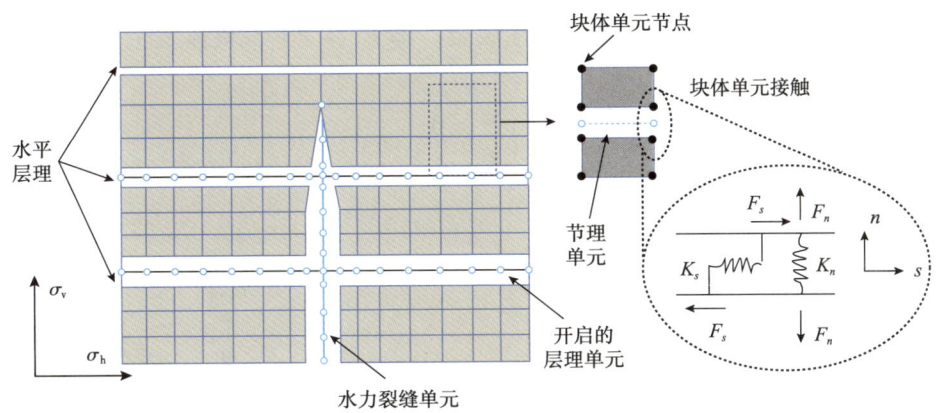

图 3-2-1　基于离散元方法的裂缝扩展模型原理

岩石基质块体为线弹性材料，其运动符合牛顿第二定律，位移动态方程：

$$\sigma_{ij,j} + b_i - \rho u_{i,tt} - \alpha u_{i,t} = 0 \tag{3-2-6}$$

其中

$$\sigma_{ij} = D_{ijst}\varepsilon_{ij}$$

$$\varepsilon_{ij} = \frac{1}{2}\left(u_{i,j} + u_{j,i}\right)$$

式中　σ_{ij}——Cauchy 张量；
　　　b_i——体力，N；
　　　ρ——岩石密度，kg/m³；
　　　α——阻尼系数；
　　　u_i——位移，mm；
　　　ε_{ij}——应变，mm；
　　　D_{ijst}——虎克张量。

模型块体边界为固定边界，位移 $u_i=0$；裂缝面上施加接触力和流体压力 p_i：

$$\sigma_{ij} \cdot \boldsymbol{n}_j = p_i \tag{3-2-7}$$

式中　p_i——流体压力，MPa；
　　　$\boldsymbol{n}_j$——向量。

2. 岩石破裂准则

随着压裂液的注入，井筒射孔点处的流体压力不断升高，相邻块体之间存在破裂。根据节点位移求解相邻块体之间的法向力 F_n 和切向力 F_s：

$$\begin{cases} F_n = K_n \Delta u_n \\ F_s = K_s \Delta u_s \end{cases} \Delta u_n \leqslant 0,\ |K_s \Delta u_s| \leqslant |K_n \Delta u_n| \tag{3-2-8}$$

式中 K_n，K_s——分别为法向和切向弹簧刚度；
Δu_n，Δu_s——分别是相邻节点之间法向和切向相对位移，mm。

相邻块体之间的破裂表现为相应虚拟弹簧的断裂。弹簧破裂条件由最大拉应力准则和摩尔—库伦准则决定，如图3-2-2所示。根据最大拉应力准则 $-\sigma_1 > \sigma_T$，当最大压主应力（压为负）达到岩石抗拉强度时，发生张性破裂，即 $F_n \geqslant A\sigma_T$，块体发生分离（$\Delta u_n > 0$），此时块体间没有相互作用力：

$$\begin{cases} F_n = 0 \\ F_s = 0 \end{cases} \quad (3\text{-}2\text{-}9)$$

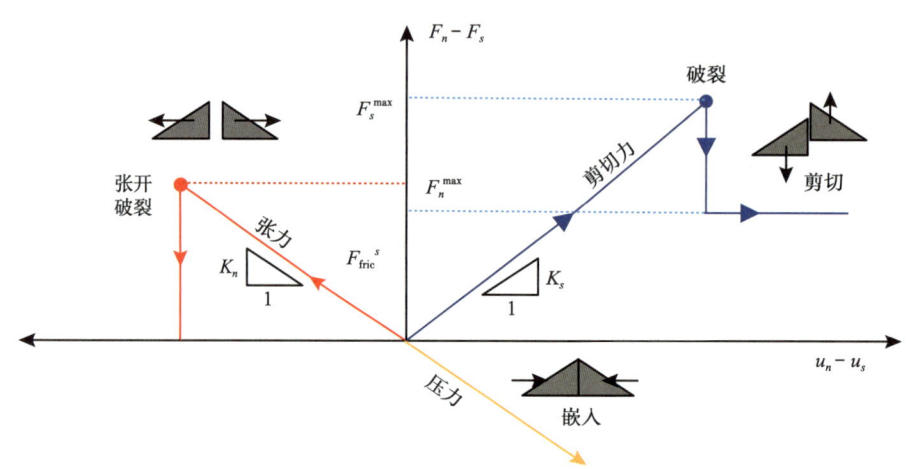

图3-2-2　离散元力学模型岩石破裂准则
F_i^{max}—黏结力；K_i—接触刚度；u_i—位移

依据摩尔—库伦准则（$|\tau| > \tau_0 + \tan\varphi\sigma_n'|$），当 $F_s > A\tau_0 + \tan\varphi F_n$，弹簧发生剪切破裂，相邻块体之间发生错位滑动（$\Delta u_s > 0$），块体之间存在压力 F_n 和摩擦力 F_s：

$$\begin{cases} F_n = K_n \Delta u_n \\ F_s = \tan\varphi |F_n| \end{cases} \Delta u_n \leqslant 0, |K_s \Delta u_s| > \tan\varphi |K_n \Delta u_n| \quad (3\text{-}2\text{-}10)$$

式中 A——接触点所代表的面积，m^2；
φ——内摩擦角，（°）。

3. 层理发育地层模型

为模拟薄互层状储层水力裂缝扩展过程，建立层理发育地层地质模型，如图3-2-3所示，层理表征参数主要有密度、分布、力学性质、渗透率。

等效层理密度或等效渗透率满足关系：

$$\rho_{BP}' = \rho_{BP} \times K_{BP} / K_{BP}' \quad (3\text{-}2\text{-}11)$$

式中 ρ_{BP}'——模型中等效层理密度；
K_{BP}'——模型中等效层理渗透率；
ρ_{BP}——实际地层层理密度；
K_{BP}——实际地层层理渗透率。

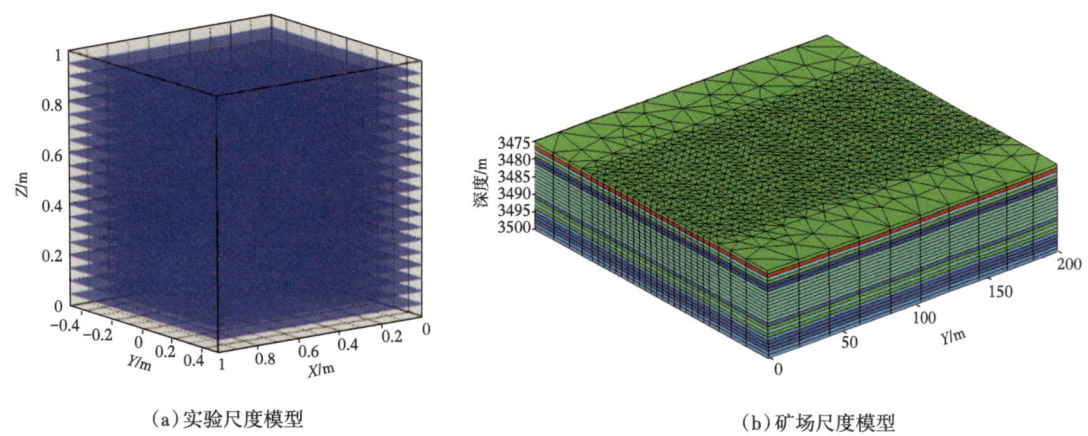

(a)实验尺度模型　　　　　　　　　(b)矿场尺度模型

图 3-2-3　层理模型

等效层理间距满足关系：

$$d_{\mathrm{BP}} = 1/\rho'_{\mathrm{BP}} \tag{3-2-12}$$

式中　ρ'_{BP}——模型中等效层理密度；
　　　d_{BP}——模型中等效层理间距。

等效层理宽度满足关系：

$$w'_{\mathrm{BP}} = \sqrt{12 K'_{\mathrm{BP}}} \tag{3-2-13}$$

式中　K'_{BP}——模型中等效层理渗透率；
　　　w'_{BP}——模型中等效层理宽度。

模型的输入地质参数包括岩石力学参数、地应力、层理特征等。压裂工程参数包括簇数/间距、排量、压裂液黏度、液量、射孔层位等。压裂工程参数见表 3-2-1，储层参数见表 3-2-2。

表 3-2-1　压裂工程参数

参数	符号	单位	数值区间	基准值
排量	Q_0	m³/min	12~20	14
单段压裂液量	V_{f}	m³	2400	
压裂液黏度	μ_{f}	mPa·s	1~100	2.5
射孔簇数	N_{c}		1~12	3
簇间距	d_{c}		5~30	25

表 3-2-2　吉木萨尔页岩油储层参数

参数	符号	单位	数值区间	基准值
基质				
渗透率	K_{rs}	mD	0.001	
杨氏模量	E	GPa	40	
泊松比	V	—	0.26	
抗拉强度	T_0	MPa	10	
剪切强度	S_0	MPa	30	
内摩擦角	φ_0	(°)	40	
层理				
等效渗透率	K_{BP}	mD	0.01	
抗拉强度	T_{BP}	MPa	1~10	4
剪切强度	S_{BP}	MPa	5~30	15
内摩擦角	φ_{BP}	(°)	5~40	25
地应力和孔隙压力				
水平最大主应力	σ_H	MPa	80	
水平最小主应力	σ_h	MPa	58	
垂向应力	σ_v	MPa	75	
孔隙压力	p_0	MPa	40	

二、实验尺度参数敏感性分析

开展实验尺度数值模拟研究，是为了应用室内物理模拟实验结果验证数值模型的准确性。建立的实验尺度层理发育地层模型，模型长宽高均为 1m。基于数值模拟开展实验尺度地质、压裂工程参数敏感性分析，确定层理开启条件与主控因素，明确薄互层状页岩油储层水力裂缝扩展规律。模拟主要考虑层理等效间距（密度）、层理等效渗透率与排量对水力裂缝扩展的影响，结合压力曲线与裂缝形态进行分析。

（一）层理等效间距（密度）

室内水力压裂物理模拟实验发现，层理的存在易导致水力裂缝沿层理扩展发生偏转或截止，会影响裂缝形态复杂性。层理间距（密度）是薄互层状页岩油储层重要的物理性质，所以首先研究层理等效间距对水力裂缝纵向扩展的影响。模拟参数设置为：层理等效渗透率 $K_{BP}=0.1$mD，排量 $Q=0.1$m³/min，压裂液黏度 $\mu=10$mPa·s。层理间距范围为 0.05~0.2m。

层理密度对井底压力和裂缝形态的影响如图 3-2-4 所示，压裂初期 0.6s 前，层理密度对井底压力无影响，井筒流体处于憋压阶段。0.6s 后，压力到达 20MPa，并随层理密度增大即层理间距减小，井底压力达到峰值越快，即流体更快沟通层理，且裂缝延伸压力较低。层理间距小于 0.1m 后，对井底压力的影响程度相对减小。不同层理密度下裂缝形态模拟结果表明：没有层理情况下，裂缝纵向上能贯穿整个试样；层理密度为 4 条 /m 时，裂缝缝高 0.8m；层理密度 9 条 /m 时，裂缝缝高 0.5m；层理密度 19 条 /m 时，裂缝缝高 0.4m。结果表明单位厚度水平层理密度越大等效间距越小，限制缝高延伸越显著，延伸压力越低。层理密度达到一定值后，压裂液向层理滤失量较大，缝高初期延伸快，后期不能继续增大。

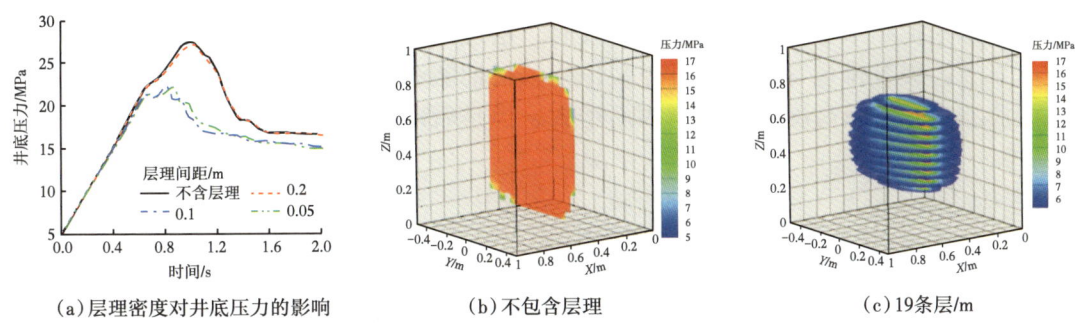

(a) 层理密度对井底压力的影响　　(b) 不包含层理　　(c) 19条层/m

图 3-2-4　层理密度对井底压力及水力裂缝形态的影响

（二）层理等效渗透率的影响

层理渗透率是水力裂缝能否穿过层理的另一个重要参数。物理模拟实验发现具有一定开度的层理裂缝更容易截止水力裂缝扩展。数值模拟参数设置为：层理间距 d_{BP}=0.2m，排量 Q=0.1m³/min，压裂液黏度 μ=10mPa·s，层理等效渗透率（与层理密度、单条层理渗透率等相关）范围为 0.1~1000mD。

层理等效渗透率对井底压力和裂缝形态影响如图 3-2-5 所示，压裂初期 0.8s 前，层理等效渗透率对井底压力无影响，井筒压裂液处于憋压阶段。0.8s 后，压力到达 23MPa，之后随层理等效渗透率增大，井底峰值压力下降且下降速率增高，即流体更快滤失进入层理，裂缝延伸压力较低。层理等效渗透率达到 100mD 后，井底压力迅速降低，压裂液全部进入层理中，水力裂缝停止扩展。层理等效渗透率对裂缝形态模拟结果表明：层理等效渗透率越大，限制缝高延伸越显著，延伸压力越低。层理等效渗透率为 0.1mD 时，缝高为 0.7m；10mD 时缝高为 0.6m；超过 10mD，压裂液将全部滤失进入近井层理，水力裂缝停止扩展。

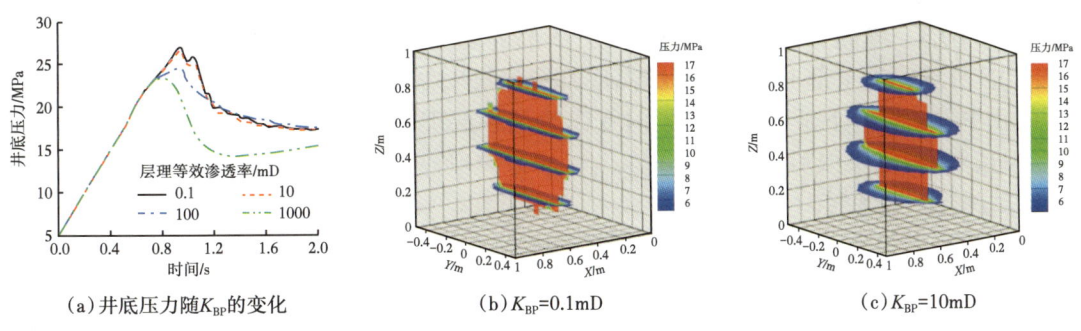

(a) 井底压力随 K_{BP} 的变化　　(b) K_{BP}=0.1mD　　(c) K_{BP}=10mD

图 3-2-5　层理等效渗透率对井底压力及水力裂缝形态的影响

(三)排量影响

排量是压裂改造过程中的主要工程参数之一。模拟参数为：层理间距 d_{BP}=0.05m，层理等效渗透率 K_{BP}=100mD，压裂液黏度 μ=10mPa·s，排量范围为 0.1~0.4m³/min。

排量对井底压力和裂缝形态的影响如图 3-2-6 所示。随着排量提高，井筒流体憋压阶段井底压力上升速率提高，井底峰值破裂压力也相应提高，从而促进水力裂缝穿过近井筒层理及减弱压裂液滤失进入层理程度。排量升高对裂缝延伸压力影响较小。排量对裂缝形态模拟结果显示存在高密度层理时，层理等效渗透率较大，人工裂缝高度受到抑制越显著。提升排量有助于提升破裂压力，初期能够促进水力裂缝穿过水平层理，降低压裂液滤失，裂缝高度随排量增大而增大，但是后期效果不明显，需要应用高黏度压裂液。

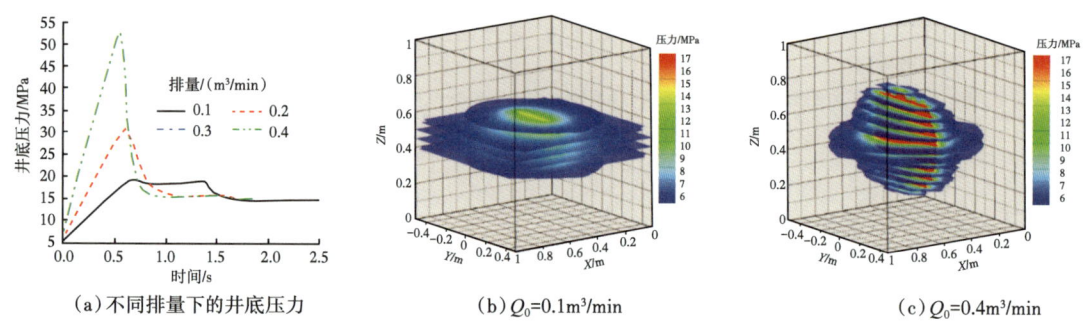

(a) 不同排量下的井底压力　　(b) Q_0=0.1m³/min　　(c) Q_0=0.4m³/min

图 3-2-6　排量对井底压力及裂缝形态的影响

三、矿场尺度参数敏感性分析

为研究矿场尺度参数敏感性，将第二章测试的地层地应力与岩石力学参数等输入地质模型中，建立矿场尺度的地质模型，进行矿场尺度的水力压裂参数敏感性分析，确定芦草沟组页岩油储层上、下甜点层理开启条件与主控因素。模拟主要考虑水平最小主应力、排量与黏度影响。

(一)层理等效间距(上甜点)

根据上甜点施工实际情况，水平井筒轨迹位于 $P_2l_2^{2-2}$ 层中部(深度约 3486m)。模拟结果：随着层理间距的增加(层理密度降低)，水力裂缝的高度也增加。水力裂缝可以延伸到上下小层，缝高顶部截止于 $P_2l_2^{2-1}$ 层下部的高应力遮挡层(深度约 3476m，应力差 10MPa)，不能穿透上部 $P_2l_2^{2-1}$ 层；缝高底部穿透进入 $P_2l_2^{2-3}$ 层，延伸不受抑制，整体上水力裂缝由 $P_2l_2^{2-2}$ 层向下延伸较大，同时受高渗透率层理影响明显，局部水力裂缝沿低地应力层突进，模拟结果如图 3-2-7 所示。

(二)排量(上甜点)

模拟水平井筒轨迹位于 $P_2l_2^{2-2}$ 层中部(深度约 3486m)，同样可以看到：随着施工排量的增加，水力裂缝的高度也增加，但增加幅度越来越小。裂缝同样可以延伸到上下小层，缝高顶部截止于 $P_2l_2^{2-1}$ 层下部的高应力遮挡层，不能穿透上部 $P_2l_2^{2-1}$ 层；缝高底部穿透进入 $P_2l_2^{2-3}$ 层，低排量(≤6m³/min)条件下截止于深度约 3495m。模拟结果如图 3-2-8 所示。

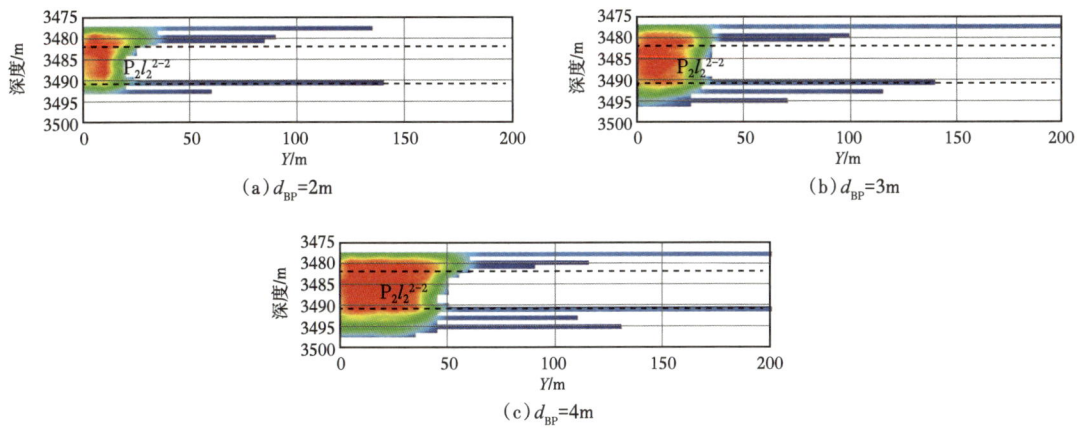

图 3-2-7　层理渗透率 500mD 下不同层理等效间距裂缝扩展形态

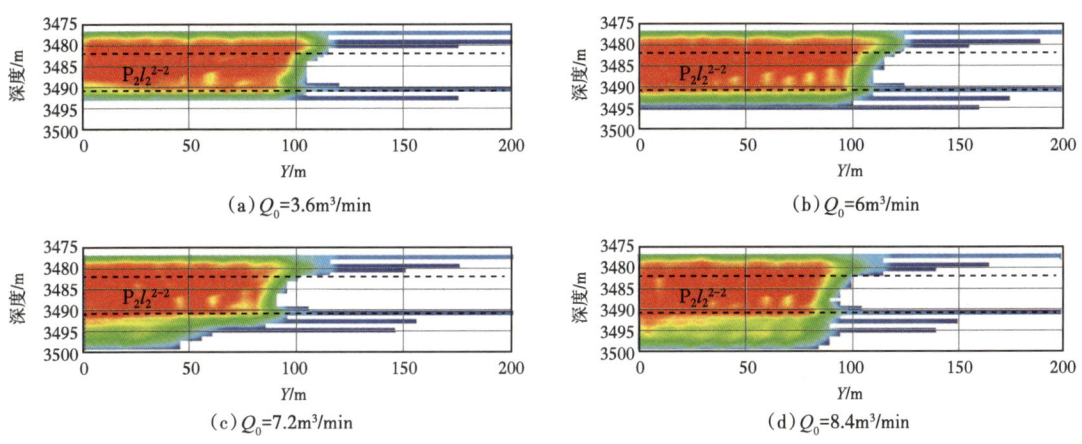

图 3-2-8　不同排量下裂缝扩展形态

同样方法模拟排量对下甜点裂缝形态的影响。模拟结果表明，排量 10m³/min 以下时，裂缝主要在 $P_2l_1^{2-1}$ 中下部、$P_2l_1^{2-2}$ 中上部扩展，当排量超过 10m³/min 时，近井裂缝向下扩展突破 $P_2l_1^{2-2}$ 层扩展到 $P_2l_1^{2-3}$ 小层。随排量增大，裂缝体积逐渐增大，最大缝高与平均缝高均增加。排量由 3~10m³/min 近井平均缝高增加 8m，远井平均缝高无明显变化。

（三）水平最小主应力剖面影响（下甜点）

由于裂缝起裂通常是垂直最小水平主应力方向，沿最大水平主应力方向延伸，最小水平主应力大小决定着裂缝的起裂扩展难度。结合 58 号平台立体井网压裂，模拟不同层间最小主应力差值对裂缝扩展形态的影响，探究 $P_2l_1^{2-2}$ 与 $P_2l_1^{2-3}$ 裂缝连通的可能性和影响因素。

模拟结果如图 3-2-9 所示。当 $P_2l_1^{2-2}$ 与上部 $P_2l_1^{2-1}$ 层应力差为 6MPa，与下部 $P_2l_1^{2-3}$ 层应力差为 8MPa 情况下，井底裂缝最大高度为 24m，平均缝高为 14m，裂缝被控制在 $P_2l_1^{2-2}$ 中下部（8m）和 $P_2l_1^{2-3}$ 上部（6m）扩展，缝高方向难以延伸，半缝长较长可达 200m，如图 3-2-9（a）所示。

图 3-2-9（b）为 $P_2l_1^{2-2}$ 与 $P_2l_1^{2-1}$ 应力差为 2MPa、与 $P_2l_1^{2-3}$ 应力差为 4MPa 情况下的模拟结果，裂缝平均缝高为 20m，主要在 $P_2l_1^{2-2}$ 中下部（8m）和 $P_2l_1^{2-3}$ 中上部（12m）（$P_2l_1^{2-3}$ 下部存在高应力层，应力差为 2MPa）扩展，当 $P_2l_1^{2-2}$ 上下层间应力差均下降时，由于 $P_2l_1^{2-3}$ 上部存在低应力层，裂缝易向下扩展，裂缝仍然控制在 $P_2l_1^{2-2}$ 中下部和 $P_2l_1^{2-3}$ 上部扩展。

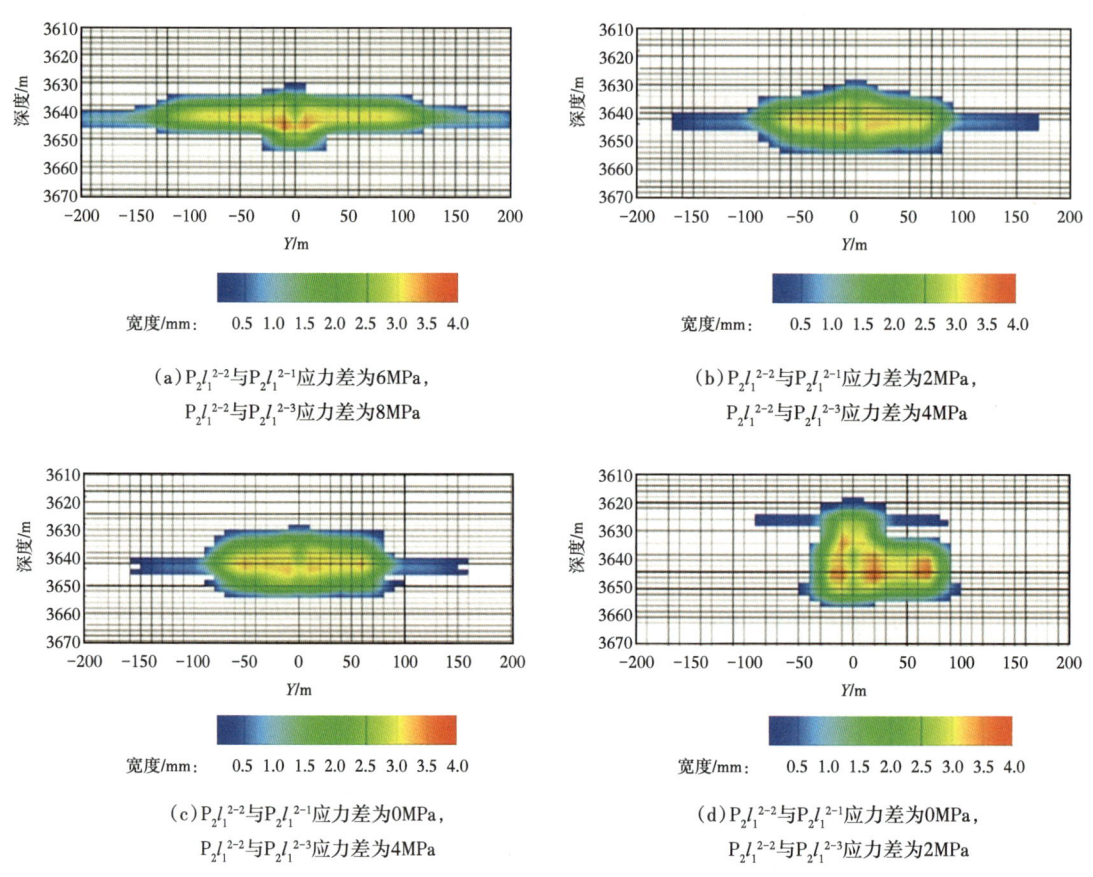

图 3-2-9　不同水平最小主应力剖面下水力裂缝扩展形态

图 3-2-9（c）为 $P_2l_1^{2-2}$ 与 $P_2l_1^{2-1}$ 层间应力差下降到 0MPa、$P_2l_1^{2-2}$ 与 $P_2l_1^{2-3}$ 应力差为 4MPa 时的模拟结果，裂缝最大缝高 26m，平均缝高 24m，主要在 $P_2l_1^{2-1}$ 底部（2m）、$P_2l_1^{2-2}$（10m）和 $P_2l_1^{2-3}$（10m）和 $P_2l_1^{2-4}$ 顶部（2m）（$P_2l_1^{2-3}$ 与 $P_2l_1^{2-4}$ 应力差 8MPa）扩展，裂缝突破 $P_2l_1^{2-2}$ 和 $P_2l_1^{2-3}$ 的限制，扩展到 $P_2l_1^{2-1}$ 底部与 $P_2l_1^{2-4}$ 顶部。

图 3-2-9（d）为层间应力差进一步降低时的模拟结果：$P_2l_1^{2-2}$ 与 $P_2l_1^{2-1}$ 层间应力差下降到 0MPa、$P_2l_1^{2-2}$ 与 $P_2l_1^{2-3}$ 应力差为 2MPa 时，裂缝最大缝高 38m，裂缝平均缝高进一步增加达到 30m，主要在 $P_2l_1^{2-1}$ 中下部（8m）、$P_2l_1^{2-2}$（10m）和 $P_2l_1^{2-3}$（10m）和 $P_2l_1^{2-4}$ 顶部（2m）扩展。模拟结果显示裂缝扩展受水平最小主应力剖面控制明显，随层间最小主应力差值降低，裂缝缝高方向扩展逐渐增大，缝长方向扩展逐渐减小。

（四）黏度影响（下甜点）

在矿场尺度下开展压裂液黏度对裂缝扩展的影响。模拟的压裂液黏度为 10mPa·s 与

40mPa·s，水力裂缝形态结果如图 3-2-10 所示。压裂液黏度 10mPa·s 条件下，裂缝最大缝高为 30m，平均缝高为 28m。压裂液黏度 40mPa·s 条件下，裂缝最大缝高为 42m，平均缝高为 38m[主要在 $P_2l_1^{2-1}$ 中下部（2m）、$P_2l_1^{2-2}$（10m）、$P_2l_1^{2-3}$（10m）、$P_2l_1^{2-4}$（6m）、$P_2l_1^{2-5}$（10m）]。

压裂液黏度由 10mPa·s 增加至 40mPa·s，裂缝平均缝高增加 10m。低压裂液黏度下，裂缝难以向 $P_2l_1^{2-5}$ 层扩展，压裂液黏度增大后，裂缝突破 $P_2l_1^{2-5}$ 高应力层的限制向下扩展。由于 $P_2l_1^{2-1}$ 层中下部存在高应力遮挡层，压裂液黏度增大后裂缝也难以向上扩展。模拟结果表明，随压裂液黏度增加，裂缝体积显著增大，缝长、缝高均大幅度增加。

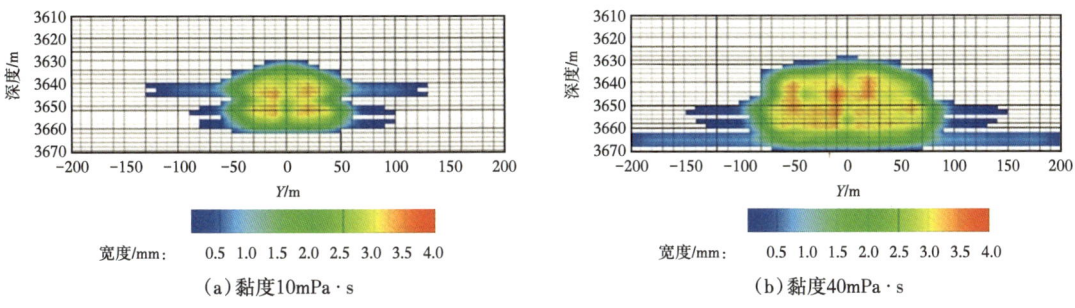

图 3-2-10　不同黏度下水力裂缝扩展形态

综合以上数值模拟结果分析，各因素对裂缝纵向延伸的影响程度为：水平最小主应力剖面＞压裂液黏度＞层理渗透率＞层理密度＞排量。

四、J10024 井区压后评估分析

压裂效果评价包括压裂施工的动态监测、裂缝几何参数、设计的符合率及长期产能分析等方面。压后评估方法大致分为两大类：直接法和间接法，其中间接法包括施工压力曲线分析（包括施工压降曲线分析、施工净压力拟合、不稳定试井）、油藏数值模拟（主要为生产历史拟合）等；直接方法又分为远场监测方法（包括微地震监测、测斜仪）和近井筒测试方法（包括放射性示踪剂测井、井温测井、生产测井等）。为了解 J10024 井周边 25 口井压后效果，对井区进行压后评估分析。

（一）产量与施工参数关系统计

通过对 J10024 井周边 25 口井产量与施工参数关系统计分析，确定各因素对裂缝参数、压后产量的影响程度和定量关系，为后续工程优化工作做准备。利用皮尔逊方法、灰色关联方法等数学统计方法对工程因素（排量、液量、砂液量、砂比、前置液比例、滑溜水比例、段数、簇数等）进行统计分析，得到各工程因素对压后产量的影响程度并进行排序（李希建等，2018；唐军等，2018）。图 3-2-11 为产量与施工参数关系统计分析流程图。

以上甜点 4 口水平井为例，产量与施工参数汇总见表 3-2-3、表 3-2-4，上甜点水平井平均段长 1229m，平均日产量为 11.5t，平均最高日产 29.3t，平均施工排量为 12~14m³/min，平均注入压裂液量为 37628m³，平均加砂量为 2369m³，平均前置液比例为 59.8 4%，平均段数 25 段，平均簇间距为 16.9m。

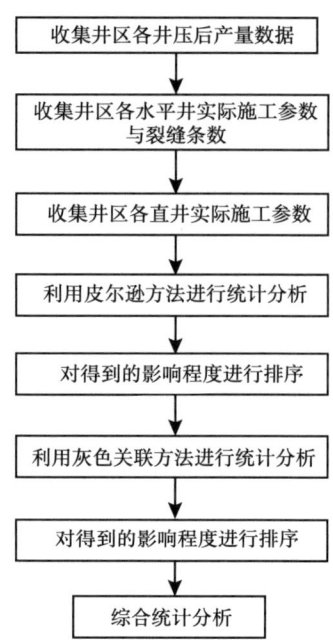

图 3-2-11 产量与施工参数关系统计分析流程图

表 3-2-3 J10024 井区上甜点水平井产量汇总

井名	层位	段长 / m	见油天数 / d	一年累计产油量 / t	2020 年累计产油量 / t	平均日产油量 / t	最高日产油量 / t
J10004_H	$P_2l_2^{2-2}$	1529	538	8307.9	9431.1	17.5	46.9
J10013_H	$P_2l_2^{2-2}$	1120	369	1534.3	1562.2	4.2	10.5
J10019_H	$P_2l_2^{2-3}$	1215	426	7195.1	8086.8	18.9	43.4
J10030_H	$P_2l_2^{2-2}$	1055	559	1846.3	2881.5	5.2	16.5
平均值	—	1229	473	4720.9	5490.4	11.5	29.3

表 3-2-4 J10024 井区上甜点水平井施工参数信息汇总

井名	排量 / (m³/min)	液量 / m³	砂量 / m³	液砂比 / (m³/m³)	用液强度 / (m³/m)	加砂强度 / (m³/m)	滑溜水比例 / (m³/m³)	前置液比例 / (m³/m³)	砂比 / (m³/m³)	段数	裂缝条数	簇间距 / m
J10004_H	12~14	52067	3080	16.9	34.1	2	65	—	16	35	103	14.8
J10013_H	12~14	31290	2310	14.5	25.4	1.7	54.7	57.2	14.5	17	51	22
J10019_H	12~14	29347	1935	15.1	28.1	1.9	53.3	60.8	16	22	64	16.2
J10030_H	12~14	37806	2150	17.9	36	2	47.6	61.4	14.5	25	72	14.6
平均值	12~14	37628	2369	16.1	30.9	1.9	55.2	59.8	15.3	25	73	16.9

同样对 J10024 井区下甜点 5 口水平井产量与施工参数汇总，下甜点水平井平均段长 1494m，平均日产量为 24t，平均最高日产为 56t，平均排量为 12~14m³/min，平均注入压裂液量为 36200m³，平均砂量为 2872m³，平均前置液比例为 59%，平均段数 33 段，平均簇间距为 15m。

上甜点 12 口直井统计结果：上甜点主力层位与 $P_2l_2^{2-2}$、$P_2l_2^{2-3}$ 层，压裂平均段长 6m，平均生产天数 79d，平均日产量为 3t，2020 年平均累计产油量为 451t。施工排量为 2~6m³/min，平均液量为 2034m³，平均砂量为 121m³，平均加砂强度为 7m³/m，平均滑溜水比例为 27m³/m³，平均前置液比例为 40%，平均砂比为 16%。

下甜点 5 口直井产量与施工参数统计结果：平均段长 11m，平均日产量为 5t，2020 年累计产油量为 756t，平均排量为 2~6m³/min，平均液量为 2229m³，平均砂量为 132m³，平均前置液比例为 41m³/m³，平均砂比为 16m³/m³。

（二）不同产油时间下产量与施工参数相关性分析

J10024 井区周边 9 口水平井压裂一年时累计产油量、平均日产油量、最高日产油量数据见表 3-2-5。

表 3-2-5　J10024 井区水平井施工参数汇总

井名	累计产油量 /t	平均日产油量 /t	最高日产油量 /t
J10004_H	9431.1	17.5	46.9
J10012_H	14061.9	25.2	62.1
J10013_H	1562.2	4.2	10.5
J10014_H	10057.9	18.7	39.0
J10019_H	8086.8	18.9	43.4
J10020_H	14602.9	39.7	71.3
J10022_H	4805.5	8.2	31.6
J10030_H	2881.5	5.1	16.5
J10038_H	11075.0	25.7	74.0

1. 水平井压裂一年后产量与施工参数统计分析

以水平井压裂后一年累计产量与施工参数（全井段）的关系为例，利用皮尔逊方法、灰色关联方法等数学统计方法对工程因素（总液量、总砂量、液砂比、用液强度、加砂强度、滑溜水比例、平均砂比、段数、簇间距、排量）进行统计分析，确定各因素对水平井压裂后一年时产量的影响程度和定量关系，并进行排序。统计结果见表 3-2-6 和图 3-2-12 所示。

表 3-2-6 一年累计产量与施工参数统计分析结果

施工参数 方法	总液量 / m^3	总砂量 / m^3	液砂比 / (m^3/m^3)	用液强度 / (m^3/m)	加砂强度 / (m^3/m)	滑溜水 比例 / %	砂比 / (m^3/m^3)	段数	簇间距 / m	排量 / (m^3/min)
灰色关联	0.13	0.91	0.73	0.73	0.73	0.73	0.73	0.73	0.73	0.73
皮尔逊相关	0.03	0.82	0.40	0.21	0.14	0.05	0.58	0.89	0.43	0.10
综合分析	0.08	0.87	0.56	0.47	0.43	0.39	0.65	0.81	0.58	0.41

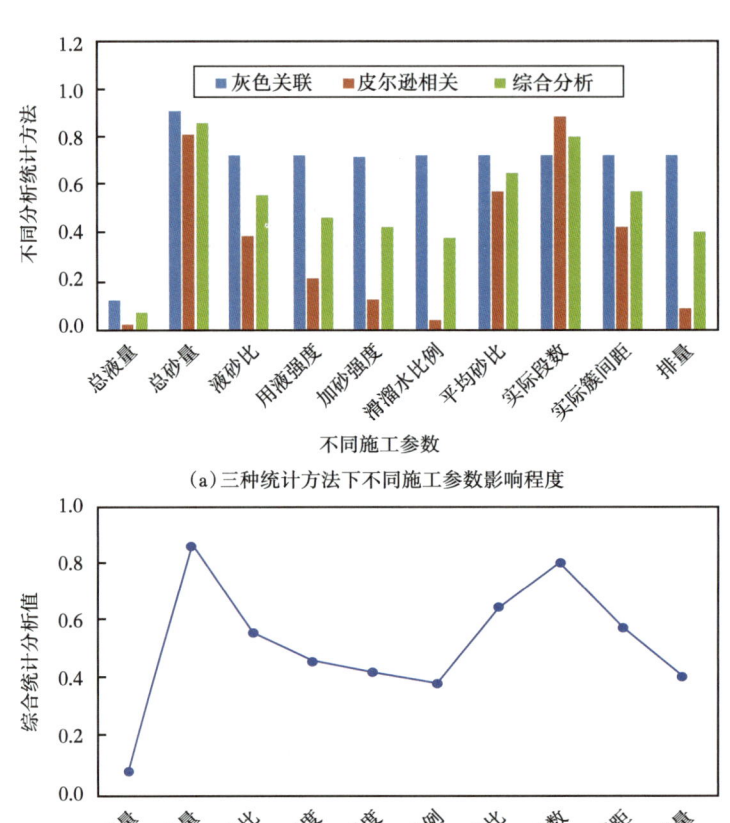

(a) 三种统计方法下不同施工参数影响程度

(b) 综合统计方法下各施工参数影响程度

图 3-2-12 水平井压裂后一年时产量分析（全井段）

根据皮尔逊方法、灰色关联方法等数学统计方法对 10 个工程因素进行统计分析，在全井段下，影响水平井压裂后一年累计产量的施工参数按照影响程度值排序为：总砂量、段数、平均砂比、簇间距、液砂比、用液强度、加砂强度、排量、滑溜水比例、总液量。应用同样方法，分析了单井段施工参数与累计产量的关系，得到影响水平井压裂后一年累计产量的施工参数按照影响程度值排序为：液砂比、总液量、排量/段、滑溜水比例、平均砂比、总砂量、实际簇间距、裂缝条数、用液强度、加砂强度。

2. 水平井平均日产量与施工参数统计分析

利用同样的方法对水平井平均日产量与施工参数关系进行综合统计分析，在全井段条件下，影响水平井平均日产量的施工参数按照影响程度值排序为：段数、总砂量、平均砂比、液砂比、簇间距、用液强度、排量、加砂强度、滑溜水比例、总液量。在单段条件下，影响水平井平均日产量的施工参数按照影响程度值排序为：液砂比、实际簇间距、排量、滑溜水比例、平均砂比、总砂量、总液量、用液强度、加砂强度。

3. 水平井最高日产量与施工参数统计分析

根据皮尔逊方法、灰色关联方法等数学统计方法，经过综合统计分析，在全井段下，影响水平井最高日产量的施工参数按照影响程度值排序为：段数、平均砂比、液砂比、簇间距、总砂量、用液强度、排量、滑溜水比例、加砂强度、总液量。在单段条件下，影响水平井最高日产量的施工参数按照影响程度值排序为：液砂比、排量、滑溜水比例、平均砂比、总砂量、实际簇间距、用液强度、总液量、加砂强度。

4. 直井平均日产量与施工参数统计分析（全井段）

根据综合统计分析，在全井段下，影响直井平均日产量的施工参数按照影响程度值排序为：前置液比例、液砂比、用液强度、滑溜水比例、平均砂比、总砂量、加砂强度、总液量。单段条件下，影响直井平均日产量的施工参数按照影响程度值排序为：段数、总砂量、平均砂比、液砂比、簇间距、用液强度、排量、加砂强度、滑溜水比例、总液量。

（三）净压力拟合与裂缝形态反演

净压力拟合与裂缝形态反演指将水力压裂施工时监测到的井底缝口净压力与设计软件模拟计算的缝口净压力进行拟合，得到压裂施工中地下裂缝延伸状态、评价压裂施工效果。拟合过程如图3-2-13所示。通过对J10024井周边20口井的净压力拟合与裂缝形态反演，为裂缝形态数值模拟提供基础。

1. 典型压力拟合案例分析

以J10012H井为例，在平均液体效率为45%的情况下，反演第8级裂缝参数，平均裂缝半长为126.87m，平均裂缝高度为19.09m，平均裂缝宽度为0.25cm，每簇改造体积33.59×10^{4}m^3。每簇裂缝进砂量差别不大，平均每簇总砂液量为156m^3，每簇裂缝均匀扩展。反演结果汇总见表3-2-7。第8级净压力拟合与裂缝形态反演结果如图3-2-14所示。

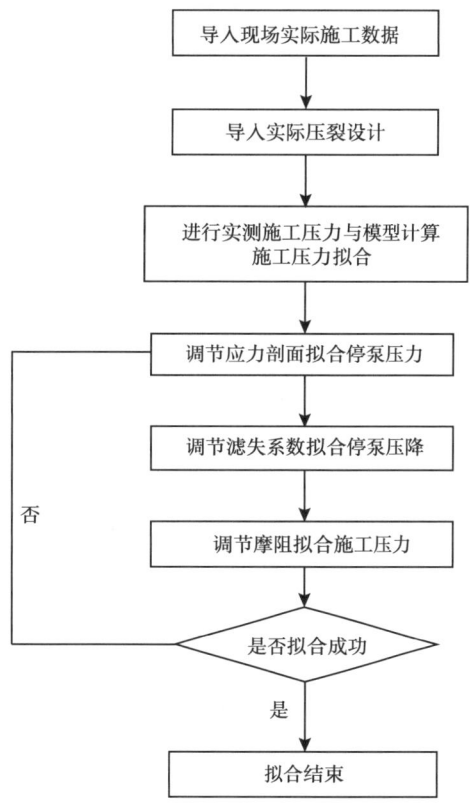

图 3-2-13 净压力拟合流程图

表 3-2-7　J10012H：第 8 级反演裂缝参数结果表

裂缝参数	第 1 簇	第 2 簇	第 3 簇
裂缝半长 /m	125.90	123.50	131.20
裂缝高度 /m	19.50	19.91	17.85
裂缝宽度 /cm	0.26	0.26	0.24
改造体积 /$10^4 m^3$	33.88	33.32	33.56

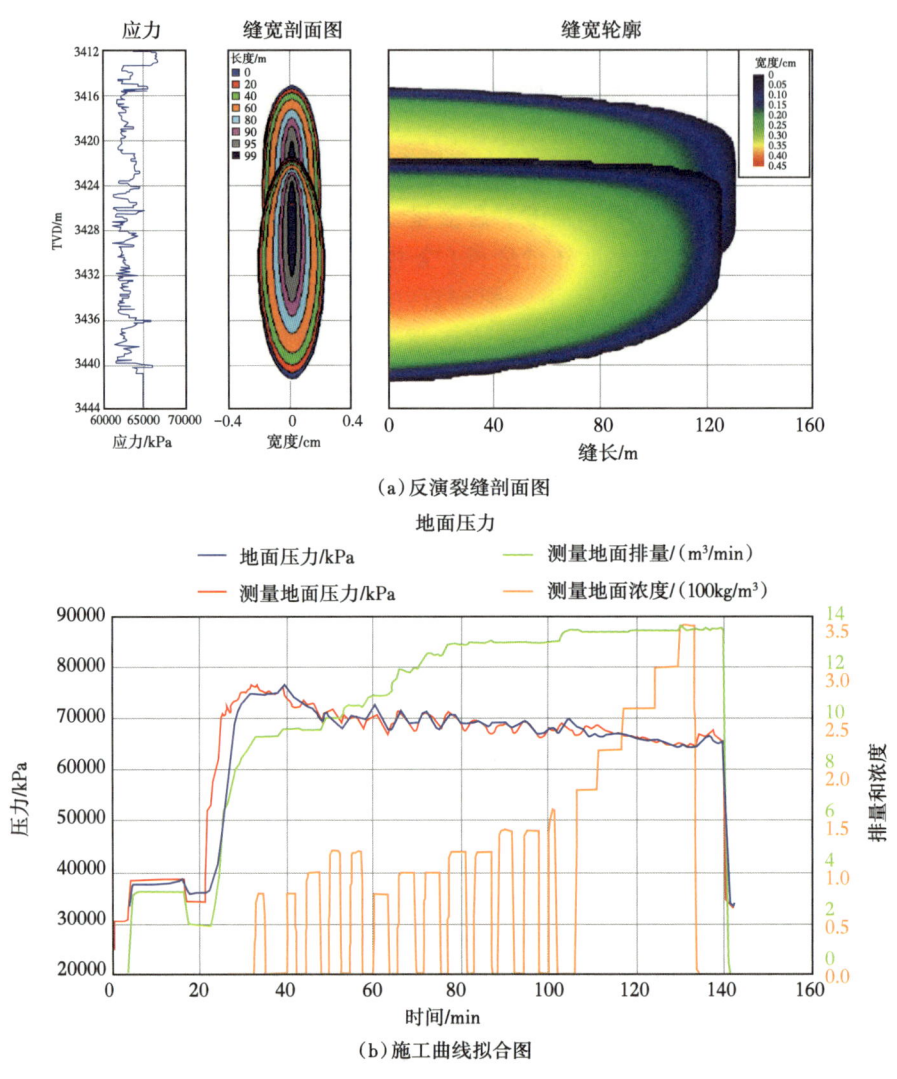

(a) 反演裂缝剖面图

(b) 施工曲线拟合图

图 3-2-14　J10012H：第 8 级净压力拟合与裂缝形态反演结果

2. J10024 井测井曲线计算与实验实测力学剖面及反演结果对比

在 J10024 井区中，只有 J10024 井有实验实测力学参数，其余井都仅有由测井曲线所计算出的力学参数，通过对测井曲线计算力学参数与实验实测力学剖面（表 3-2-8、表

3-2-9）反演结果进行对比，验证通过测井曲线计算力学参数所得到裂缝形态反演结果的准确性。

表 3-2-8　S1 射孔段测井与实验力学参数

S1 段	最小主应力 /MPa	杨氏模量 /GPa	泊松比
测井曲线测得力学参数	55.94~63.24	13.58~30.75	0.27~0.33
实验测得力学参数	49.66~71.14	17.98~31.69	0.18~0.31

表 3-2-9　S2 射孔段测井与实验力学参数

S2 段	最小主应力 /MPa	杨氏模量 /GPa	泊松比
测井曲线测得力学参数	55.7~57.56	22.05~35.37	0.27~0.28
实验测得力学参数	42.04~71.10	24.17~25.82	0.21~0.26

通过比对测井曲线计算力学参数与实验实测力学剖面发现，S1 段的测井曲线获取的最小主应力和杨氏模量小于实验室实测的值，泊松比大于实验室实测的；S2 段测井曲线测得最小主应力小于实验室实测的，杨氏模量和泊松比大于实验室实测的。

将测井曲线计算力学参数与实验实测力学剖面代入到目前通用的商业软件中进行净压力拟合与裂缝形态反演，结果见表 3-2-10。

表 3-2-10　J10024 井测井解释力学参数与实验实测力学参数对比

裂缝参数	测井解释	实验测试
层位	$P_2l_2^{2-2}$ $P_2l_2^{2-3}$	$P_2l_2^{2-2}$ $P_2l_2^{2-3}$
层厚	11.9/15.3	11.9/15.3
平均裂缝半长 /m	126.4	129.6
平均裂缝高度 /m	23.3	6.2
平均裂缝宽度 /cm	0.8	2.4
改造体积 / 簇 / $10^4 m^3$	40.4	11.5
最大缝高对应上垂深 /m	3476.7	3480.0
上缝高截止层位	$P_2l_2^{2-1}$	$P_2l_2^{2-1}$
上缝高对应岩性	灰质粉砂岩	泥质粉砂岩
最大缝高对应下垂深 /m	3501.3	3486.2
下缝高截止层位	$P_2l_2^{2-3}$	$P_2l_2^{2-2}$
下缝高对应岩性	泥岩	泥质粉砂岩
最大缝高 /m	24.6	6.2

测井曲线测得平均裂缝半长为126m，平均缝高为23m，平均最大缝高为24m，平均裂缝宽度为0.8cm，平均每簇改造体积为$40.4×10^4m^3$；实验室实测数据计算的平均裂缝半长为129m，平均缝高为6m，平均最大缝高为6m，平均裂缝宽度为2.4cm，平均每簇改造体积为$11.5×10^4m^3$。可以看出两者差异较大，所以实际压裂设计中应对测井曲线获取的岩石力学参数进行必要的修正。

3. 上甜点裂缝反演结果

通过对上甜点8口水平井的拟合，上甜点水平井平均裂缝半长为128m，平均缝高为20m，平均最大缝高为30m，平均裂缝宽度为0.3cm，平均每簇改造体积为$26.4×10^4m^3$。上甜点直井平均裂缝半长为126m，平均缝高为19m，平均最大缝高为21m，平均裂缝宽度为0.4cm，平均每簇改造体积为$32.45×10^4m^3$（表3-2-11）。

表3-2-11 J10024井区上甜点水平井裂缝反演结果

裂缝参数	J10004_H	J10012_H	J10018_H	J10019_H	J10030_H	JHW01121	JHW01122	JHW01123	平均
层位	$P_2l_2^{2-2}$	$P_2l_2^{2-2}$	$P_2l_2^{2-3}$	$P_2l_2^{2-3}$	$P_2l_2^{2-2}$	$P_2l_2^{2-2}$	$P_2l_2^{2-2}$	$P_2l_2^{2-2}$	—
层厚	10.4	11.2	16.6	15.8	10.5	10.4	10.4	10.4	12
平均裂缝半长/m	121.7	128.5	140.8	126.4	123.0	122.5	145.9	116.0	128.1
平均裂缝高度/m	23.9	15.4	34.4	21.3	20.4	14.7	15.7	14.1	20.0
平均裂缝宽度/cm	0.4	0.2	0.3	0.3	0.6	0.3	0.2	0.4	0.3
改造体积/（簇/10^4m^3）	37.6	27.3	37.5	26.1	23.2	16.4	27.5	15.8	26.4
最大缝高对应上垂深/m	2682.4	3348.2	3320.4	3370.6	3318.3	2681.1	2703.8	2666.6	—
上缝高截止层位	$P_2l_2^{2-1}$	$P_2l_2^{2-1}$	$P_2l_2^{2-2}$	$P_2l_2^{2-2}$	$P_2l_2^{2-1}$	$P_2l_2^{2-1}$	$P_2l_2^{2-1}$	$P_2l_2^{2-1}$	—
上缝高对应岩性	泥质粉砂岩	泥质粉砂岩	白云质粉砂岩	白云质粉砂岩	黑色页岩	黑色页岩	白云质泥岩	白云质泥岩	—
最大缝高对应下垂深/m	2714.3	3374.5	3354.9	3396.1	3348.0	2710.7	2737.6	2696.9	—
下缝高截止层位	$P_2l_2^{2-3}$	$P_2l_1^{2-3}$	$P_2l_2^{2-4}$	$P_2l_2^{2-4}$	$P_2l_2^{2-3}$	$P_2l_2^{2-3}$	$P_2l_2^{2-3}$	$P_2l_2^{2-3}$	—
下缝高对应岩性	泥质粉砂岩	粉砂岩	砂屑白云岩	泥晶白云岩	白云质泥岩	白云质泥岩	白云质泥岩	白云质泥岩	—
最大缝高/m	31.9	26.2	34.5	26.5	29.8	29.6	33.9	30.3	30.3

4. 下甜点不同井型裂缝反演结果

J10024井区下甜点4口水平井的裂缝参反演结果见表3-2-12。下甜点水平井平均裂缝半长119m，平均缝高29m，平均最大缝高37m，平均裂缝宽度0.3cm，平均每簇改造体积$37×10^4m^3$。

表 3-2-12　J10024 井区下甜点水平井裂缝反演结果

裂缝参数	J10014_H	J10020_H	J10022_H	J10038_H	平均
层位	$P_2l_1^{2-2}$	$P_2l_1^{2-2}$	$P_2l_1^{2-2}$	$P_2l_1^{2-2}$	—
层厚	10.37	11.8	12.24	11.3	11.4
平均裂缝半长 /m	125.56	115.30	115.19	118.88	118.7
平均裂缝高度 /m	20.70	32.10	37.30	29.56	29.9
平均裂缝宽度 /cm	0.26	0.39	0.40	0.31	0.3
改造体积 /（簇 /$10^4 m^3$）	35.30	42.13	41.09	29.39	37.0
最大缝高对应上垂深 /m	3430.02	3618.12	3406.3	3844.17	—
上缝高截止层位	$P_2l_1^{2-0}$	$P_2l_1^{2-0}$	$P_2l_1^{2-1}$	$P_2l_1^{2-1}$	—
上缝高对应岩性	泥质粉砂岩	白云质泥岩	灰质泥岩	泥质粉砂岩	—
最大缝高对应下垂深 /m	3458.33	3653.75	3445.85	3878.16	—
下缝高截止层位	$P_2l_1^{2-4}$	$P_2l_1^{2-4}$	$P_2l_1^{2-4}$	$P_2l_1^{2-3}$	—
下缝高对应岩性	泥质粉砂岩	泥质粉砂岩	泥岩	灰质粉砂岩	—
最大缝高 /m	40.31	35.63	39.55	33.99	37.4

（四）已施工井微地震数据统计与比对

根据上甜点已施工井微地震数据（图 3-2-15），统计分析了先导水平井（5 口）及开发水平井（8 口）微地震解释数据，结果表明裂缝网络长度为 120~626m，平均为 307m，裂缝网络宽度为 42~235m，平均为 106m，裂缝网络高度为 14~178m，平均为 29m。通过 Meyer 软件拟合上甜点井缝长、缝高、缝宽均在微地震数值区间之内。

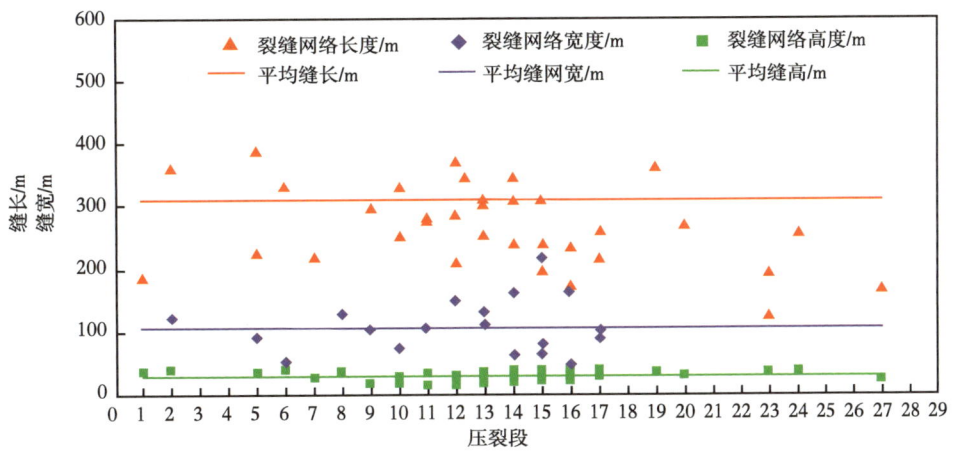

图 3-2-15　上甜点已施工井微地震数据

汇总统计分析了 58 号平台 JHW05831 井微地震解释数据（图 3-2-16），结果表明裂缝网络长度为 200~290m，平均为 246m，裂缝网络宽度为 110~190m，平均为 150m，裂缝网络高度为 30~50m，平均为 43m。Meyer 软件拟合的下甜点井缝长、缝高、缝宽均在微地震数值区间之内。

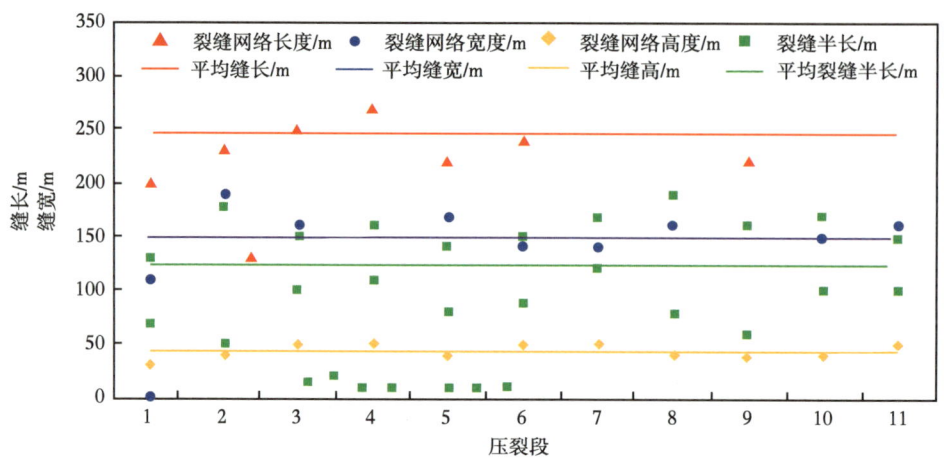

图 3-2-16　下甜点已施工井微地震数据

五、力学参数计算与地质建模

地质模型指能定量表示地下地质特征和各种储层参数三维空间分布的数据体。广义上讲，地质模型大致包括构造模型、岩相模型、储层模型、流体模型、力学模型等多种模型。

（一）建模方法与步骤

储层建模方法主要包括确定性建模方法和随机建模方法两大类。通常所用的线性插值、距离平方反比加权平均、克里金方法、地震储层预测都属于确定性建模方法。随机建模就是利用一个地质体某一属性已知的结构统计特征，通过一些随机算法来模拟未知区这一属性的分布，使其与已知的统计特征相同，从而达到模拟储层非均质性，达到预测井间参数分布的目的。

1. 确定性建模

确定性建模方法认为资料控制点间的插值是唯一解，确定性的。传统地质工作方法的内插编图，就属于这一类。克里金作图和一些数学地质方法作图也属于这一类建模方法。开发地震的储层解释成果和水平井沿层直接取得的数据或测井解释成果，都是确定性建模的重要依据。克里金方法在地质统计学中已经得到了广泛的应用，从数学角度抽象来说，它是一种对空间分布数据求最优、线性、无偏内插估计量（Best Linear Unbiased Estimation，BLUE）的方法。较常规方法而言，它的优点在于不仅考虑了各已知数据点的空间相关性，而且在给出待估计点的数值的同时，还能给出表示估计精度的方差。经过多年的发展完善，克里金方法已经有了好几个变种，如普通克里金法、泛克里金法、析取克里金法、对数正态克里金法、协同克里金法、因子克里金法等，这些方法分别用于不同的场合。

2. 随机性建模

随机建模（Stochasticmodeling）是以地质统计学为基础，综合地质学、沉积学等学科的现有知识，根据岩心分析、测井解释、地震勘探、生产动态及露头观察等多种来源的已知数据，对沉积相单元、岩相、砂体、断层、裂缝或具体的流动单元的空间分布及物性参数在空间的变化性进行模拟，从而产生一系列等概率的储层一维或多维图象或实现（Almeida，2010；Naraghi等，2015）。这些实现表达了储层各种尺度的变化特征和内部结构，是高分辨率的、数字化的、定量的储层表征方式，而且易于在计算机上重复产生实现。每个实现都是对现实的合理抽样，实现之间的差别反映了由于资料缺乏等原因引起的不确定性。

本次地质建模在传统建模的基础上，综合考虑地质力学，基于油藏地质特征分析研究成果，利用 Petrel 软件建立了薄互层状页岩油储层三维地质模型。

首先，根据单井数据和分层数据，建立了三维构造模型。其次，根据储层组构相和岩性识别结果划分岩性，采用适宜的相建模方法，建立三维的岩相模型，并采用相控约束方式进行了属性建模。同时，根据测井曲线、地质力学特征建立了地质力学模型。为后续上、下甜点各层压裂工艺参数优化奠定基础。地质建模流程如图 3-2-17 所示。

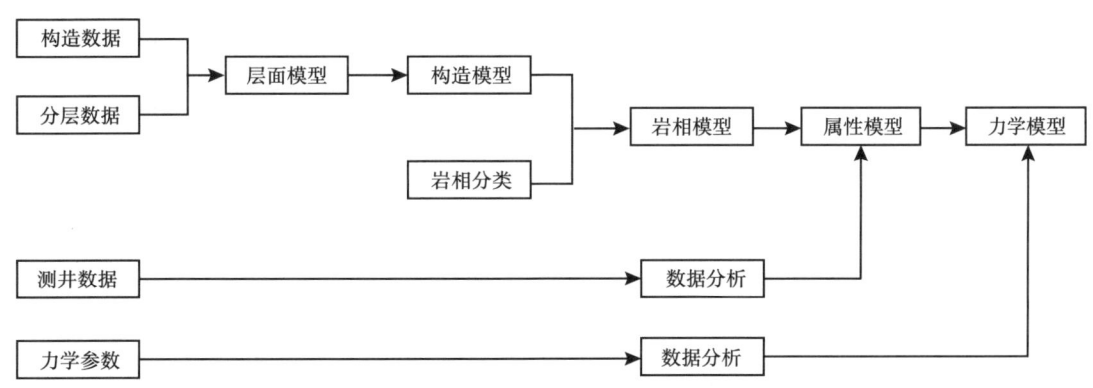

图 3-2-17　三维地质建模流程图

（二）基础数据准备

为更加精细地刻画储层物性分布及流体性质特征，并为数值模拟奠定基础，对研究区块建立精细的地质模型，根据目前储层地质研究资料，建立三维地质模型。根据地质静态资料储层物性等值线图，完成相关物性参数的数字化工作，并整理成相对应的数据格式导入到 Petrel 软件中进行数据处理，需要准备的数据如下。

1. 井头数据

井头数据主要包括井名、井口坐标、补心海拔及井类型。

2. 井斜数据

井斜数据即井轨迹数据，井轨迹数据刻画了井在三维空间的形态，通过方位角、井斜角及井深的变化，可以真实地反映井眼轨迹在三维空间上的变化。井斜数据包括一口井的测深、井斜角及方位角，用于确定井型。

3. 分层数据

分层数据主要用于各井钻遇目的层的油组、小层的划分和对比。分层数据可以反映储层的地层划分情况，分层点代表井与分层面的交点，根据研究区块的构造特征、油藏空间形态和岩石性质及分布，可以将储层划分为若干小层。分层数据主要包括井名、钻遇层号、顶深及类型。

4. 测井数据

测井数据中包含大量储层信息，是进行小层划分对比、岩性识别、油（气）水层识别、物性解释的重要依据之一。根据所提供的测井解释成果表，整理出孔隙度、渗透率、泥质含量、含烃饱和度、电测解释等成果。

（三）力学参数计算

J10024井区上甜点各井平均泊松比为0.26，平均杨氏模量为29.9GPa，平均最小水平主应力为59.8MPa，平均抗拉强度为10.1MPa。下甜点各井平均泊松比为0.26，平均杨氏模量为27.3GPa，平均最小水平主应力为69.5MPa，平均抗拉强度为14.2MPa。表3-2-13列出部分井的计算结果。

表3-2-13 力学参数计算（上甜点部分井计算结果）

序号	井名	层厚/m	泊松比	杨氏模量/GPa	最小水平主应力/MPa	抗拉强度/MPa
1	J10004_H	$P_2l_2^{2-2}$：10.38	0.19	31.3	50.0	14.4
2	J10012_H	$P_2l_2^{2-2}$：11.19	0.19	41.4	63.6	15.5
3	J10018_H	$P_2l_2^{2-3}$：16.63	0.25	31.2	55.7	10.2

有关三维地质工程一体化模型建立将在第七章详细介绍，本章应用建立的模型，以J10024井区的岩石力学参数测试结果，阐述上、下甜点体积压裂施工参数的优化方法。

六、上、下甜点储层压裂工艺参数优化

针对吉木萨尔区块上、下甜点的储层条件开展压裂参数的敏感性分析，利用Mangrove软件模拟上、下甜点4层多簇裂缝扩展形态，分析排量、液量、射孔数、孔径、簇数、簇间距、压裂液黏度、砂比、单缝砂量等对吉木萨尔区块上、下甜点各层裂缝扩展规律的影响，开展各层压裂工艺参数优化，形成压裂工艺参数优化图版。

（一）虚拟井设置

设置虚拟井V1/V2/V3/V4，使其井轨迹贯穿吉木萨尔上甜点2-2层、上甜点2-3层、下甜点2-2层、下甜点2-3层。根据4口虚拟井井眼轨迹，将J10024井区地质模型进行剪裁。

（二）地质参数及模拟参数设置

1. 上、下甜点区地质参数

水力裂缝扩展形态受到杨氏模量、层间应力差、层厚等因素影响。由于芦草沟组天然裂缝不发育，需要通过优化施工排量、液体黏度、射孔参数等工程参数促进产生复杂裂缝

形态。上、下甜点区地质参数见表 3-2-14。

表 3-2-14　上、下甜点区地质参数

地质参数	上甜点 2-2 层	上甜点 2-3 层	下甜点 2-2 层	下甜点 2-3 层
杨氏模量 /GPa	29.4	26	29.3	24
最小水平主应力 /MPa	62	63	68	80
层间应力差 /MPa	5	6	4	2
泊松比	0.26	0.27	0.24	0.28
抗拉强度 /MPa	10.3	9.2	17.4	8.1
层厚 /m	10	16	12	10

2. 数值模拟参数设置

分别针对吉木萨尔区块上、下甜点的储层条件开展压裂参数的敏感性分析，研究排量、液量、射孔数、孔径、簇数、簇间距、压裂液黏度、砂比、单缝砂量对上、下甜点各层的裂缝扩展规律的影响。压裂参数设置见表 3-2-15。

表 3-2-15　压裂参数设置

优化参数	数值区间	基准参数
排量 /（m³/min）	6~26	16
压裂液黏度 /（mPa·s）	1~200	5
压裂液量 /10²m³	10~40	19
射孔数 /（孔/簇）	2~12	3
射孔孔径 /mm	6~20	10
簇数 /（簇/段）	2~12	8
簇间距 /m	5~35	6
砂比 /%	5~25	12
单缝砂量 /m³	20~30	23

（三）单因素施工参数优化

1. 簇间距优化

簇间距是水力压裂优化的重要参数，直接影响压裂效果，决定压裂增产效果。利用 Mangrove 软件模拟上、下甜点 4 层簇间距变化的多簇裂缝扩展形态，模拟簇间距分别为 5m、10m、15m、20m、25m、30m、35m，对应的簇数为 8 簇，排量为 16m³/min，液量为 1900m³，孔数为 3 孔/簇，孔径为 10mm，单缝砂量为 23m³。不同簇间距下多簇裂缝扩展形态如图 3-2-18 所示。

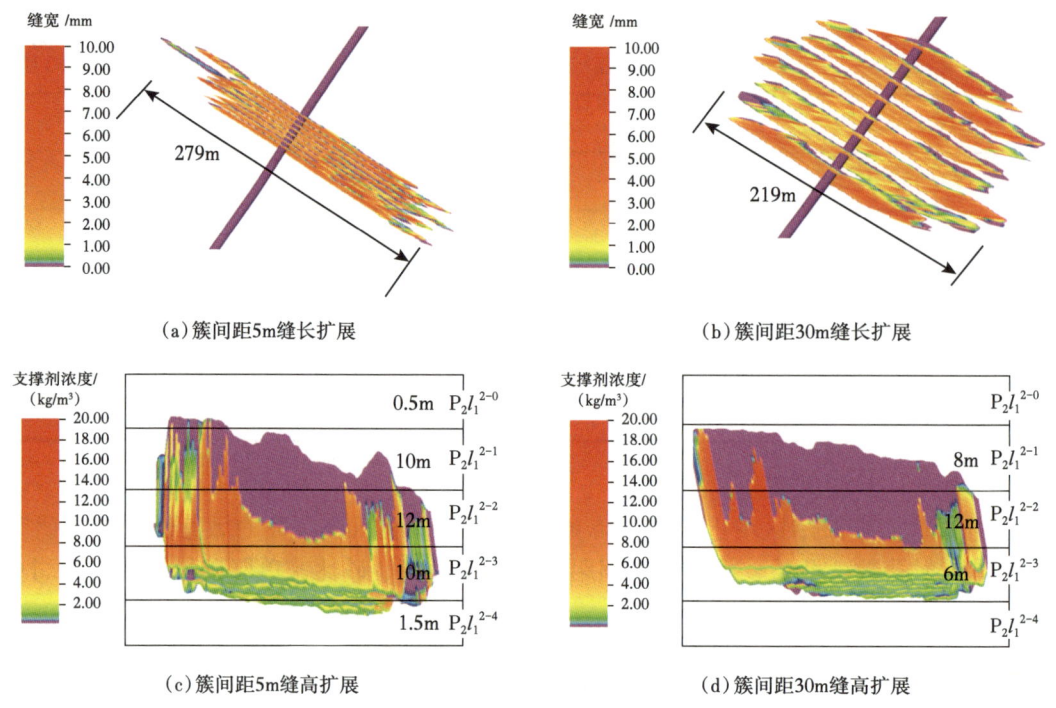

图 3-2-18　不同簇间距下多簇裂缝扩展形态

簇间距缩小，簇间裂缝作用程度增加，有利于形成复杂裂缝扩展形态。簇间距增大时，缝长越均匀，缝间干扰减弱。随着簇间距增大，支撑面积比例锐减（图 3-2-19）。上、下甜点各层最优簇间距为 5~10m，此时缝间干扰强，但支撑面积比例达到最大值。

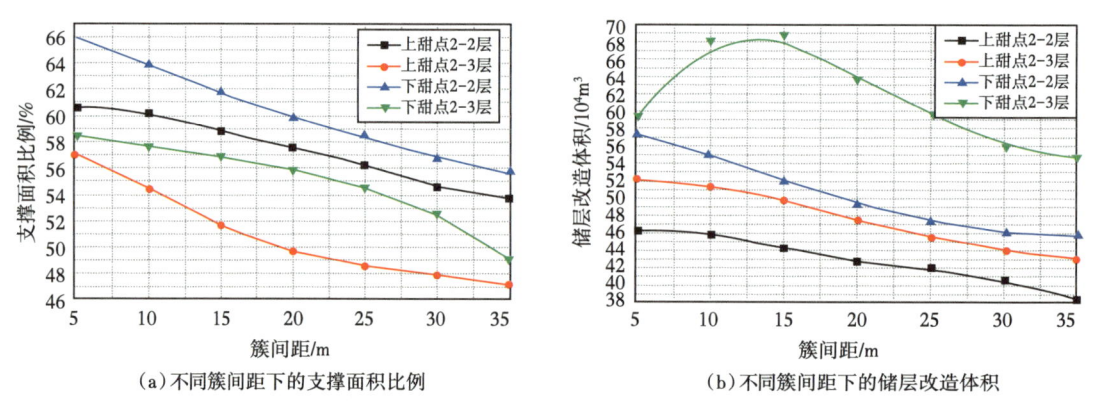

图 3-2-19　不同簇间距下的支撑面积比例与储层改造体积

2. 簇数优化

进行分段分簇细分切割加密射孔簇，可以形成更有效果的裂缝形态。但是由于应力阴影的影响，加密射孔簇后缝间干扰会加剧，从而影响段内多裂缝的均匀扩展。模拟射孔簇数分别为 2 簇、3 簇、4 簇、5 簇、6 簇、7 簇、8 簇、9 簇、10 簇、11 簇、12 簇这 11 种方案，对应的簇间距为 6m，排量为 16m³/min，液量为 1900m³，孔数为 3 孔/簇，孔径为 10mm，单缝砂量为 23m³。不同簇数下多簇裂缝扩展形态如图 3-2-20 所示。

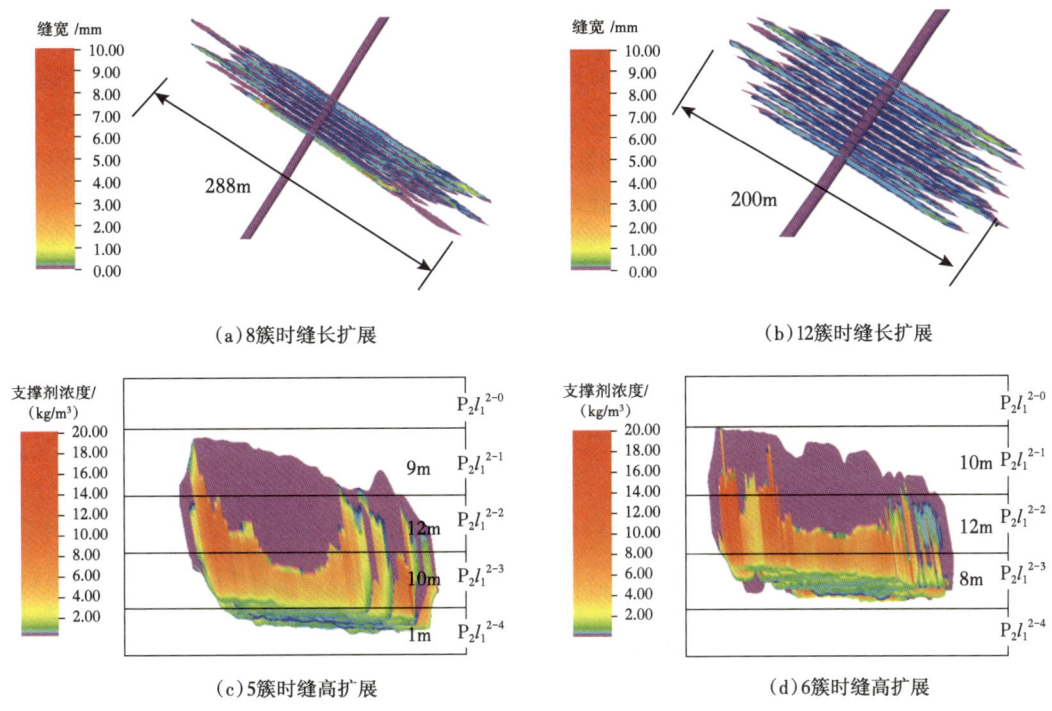

图 3-2-20　不同簇数下多簇裂缝扩展形态

不同簇数下的支撑面积比例与储层改造体积如图 3-2-21 所示。在排量、簇间距相同的情况下，簇数越多，液体效率降低，缝高增大，此时缝长的标准差总体呈降低趋势，表明缝长越均匀，缝间干扰减弱。上甜点两层和下甜点 2-2 层最优簇数为 5~6 簇/段；下甜点 2-3 层最优簇数为 8~9 簇/段。

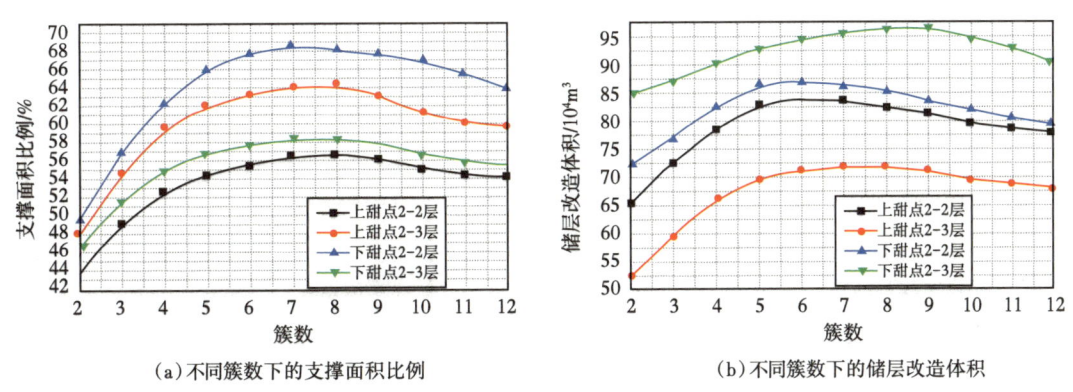

图 3-2-21　不同簇数下的支撑面积比例与储层改造体积

3. 压裂液量优化

从经典压裂理论到非常规储层体积压裂形成缝网，压裂液总量的增大都被认为与裂缝长度有一定相关性，2008 年 Mayerhoferm J 等给出了 Barnett 页岩 5 口井压裂液总量与压裂裂缝网络总长度的相关关系，证明了压裂液总量越大，压裂裂缝网络的长度更长。因此压裂液总量是影响储层改造体积的关键参数，注入压裂液总量越多，产生的缝网形状更大且更为复杂，从而储层改造体积越大，压后产量更高。模拟上、下甜点 4 层压裂液量变化对多簇裂缝扩展形态的影响，压裂液量分别为 1000m³、1500m³、2000m³、2500m³、3000m³、3500m³、4000m³，对应的簇间距分别为 6m，簇数为 8 簇，排量为 16m³/min，孔数为 3 孔/簇，孔径为 10mm，单缝砂量为 23m³。

不同压裂液量下的支撑面积比例与储层改造体积如图 3-2-22 所示。大注液量有利于提高密集切割的复杂裂缝网络覆盖率，增大裂缝面积，当各层液量为 2500~3000m³ 时，缝间干扰最强，裂缝扩展不均匀。下甜点两层最优液量为 1500~2000m³，当注液量大于 2000m³，此时支撑面积比例大幅度下降。上甜点两层最优液量为 2000~2500m³。

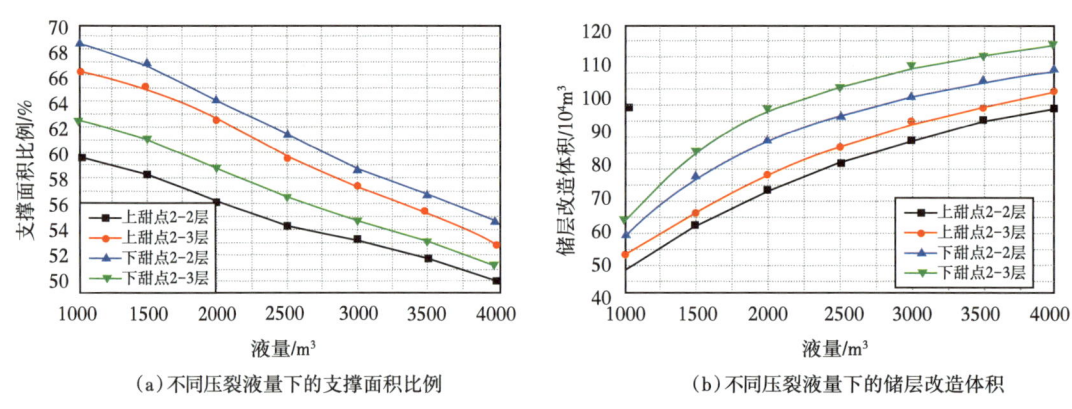

图 3-2-22 不同压裂液量下的支撑面积比例与储层改造体积

4. 砂比优化

不同砂比下的支撑面积比例与储层改造体积如图 3-2-23 所示。模拟的砂浓度分别为 5%、10%、15%、20%、25%，对应簇间距为 6m，簇数为 8 簇，排量为 16m³/min，液量

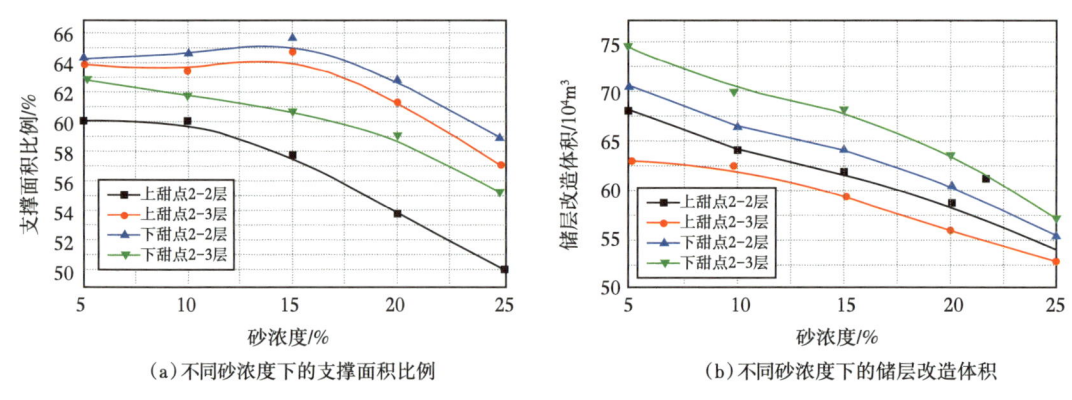

图 3-2-23 不同砂浓度下的支撑面积比例与储层改造体积

为1900m³，孔数为3孔/簇，孔径为10mm，单缝砂量为23m³。由图可知低砂比相比高砂比支撑效果较好，砂浓度增大，砂子在裂缝中堆积形成沙坝，改造体积降低。上甜点2-2层和下甜点2-2层最优砂比为10%~15%，大于15%后支撑面积比例和改造体积均下降。其余两层最优砂比度为5%~10%，大于10%后支撑面积比例和改造体积大幅度下降。

5. 单缝砂量优化

单缝砂量对支撑面积比例与储层改造体积的模拟结果如图3-2-24所示。单缝砂量分别为20m³、22m³、24m³、26m³、28m³、30m³，对应的簇间距分别为6m，簇数为8簇，排量为16m³/min，液量为1900m³，孔数为3孔/簇，孔径为10mm。单缝加砂量越大，缝间干扰越严重，表现为缝长的标准差越大，各簇缝长增长越不均匀。单缝砂量越小，所造裂缝总支撑面积越大，但裂缝导流能力会相应降低。为使得储层充分改造，各层最优单缝砂量为28~30m³，符合采用大液量、大砂量充分改造储层的理念。

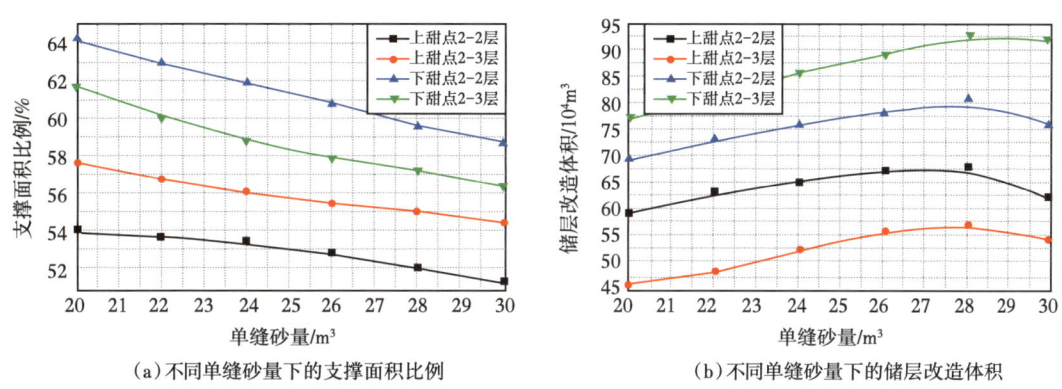

(a) 不同单缝砂量下的支撑面积比例　　(b) 不同单缝砂量下的储层改造体积

图3-2-24　不同单缝砂量下的支撑面积比例与储层改造体积

6. 射孔数优化

不同射孔数下的支撑面积比例与储层改造体积模拟结果如图3-2-25所示。模拟的单射孔数分别为2孔/簇、4孔/簇、6孔/簇、8孔/簇、10孔/簇，12孔/簇，对应的簇间距

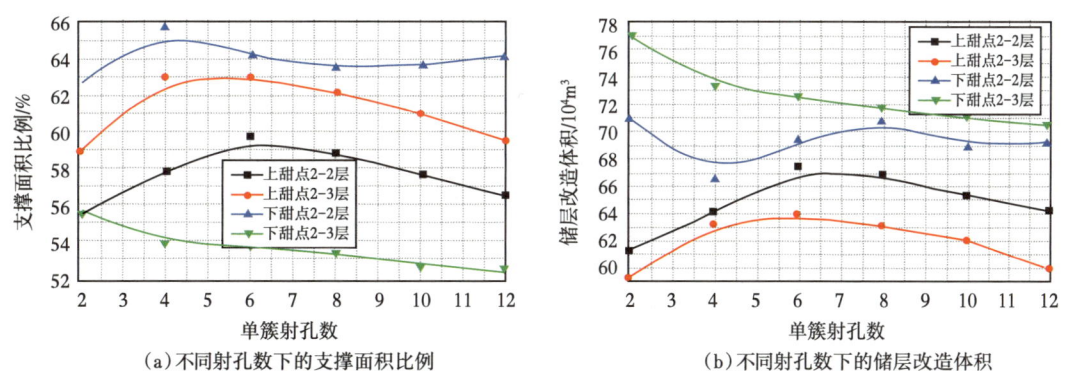

(a) 不同射孔数下的支撑面积比例　　(b) 不同射孔数下的储层改造体积

图3-2-25　不同射孔数下的支撑面积比例与储层改造体积

分别为6m，簇数为8簇，排量为16m³/min，液量为1900m³，孔径为10mm。上甜点2-2层最优射孔数为6~8孔/簇，2-3层最优射孔数为4~6孔/簇；下甜点两层最优射孔数为2~4孔/簇。

7. 孔径优化

孔径对上、下甜点4各层裂缝支撑面积比例与储层改造体积的影响如图3-2-26所示。模拟的孔径分别为6mm、8mm、10mm、12mm、14mm、16mm、18mm、20mm，对应的簇间距分别为6m，簇数为8簇，排量为16m³/min，液量为1900m³，孔数为3孔/簇。孔径对孔眼摩擦阻力有直接影响，随着孔径的增加，孔眼摩擦阻力急剧减小，孔径大于10mm后，单一孔径变化对储层改造体积影响不大，上甜点最优孔径为12~14mm，下甜点最优孔径为10~12mm。

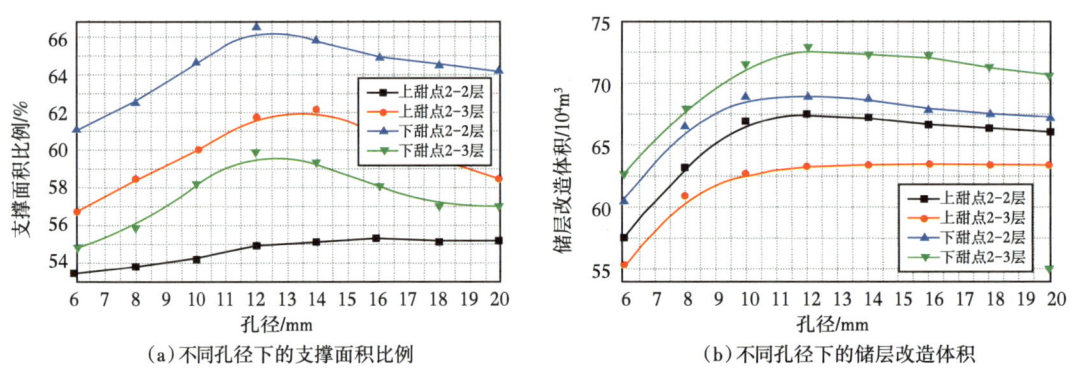

图3-2-26 不同孔径下的支撑面积比例与储层改造体积

8. 排量优化

不同排量下的支撑面积比例与储层改造体积如图3-2-27所示。对应的簇间距为6m，簇数为8簇，液量为1900m³，孔数为3孔/簇，孔径为10mm。随着排量增加，支撑面积比例和储层改造体积都增加，合理的施工排量为16~18m³/min。

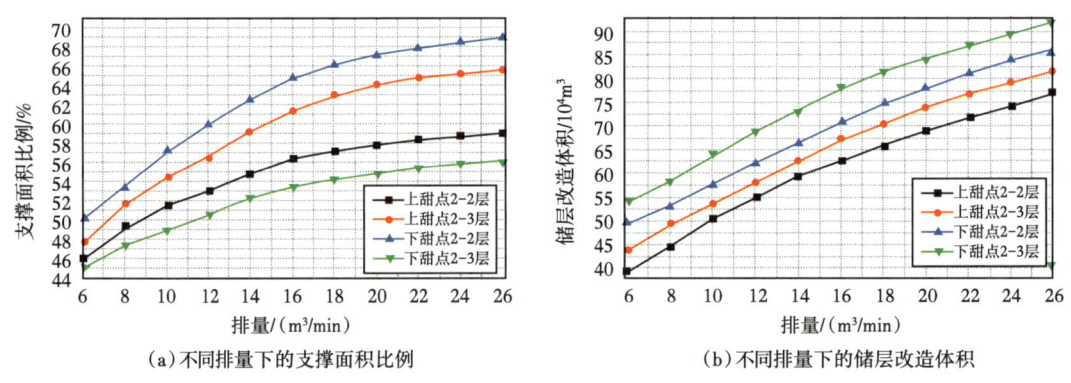

图3-2-27 不同排量下的支撑面积比例与储层改造体积

9. 压裂液黏度优化

根据物理模拟实验结果，压裂液黏度越高，裂缝扩展的复杂度越低，低黏度压裂液更容易形成复杂的裂缝网络增大储层改造体积，而高黏度的压裂液更易形成单一的裂缝。

模拟的压裂液黏度分别为 1mPa·s、3mPa·s、5mPa·s、10mPa·s、20mPa·s、40mPa·s、100mPa·s、150mPa·s、200mPa·s，对应的簇间距分别为 6m，簇数为 8 簇，排量为 16m³/min，液量为 1900m³，单缝砂量为 23m³，孔数为 3 孔/簇，孔径为 10mm。不同流体黏度下的支撑面积比例与储层改造体积如图 3-2-28 所示。低黏度压裂液具有更好的压力传导能力，能更有效地增大压裂裂缝的波及面积。上甜点最优黏度为 5~10mPa·s，下甜点最优黏度为 3~5mPa·s。

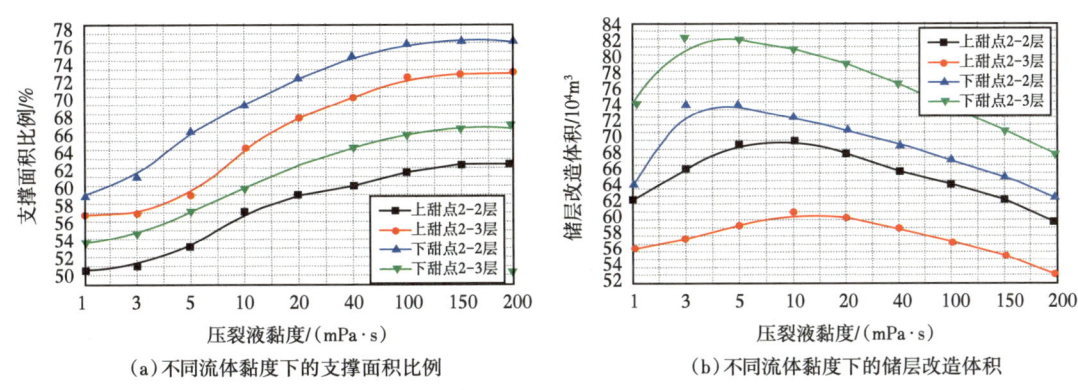

图 3-2-28　不同流体黏度下的支撑面积比例与储层改造体积

综合以上对单施工因素数值模拟结果，可得到以下结论。

（1）高施工排量近井多簇射孔均能起裂，低施工排量近井裂缝起裂率低，不利于增大储层改造体积。由于施工限压 90MPa，排量应控制在 16m³/min 以内。排量从 12m³/min 提升到 14m³/min 时，各层改造体积和支撑面积比例增幅最大为 3.8% 和 6.79%。最优黏度为 5~10mPa·s，支撑面积比例最大增幅为 7%、改造体积同时达到最大化。

（2）下甜点两层最优液量为 1500~2000m³，改造体积平均最大增幅为 22.3%，上甜点两层最优液量为 2000~2500m³，改造体积平均最大增幅为 14.2%。

（3）上甜点 2-2 层最优射孔数为 6~8 孔/簇，2-3 层最优射孔数为 4~6 孔/簇，最优孔径为 12~14mm，最优簇数为 5~6 簇/段，最优簇间距为 5m~10m，储层改造体积和支撑面积比例均达到最大。

（4）下甜点两层最优射孔数为 2~4 孔/簇，最优孔径为 10~12mm，2-2 层最优簇数为 6~8 簇/段，2-3 层最优簇数为 7~9 簇/段，最优簇间距为 5~10m，储层改造体积和支撑面积比例均达到最大。

（5）低砂浓度相比高砂浓度支撑效果较好，上甜点 2-2 层和下甜点 2-2 层最优砂浓度为 10%~15%，其余两层最优砂浓度为 5%~10%。

（四）多因素施工参数优化

多因素优化可以消除单因素的局限性。施工参数组合包括簇数和簇间距、簇数和排量、簇数和液量、簇数和黏度、簇数和孔数，优化目标为裂缝形态及改造体积。以上甜点 2-2 层簇数和簇间距的优化为例说明多因素施工参数优化过程，其他参数的优化方案和结果见表 3-2-16 和表 3-2-17。

表 3-2-16 优化方案设计（共上下甜点 4 个层位）

优化施工参数组合		数值区间	
参数 1	参数 2	参数 1	参数 2
簇数 /（簇 / 段）	簇间距 /m	5/6/7/8/9/	5/10/15/20/25/30
簇数 /（簇 / 段）	排量 /（m³/min）	5/6/7/8/9/	12/14/16/18/20/30
簇数 /（簇 / 段）	液量 /m³	5/6/7/8/9/	1000/1500/2000/2500/3000/3500/4000
簇数 /（簇 / 段）	黏度 /（mPa·s）	5/6/7/8/9/	1/3/5/10/20/40/100/150
簇数 /（簇 / 段）	孔数 /（孔 / 簇）	5/6/7/8/9/	2/4/6/8/10/12

表 3-2-17 多因素施工参数优化结果

（1）上甜点 2-2 层			
优化施工参数组合		优化结果	
参数 1	参数 2	参数 1	参数 2
簇数 /（簇 / 段）	簇间距 /m	6/8	10~15/5~10
簇数 /（簇 / 段）	排量 /（m³/min）	6/8	12~14/14~16
簇数 /（簇 / 段）	液量 /m³	6/8	1500~200/2000~2500
簇数 /（簇 / 段）	黏度 /（mPa·s）	6/8	3~5/5~10
簇数 /（簇 / 段）	孔数 /（孔 / 簇）	6/8	3~5/5~7
（2）上甜点 2-3 层			
参数 1	参数 2	参数 1	参数 2
簇数 /（簇 / 段）	簇间距 /m	6/8	10~15/5~10
簇数 /（簇 / 段）	排量 /（m³/min）	6/8	12~14/14~16
簇数 /（簇 / 段）	液量 /m³	6/8	2000/2500
簇数 /（簇 / 段）	黏度 /（mPa·s）	6/8	5/10
簇数 /（簇 / 段）	孔数 /（孔 / 簇）	6/8	6~8/4~6
（3）下甜点 2-2 层			
参数 1	参数 2	参数 1	参数 2
簇数 /（簇 / 段）	簇间距 /m	6/8	5/10
簇数 /（簇 / 段）	排量 /（m³/min）	5/8	12/16
簇数 /（簇 / 段）	液量 /m³	5/8	1500/2000
簇数 /（簇 / 段）	黏度 /（mPa·s）	6/8	3/5
簇数 /（簇 / 段）	孔数 /（孔 / 簇）	6/8	2/4

续表

(4)下甜点 2-3 层			
参数 1	参数 2	参数 1	参数 2
簇数/(簇/段)	簇间距/m	6/8	5~10/10~15
簇数/(簇/段)	排量/(m³/min)	6/8	12~14/14~16
簇数/(簇/段)	液量/m³	7/9	1500/2000
簇数/(簇/段)	黏度/(mPa·s)	5/8	3/5
簇数/(簇/段)	孔数/(孔/簇)	6/8	2/4

根据物理模拟实验和单因素分析，簇间距与单段簇数对于复杂裂缝网络的起裂和扩展具有重要影响，簇间距过大，多簇射孔应力干扰优势不明显，不能充分促进裂缝网络形成；簇间距过小，受诱导应力挤压影响，容易引起缝宽降低，破裂压力升高，造成施工困难甚至砂堵。模拟裂缝簇数分别为 5 簇、6 簇、7 簇、8 簇、9 簇，模拟裂缝簇间距分别为 5m、10m、15m、20m、25m、30m，共 30 个方案。其他参数：排量为 16m³/min，液量为 1900m³，孔数为 3 孔/簇，孔径为 10mm，单缝砂量为 23m³。上甜点 2-2 层不同簇数和簇间距下多簇裂缝扩展形态如图 3-2-29 所示。

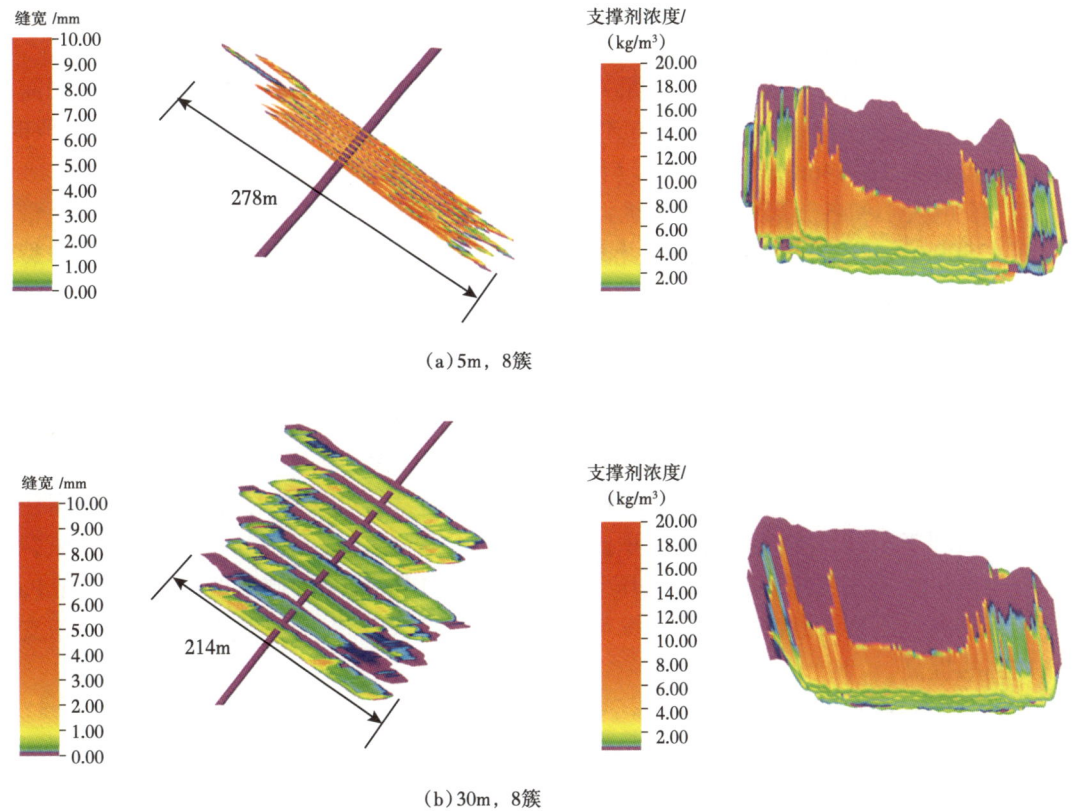

(a) 5m，8 簇

(b) 30m，8 簇

图 3-2-29 上甜点 2-2 层不同簇数和簇间距下多簇裂缝扩展形态

不同簇数和簇间距下的支撑面积比例与储层改造体积如图3-2-30所示。簇间距越小，缝间干扰越严重，表现为缝长差异越大，缝长发育越不均匀。上甜点2-2层支撑面积比例在簇间距为5m时达到最大，簇间距大于10m后，储层改造体积降低。6簇/段时，最优簇间距为10~15m，此时储层改造体积最大。8簇/段时，最优簇间距为5~10m，储层改造体积和支撑面积比例都达到最大。

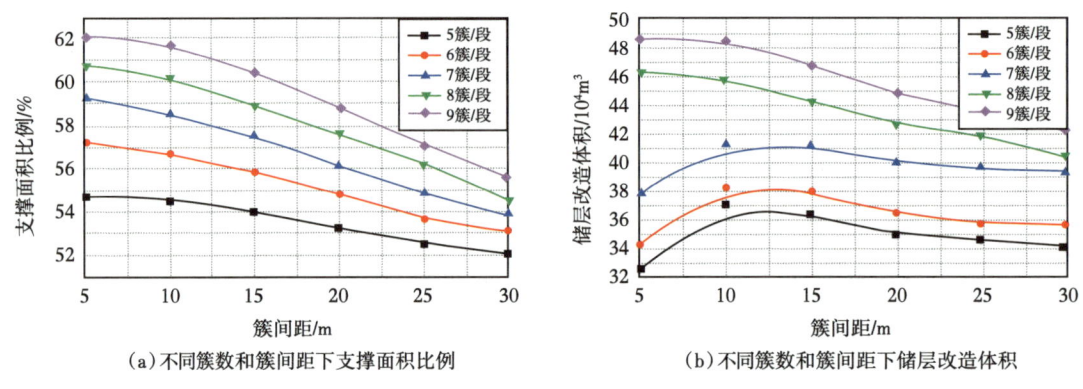

(a) 不同簇数和簇间距下支撑面积比例　　(b) 不同簇数和簇间距下储层改造体积

图3-2-30　不同簇数和簇间距下的支撑面积比例与储层改造体积

基于多因素优化，对芦草沟组上、下甜点4层分别进行了5组多因素优化，包括簇数和排量优化、簇数和液量优化、簇数和黏度优化、簇数和孔数优化、簇数和簇间距优化。得到的优化结果总结如下。

（1）射孔簇数跟施工排量具有匹配关系。射孔簇数越多，达到最大储层改造体积需要的施工排量越高，但由于施工限压90MPa，排量应控制在16m³/min以内，5~6簇/段时，最优施工排量为12~14m³/min，7~8簇/段时，最优施工排量为14~16m³/min。

（2）液量大小和各簇裂缝缝间干扰强弱有着直接关系。当上、下甜点各层压裂液量小于2000~2500m³，簇数大于6~7簇，此时缝间干扰减弱，表现为缝长的标准差减小，裂缝扩展更均匀。故上、下甜点各层最优施工液量为1500~2500m³，具体数值需要匹配不同层位与簇数。

（3）簇间距越小，缝间干扰越严重，各簇裂缝长度差异越大，缝长发育越不均匀。5m簇间距时缝长的标准差为0.52，10m时缝长的标准差为0.32，较5m的缝长标准差降低40%；但簇间距越小，支撑面积比例最大，裂缝改造也最大。

（4）压裂液黏度是影响支撑剂运移和铺置的重要因素。低黏度压裂液有利于提高裂缝面积，但不利于携砂，支撑剂支撑面积比例较低，支撑剂易沉降在井筒附近；高黏压裂液能够有效携砂，提高支撑面积比例。压裂液黏度为3~10mPa·s的储层改造体积比1mPa·s时有显著提高。压裂液砂浓度影响支撑剂支撑效果，高浓度砂比易形成砂堵，不利于支撑面积比例的提高。

参 考 文 献

李希建，张培，刘尚平.2018.基于灰色关联分析页岩气开采中水锁效应影响因素[J].煤炭技术，37（3）：150-152.

柳贡慧，庞飞，陈治喜，2000.水力压裂模拟实验中的相似准则[J].中国石油大学学报（自然科学版），24（5）：45-48.

刘乃震，张兆鹏，邹雨时，等，2018.致密砂岩水平井多段压裂裂缝扩展规律[J].石油勘探与开发，45（6）：1059-1068.

马新仿，李宁，尹丛彬，等，2017.页岩水力裂缝扩展形态与声发射解释：以四川盆地志留系龙马溪组页岩为例[J].石油勘探与开发，44（6）：974-981.

唐军，杨兆彪，杨艳磊，2018.小尺度范围内煤层气井产能主控因素分析[J].煤炭工程，484（5）：91-95.

王家华，刘倩，2011.储层建模中对变差函数分析的几点认识[J].石油化工应用，30（10）：5-7.

张士诚，李四海，邹雨时，等，2021.页岩油水平井多段压裂裂缝高度扩展试验[J].中国石油大学学报（自然科学版），45（1）：77-86.

邹雨时，2014.页岩油藏网络裂缝压裂机理研究[D].北京：中国石油大学.

ALMEIDA J A，2010. Stochastic simulation methods for characterization of lithoclasses in carbonate reservoirs[J]. Earth-Science Reviews，101（3）：250-270.

ANDREW M，ROMAIN P，ASHWANI Z，et al. 2021. Under standing the impact of completion designs on multi-stage fracturing via block test experiments[C]. ARMA1309.

NARAGHI M E，JAVADPOUR F. A，2015. stochastic permeability model for the shale-gas systems[J]. International Journal of Coal Geology，140：111-124.

YEW C H，1997. Mechanics of hydraulic fracturing[J]. Developments in Petroleum Science，210（07）：369-390.

ZOU Y，MA X，ZHANG S，et al，2016. Numerical Investigation into the Influence of Bedding Plane on Hydraulic Fracture Network Propagation in Shale Formations[J]. Rock Mechanics & Rock Engineering，49（9）：3597-3614.

ZOU Y，MA X，ZHOU T，et al，2017. Hydraulic Fracture Growth in a Layered Formation based on Fracturing Experiments and Discrete Element Modeling[J]. Rock Mechanics & Rock Engineering，（2-3）：1-15.

第四章　复杂裂缝系统支撑剂运移与有效支撑机理

页岩油藏储层物性差，常规开采技术效果不理想，水平井多段体积压裂技术是开发页岩油的有效手段，而页岩压裂裂缝导流能力直接决定着页岩油的开发效果，如何提高页岩储层体积压裂裂缝导流能力，改善压裂效果，提高压后产能，是页岩油藏开发面临的巨大挑战。页岩储层通常层理发育、脆性强，压裂可形成主裂缝、次裂缝和微裂缝同时存在的裂缝网络，压裂施工过程中支撑剂在不同尺度裂缝内的分布规律各不相同，同时单段多簇压裂过程中泵注参数对不同簇进砂量也有重要影响。裂缝内支撑剂的铺置状态和裂缝表面形态与压后裂缝导流能力直接相关，决定着页岩储层的压裂效果，因此需对其进行系统研究。

第一节　多尺度裂缝导流能力实验评价

吉木萨尔页岩油藏主要采用大排量＋细分密切割＋大砂量体积压裂工艺，现有施工井已获得了较高产量。但储层层理发育，纵向上小层多，压裂形成主裂缝、次裂缝和微裂缝同时存在的多元裂缝形式，因此研究微裂缝（缝内无支撑剂）和主裂缝（缝内有支撑剂支撑）裂缝表面形态对未来吉木萨尔页岩油藏开发具有重要意义。

一、导流能力影响实验评价

页岩压裂形成复杂裂缝系统，有主裂缝、次裂缝和微裂缝存在，主裂缝、次裂缝内支撑剂铺置浓度不同，导流能力有差异，而微裂缝内支撑剂很难进入，主要依靠裂缝粗糙表面支撑提供一定导流能力，而裂缝表面形态决定了微裂缝导流能力的大小。为研究无支撑剂支撑微裂缝的导流能力，选取页岩压裂裂缝加工成的 1~17 号岩心，进行不同裂缝表面形态下导流能力实验测试，其中 8 组岩心进行原位闭合裂缝导流能力实验测试，9 组岩心进行剪切错位裂缝导流能力测试。

（一）实验仪器

实验使用的是美国 Core-Lab 公司生产的 FCES-100 裂缝导流仪，该仪器可以模拟地层条件，对不同类型支撑剂进行短期或长期导流能力评价。仪器最高实验温度为 150℃，最大闭合压力为 120MPa，完全能满足我国油田的实际需要。该仪器按照 API 标准设计，图 4-1-1 为导流室实物图，图 4-1-2 为 FCES-100 导流仪实物图，图 4-1-3 为 FCES-100 导流仪工作原理图。

图 4-1-1　导流室实物图

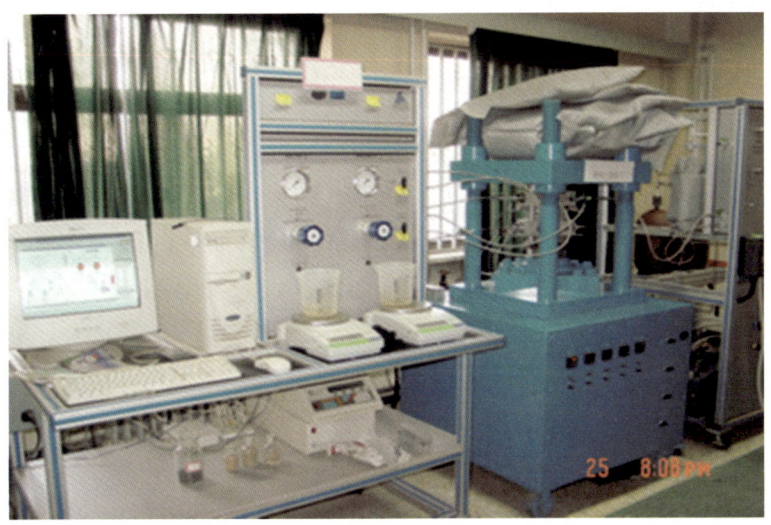

图 4-1-2　FCES-100 型导流仪实物图

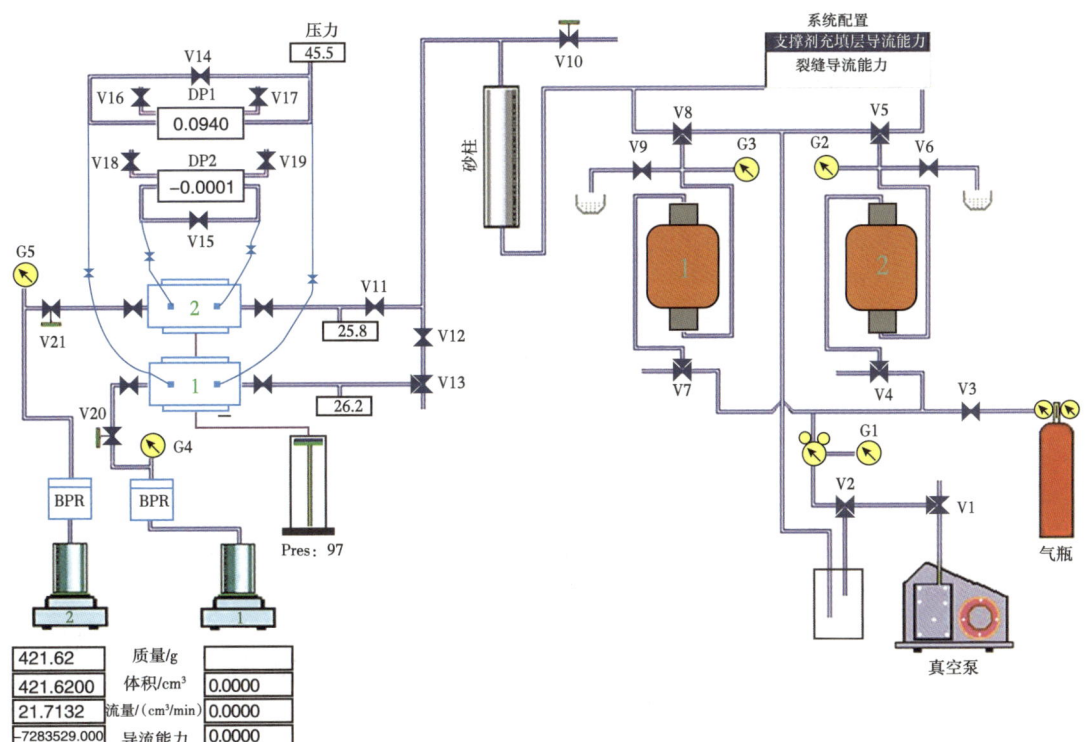

图 4-1-3　FCES-100 型导流仪工作原理图

（二）实验原理

实验原理可用达西定律表示：

$$K = \frac{Q\mu L}{A\Delta p} \tag{4-1-1}$$

式中 K——支撑裂缝渗透率，D；
　　　Q——裂缝内流量，cm³/s；
　　　μ——流体黏度，mPa·s；
　　　L——测试段长度，cm；
　　　A——支撑裂缝截面积，cm²；
　　　Δp——测试段两端的压力差，atm。

FCES-100型导流仪使用API标准导流室，并严格按照API的程序操作，支撑剂渗透率及导流能力计算公式可以进一步表达为下面形式。

支撑裂缝渗透率：

$$K = \frac{5.411 \times 10^{-4} \mu Q}{\Delta p W_f} \quad (4\text{-}1\text{-}2)$$

支撑剂充填层导流能力：

$$KW_f = \frac{5.411 \times 10^{-4} \mu Q}{\Delta p} \quad (4\text{-}1\text{-}3)$$

式中 W_f——充填裂缝缝宽，cm；
　　　Q——裂缝内流量，cm³/min，其他参数同上。

因此，实验中只需测得压差及流量即可求得裂缝的导流能力。

（三）原位闭合裂缝导流能力实验结果

将页岩压裂裂缝加工成的8组岩板原位闭合，裂缝中不铺置支撑剂进导流能力测试，研究裂缝表面形态对导流能力的影响规律，结果如图4-1-4、图4-1-5所示。

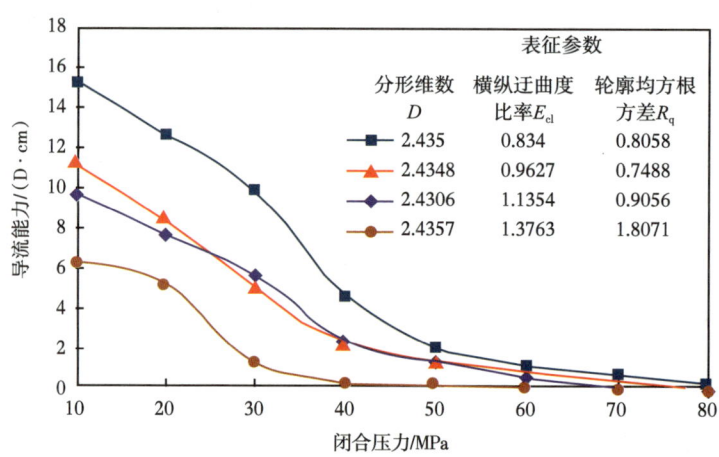

图4-1-4　原位闭合裂缝不同E_{cl}和R_q导流能力对比图

图4-1-4为分形维数D接近，主要分析纵横迂曲度比率E_{cl}和轮廓均方根R_q对裂缝导流能力的影响。如图所示：原位闭合裂缝中没有支撑剂时，导流能力较低，在10MPa闭合压力下最高为15.32D·cm，当闭合压力超过30MPa时，导流能力对应力变化极其敏感，导流能力以较快的速度下降。这一方面是由于闭合压力增大，裂缝间流动通道减少，

另一方面受裂缝表面凸起大小的影响，凸起越高受压后破碎概率越大。R_q 的大小反映了裂缝表面整体的凸起大小，R_q 数值越大凸起越大。$D=2.4357$ 时原位闭合裂缝导流能力在 10~20MPa 下降较缓慢，闭合压力超过 20MPa，裂缝导流能力急速下降，这是因为该裂缝剖面 $R_q=1.8071$，远高于另外三组裂缝，在 20MPa 时凸起破碎较严重封堵了大部分流动通道。R_q 对导流能力下降幅度影响较大，R_q 越大，导流能力下降幅度越大，$R_q=1.8071$ 时在 50MPa 闭合压力时导流能力已经下降为零，此时所有通道均被凸起碎屑封堵。$R_q=0.9056$ 时在 60MPa 时导流能力下降幅度大于 $R_q=0.7488$ 和 $R_q=0.8058$ 的下降幅度。

相同的 D 条件下，原位闭合裂缝导流能力与 E_{cl} 成反比，E_{cl} 越小的导流能力越大，在 10MPa 闭合压力下，E_{cl} 为 0.834 时导流能力的最大值为 $15.32\mu m^2 \cdot cm$。$D=2.435$ 和 2.4348 时，E_{cl} 值均小于 1，说明裂缝剖面有利于流体在闭合裂缝内流动，另外两组 E_{cl} 值均大于 1，裂缝剖面阻碍流体的流动。

由图 4-1-5 可见，不同表征参数原位闭合裂缝在 40MPa 之前能提供较高的导流能力，D 值为 2.4883 时 10MPa 下的导流能力能达到 $25.41D \cdot cm$。粗糙裂缝导流能力下降幅度较大，在 60MPa 时导流能力已经下降两个数量级，80MPa 时导流能力基本为零。D 值与导流能力在 40MPa 之前具有相关性，随着闭合压力增大，凸起破碎 E_{cl} 和 R_q 影响占据主导。D 值对导流能力的影响远远大于 E_{cl} 的影响，闭合压力在 40MPa 之前，D 值越大导流能力越大。对比编号 12 与编号 13，当 E_{cl} 数值接近时，在 40MPa 之前 D 值越大原位闭合裂缝导流能力越大，对比编号 15、11 和 17，当 R_q 数值接近时，在 50MPa 之前 D 值越大导流能力越大。对比编号 11 和 17，在 D 和 E_{cl} 接近时，R_q 值越大导流能力下降幅度越大。

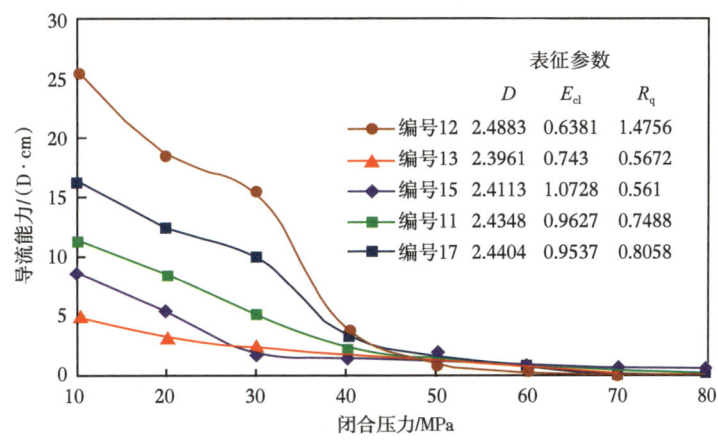

图 4-1-5 原位闭合裂缝不同 E_{cl} 和 R_q 导流能力对比图

（四）剪切错位裂缝导流能力实验结果

将页岩压裂裂缝加工成的 9 组岩板两侧错开 2mm 距离，裂缝中不铺置支撑剂进导流能力测试，研究剪切错位条件下裂缝表面形态对导流能力的影响规律，结果如图 4-1-6、图 4-1-7 所示。

根据实验数据绘制不同 E_{cl} 和 R_q 剪切错位裂缝导流能力随闭合压力变化曲线，如图 4-1-6 所示。由图可见，剪切错位裂缝导流能力明显高于原位闭合裂缝，但在较高的闭合压力下，剪切错位裂缝导流能力有限。在 10~60MPa 导流能力以较高的速率降低，60MPa 之后导流能力均不足 10D·cm。对比编号 1 和 7，其 D 值均达到 2.52 且比较接近，前者 E_{cl} 值为 1.4877，远大于后者，这导致前者导流能力远小于后者，平均减小了 41.46%。对比编号 2 和 3，其 D 值均达到 2.5 且比较接近，前者 E_{cl} 值大于后者，导流能力小于后者。同理，对比编号 8 和 9，也得出 E_{cl} 越大导流能力越小的结论。在 50MPa 之前，D=2.52 时导流能力大于 D=2.5 时的导流能力，而 D=2.42 时导流能力最小。R_q 数值越大，在 10~80MPa 导流能力下降幅度越大，编号 1 裂缝剖面 R_q 最大，导流能力下降幅度最大为 99.52%。

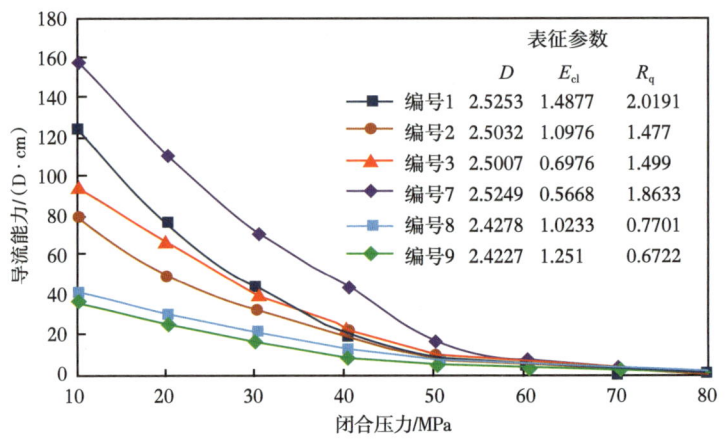

图 4-1-6　剪切错位裂缝不同 E_{cl} 和 R_q 导流能力对比图

E_{cl} < 1 时有利于导流能力的提高，但提高效果不明显，选取 E_{cl} < 1 的 5 组实验数据，研究 D 对导流能力的影响。绘制导流能力随闭合压力变化曲线如图 4-1-7 所示。由图 4-1-7 可见，当 E_{cl} < 1 时，D 值越大，剪切错位裂缝导流能力越大。D=2.5249 的裂缝导流能力在 10~70MPa 最大，但由于其 R_q 最大，在 40MPa 之后导流能力下降很快，所以 80MPa 时导流能力反而最小为 1.28μm²·cm。R_q 大小影响导流能力下降幅度，R_q 越大，导流能力下降越快。

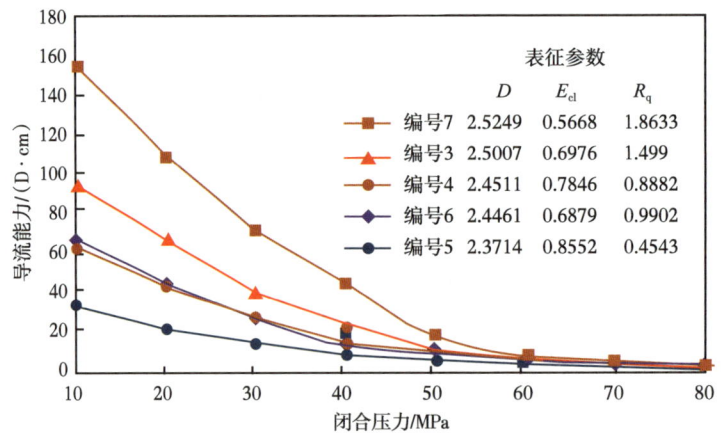

图 4-1-7　剪切错位裂缝不同 E_{cl} 和 R_q 导流能力对比图

二、支撑剂铺置优化实验研究

为优化支撑剂铺置参数,优选支撑剂铺砂浓度、粒径、组合比例等参数,选用储层和露头岩心加工为粗糙、平直裂缝表面,进行不同条件下支撑剂导流能力测试,使用 FCES-100 裂缝导流仪进行测试。

(一)不同铺砂浓度导流能力实验测试

选取前面用露头岩心加工为粗糙裂缝表面的 20~35 号岩心,裂缝内铺置不同铺砂浓度支撑剂进行导流能力测试,支撑剂选用 40/70 目陶粒和 40/70 目石英砂,研究不同铺砂浓度下裂缝导流能力变化规律。

1. 原位闭合裂缝不同铺砂浓度导流能力实验测试

图 4-1-8 为陶粒支撑剂原位闭合裂缝导流能力随闭合压力变化曲线。由图可见,原位闭合裂缝铺置陶粒支撑剂能显著提高导流能力,铺砂浓度越高,增加导流能力效果越好。不添加支撑剂时,在 40MPa 导流能力几乎降低至零,而添加支撑剂后在 80MPa 时依然具有一定的导流能力。编号 21 裂缝 $5kg/m^2$ 铺砂浓度下的导流能力在 40MPa 之前与 $5kg/m^2$ 铺砂浓度平直裂缝导流能力非常接近,随着闭合压力继续增大,粗糙裂缝导流能力下降速率增大,导流能力小于平直裂缝导流能力。粗糙裂缝铺置 $5kg/m^2$ 陶粒,由于挤压作用,大量的陶粒汇聚在裂缝凹槽,当低闭合压力时能提供较高的导流能力,随着闭合压力增大,陶粒支撑剂破碎率增加,从而导致导流能力下降。

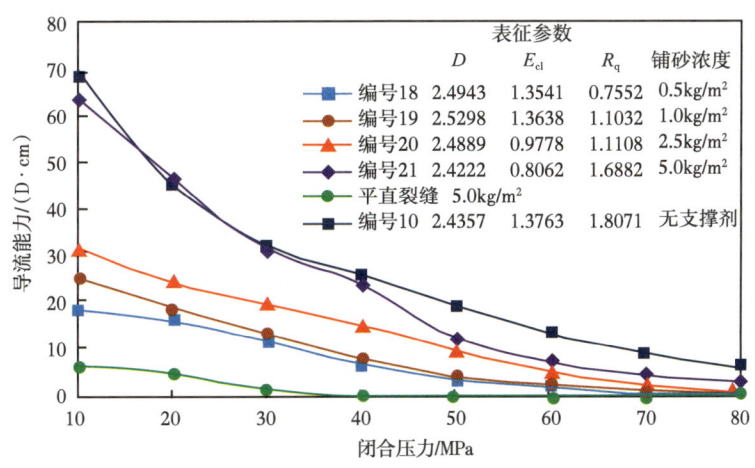

图 4-1-8 原位闭合裂缝铺置陶粒导流能力对比图

图 4-1-9 为石英砂不同铺砂浓度原位闭合裂缝导流能力随闭合压力的变化曲线。由图可见,原位闭合裂缝铺置低浓度石英砂对导流能力增加效果不明显,$0.5kg/m^2$、$1.0kg/m^2$ 和 $2.5kg/m^2$ 铺砂浓度裂缝导流能力和无支撑剂粗糙裂缝导流能力相差不大,在高闭合压力,前两个铺砂浓度闭合裂缝导流能力下降速率要高于无支撑剂粗糙裂缝,石英砂支撑剂的破碎加上凸起破碎,导致裂缝导流能力低于无支撑剂粗糙裂缝。而 $5.0kg/m^2$ 铺砂浓度显著增加了裂缝导流能力,40MPa 之前,原位闭合粗糙裂缝导流能力甚至高于 $5.0kg/m^2$ 平直裂缝导流能力,随着闭合压力增加,粗糙裂缝导流能力下降速率增加,导流能力相差平

直裂缝越来越大。

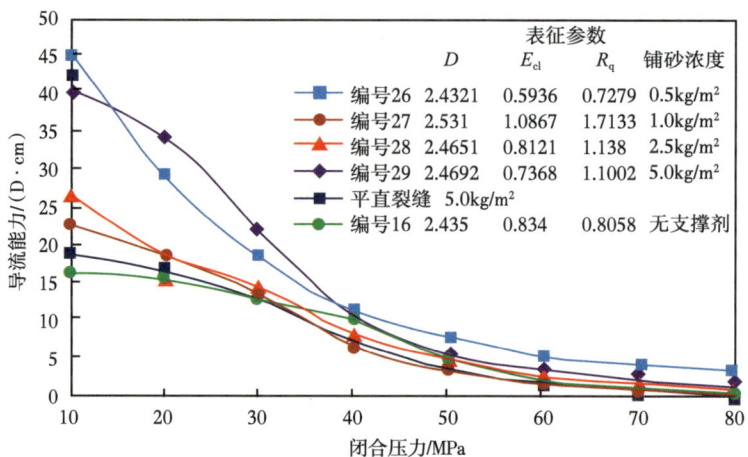

图 4-1-9　原位闭合裂缝铺置石英砂导流能力对比图

2. 剪切错位裂缝不同铺砂浓度导流能力实验测试

剪切错位裂缝陶粒不同铺砂浓度导流能力实验结果如图 4-1-10 所示。

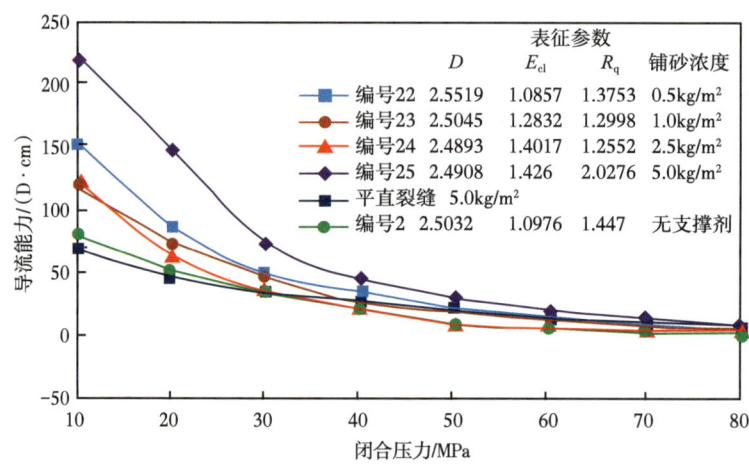

图 4-1-10　剪切错位裂缝不同铺砂浓度陶粒导流能力对比图

由图可见，低闭合压力下，铺置支撑剂能够提高剪切错位裂缝导流能力，且效果受铺砂浓度影响较大，低铺砂浓度裂缝导流能力仍然受表面粗糙程度影响，随着铺砂浓度增加，裂缝剖面表征参数影响逐渐消失。5kg/m² 铺砂浓度下导流能力最大，在 10MPa 下能达到 152.34D·cm，远高于 5kg/m² 铺砂浓度平直裂缝导流能力。而 0.5kg/m²、1.0kg/m² 和 2.5kg/m² 浓度下剪切裂缝导流能力均低于 5.0kg/m² 平直裂缝导流能力。在 40MPa 之前 0.5kg/m² 铺砂浓度对提高导流能力作用不大，裂缝剖面粗糙程度决定导流能力大小，其导流能力值要小于无支撑剂粗糙裂缝，随着闭合压力继续增大，其导流能力下降速率比无支撑剂裂缝要低很多，这是因为高闭合压力下支撑剂减少了裂缝剖面凸起的破碎数量，起到了支撑裂缝的作用。

图 4-1-11 为不同铺砂浓度石英砂剪切错位裂缝导流能力随闭合压力变化曲线。由图可见，剪切错位裂缝铺置石英砂可明显提高裂缝导流能力，且导流能力值明显高于平直裂缝。

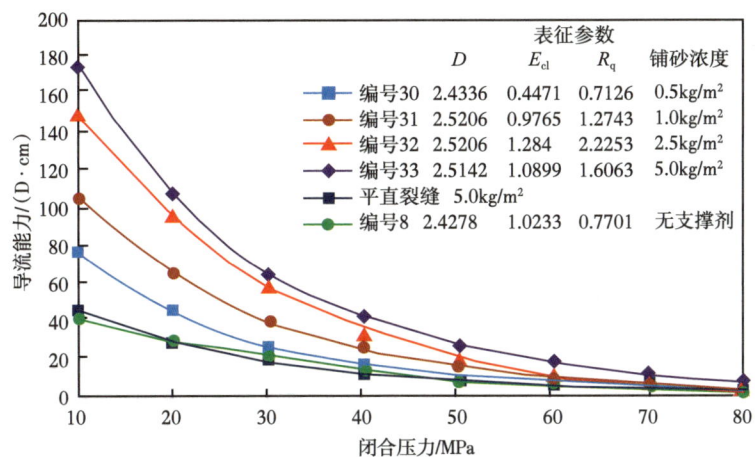

图 4-1-11　剪切错位裂缝石英砂不同铺砂浓度导流能力对比图

（二）不同粒径支撑剂及组合导流能力实验测试

支撑剂粒径不同，导流能力有差别，而不同粒径支撑剂组合比例对导流能力也有一定影响，因此选用储层及露头岩心，加工为平直裂缝进行不同粒径支撑剂及组合导流能力测试。

1. 不同粒径支撑剂导流能力实验测试

实验使用 FCES-100 裂缝导流仪，支撑剂选用 20/40 目、30/50 目、40/70 目和 70/140 目的石英砂和陶粒，铺砂浓度采用 5kg/m^2，裂缝承受的有效闭合压力为 10~80MPa，每隔 10MPa 测试一个压力点，共 8 个，每个压力点测试 1h。

由图 4-1-12 和图 4-1-13 可见，随着闭合压力的增加导流能力下降很快，闭合压力从 10MPa 增加到 80MPa，导流能力平均下降 87%~98%，其中 30/50 目石英砂支撑剂最为显著，

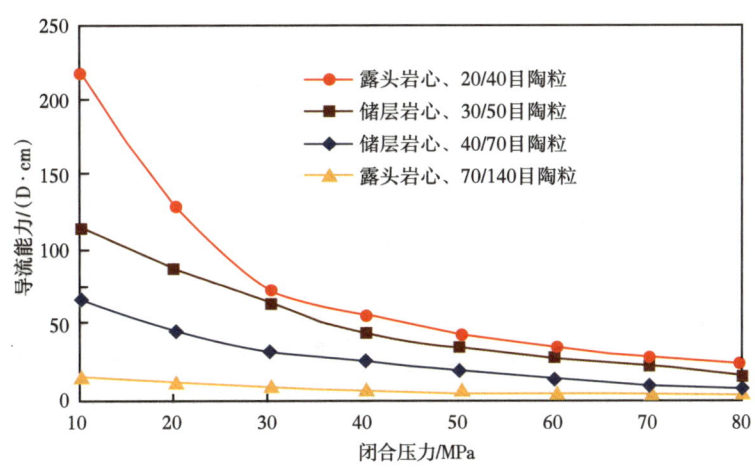

图 4-1-12　不同粒径陶粒导流能力对比图

下降幅度达 98.1%。对于相同粒径的支撑剂，陶粒的导流能力要大于石英砂的导流能力。对于同种支撑剂来说，大粒径的导流能力明显要高于小粒径的导流能力，但随着闭合压力的增加差距会越来越小，这是因为在高闭合压力作用下大粒径破碎率高于小粒径所致。

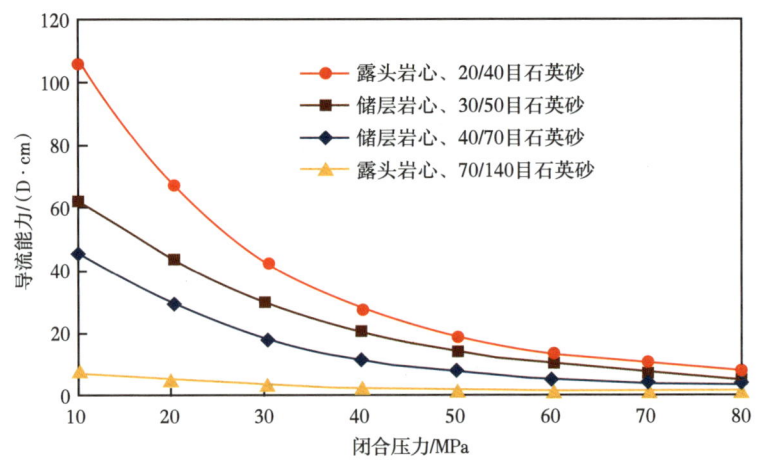

图 4-1-13 不同粒径石英砂导流能力对比图

2. 不同粒径支撑剂组合导流能力实验测试

实验选用 40/70 与 70/140 目陶粒支撑剂进行实验，铺砂方式包括分段铺置、考虑沉降及均匀混合。其中分段铺置的比例分为三种，分别为 6:4，5:5 和 3:7（70/140 目：40/70 目）。

如图 4-1-14 所示，对于两种粒径支撑剂的三种不同组合比例，导流能力的差别随着闭合压力的增加逐渐减小，在三种不同比例当中，随着 40/70 目支撑剂所占比例的增加导流能力逐渐增大。从理论上分析，由于 40/70 目支撑剂的粒径较大，流体通过较容易，所以其相应的导流能力也比较高，所以当它的比例增加后导流能力有所增加。当闭合压力增加后，其优势逐渐减小。原因也是由于支撑剂的破碎造成的。对于不同比例组合，

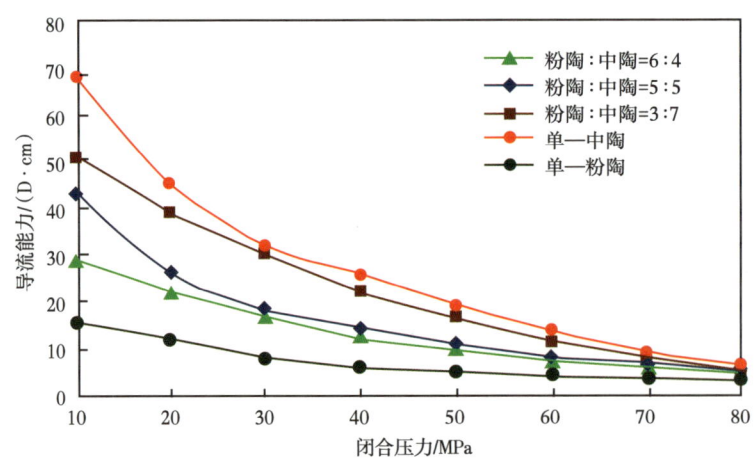

图 4-1-14 不同粒径支撑剂组合导流能力对比图

70/140目∶40/70目=3∶7时导流能力效果最好,另外两种比例的组合导流能力差别不大,导流能力曲线比较接近。

由图4-1-15可见,70/140目、40/70目支撑剂以3∶7的比例在三种不同铺砂方式下导流能力差别不大。在低闭合压力下,均匀混合铺置和考虑沉降铺置的导流能力相对较大,随着闭合压力升高,均匀混合铺置导流能力下降较快,在压力大于30MPa之后导流能力小于分段铺置和考虑沉降铺置。分段铺置导流能力变化较平稳,在较高闭合压力下导流能力大于考虑沉降铺置和均匀混合铺置的导流能力。

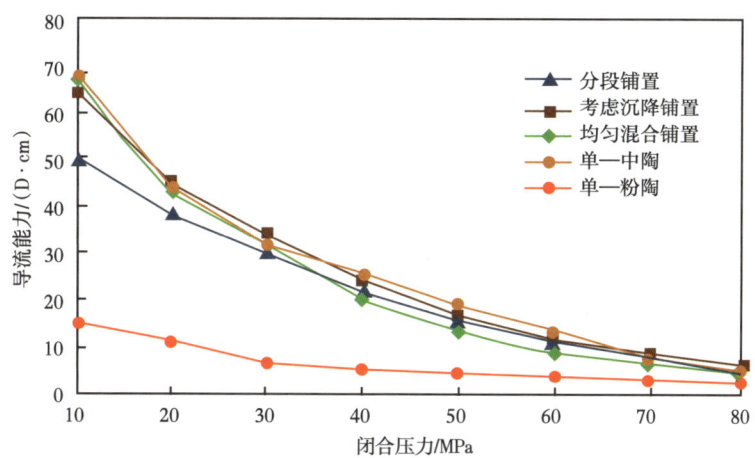

图4-1-15　不同粒径支撑剂不同铺置方式导流能力对比图

(三)分支缝、转向缝导流能力实验测试

实验采用40/70目陶粒、石英砂进行实验,并按照图4-1-16与图4-1-17进行铺置。其中分支裂缝主、次裂缝支撑剂比例为4∶1。

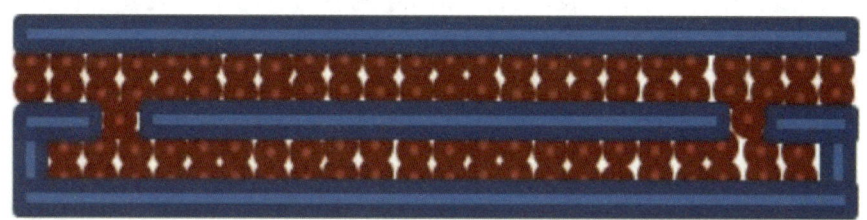

图4-1-16　分支裂缝示意图

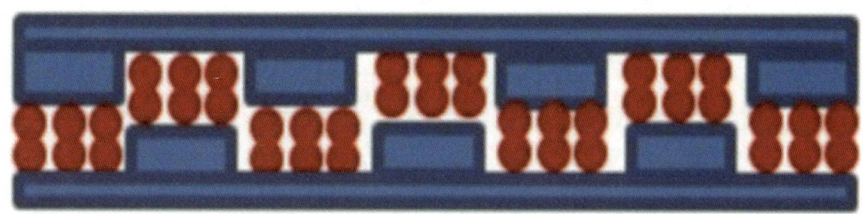

图4-1-17　转向裂缝示意图

由图 4-1-18 可见，当闭合压力小于 40MPa 时，不管是陶粒还是石英砂，其分支裂缝与单一裂缝的导流能力十分接近，其差异约为 1~2D·cm，当闭合压力增加到 50MPa 时，两者的导流能力逐渐有了差距，当闭合压力继续增大，差异越来越明显。这说明等量的支撑剂，多条裂缝的等效导流能力要小于单一裂缝，但在低闭合压力时其差异并不明显，随着闭合压力的增加，这种差异逐渐显现，导流能力的数值不是单纯的两条低铺砂浓度的分支裂缝导流能力的累加。一方面是由于裂缝条数的增多，造成支撑剂较为分散，铺砂浓度降低，增加支撑剂嵌入；另一方面，裂缝形态的扭曲改变了微粒运移模式，产生附加渗流阻力，致使导流能力进一步降低。

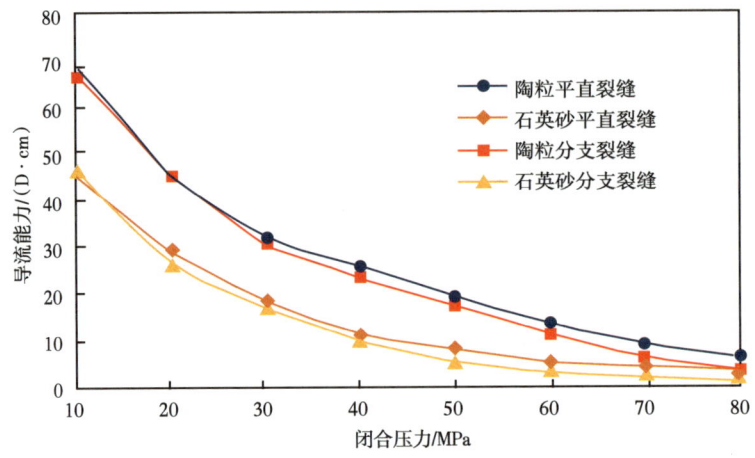

图 4-1-18　分支裂缝导流能力实验曲线图

由图 4-1-19 可见，转向裂缝导流能力小于单一裂缝所产生的导流能力，当闭合压力较小时，转向裂缝导流能力小于单一裂缝 45%~50%。在 5kg/m² 铺砂浓度下，闭合压力较小时，转向裂缝中陶粒支撑剂表现出较高的导流能力，与单一裂缝中石英砂支撑剂相

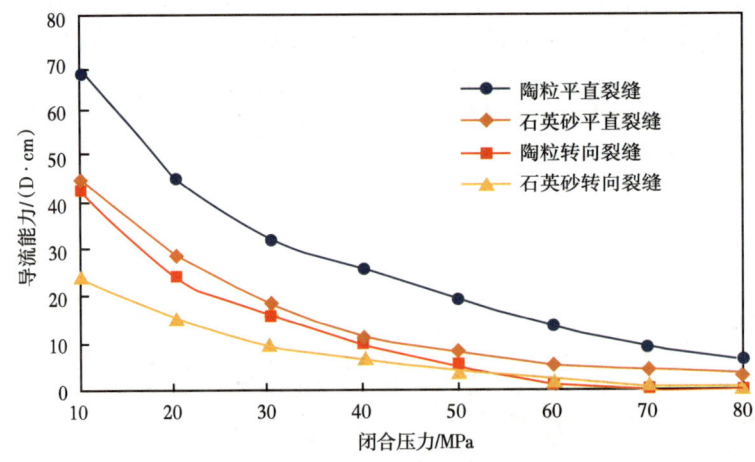

图 4-1-19　转向裂缝导流能力实验曲线图

当，但不足单一裂缝中陶粒导流能力的 50%。随着闭合压力的增加，转向裂缝导流能力下降较快，闭合压力增加到 60MPa 后，陶粒转向裂缝导流能力要远小于陶粒单一裂缝的导流能力。通过实验前后照片看出（图 4-1-20），岩板上端的支撑剂出现了泥化，这导致了部分支撑剂失效，使得流动阻力增大。裂缝形态的改变使流体流动阻力大大增加，这对裂缝整体的导流能力造成巨大的损害。

（a）实验前

（b）实验后

图 4-1-20　分支、转向裂缝实验前后对比

（四）支撑剂长期导流能力实验测试

为研究裂缝导流能力随时间变化规律，使用 FCES-100 裂缝导流仪，分别选取 40/70 目石英砂和 40/70 目陶粒支撑剂，测试 50MPa 下页岩裂缝长期导流能力，测试时间为 168h，流体速度为 2~5mL/min。

由图 4-1-21 可见，对于平直裂缝，选用 40/70 目陶粒支撑剂的裂缝导流能力明显高于 40/70 目石英砂支撑剂的导流能力，在测试初始时刻，40/70 目陶粒支撑剂对应的裂缝导流能力为 20.25D·cm，40/70 目石英砂支撑剂对应的裂缝导流能力为 4.6D·cm，陶粒支撑剂初始导流能力大约是石英砂支撑剂的 4.4 倍。裂缝导流能力随着时间的增加逐渐降低，陶粒导流能力在约 36h 后趋于稳定，维持在 10D·cm 左右，石英砂导流能力在 42h 左右趋于稳定，导流能力维持在 2.1D·cm 左右。

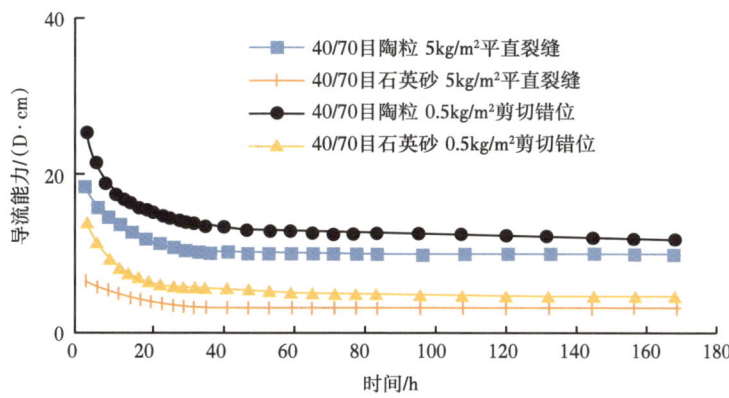

图 4-1-21　长期导流能力实验对比图

对于剪切错位缝,选用陶粒支撑剂导流能力远大于石英砂,在初始时刻,陶粒导流能力为 25.46D·cm,石英砂支撑剂导流能力为 14.07D·cm。一方面 40/70 目陶粒支撑剂导流能力大于 40/70 目石英砂,另一方面陶粒支撑剂剪切错位裂缝剖面 D 值为 2.5408,大于石英砂剪切裂缝剖面 D 值 2.467,越粗糙的裂缝导流能力越大。陶粒支撑剂剪切错位裂缝导流能力在 40h 左右停止快速下降,之后以较缓慢的速度下降,直至 100h 左右趋于稳定,石英砂支撑剂导流能力在 40h 停止快速下降,而后导流能力一直以较缓慢的速度下降直至实验结束。

测试后页岩岩板表面支撑剂分布如图 4-1-22 所示。由图可见,实验后的陶粒支撑剂和石英砂支撑剂均有不同程度的破碎,这对裂缝导流能力产生较大的影响,剪切裂缝剖面上有严重的泥化现象,这解释了其导流能力后期仍然缓慢下降的原因。

 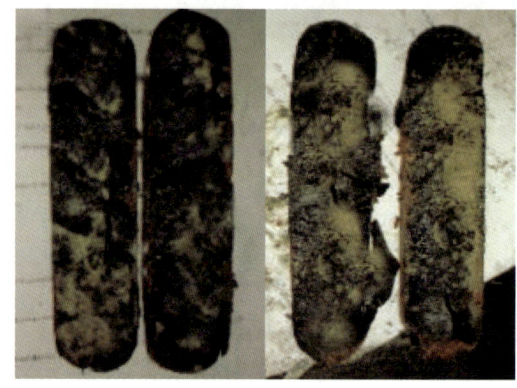

图 4-1-22 岩板表面支撑剂分布图

第二节 多尺度裂缝支撑剂运移规律分析

吉木萨尔页岩油储层压裂形成主裂缝、次裂缝、微裂缝等多元裂缝形式,不同尺度裂缝内进砂情况各不相同,而裂缝内进砂量及分布情况直接决定了压后裂缝导流能力大小,对页岩油井产能有重要影响,因此对其进行研究。

一、多尺度裂缝支撑剂运移数学模型

(一)模型假设

根据变密度离散相模型和离散元的理论研究及实际压裂施工固液两相流动特征,充分考虑颗粒的碰撞摩擦、湍流效应及连续相液体与离散相颗粒间的作用力,以及颗粒与裂缝壁面的耦合等,给出如下基本假设:

(1)将稠密离散相颗粒相作为拟塑性流体相,并满足宏观物理量特征;
(2)复杂裂缝流场内流体的流动是基于压力的非稳态流动;
(3)几何模型在支撑剂运移、沉降、碰撞过程中不发生变形和损坏;
(4)将支撑剂颗粒视为具有固定圆球度的刚性球体,在颗粒间、颗粒与流场壁面发生碰撞、摩擦时,不考虑质量损失,但考虑与流体相发生质量交换;

（5）支撑剂颗粒粒径是均匀的。

（二）计算流体动力学方程

压裂液和支撑剂在裂缝内的流动是液固两相流动，常规的离散相模型是用拉格朗日方法根据牛顿定律来实现颗粒的追踪，然而，离散相模型只能考虑颗粒浓度较低且体积分数较小的情况。由于水力压裂时支撑剂体积分数比较高，须采用稠密两相流的方法来解决体积分数问题。因此，本节运用变密度离散相模型和离散元耦合的方法，建立了三维非稳态的复杂裂缝网络支撑剂运移质量守恒方程、动量守恒方程（侯腾飞，2018）。

1. 质量守恒方程

$$\frac{\partial}{\partial t}(\alpha_f \rho_f) + \nabla \cdot (\alpha_f \rho_f \boldsymbol{v}_f) \quad (4-2-1)$$

$$\frac{\partial}{\partial t}(\alpha_s \rho_s) + \nabla \cdot (\alpha_s \rho_s \boldsymbol{v}_s) = 0 \quad (4-2-2)$$

式中 α——固液相体积分数；

ρ——相密度，kg/m³；

v——线速度，m/s；

下标 f，s——液相和颗粒相；

t——时间，s。

2. 动量守恒方程

$$\frac{\partial}{\partial t}(\alpha_f \rho_f \boldsymbol{v}_f) + \nabla \cdot (\alpha_f \rho_f \boldsymbol{v}_f \boldsymbol{v}_f) = -\alpha_f \nabla p + \nabla \cdot \boldsymbol{\tau}_f + \alpha_f \rho_f \boldsymbol{g} + \beta(\boldsymbol{v}_s - \boldsymbol{v}_f) \quad (4-2-3)$$

$$\frac{\partial}{\partial t}(\alpha_s \rho_s \boldsymbol{v}_s) + \nabla \cdot (\alpha_s \rho_s \boldsymbol{v}_s \boldsymbol{v}_s) = -\alpha_s \nabla p + \nabla \cdot \boldsymbol{\tau}_s + \alpha_s \rho_s \boldsymbol{g} + \beta(\boldsymbol{v}_f - \boldsymbol{v}_s) \quad (4-2-4)$$

其中

$$\boldsymbol{\tau}_f = \alpha_f \mu_f (\nabla \cdot \boldsymbol{v}_f + \nabla \cdot \boldsymbol{v}_f^T) + \alpha_f \left(\lambda_f - \frac{2}{3}\mu_f\right) \nabla \cdot \boldsymbol{v}_f \boldsymbol{I} \quad (4-2-5)$$

$$\boldsymbol{\tau}_s = \alpha_s \mu_s (\nabla \cdot \boldsymbol{v}_s + \nabla \cdot \boldsymbol{v}_s^T) + \alpha_s \left(\lambda_s - \frac{2}{3}\mu_s\right) \nabla \cdot \boldsymbol{v}_s \boldsymbol{I} \quad (4-2-6)$$

式中 ∇——向量微分算子；

τ——剪切应力张量，kg/(m·s²)；

g——重力加速度；

β——相间动量交换系数，kg/(m³·s)；

μ——剪切黏度，Pa·s；

λ——质量黏度，Pa·s；

I——单位张量。

在变密度离散相模型中，对式（4-2-4）支撑剂颗粒的动量方程是不能直接求解的。支撑剂的属性值是通过转换成欧拉坐标，求解欧拉坐标下流体和颗粒之间的耦合作用，然后将计算的颗粒性质转换成正常坐标的属性值。而对于理想不可压缩流体，忽略固液两相热交换对其物理性质的影响。

采用变密度离散相与颗粒动力学模型时，虽然可以追踪颗粒的流动轨迹，但是需要考虑相间的动量转换。对于流场内每个支撑剂颗粒或者支撑剂簇采用牛顿动量方程进行描述，并通过以下方程来实现力的平衡（Ding J 等，1990）：

$$\frac{d\boldsymbol{v}_s}{dt} = \frac{\boldsymbol{g}(\rho_s - \rho_f)}{\rho_s} + F_D(\boldsymbol{v}_f - \boldsymbol{v}_s) + \boldsymbol{F}_{KTGF} + \boldsymbol{F}_B + \boldsymbol{F}_{VM} \quad (4\text{-}2\text{-}7)$$

$$F_D = \frac{18\mu_f}{\rho_s d_s^2} \frac{C_D Re_s}{24} \quad (4\text{-}2\text{-}8)$$

$$\boldsymbol{F}_{KTGF} = -\frac{1}{\alpha_s \rho_s} \nabla \cdot \tau_s \quad (4\text{-}2\text{-}9)$$

式（4-2-7）右侧分别为重力加速度、相间拖拽力及颗粒碰撞力。

式中　F_D——单位质量颗粒拖拽力系数，s^{-1}；

　　　$\boldsymbol{F}_{KTGF}$——与剪切应力张量相关的单位质量颗粒碰撞力，m/s^2；

　　　$\boldsymbol{F}_B$——单位 Basset 力，m/s^2；

　　　$\boldsymbol{F}_{VM}$——单位虚拟质量力，m/s^2；

　　　μ_f——流体黏度，Pa·s；

　　　d_s——颗粒直径，mm；

　　　C_D——阻力系数；

　　　Re_s——雷诺数。

考虑到实际压裂施工中砂比较高，颗粒间的碰撞、摩擦等作用可能会改变固液相间的动量和能量交换。模型采用稠密分子动力学理论来描述颗粒间的相互作用，从而计算颗粒压力、剪切黏度项、质量黏度等参数，表达式为：

$$\frac{3}{2}\left[\frac{\partial(\alpha_s \rho_s \Theta_s)}{\partial t} + \nabla \cdot (\alpha_s \rho_s \boldsymbol{v}_s \Theta_s)\right] = (-\rho_s \boldsymbol{I} + \boldsymbol{\tau}_s)\nabla \boldsymbol{v}_s - \nabla \cdot (k_\Theta \nabla \Theta_s) - \gamma + \Phi \quad (4\text{-}2\text{-}10)$$

$$k_\Theta = \frac{150 d_s \rho_s \sqrt{\Theta_s \pi}}{384 g_0 (1+e)}\left[1 + \frac{6}{5}\alpha_s g_0(1+e)\right]^2 + 2\alpha_s^2 \rho_s d_s (1+e)\left(\frac{\Theta_s}{\pi}\right)^{\frac{1}{2}} \quad (4\text{-}2\text{-}11)$$

$$\Phi = -3\beta\Theta_s \quad (4\text{-}2\text{-}12)$$

式中　k_Θ——颗粒温度扩散系数，kg/(m·s)；

　　　Θ_s——颗粒温度，m^2/s^2；

　　　γ——颗粒能量耗散率，kg/(m·s^3)；

　　　Φ——颗粒速度变化导致的相间能量传递，kg/(m·s^3)。

若忽略颗粒温度的变化，忽略对流作用和相扩散引起的温度变化，则式（4-2-10）可以简化为：

$$\boldsymbol{\tau}_s \nabla \boldsymbol{v}_s - \gamma + \Phi = 0 \tag{4-2-13}$$

根据颗粒运动学理论，采用 Gidaspow 拖拽力模型，支撑剂颗粒相间动量交换系数满足以下公式：

$$\beta = 150 \frac{\alpha_s (1-\alpha_f) \mu_f}{\alpha_f d_s^2} + 1.75 \frac{\alpha_s \rho_f |\boldsymbol{v}_s - \boldsymbol{v}_f|}{d_s}, \quad \alpha_s \geqslant 0.2 \tag{4-2-14}$$

$$\beta = \frac{3}{4} C_D \frac{\alpha_s \alpha_f \rho_f |\boldsymbol{v}_s - \boldsymbol{v}_f|}{d_s} \alpha_f^{-2.65}, \quad \alpha_s \leqslant 0.2 \tag{4-2-15}$$

其中

$$Re_s = d_s \rho_f |\boldsymbol{v}_s - \boldsymbol{v}_f| / \mu_f \tag{4-2-16}$$

$$C_D = \frac{24}{\alpha_f Re_s} \left[1 + 0.15 (\alpha_f Re_f)^{0.687} \right] \tag{4-2-17}$$

式中　d_s——支撑剂颗粒粒径，mm；

C_D——拖拽力系数。

在颗粒动力学模型中，颗粒剪切黏度包括碰撞黏度、动力黏度、阻力相黏度，这三个黏度分别对应瞬时相、稀释相、稠密相，对应的方程如下（Lun C K 等，1984）：

$$\mu_s = \mu_{s,kin} + \mu_{s,col} + \mu_{s,fri} \tag{4-2-18}$$

$$\mu_{s,kin} = \frac{10 d_s \rho_s \sqrt{\Theta_s \pi}}{96 \alpha_s g_0 (1+e)} \left[1 + \frac{4}{5} \alpha_s g_0 (1+e) \right]^2 \tag{4-2-19}$$

$$\mu_{s,col} = \frac{4}{5} \alpha_s d_s \rho_s g_0 (1+e) \left(\frac{\Theta_s}{\pi} \right)^{\frac{1}{2}} \tag{4-2-20}$$

$$\mu_{s,fri} = \frac{P_{friction} \sin \phi}{2 \sqrt{I_{2D}}} \tag{4-2-21}$$

其中，采用 Johnson 的黏弹性模型进行摩擦黏度计算（Johnson PC 等，1987）：

$$P_{friction} = 0.1 \alpha_s \frac{(\alpha_s - \alpha_{s,min})^2}{(\alpha_{s,max} - \alpha_s)^3} \tag{4-2-22}$$

质量黏度代表颗粒变形的阻力大小，径向分布系数表示颗粒间碰撞的碰撞概率进行修正。这两个系数是采用 Lun 的方法（Lun C K 等，1984）：

$$\lambda_{s} = \frac{4}{3}\alpha_{s}d_{s}\rho_{s}g_{0}(1+e)\left(\frac{\Theta_{s}}{\pi}\right)^{\frac{1}{2}} \quad (4\text{-}2\text{-}23)$$

$$g_{0} = \left[1-\left(\frac{\alpha_{s}}{\alpha_{s,\max}}\right)^{\frac{1}{3}}\right]^{-1} \quad (4\text{-}2\text{-}24)$$

颗粒压力是根据稠密气体分子动力学的压力类推计算，方程包含动力学和碰撞项，关系如下（李静海等，1988）：

$$P_{s} = \alpha_{s}\rho_{s}\Theta_{s} + 2\alpha_{s}^{2}\rho_{s}\Theta_{s}g_{0}(1+e) \quad (4\text{-}2\text{-}25)$$

3. 湍流方程

由于页岩储层压裂时流体泵注速度比较大，在复杂裂缝内支撑剂和压裂液的流动为湍流状态。应用可实现的 k—ε 湍流模型处理湍流问题（梁德旺等，1999）。针对页岩储层复杂裂缝湍流模型有：

湍流动能方程：

$$\frac{\partial}{\partial t}(\alpha_{f}\rho_{f}k) + \nabla\cdot(\alpha_{f}\rho_{f}v_{f}k) = \nabla\cdot\left(\alpha_{f}\frac{\mu_{t}}{\sigma_{k}}\nabla k\right) + G_{k,f} + \Pi_{k} - \alpha_{f}\rho_{f}\varepsilon \quad (4\text{-}2\text{-}26)$$

耗散率 ε 方程

$$\frac{\partial}{\partial t}(\alpha_{f}\rho_{f}\varepsilon) + \nabla\cdot(\alpha_{f}\rho_{f}v_{f}\varepsilon) = \nabla\cdot\left(\alpha_{f}\frac{\mu_{t}}{\sigma_{\varepsilon}}\nabla\varepsilon\right) + \alpha_{f}\frac{\varepsilon}{k}(C_{1}G_{k,f} - C_{2}\rho_{f}\varepsilon) - \Pi_{\varepsilon} \quad (4\text{-}2\text{-}27)$$

式中　Π_{k}、Π_{ε}——相间湍流交换项，kg/（m·s³）；

k——湍动能，m²/s²；

σ_{k}——能量 k 的紊流普朗特数；

σ_{ε}——ε 紊流普朗特数；

$G_{k,f}$——与速度梯度相关的紊流动能，kg/（m·s³）；

μ_{t}——流体剪切黏度，Pa·s；

ε——耗散率，m²/s³；

C_{1}、C_{2}——分别为经验常数，取值为 1.44 和 1.92。

（三）支撑剂颗粒受力方程

由于页岩储层清水压裂大排量大液量施工，在固液两相流中，颗粒受力状态较为复杂。许多以前的研究多将受力进行简化，仅考虑重力、阻力、Stokes 力的作用。然而，支撑剂颗粒运动时受到多种外力的共同作用，按照受力的方向可将受力分为两类，即平行和垂直于颗粒相对运动方向的力。颗粒的受力会随着运动状态的改变导致支撑剂颗粒发生不同程度的速度变化。支撑剂运移过程中轴向上的速度较径向与周向的速度大，受到径向与周向的力较小。本模型忽略部分作用在垂直于颗粒相对运动方向上的力，着重研究决定颗粒加速作用的平行于颗粒运动方向的力，包括重力、拖曳力、颗粒碰撞力、虚拟作用力及 Basset 力对颗粒流动的影响（Liu Y，2006）。

重力：
$$F_g = \frac{1}{6}\pi d_s^3 \rho_s g \qquad (4\text{-}2\text{-}28)$$

拖拽力：
$$F_s = C_s A_s \frac{\rho_s v_s^2}{2} \qquad (4\text{-}2\text{-}29)$$

颗粒碰撞力：
$$F_C = -\frac{\pi d_s^3}{6\alpha_s}\nabla \cdot \tau_s \qquad (4\text{-}2\text{-}30)$$

虚拟作用力：
$$F_{vm} = \frac{1}{2}\rho_f V_s \left(\frac{\mathrm{d}v_f}{\mathrm{d}t} - \frac{\mathrm{d}v_s}{\mathrm{d}t}\right) \qquad (4\text{-}2\text{-}31)$$

Basset 力：
$$F_B = \frac{3 d_s^2 \rho_f}{2}\sqrt{\pi v_f}\int_1^t \frac{\left(\dfrac{\mathrm{d}v_f}{\mathrm{d}t'} - \dfrac{\mathrm{d}v_s}{\mathrm{d}t'}\right)}{\sqrt{t-t'}}\mathrm{d}t' \qquad (4\text{-}2\text{-}32)$$

式中　d_s——颗粒直径，mm；
　　　C_s——两相间拖拽力系数；
　　　A_s——颗粒表面积，mm^2；
　　　V_s——支撑剂颗粒体积，mm^3；
　　　v——相的速度，m/s；
　　　ρ——相的密度，kg/m^3。

二、多尺度裂缝支撑剂运移分布规律分析

（一）"T"形缝

基于单缝进砂，构建"T"形缝，分析不同主、次缝条件下进砂情况。裂缝模型采用"T"形缝（图 4-2-1），主缝（F1）缝宽 6mm，次缝（F2）缝宽设定 3mm、1mm 和 0.5mm，注入速度为 0.25m/s，砂比为 20%，分析不同主、次缝缝宽、不同黏度及不同支撑剂粒径条件下次缝的进砂情况，模拟参数见表 4-2-1。

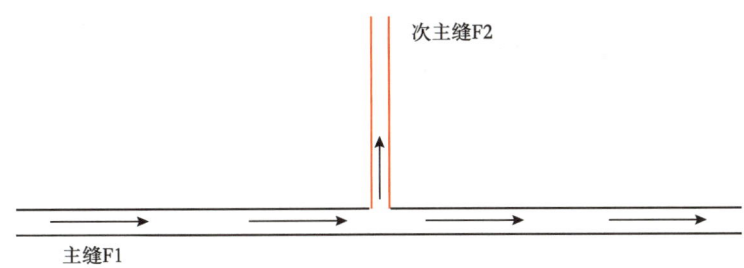

图 4-2-1　"T"形缝示意图

表 4-2-1 "T"形缝模拟参数

参数设定	单位	数值
主缝宽（F1）	mm	6
次缝宽（F2）	mm	3、2、0.5
排量	m³/min	3
黏度	mPa·s	1、5、10、100
粒径	目	70/140、40/70、30/50

由图 4-2-2 可见次 / 主缝缝宽比值越小，低黏携砂液更容易将砂子携带进入次缝。由图 4-2-3 可见低黏液体更容易进砂，砂分布受到湍流影响较大，垂向分布变化较为剧烈。

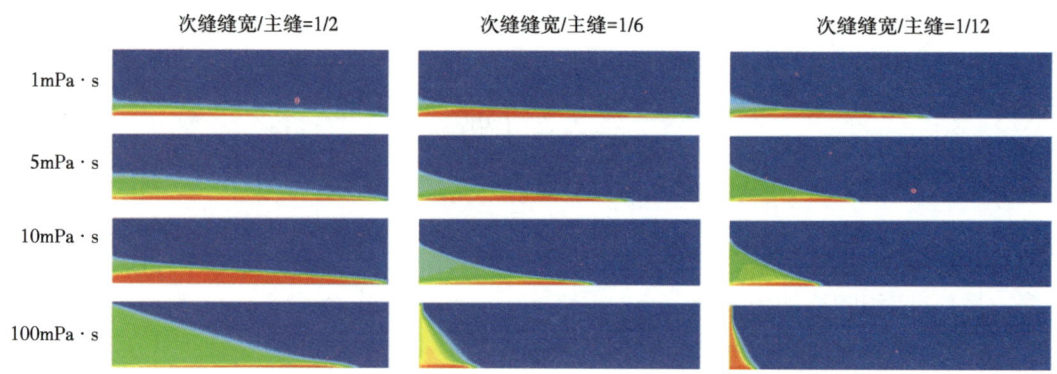

图 4-2-2 不同黏度、不同次缝缝宽条件下次缝进砂情况

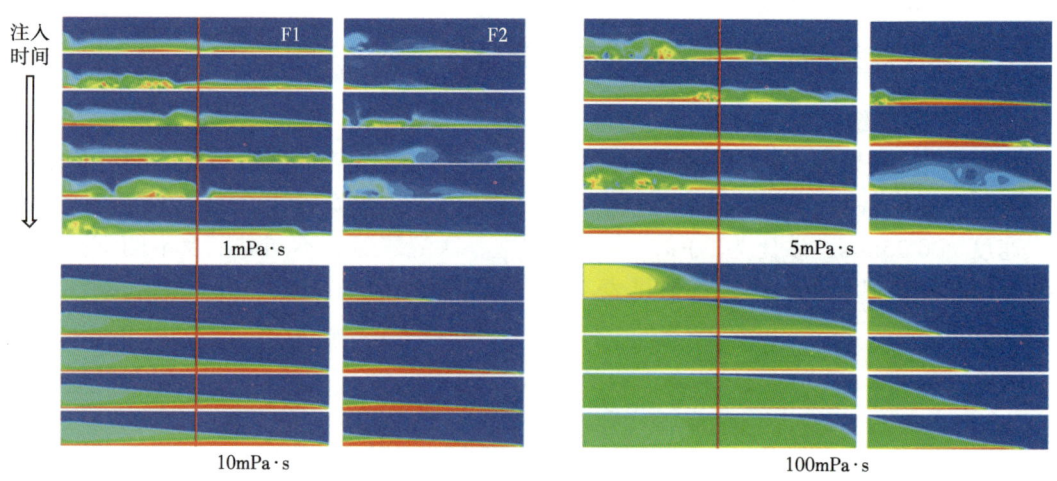

图 4-2-3 不同黏度携砂条件下主次缝支撑剂分布图（以次缝缝宽 3mm 为例）

根据次缝进砂运移长度（图 4-2-4），认定以支撑剂能够流出次缝代表可以有效充填次缝。由图 4-2-5 可知，当次级裂缝宽≤0.5mm 条件下，次级裂缝无法有效充填；当次

级裂缝宽 =1mm 条件下，1mPa·s＜黏度≤5mPa·s，70/140 目可有效充填次缝，黏度为 1mPa·s 条件，40/70 目和 30/50 目也可有效支撑；当次级裂缝宽 =3mm 条件下，在满足黏度≤10mPa·s 时，30/50 目、40/70 目和 70/140 目都能有效支撑次级裂缝。

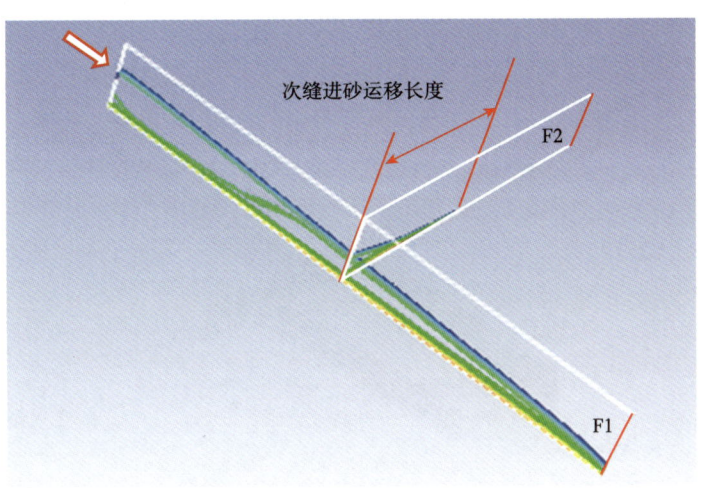

图 4-2-4　次缝进砂运移长度

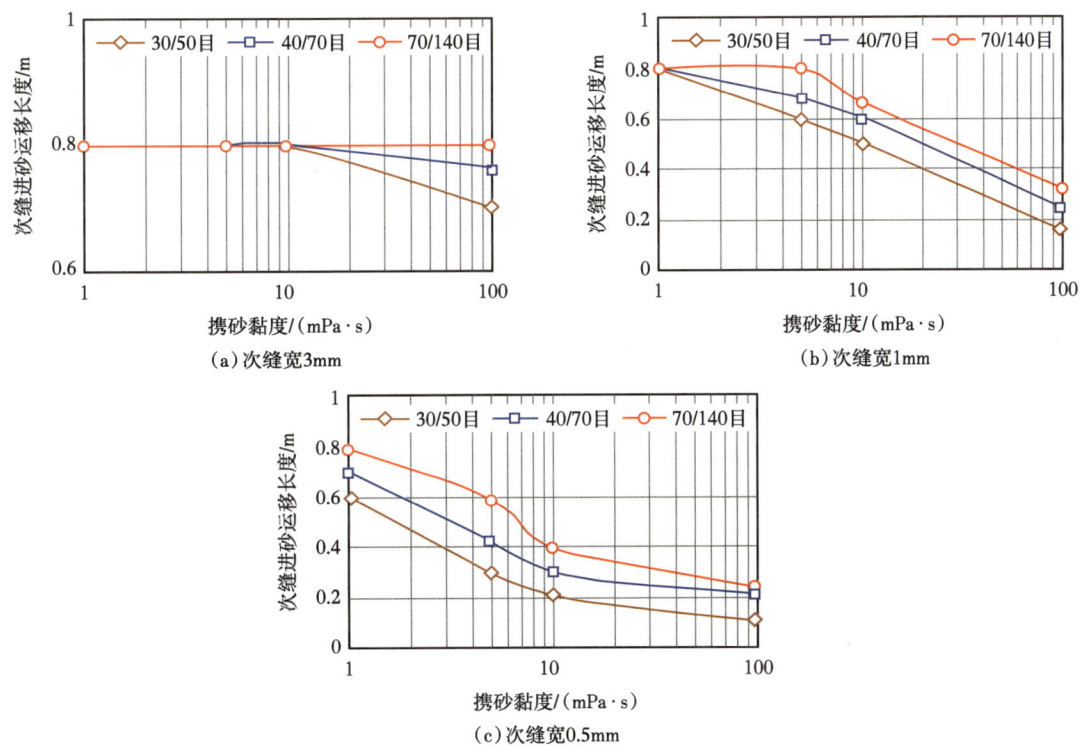

图 4-2-5　黏度、粒径及次缝宽对支撑剂运移的影响

(二)复杂缝

1. 模型设定

为了模拟表征多尺度裂缝,模型设定三个次级裂缝,如图4-2-6所示,主缝长1.5m,主缝宽6mm,次缝F1、F2和F3长为1m,缝宽分别为3mm、1mm和0.5mm。

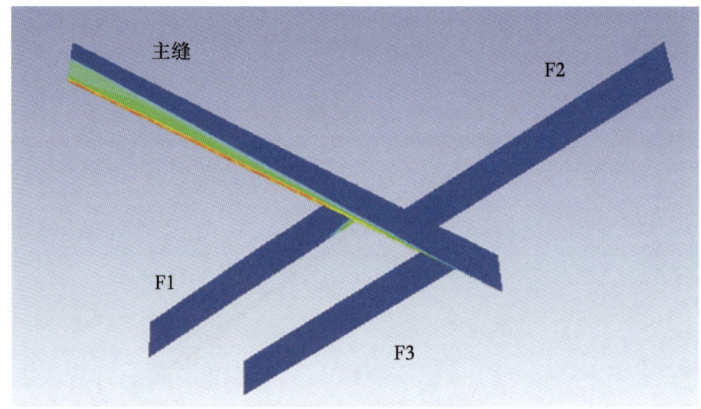

图4-2-6 复杂缝示意图

2. 砂量优化

注入排量为$3m^3/min$,平均砂比为20%,支撑剂采用70/140目:40/70目:30/50目=1:3:6石英砂组合,分析$15m^3$、$20m^3$、$25m^3$和$30m^3$砂量下的支撑剂分布情况。模拟结果如图4-2-7、图4-2-8所示。砂量增加,主次缝进砂量增加;砂量为$25m^3$时的混合加砂,因次缝分流造成局部流量与砂浓度不匹配,局部存在砂堵迹象;对比主缝铺置效果,$25m^3$和$30m^3$铺置效果相似,建议优选$25\sim30m^3$为注入砂量,且要优化不同粒径组合配比,避免局部砂堵。

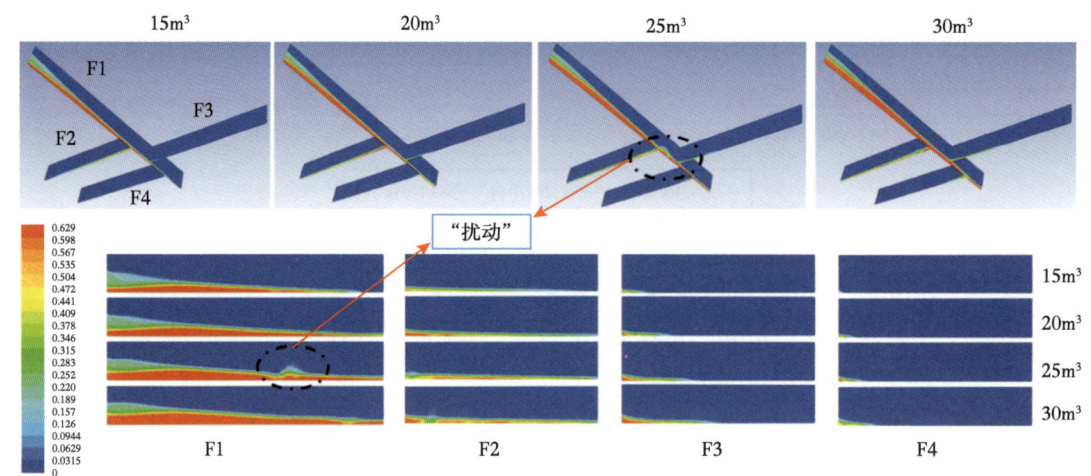

图4-2-7 不同粒径组合条件下不同砂量支撑剂浓度分布图

次缝进砂主要为70/140目及40/70目,主缝主要为30/50目砂。体积分数为0.5,缝宽为1cm,对应铺砂浓度为$8kg/m^2$,具体砂量优选还需参考所需裂缝导流优化。

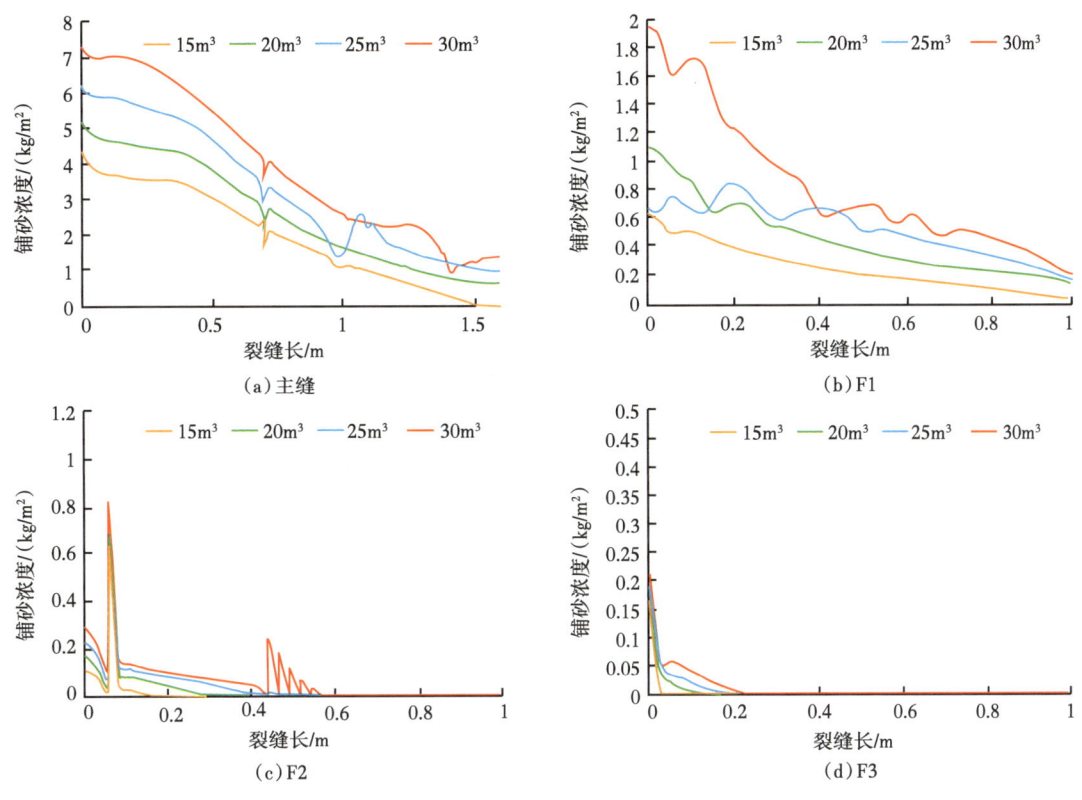

图 4-2-8　主次缝内砂铺置效果分布曲线

3. 粒径及粒径组合优化

注入排量为 $3m^3/min$，平均砂比为 20%，支撑剂采用 $25m^3$ 70/140 目：40/70 目：30/50 目 = 1：3：6 石英砂组合及 $25m^3$ 70/140 目、40/70 目、30/50 目单一粒径石英砂，模拟结果表明：混合粒径能够弥补小粒径砂铺置浓度和大粒径纵向铺置范围小的缺陷，如图 4-2-9 所示。

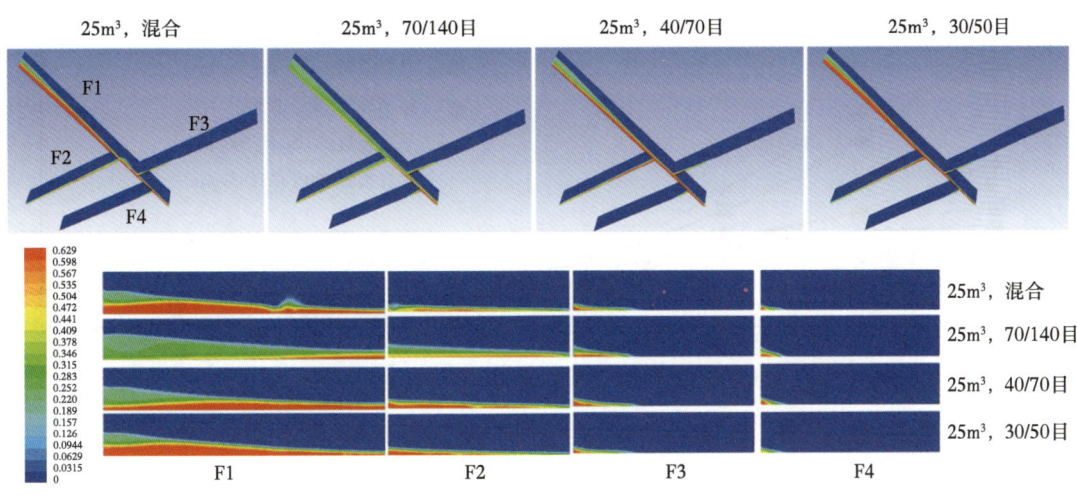

图 4-2-9　不同粒径及组合条件下支撑剂浓度分布图

粒径越大越容易沉降缝底部，组合粒径支撑剂可以在裂缝底部形成较高浓度的砂沉积。粒径越小垂向分布效果越好，沉降较少，但是考虑实际裂缝导流能力，全部采用70/140目加砂导流能力较小。

注入排量为3m³/min，平均砂比为20%，支撑剂采用25m³ 70/140目、40/70目与30/50目组合不同配比方式注入条件下的支撑剂分布情况，结果发现：中小粒径（40/70目）占比增大，主缝铺砂浓度减少，次缝铺砂浓度逐渐增大，如图4-2-10所示；对比实际室内导流能力测试结果，在有效闭合应力为20MPa时，中小粒径的增大对于主缝导流能力削弱较大（大于15D·cm），次缝增幅小（小于5D·cm），如图4-2-11所示。

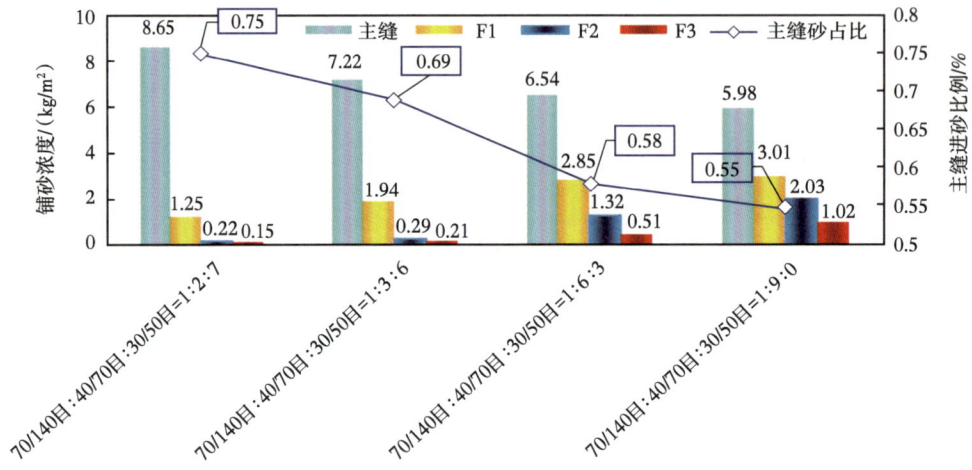

图4-2-10　不同支撑剂粒径组合下缝口铺砂浓度

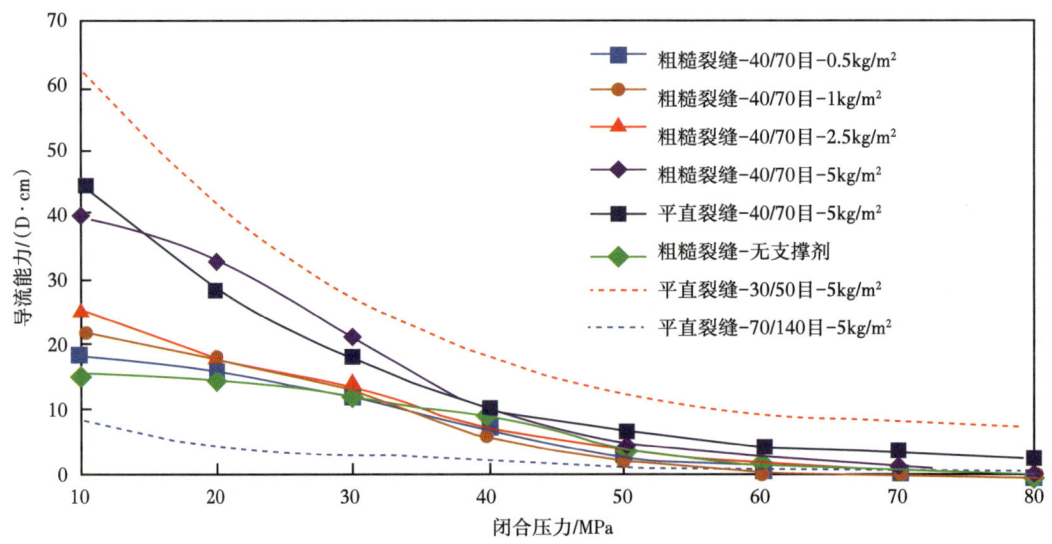

图4-2-11　石英砂原位闭合裂缝导流能力对数图

（三）层理缝

室内实验表明吉木萨尔页岩压裂会形成层理缝，为优化泵注程序，构建层理缝模型：主缝半缝长120m、缝高30m、缝宽4mm，发育6条层理缝，中间4条缝宽2mm，上下两条层理缝缝宽1mm。以最优铺置面积为目标，优化排量、砂比、粒径及粒径组合。物理模型如图4-2-12所示。

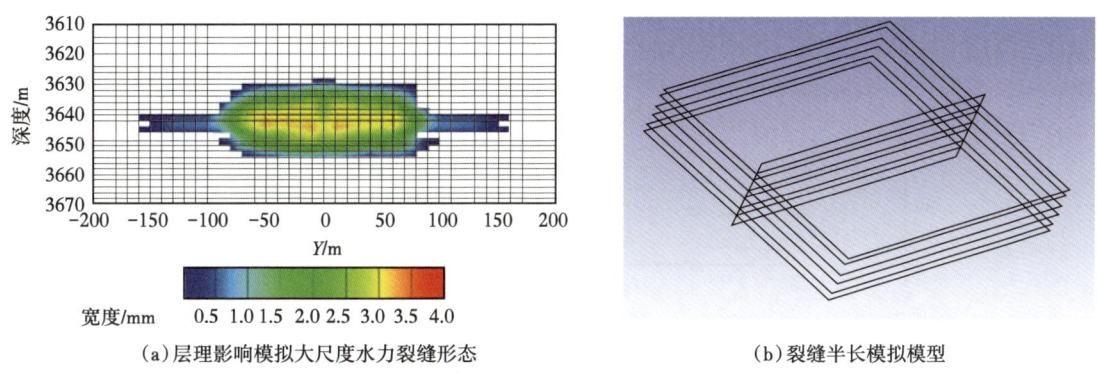

(a) 层理影响模拟大尺度水力裂缝形态　　(b) 裂缝半长模拟模型

图4-2-12　模拟分析层理缝发育的等效物理模型

为了有效表征支撑剂铺置，引入有效支撑系数 C 表征裂缝铺置范围和有效浓度，用以优化泵注参数 [式（4-2-33）]。

$$C = \iint \Delta S \cdot \alpha \quad (4\text{-}2\text{-}33)$$

式中　ΔS——微元面积，m^2；
　　　α——微元段支撑剂体积系数。

模拟分析滑溜水（5mPa·s）不同单缝排量（3m³/min、4m³/min、5m³/min）、不同支撑剂目数（70/140目、40/70目、30/50目）及粒径组合条件下的有效支撑系数。发现排量升高可以有效提高主缝及层理缝铺置，小粒径利于层理缝填充，中小粒径组合增大层理缝填充，但同时也降低主缝支撑效果，如图4-2-13所示。

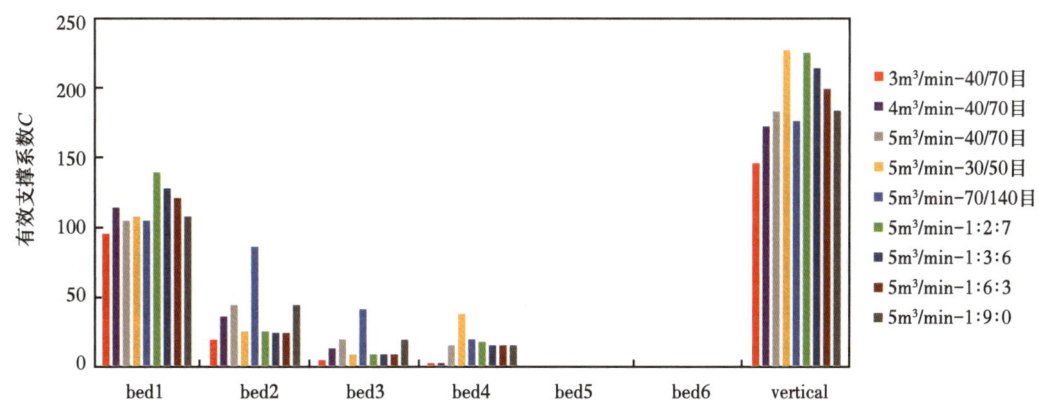

图4-2-13　不同模拟参数下的有效支撑系数 C 柱状图

1. 排量

模拟分析滑溜水（5mPa·s）不同单缝排量，以有效支撑系数 C 为参考值，建议最优排量为 4~5m³/min，如图 4-2-14 所示。

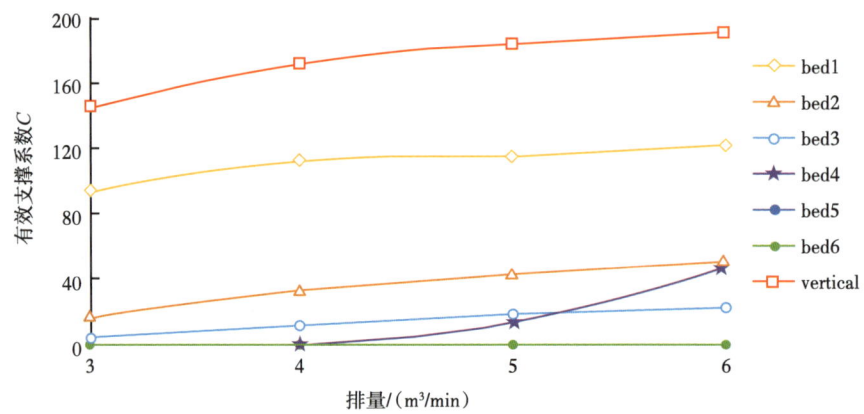

图 4-2-14　不同排量下有效支撑系数 C 分布图

2. 砂量

模拟分析滑溜水（5mPa·s）单缝排量 5m³/min，优化不同加砂量，以有效支撑系数 C 为参考值，建议加砂量为 25~30m³，如图 4-2-15 所示。

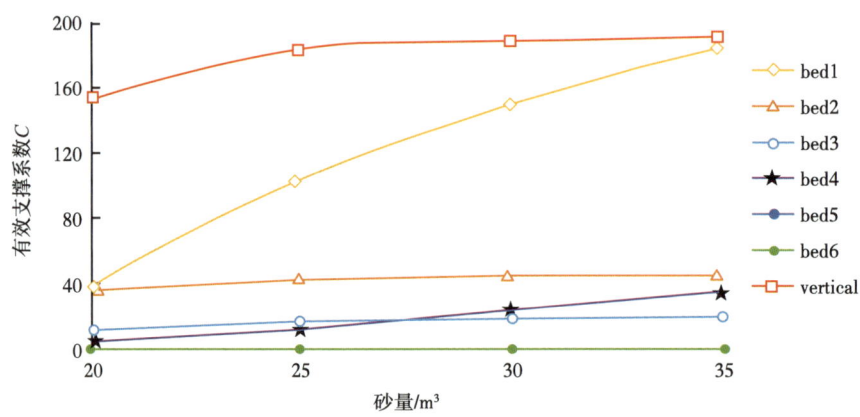

图 4-2-15　不同模拟砂量下的有效支撑系数 C 分布图

3. 携砂液体系

1）混合粒径液体体系

单缝排量为 5m³/min，支撑剂选用 70/140 目：40/70 目：30/50 目 =1：2：7、1：3：6、1：6：3 和 1：9：0，40/70 目和 70/140 目采用低黏（5mPa·s）滑溜水携带，30/50 目采用 10mPa·s、15mPa·s、20mPa·s、50mPa·s 携带，模拟结果发现不同粒径混合比例下的不同液体体系具有相似的规律，随着混合黏度的增大，主缝铺置效果改善较小，但利于层理的填砂，如图 4-2-16 至图 4-2-19 所示。

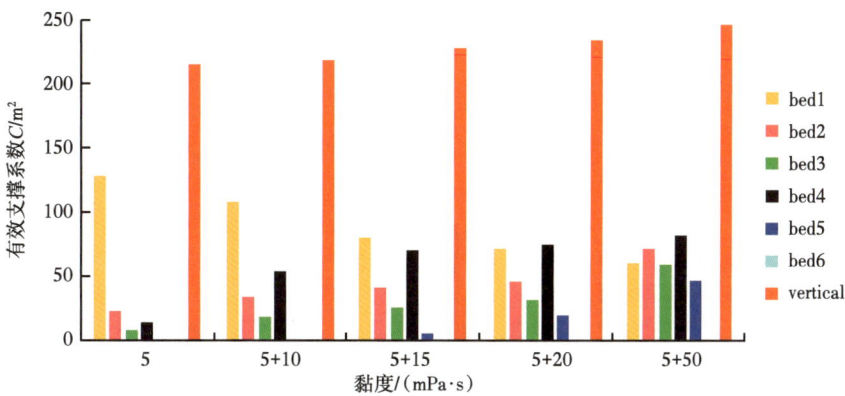

图 4-2-16　不同模拟液体体系下的有效支撑系数 C 分布柱状图
（70/140 目：40/70 目：30/50 目 =1：3：6）

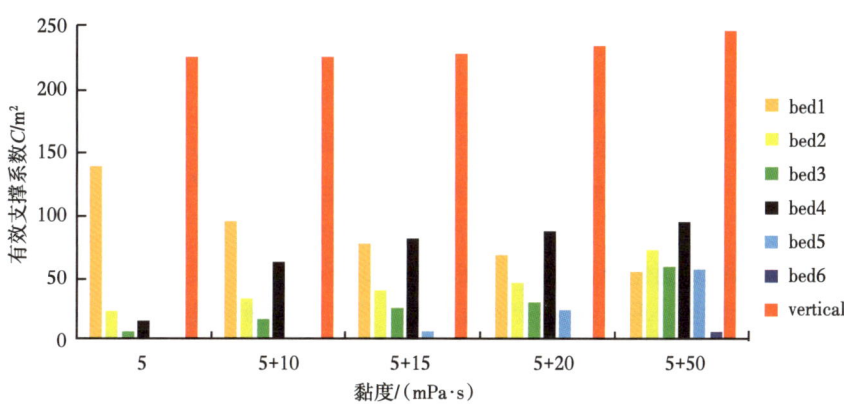

图 4-2-17　不同模拟液体体系下的有效支撑系数 C 分布柱状图
（70/140 目：40/70 目：30/50 目 =1：2：7）

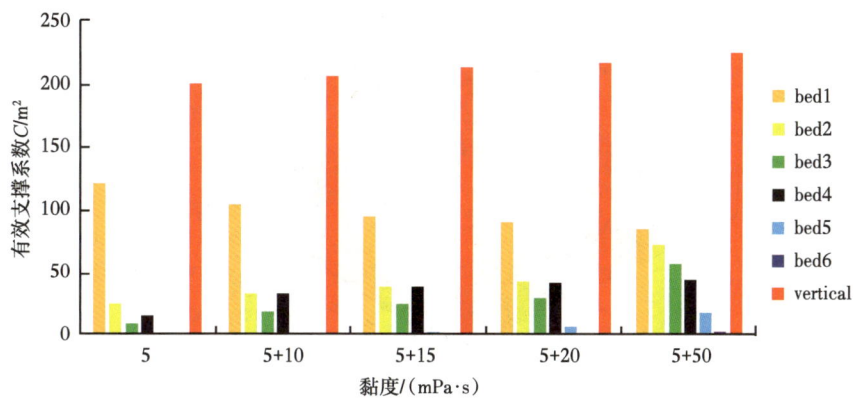

图 4-2-18　不同模拟液体体系下的有效支撑系数 C 分布柱状图
（70/140 目：40/70 目：30/50 目 =1：6：3）

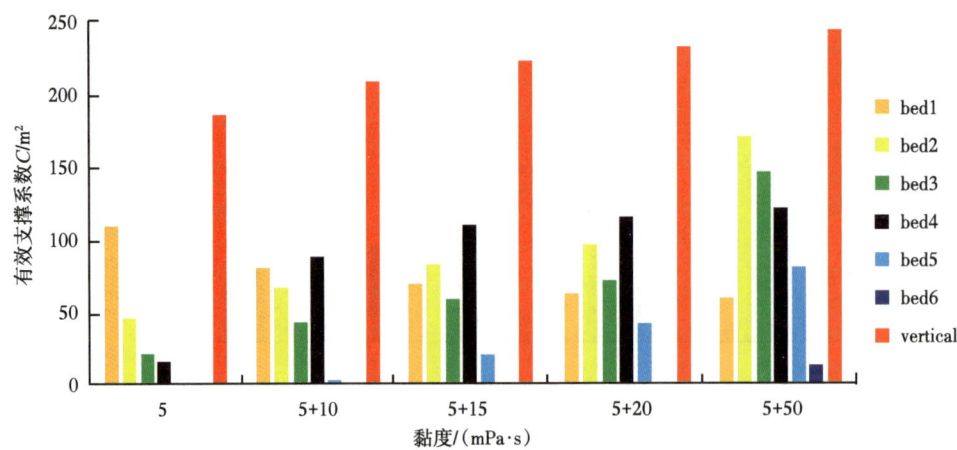

图 4-2-19　不同模拟液体体系下的有效支撑系数 C 分布柱状图
（70/140 目∶40/70 目∶30/50 目 =1∶9∶0）

整合分析不同混合黏度和不同 40/70 目粒径占比条件下的垂直缝和水平层理缝填充效果，结果发现（图 4-2-20 至图 4-2-22）：

（1）黏度在一定范围升高对垂直缝和层理缝都起到了改善作用；
（2）40/70 目粒径占比由小到大，层理缝和垂直缝改善有好有坏；
（3）对于层理缝贡献能力，40/70 目粒径改善效果优于黏度作用；
（4）垂直缝铺砂浓度变化范围较小，在 3.8~5.0kg/m²；
（5）小粒径占比增大，垂直缝铺砂浓度降低，层理缝铺砂浓度增大。

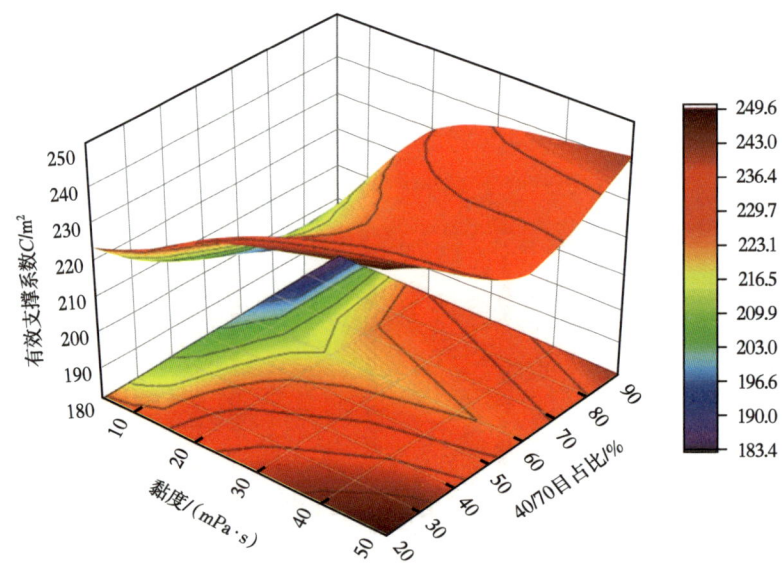

图 4-2-20　垂直裂缝有效支撑系数分布

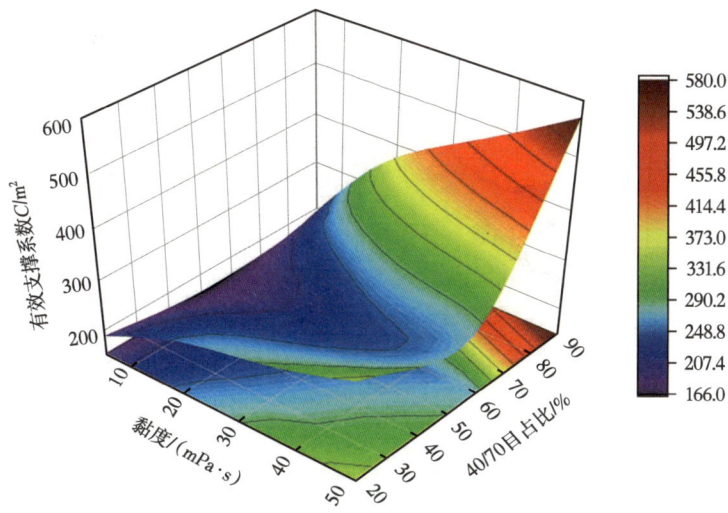

图 4-2-21　层理裂缝有效支撑系数分布

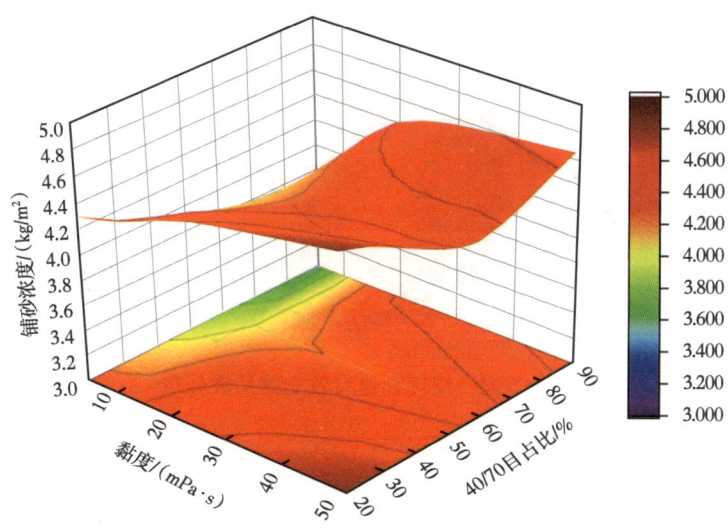

图 4-2-22　垂直缝铺砂浓度分布

2）单一粒径液体体系

模拟粒径×黏度交叉实验（18组），分析不同黏度和不同粒径条件下垂直缝和水平层理缝填充效果，结果如图4-2-23至图4-2-26所示。

（1）黏度升高利于层理缝填充；
（2）黏度高于10mPa·s条件下，粒径越小层理缝填充效果越好；
（3）对于层理缝贡献能力，小粒径改善效果优于黏度作用；
（4）垂直缝铺砂浓度变化范围较小；
（5）低黏度条件下，层理缝铺砂浓度较低，一般小于1kg/m²。

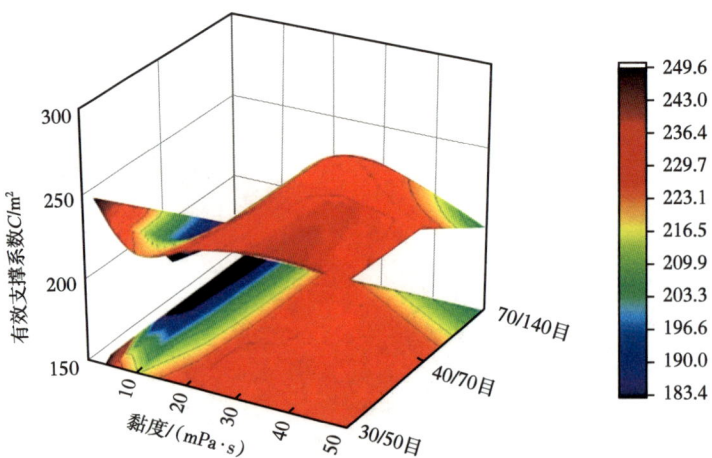

图 4-2-23　垂直裂缝有效支撑系数分布

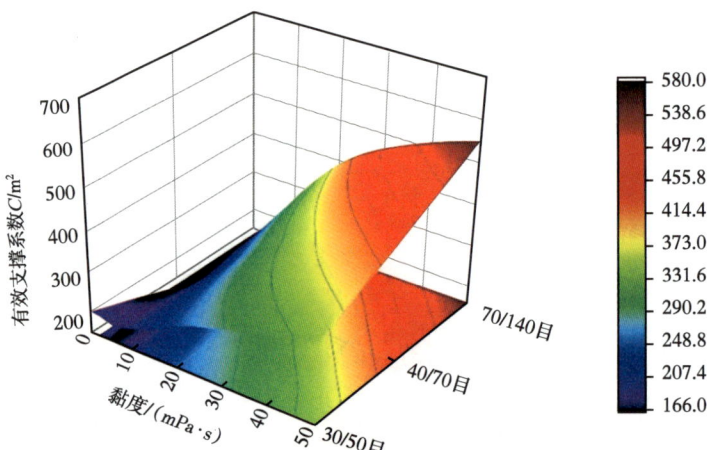

图 4-2-24　层理裂缝有效支撑系数分布

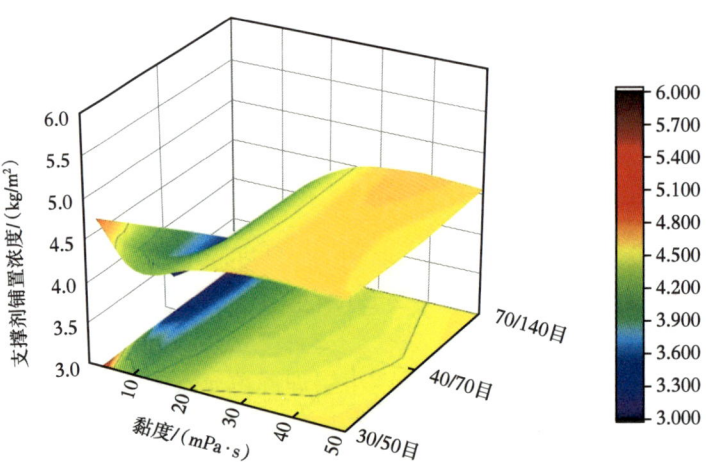

图 4-2-25　单一粒径体系下的垂直缝铺砂浓度

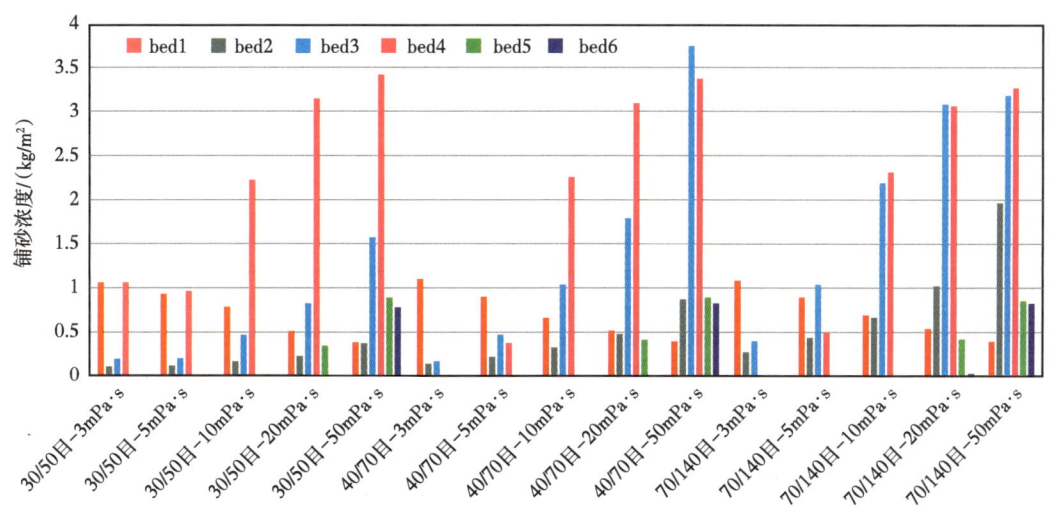

图 4-2-26　单一粒径体系下层理缝铺砂浓度

综上可知，选用高黏度压裂液和小粒径支撑剂利于层理缝的充填；垂直缝铺砂浓度主要集中在 4~5kg/m²，水平层理缝铺砂浓度主要集中在 0.5~1kg/m²；单一粒径液体体系条件下推荐黏度范围为 20~40mPa·s，粒径为 40/70 目；组合粒径混合液体体系推荐黏度范围为 30~50mPa·s，中小粒径（40/70 目和 70/140 目）占比小于 40%。

（四）缝内远端砂堵分析

Baidurja Ray（2017）通过变缝宽模拟实验分析不同注入条件下的砂堵形成机制，分析不同注入时刻发生砂堵位置（图 4-2-27）和缝内压力响应（图 4-2-28）。基于 Baidurja Ray 实验结果（图 4-2-29），通过计算流体方法，构建数值模型，对比分析砂运移规律（图 4-2-30）和缝内压力变化（图 4-2-31），优选双欧拉模型模拟变缝宽缝内支撑剂运移规律。

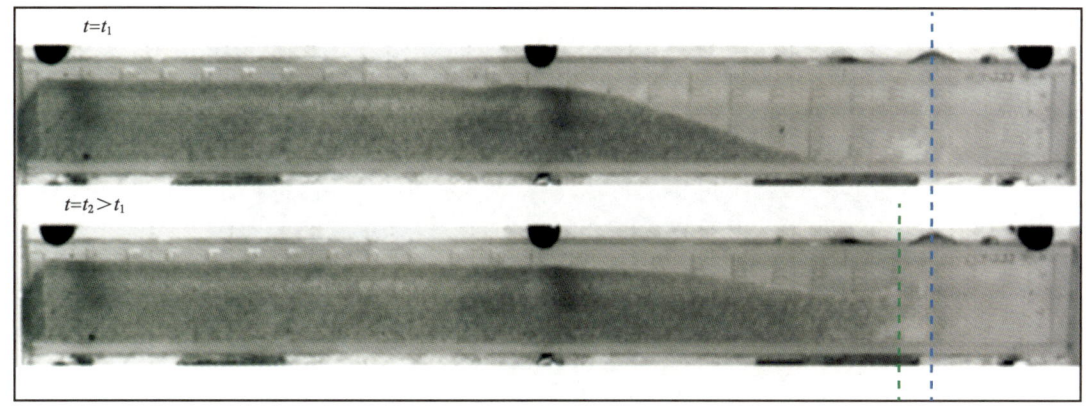

图 4-2-27　40/60 目支撑剂运移砂堵位置

装置长 $L=222$mm，高 $H=20.1$mm，缝宽 $W_{max}=3.98$mm，$W_{min}=0.25$mm；绿线是大粒径砂堵位置，蓝线是小粒径砂堵位置

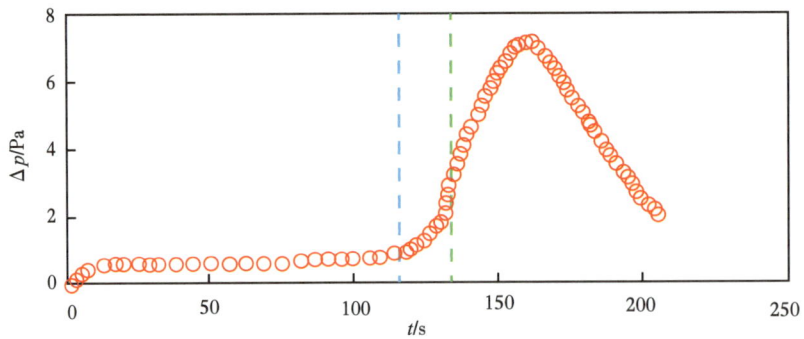

图 4-2-28　支撑剂运移过程中缝内进出口压差

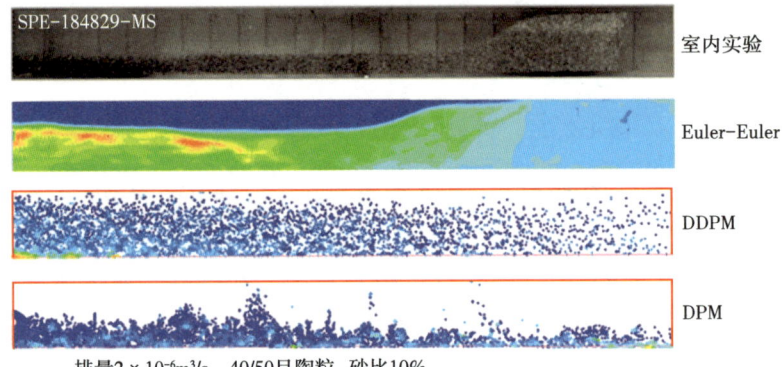

排量 $2\times10^{-6}\mathrm{m^3/s}$，40/50目陶粒　砂比10%
模型尺寸：L=222mm，H=20.1mm，W_L=3.98mm，W_R=0.25mm

图 4-2-29　不同模型下的室内实验拟合效果

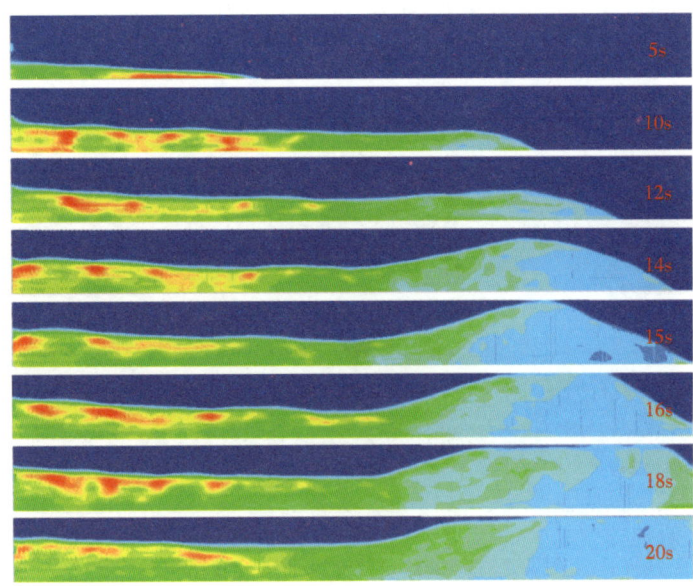

图 4-2-30　欧拉模型模拟砂运移过程

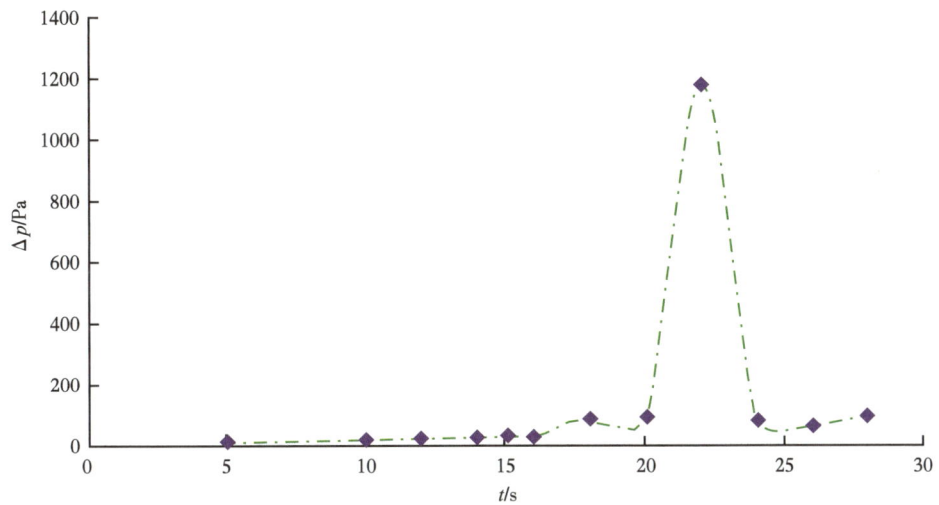

图 4-2-31　变缝宽裂缝中不同注入时间进出口压差

基于室内实验参数设定注入速度为 0.25m/s，模拟不同砂比、不同携砂液黏度条件下缝内砂运移规律，分析砂堵情况。以 5mPa·s 携砂液为例，模拟不同砂比条件下支撑剂运移规律，模拟结果可见随着砂浓度不断增大，砂堵位置不断靠近缝口，临界砂堵缝宽逐渐增大。

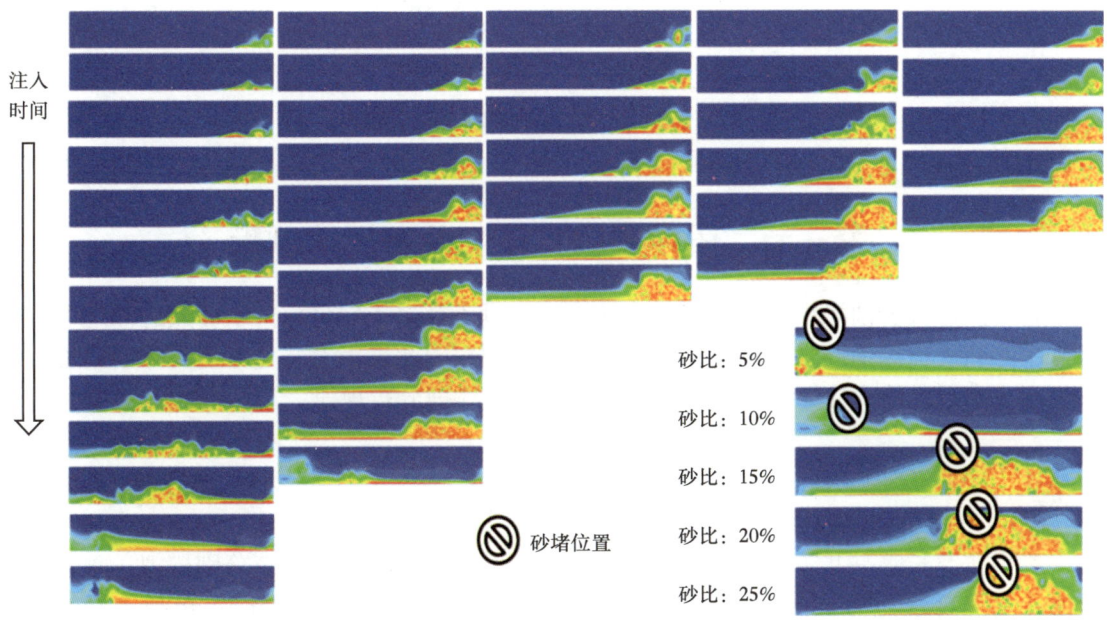

图 4-2-32　不同砂比条件下支撑剂运移情况

整合不同黏度、不同砂浓度条件下的砂堵情况，绘制了砂堵图版（图 4-2-33），根据图版可进行压裂液黏度、支撑剂粒径和砂比的优化。

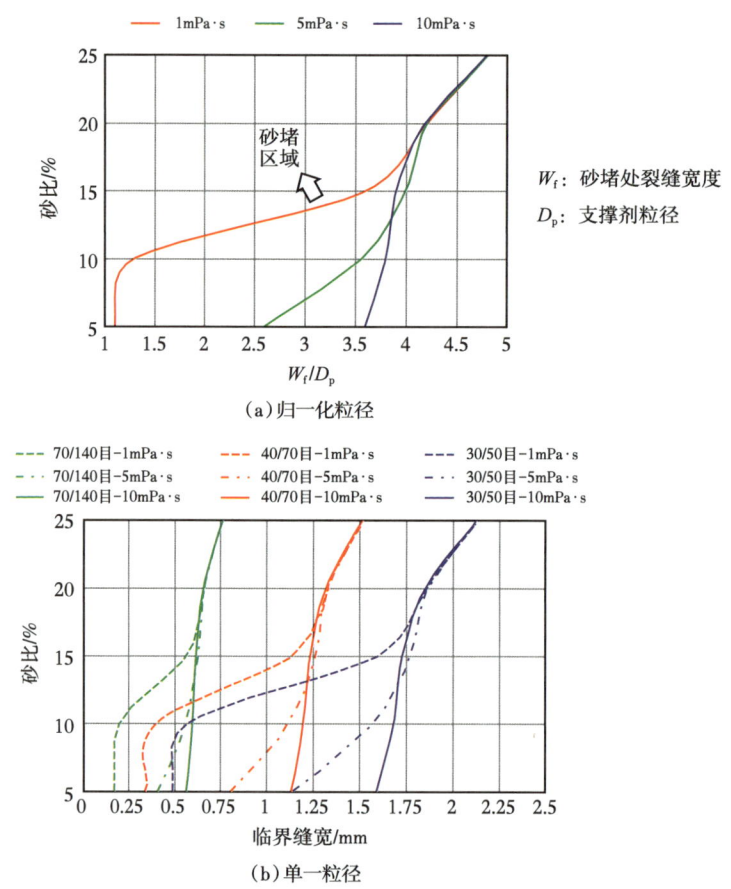

图 4-2-33　缝内支撑剂运移砂堵预测图版

第三节　段内多簇支撑剂分布规律分析

吉木萨尔页岩油采用单段多簇方式压裂，一段压开多条裂缝，由于各簇进液速度差异及水平井筒内支撑剂沉降作用导致各簇进砂量不同，因此采用上节建立的支撑剂运移数学模型研究水平井筒内支撑剂沉砂规律和段内多簇支撑剂分布规律。

一、水平井筒沉砂规律分析

（一）几何模型及模拟参数设定

为了研究长水平井筒滑溜水连续加砂，设定水平井筒和垂直井筒分别模拟。垂直井筒和水平井筒都设为 3000m，井筒尺寸为 5½in，模拟排量为 8~20m³/min，模拟支撑剂粒径为 0.5mm（35 目）和 0.212mm（70 目），滑溜水黏度为 5~30mPa·s，模拟砂比为 5%~25%，模拟注入时间由井筒内形成稳定沉砂规律决定。

（二）井筒沉砂规律

图 4-3-1 为水平井筒不同位置砂浓度分布剖面图。水平井筒底部沉砂整体是由跟端向

趾端程度增加；随着距离增长，底部沉砂浓度增大。不同排量和砂浓度下水平井筒底部砂浓度分布如图4-3-2所示，排量的提升使得整体沉砂减少，尤其是井筒中部沉砂。

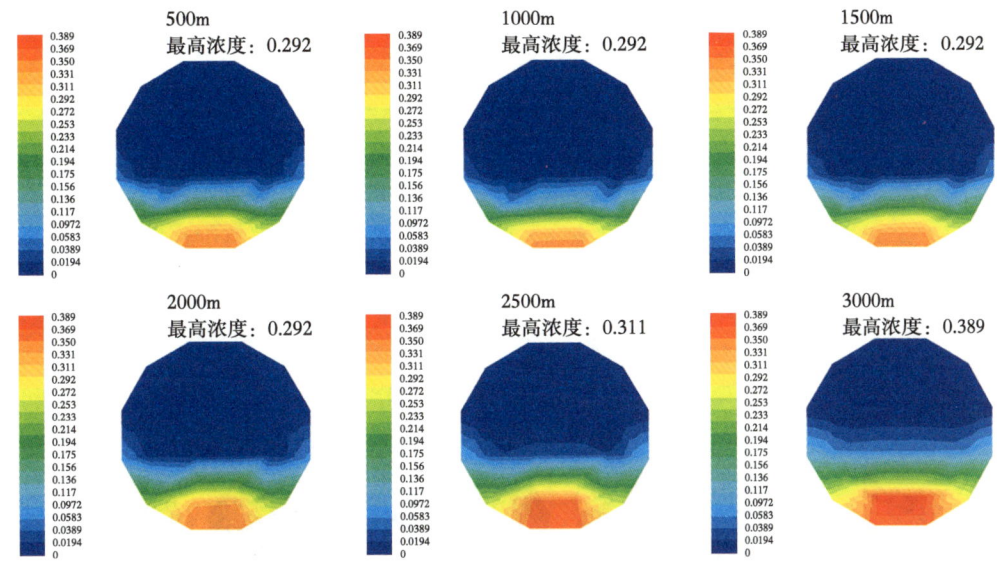

图4-3-1　水平井筒不同位置剖面砂浓度分布图

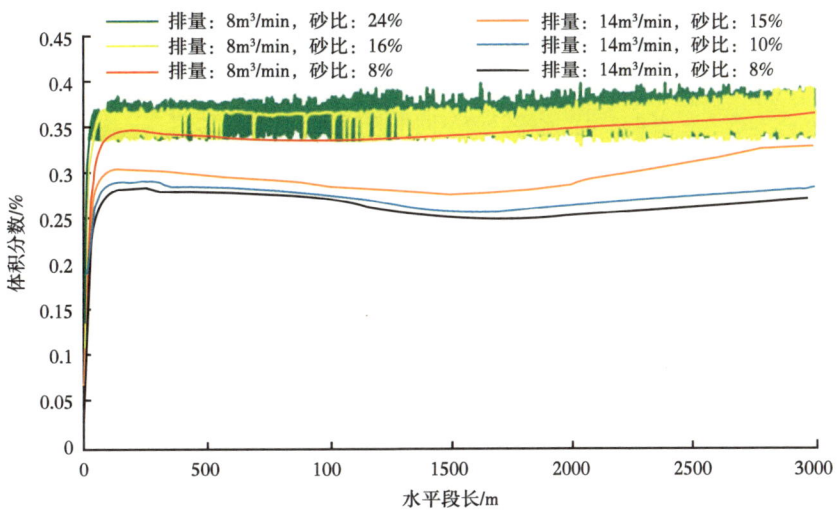

图4-3-2　水平井筒底部砂浓度分布曲线图

1. 压裂液黏度和支撑剂粒径影响

如图4-3-3所示，减小支撑剂粒径、增大压裂液黏度都可以有效改善水平井筒底部沉砂。

2. 不同黏度顶替液顶替效果

采用顶替一个井筒液体的方式，模拟不同黏度顶替液的顶替效果，得到高黏度（100mPa·s）和低黏度（5mPa·s）下水平井筒不同位置剖面砂浓度分布。如图4-3-4所示，高黏度的顶替效果明显优于低黏液体。

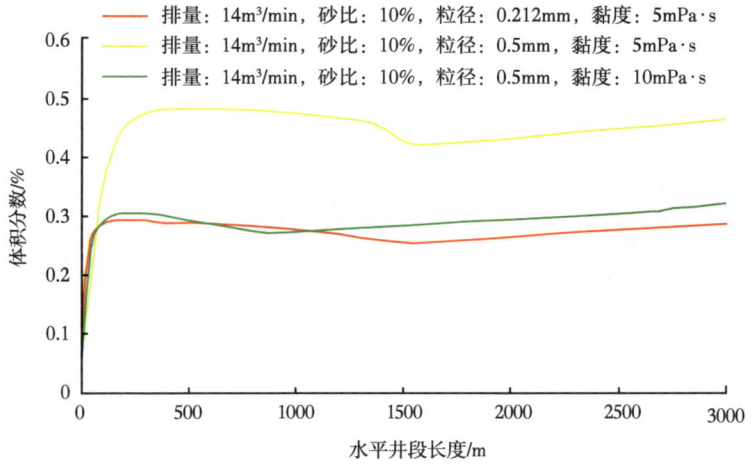

图 4-3-3　水平井筒底部砂浓度分布曲线图

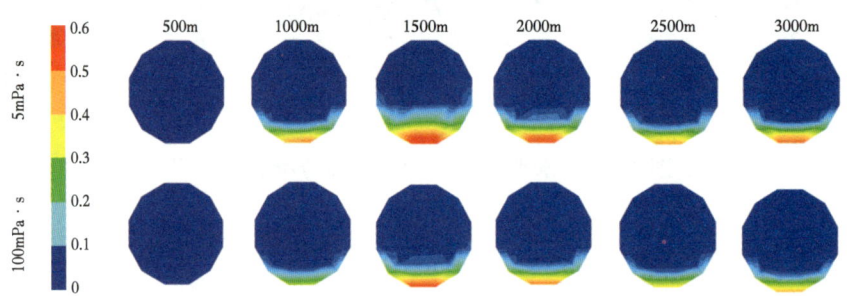

图 4-3-4　水平井筒不同位置剖面砂浓度分布图

3. 井筒轨迹影响

利用工区内钻井、测井资料及地震资料，对 $P_2l_1^{2-1}$ 底面、$P_2l_2^{2-2}$ 顶面、下甜点 $P_2l_1^{2-1}$ 顶面、下甜点 $P_2l_1^{2-2}$ 顶面构造形态进行了标定：整体上表现为东高西低的西倾单斜，主体部位地层倾角为 3°~5°。统计水平井 $A—B$ 点倾角为 1.26°~13.56°，平均 4.5°，如图 4-3-5 所示。

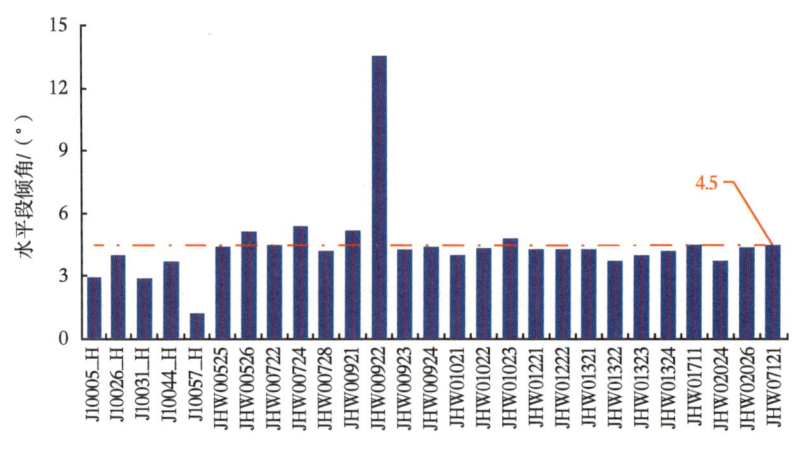

图 4-3-5　水平井水平段倾角统计柱状图

考虑实际地层情况，水平井筒倾角（5°~10°）对井筒内支撑剂分布情况影响较小。如图 4-3-6 和图 4-3-7 所示。

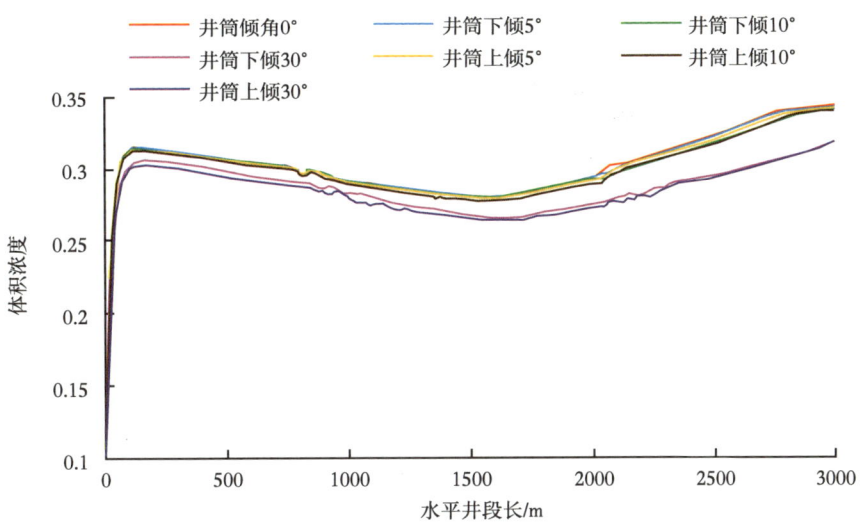

图 4-3-6　水平井筒底部砂浓度分布曲线

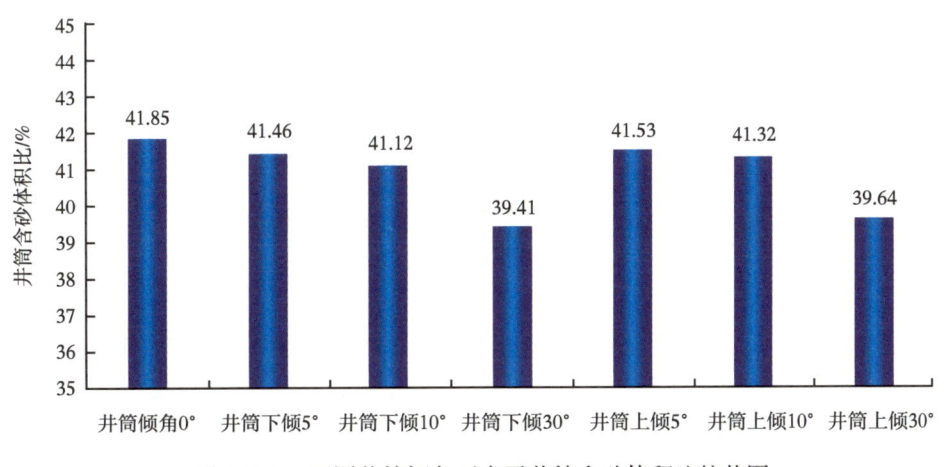

图 4-3-7　不同井筒倾角下水平井筒含砂体积比柱状图

二、单段多簇均衡进砂规律分析

（一）不考虑应力干扰

不考虑应力干扰，各簇裂缝会均衡扩展，分析此时各簇裂缝进砂情况。

1. 暂堵对均衡进砂影响

基于欧拉多相流模型，通过修改出口压力条件，限定液体流出，等效模拟裂缝未全部起裂，建立等效模拟均匀起缝运移模拟方法，以此分析单段多簇暂堵组合工艺，如图 4-3-8 所示。

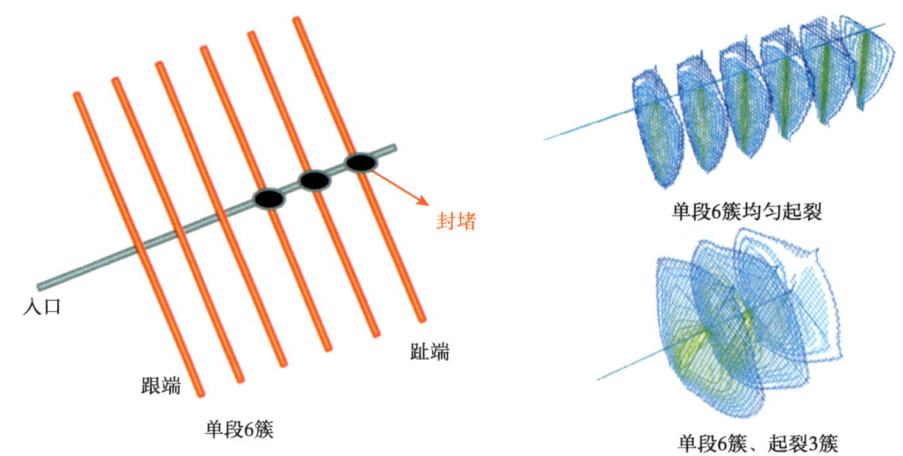

图 4-3-8 非均匀起裂示意图

参照 2020 年单段多簇+暂堵+滑溜水连续加砂工艺，设定单段 6 簇，簇间距 10m，排量 12m³/min，支撑剂是 40/70 目和 70/140 目石英砂，最高砂比 25%，分两级注入，携砂液黏度为 5mPa·s。模拟假定暂堵后所有缝都可开启。图 4-3-9 所示，模拟了 4 种进砂情况，图 4-3-9（a）是不暂堵，6 簇同时开启，图 4-3-9（b）至图 4-3-9（c）是先压开 3 簇或 4 簇，暂堵之后再压开剩下的射孔簇。

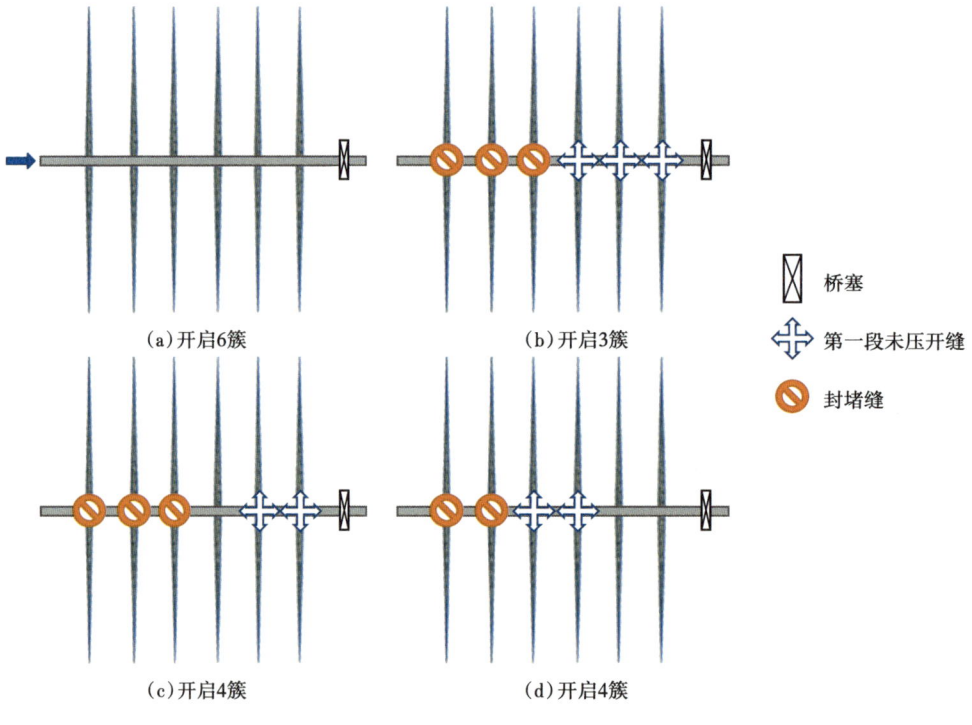

图 4-3-9 暂堵解封示意图

如图 4-3-10 所示，趾端进砂量要远小于跟端。首先开启的跟端裂缝有助于裂缝中砂体有效铺置，不暂堵 6 簇同时压开远端裂缝内进砂量明显少于根端裂缝，支撑剂在靠近根端的 4 簇裂缝内分布较好，而远端 2 簇缝内进砂量明显减少。通过暂堵先压开 3 簇或 4 簇裂缝可以有效改善各簇进砂量，远端裂缝内支撑剂也可以较好铺置。

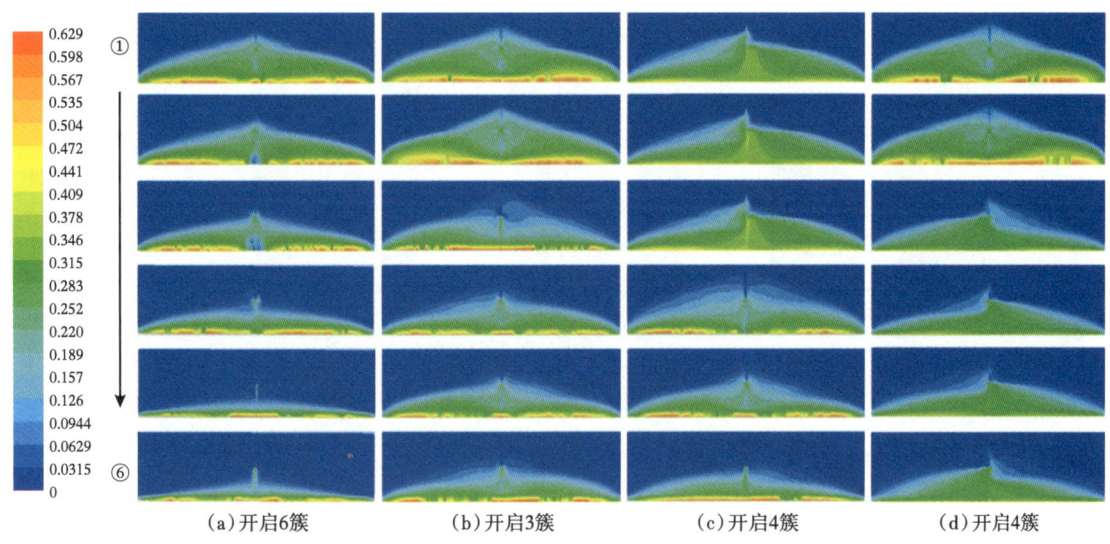

图 4-3-10　不同簇缝内支撑剂体积分数分布图

2. 排量对均衡进砂影响

在现有施工可以达到的排量（16m³/min）时，仅够保证 6 簇中 5 簇进砂较为均衡，如图 4-3-11 所示。排量的增大可以有效提高趾端簇的进砂量，整合暂堵模拟结果和变排量模拟结果（图 4-3-12）可知，单簇所需排量在 2.5~3m³/min。

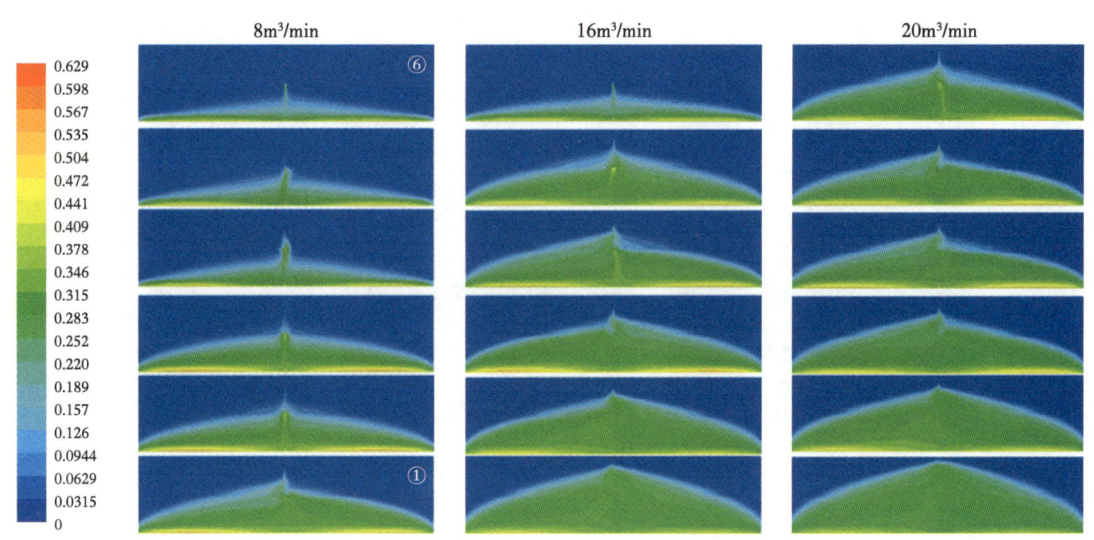

图 4-3-11　不同排量不同簇缝内支撑剂体积分数分布图

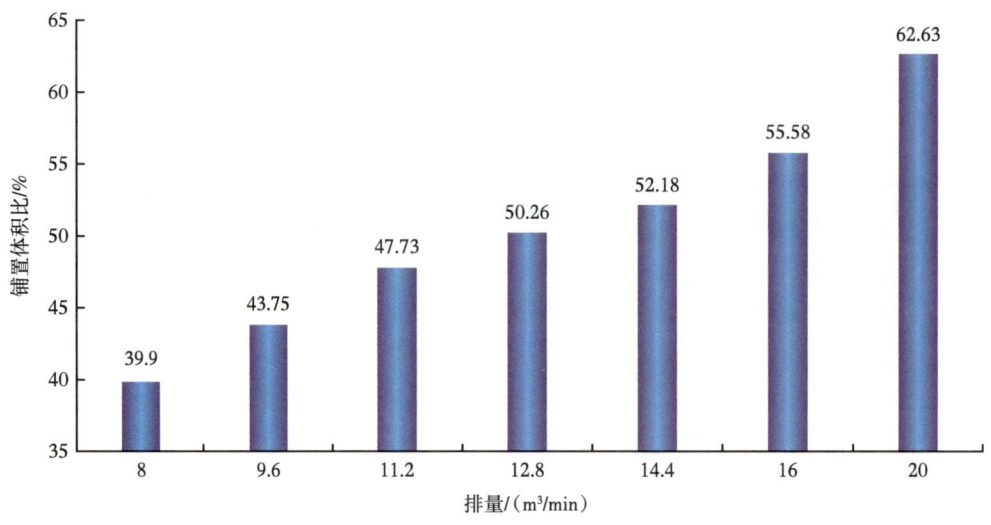

图 4-3-12　不同排量条件下支撑剂缝内铺置体积情况

3. 压裂液黏度对均衡进砂影响

为探究压裂液黏度对于单段多簇均衡进砂的影响,模拟压裂液黏度 5mPa·s、10mPa·s 和 50mPa·s 条件下的单段 6 簇进砂情况,排量为 16m³/min,模拟结果如图 4-3-13 所示。模拟结果表明高黏度携砂液可一定程度改善多簇非均衡进砂。对于只存在主缝条件下,适当增大黏度可以增大趾端缝进砂,同时增大缝垂向分布。

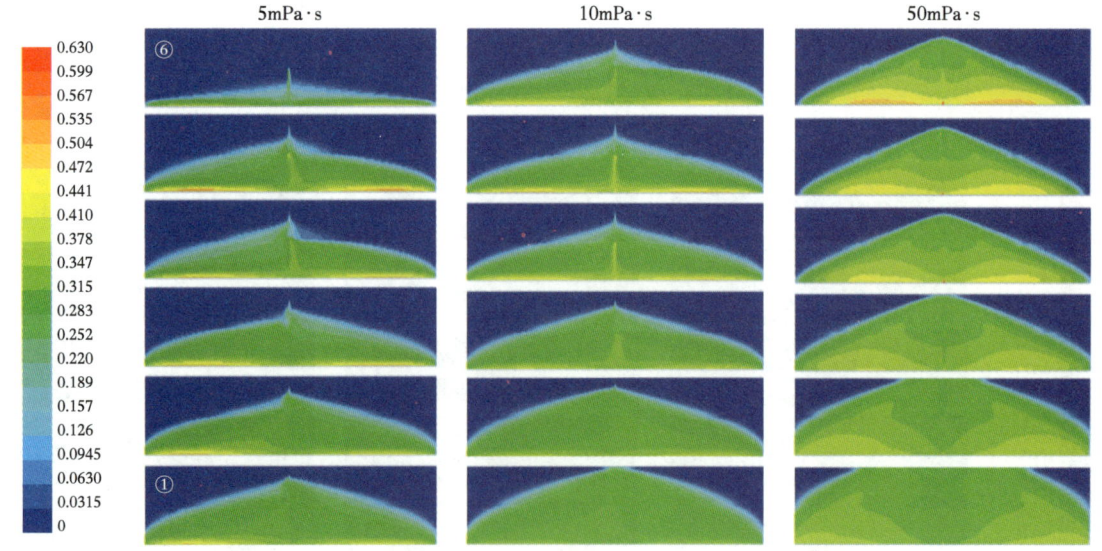

图 4-3-13　不同簇缝内不同携砂液黏度条件下支撑剂铺置情况

4. 支撑剂粒径对均衡进砂影响

为了探究支撑剂粒径对于单段多簇均衡进砂的影响,模拟 40/70 目、30/50 目及 20/40 目石英砂单段 6 簇进砂情况,排量为 16m³/min,模拟结果如图 4-3-14 所示。结果表明支撑剂的粒径对于簇间非均衡进砂影响较小，支撑剂粒径越大，支撑剂沉降越明显，缝内支撑剂铺置浓度主要集中在单翼缝中部。

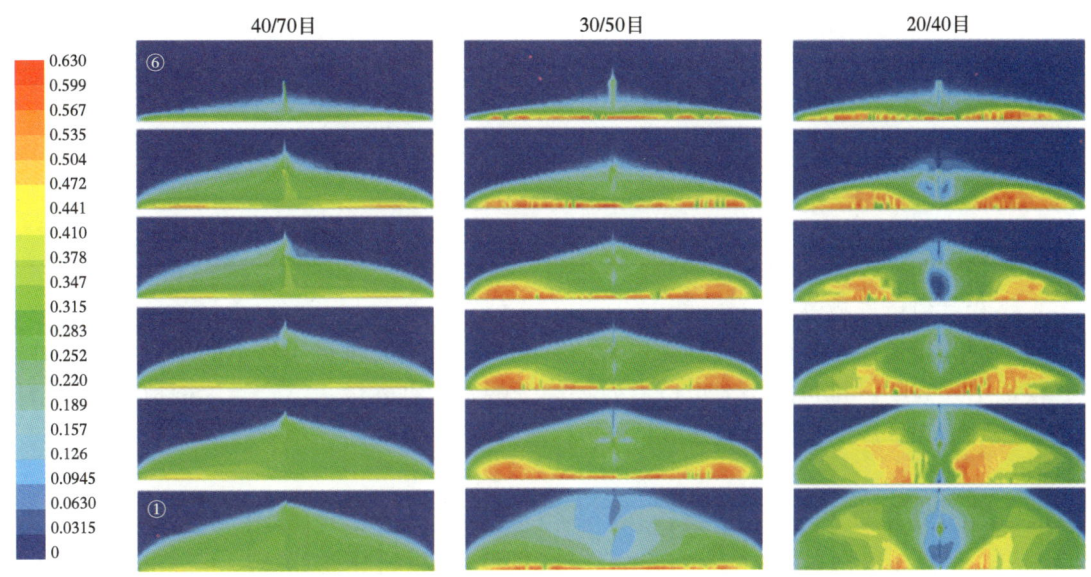

图4-3-14　不同支撑剂粒径条件下不同簇缝内支撑剂铺置情况

（二）考虑应力干扰

为了优化评价不同裂缝进砂情况，建立了考虑实际压裂过程应力干扰情况的非等宽、非等缝长模型，如图4-3-15所示，尺寸见表4-3-1。

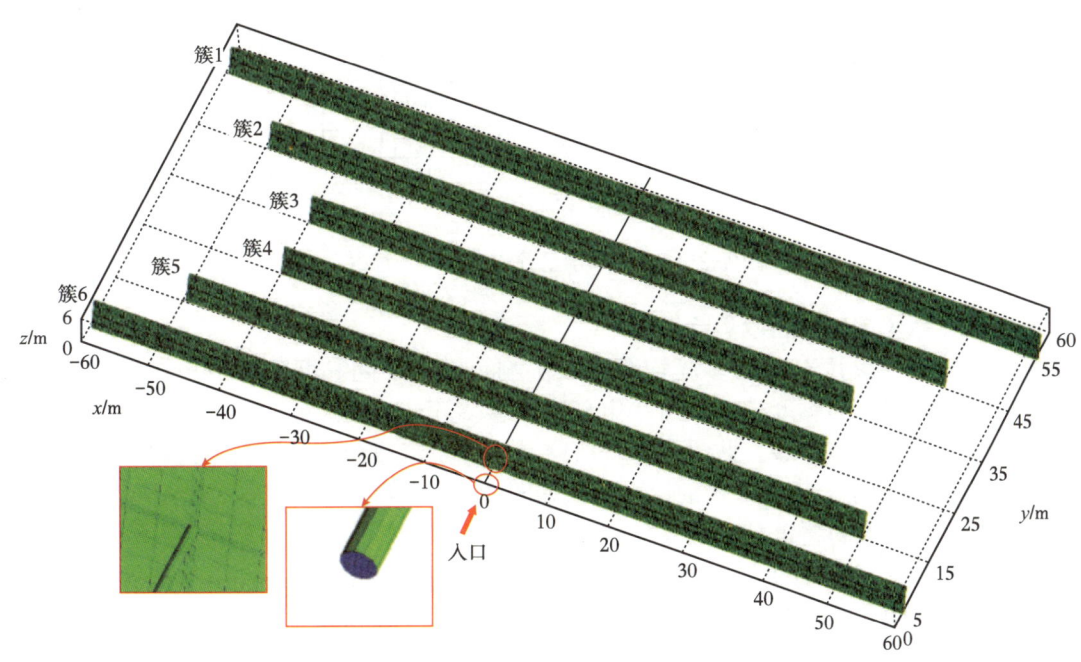

图4-3-15　模拟物理模型示意图

表 4-3-1 模拟物理模型示参数

类型	尺寸
井筒	5½in，80m
①⑥	120m×20m×6mm
②④	100m×20m×4mm
③④	80m×20m×2mm

1. 排量对均衡进砂影响

为了探究排量对于单段多簇均衡进砂的影响，模拟不同排量条件下的单段 6 簇进砂情况，模拟结果表明：排量的增大可以有效提高趾端簇的进砂量；整合暂堵模拟结果和增排量模拟结果可知单簇所需排量在 3~4m³/min，如图 4-3-16 所示。

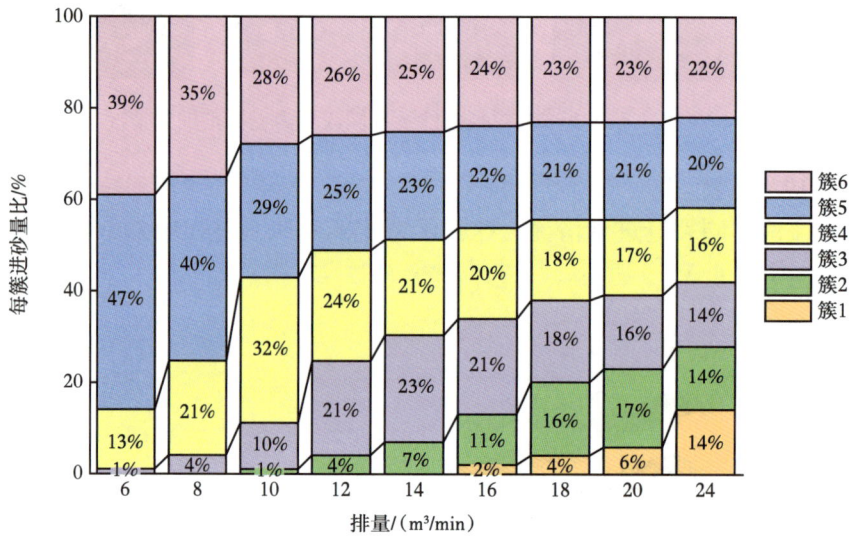

图 4-3-16 不同排量各簇进砂分布情况

2. 压裂液黏度对均衡进砂影响

为探究压裂液黏度对单段多簇均衡进砂影响，模拟不同黏度条件下单段 6 簇进砂情况，模拟结果表明：高黏度携砂液可一定程度改善多簇非均衡进砂，但是随着黏度进一步增大，又加剧了非均衡进砂，此时支撑剂沉降减少，是流速分配主导各簇进砂量所致，压裂液黏度在 5~20mPa·s 各簇进砂量较均衡，如图 4-3-17 所示。

3. 支撑剂粒径对均衡进砂影响

为探究支撑剂粒径对单段多簇均衡进砂影响，模拟不同粒径条件下单段 6 簇进砂情况，模拟结果表明：支撑剂粒径增大加剧支撑剂沉降，粒径越大非均衡进砂越严重，支撑剂粒径小于 70 目时各簇进砂量较为均衡，如图 4-3-18 所示。

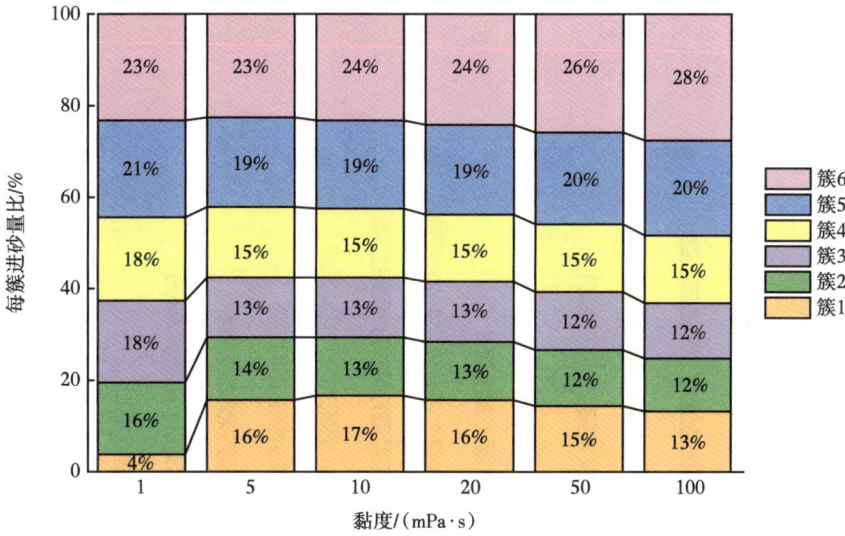

图 4-3-17　不同黏度各簇进砂分布情况

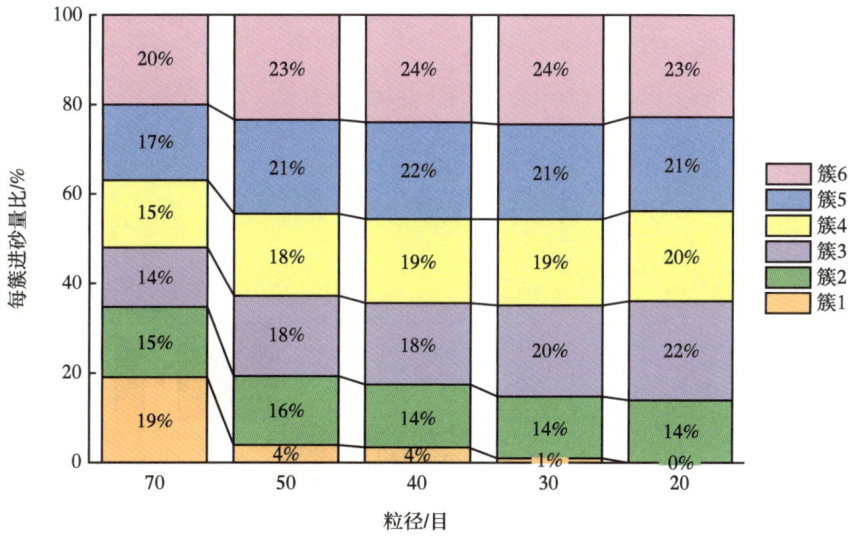

图 4-3-18　不同粒径各簇进砂分布情况

4. 非均衡进砂多因素分析

压裂水平井不同簇进砂是多因素共同作用，为了厘清各个因素对于均衡进砂的影响，引入均衡进砂系数 U_c 表征各簇进砂均衡性，均衡进砂系数越小，各簇进砂越均衡，见公式（4-3-1）。不同模拟方案均衡进砂系数统计分析结果如图 4-3-19 所示。

$$U_c = \sqrt{\frac{1}{n}\sum_{i=1}^{n}(y-\overline{y})^2} \qquad (4\text{-}3\text{-}1)$$

式中 U_c——均衡进砂系数；
  y——每簇进砂量百分比；
  $\bar{y}$——各簇平均进砂量百分比。

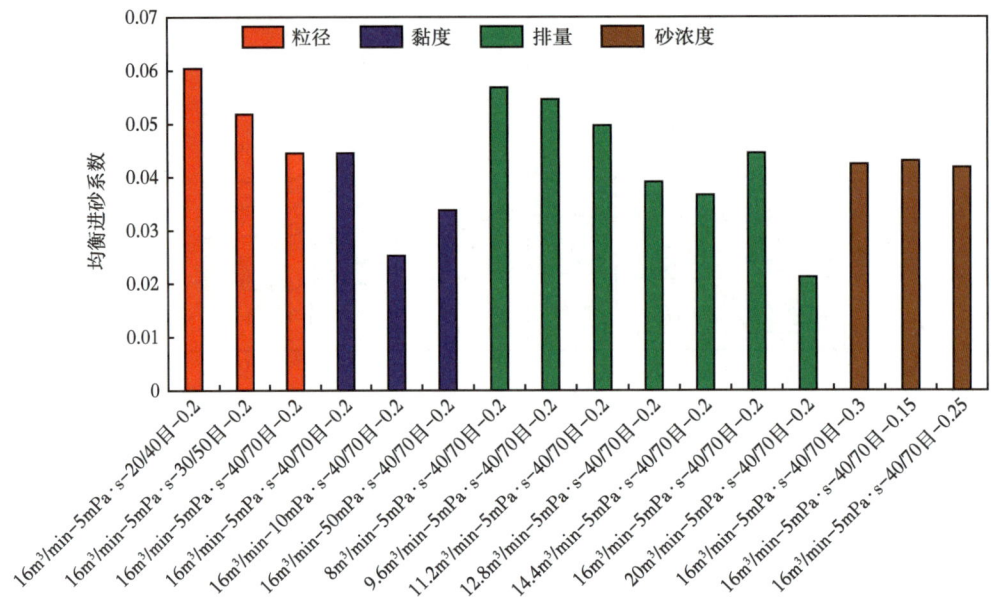

图 4-3-19 不同模拟条件下的均衡进砂系数分布情况

为了考虑各个影响因素对于均衡进砂影响的大小，采用皮尔逊相关性分析法进行分析，分析结果如图 4-3-20 所示，对于单段多簇均衡进砂的影响：泵注排量＞支撑剂粒径＞流体黏度＞砂浓度。

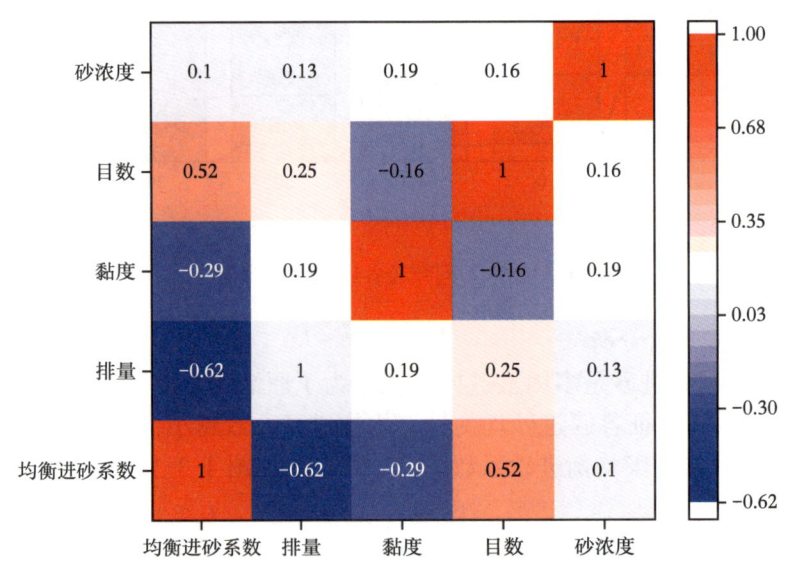

图 4-3-20 不同影响因素的皮尔逊相关系数热点图

参 考 文 献

侯腾飞,2018.页岩储层复杂裂缝支撑剂非均匀分布规律及导流能力研究[D].北京:中国石油大学(北京).

李静海,董元吉,郭慕孙,1988.颗粒-流体两相流数学模型I多尺度作用模型和能量最小方法[J].过程工程学报,9(1):29-39.

梁德旺,吕兵,1999.关于两方程湍流模型的考虑[J].航空动力学报,14(3):289-292.

Baidurja Ray, Chris Lewis, Vladimir Martysevich, et al., 2017. An investigation into proppant dynamics in hydraulic fracturing[C]. SPE 184829-MS, SPE Hydraulic Fracturing Technology Conference and Exhibition held in The Woodlands, Texas, USA, 24-26 January, 2017.

DING J, GIDASPOW D, 1990. A bubbling fluidization model using kinetic theory of granular flow[J]. AICHE J, 36 (04): 523-38.

JOHNSON PC, JACKSON R, 1987. Frictional-collisional constitutive relations for granular materials, with application to plane shearing[J]. J Fluid Mech, 176: 67-93.

LIU Y, 2006. Settling and hydrodynamic retardation of proppants in hydraulic fractures[D]. The university of Texas at Austin.

LUN C K, SAVAGE S B, JEFFREY D J, et al., 1984. Kinetic theories for granular flow: inelastic particles in couette flow and slightly inelastic particles in a general flowfield[J]. J Fluid Mech, 140: 23-56.

第五章　微纳米级孔喉油水置换机理

页岩微纳米孔隙空间的渗吸置换是页岩油气有效开发的关键。本章借助核磁共振扫描这一微观表征手段，建立吉木萨尔页岩油储层原油—水基压裂液—页岩岩心体系的高温高压渗吸驱替实验方法，定量评价上、下甜点不同类型压裂液与页岩储层原油的渗吸置换效果，揭示渗吸置换微观机理，为上、下甜点渗流机理研究和合理焖井时间的确定奠定基础。

第一节　核磁共振岩心测试基本原理

核磁共振又叫核磁共振成像技术，核磁共振是种物理现象，它是利用原子核自旋运动的特点，在外加磁场内，经过射频脉冲的激发后产生信号，用探测器检测并通过处理、转换为频谱图像，解释岩心的孔隙结构和流体特性等。

一、核磁共振原理

（一）核磁共振现象

角动量和净磁矩是许多原子核都有的属性。当施加一外部磁场时，这些原子核就会像陀螺仪一样，绕着外磁场的方向转动，自旋且带有磁性的原子核切割外部磁场时，会释放出一个信号，即核磁共振信号（肖立志，1998）。

带有电荷的原子核由于自身不停的旋转，所以有磁场产生，用核磁矩矢量来衡量这个磁场的方向和强度。

$$\mu = \gamma p \tag{5-1-1}$$

式中　μ——磁矩，$A \cdot m^2$；
　　　γ——旋磁比；
　　　p——自旋角动量，$N \cdot m \cdot s$。

核磁共振技术基本都以氢原子核为主要探测对象。因为自然界中氢核 ^1H 分布范围广，并且具有较大的磁矩，所以能产生较强的信号。

（二）信号检测

施加射频脉冲之前，磁化矢量 M 处于平衡状态。当一个交变射频场从垂直方向施加作用后，经过时间 t，则磁化矢量 M 处于位置 $\theta=\omega_0 t$。此时，M 在 $x-y$ 平面上存在分量 $M_{xy}=M\sin\theta$。由于初始时刻核磁矩的相位分布比较均匀，所以 M_{xy} 的形成可以看成是向某一方向集中而导致矢量加强形成的结果。M_{xy} 在坐标系中以 ω_0 的角速度在 $x-y$ 平面内绕着 z 轴旋转。如果在 $x-y$ 平面内设置一个检测线圈，那么 M_{xy} 将以每秒 $\omega_0/2\pi$ 的频率切割线圈，从而产生电动势。该电动势即为检测到的核磁共振（NMR）信号（丁次乾，2008；肖立志，1995）。同理，磁化矢量 M 在 z 方向上也存在着一个分量 $M_z=M\cos\theta$。如果施加的交变射频场作用时间使 θ=90°，那么 $M_z=0$，此时检测到的 NMR 信号 $M_{xy}=M_0$ 为最强。脉冲作用结束后，核磁矩只受主磁场的作用，而不会再受到交变射频场的影响，因而核磁矩表现为自由进动状态，向没有交变射频场时的初始状态恢复，开始弛豫过程。达到平衡后，均匀分布在进动圆锥上，M_{xy} 趋近于 0。在恢复到平衡状态的过程中，磁化矢量 M 逐步向上。随着 M_{xy} 逐步衰减，接收线圈中的感生电动势幅值也逐步衰减。自由进动过程中感生的衰减信号被称为自由感应衰减，如图 5-1-1 所示。

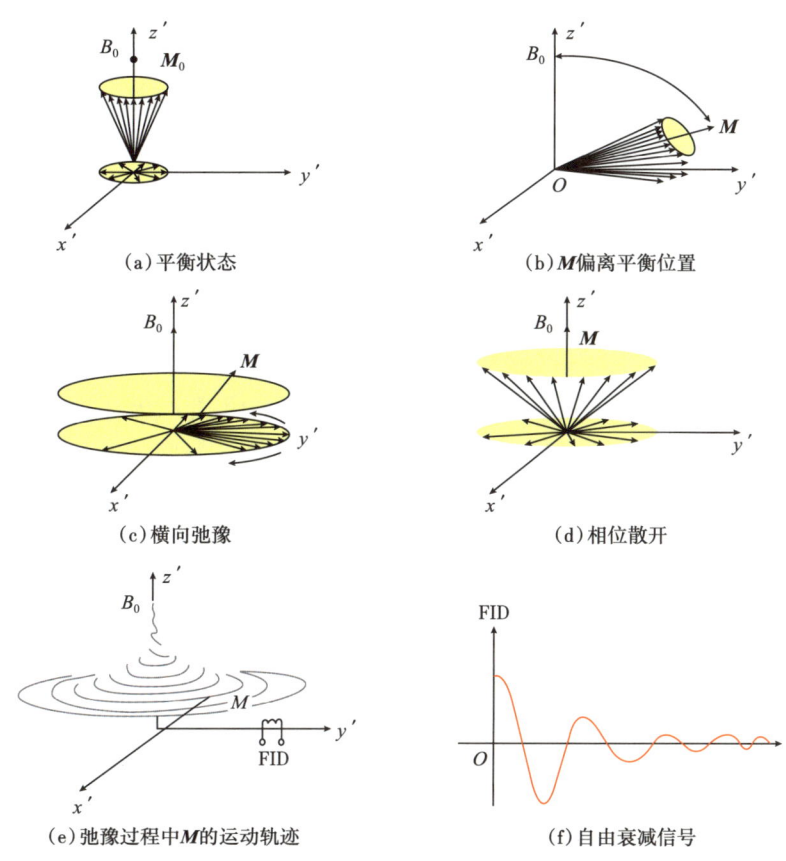

图 5-1-1　核磁共振原理示意图

（三）弛豫时间

根据分量的不同，弛豫过程分为两种：横向弛豫过程和纵向弛豫过程。纵向分量 M_z 恢复到初始宏观磁化强度的过程，叫作纵向弛豫，用 T_1 衡量该段时间的长短，被称为纵向弛豫时间；横向分量 M_{xy} 恢复到初始状态为零的过程，叫作横向弛豫，用 T_2 衡量该段时间的长短，被称为横向弛豫时间。T_1 弛豫时间和 T_2 弛豫时间均能反映流体和岩石的特性。目前核磁共振技术主要测取 T_2 弛豫时间。

二、核磁共振弛豫理论与机制

岩石孔隙中的流体主要包含三种不同的弛豫机制：自由流体的弛豫机制、表面流体的弛豫机制、分子扩散弛豫机制（Timur A，1968；Timur A，1969）。

岩石孔隙中流体的 T_1 和 T_2 弛豫时间由式（5-1-2）、式（5-1-3）表示：

$$\frac{1}{T_2} = \frac{1}{T_{2自由}} + \frac{1}{T_{2表面}} + \frac{1}{T_{2扩散}} \tag{5-1-2}$$

$$\frac{1}{T_1} = \frac{1}{T_{1自由}} + \frac{1}{T_{1表面}} \tag{5-1-3}$$

式中 $\dfrac{1}{T_{1自由}}$，$\dfrac{1}{T_{2自由}}$——在一个无限大的容器内测量到的孔隙流体的 T_1 和 T_2 弛豫时间；

$\dfrac{1}{T_{1表面}}$，$\dfrac{1}{T_{2表面}}$——由表面弛豫引起的孔隙流体 T_1 和 T_2 弛豫时间；

$\dfrac{1}{T_{2扩散}}$——在磁场梯度下由于扩散引起的孔隙流体 T_2 弛豫时间。

介质和流体的性质决定了三种弛豫机制的重要性强弱。

（一）自由弛豫

当流体处于岩石孔隙中时，相当于处于无限大空间中，此时流体内部会产生自由衰减过程，称之为自由弛豫。自由弛豫只与流体的压力、黏度、温度及岩石润湿性有关，与岩石孔隙壁面无关，因此孔隙中流体的性质是自由弛豫的决定性影响因素。由于油气储层中孔隙尺度较小，所以一般不考虑自由弛豫。但是，在对稠油或存在缝洞的碳酸盐岩进行核磁共振研究时，自由弛豫的影响不可忽略。水的自由弛豫时间由式（5-1-4）、式（5-1-5）可得：

$$\frac{1}{T_{1自由}} \approx 3\left(\frac{T_k}{298\eta}\right) \tag{5-1-4}$$

式中 T_k——热力学温度，K；
η——效率。

$$T_{2自由} \approx T_{1自由} \tag{5-1-5}$$

（二）表面弛豫

岩石的颗粒表面存在表面弛豫。依附在岩石颗粒表面的流体分子以较高频率与岩石颗粒表面发生直接碰撞，并发生核自旋能量的传递。所以流体分子会因自旋运动，向原来磁场方向恢复，引起纵向弛豫 T_1，同时导致横向弛豫 T_2 的加速。这个过程就是岩石表面弛豫的作用机制。

$$\frac{1}{T_{2表面}} \approx \rho_2 \left(\frac{S}{V}\right)_{孔隙} \tag{5-1-6}$$

$$T_{1表面} \approx \rho_1 \left(\frac{S}{V}\right)_{孔隙} \tag{5-1-7}$$

式中 ρ_2——T_2 表面的弛豫强度；

ρ_1——T_1 表面的弛豫强度；

(S/V)——孔隙表面积与流体体积之比。

从式中可以看出，表面弛豫除了与碰撞频繁强度有关之外，还与介质表面面积有关，即 (S/V) 孔隙越大，则弛豫越强，反之亦然。表面弛豫是核磁共振在油气储层中应用时需要主要考虑的对象。

(三) 扩散弛豫

当施加梯度磁场时，较长的回波间隔 CPMG 脉冲序列会使某些流体呈现出较为明显的扩散弛豫特征。不均匀的静磁场会使分子产生扩散而造成相位分散，从而产生 T_2 弛豫。相反，磁场梯度对纵向弛豫 T_1 没有影响，所以 T_1 不存在扩散弛豫。

扩散弛豫（$1/T_2$ 扩散）可以通过式（5-1-8）计算得到：

$$\frac{1}{T_{2\text{扩散}}} = \frac{D(\gamma G T_E)^2}{12} \tag{5-1-8}$$

式中 D——扩散系数；

γ——磁旋比；

G——磁场梯度；

T_E——回波时间。

一般情况下，与表面弛豫相比，多孔介质中流体本身的弛豫要弱得多。因此，利用核磁共振对油气储层进行研究时一般忽略扩散弛豫。

三、T_2 谱含义

核磁共振技术测得的核磁响应信号能够反映出岩石的孔隙信息。当多孔介质被水饱和时，T_2 分布曲线与坐标轴包围的面积，与多孔介质内孔隙中的流体体积正相关，即 T_2 曲线沿弛豫时间的积分大小代表了岩石孔隙中流体体积的多少。因此，岩石的孔隙度能够被标准刻度化的弛豫时间来度量。

自旋回波串衰减的幅度可以用一组指数衰减的和来精确拟合［式（5-1-9）］。

$$S(t) = \sum A_i \exp\left(-\frac{t}{T_{2i}}\right) \tag{5-1-9}$$

式中 $S(t)$——t 时刻的回波幅度；

A_i——第 i 种分量零时刻的信号大小；

T_{2i}——第 i 弛豫分量的横向弛豫时间。

衰减曲线由孔隙中不同喉道的流体衰减信号叠加而成，然后利用数学方法对回波串进行拟合，从而得到各 T_{2i} 的信号幅度 A_i，也就是不同大小孔隙的比例分布，即弛豫时间谱。T_2 弛豫时间与岩石孔隙尺寸存在正相关性，即孔隙越小，则 T_2 值越小；孔隙越大，则 T_2 值越大。

当孔隙尺寸小于某个值时，孔隙中的流体将在毛细管压力等因素的束缚下无法流动。这个控制流体流动与否的孔隙尺度阈值在 T_2 谱上对应的弛豫时间值被称为 T_2 截止值。因此，当弛豫时间小于 T_2 截止值时，流体为束缚流体；当弛豫时间大于 T_2 截止值时，流体为可动流体。图 5-1-2 所示为典型的多孔介质 T_2 谱。图中在 T_2 谱截止值偏左的部分对应岩石内部孔径较小的孔隙，其中的流体基本不可流动，T_2 谱截止值偏右的部分对应岩石内部孔径较大的孔隙，其中的流体可流动。

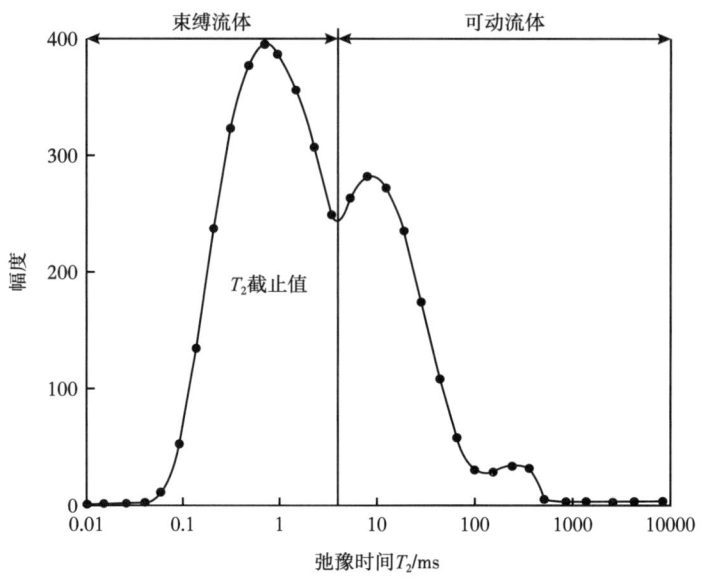

图 5-1-2　典型 T_2 图谱

T_2 谱的形态能够用来判断储层性能的好坏，图 5-1-3 是物性差的 T_2，表示储层孔隙度低，储集空间较小，在 T_2 谱上表现为曲线的信号幅度峰值较低；渗透率低，流体通过性差，在 T_2 谱上表现为峰值和截止值向左偏移。

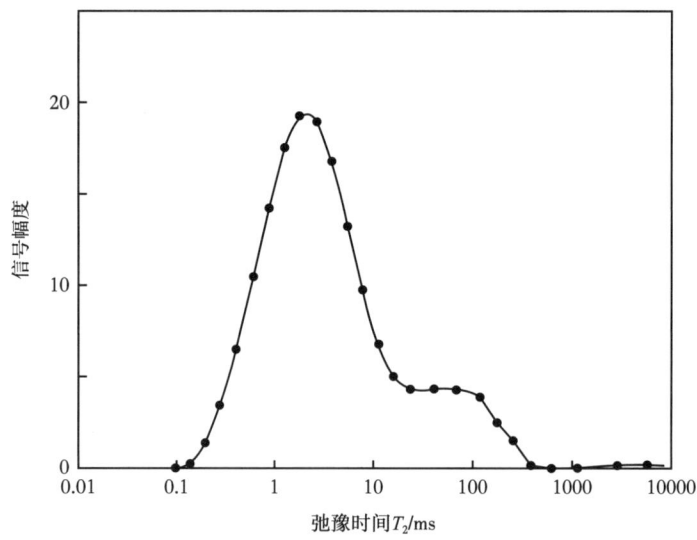

图 5-1-3　物性差储层 T_2 谱特征

物性中等的储层具有中等孔隙度,如图 5-1-4 所示。在 T_2 谱上表现为信号幅度峰值稍高,曲线包围面积相对较大;渗透率高于物性差的地层,所以 T_2 谱重心偏中,连通性稍好,可流动流体饱和度较高。

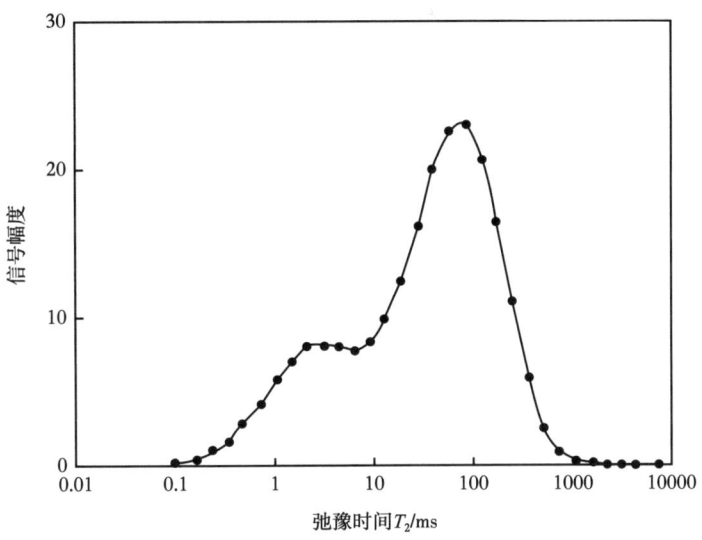

图 5-1-4　物性中等储层 T_2 谱特征

物性较好的储层孔隙度较大,如图 5-1-5 所示。在 T_2 谱上表现为信号幅度峰值高,曲线包围面积大;渗透率较大,所以 T_2 谱重心向右偏移,连通性很好,可流动流体饱和度高。

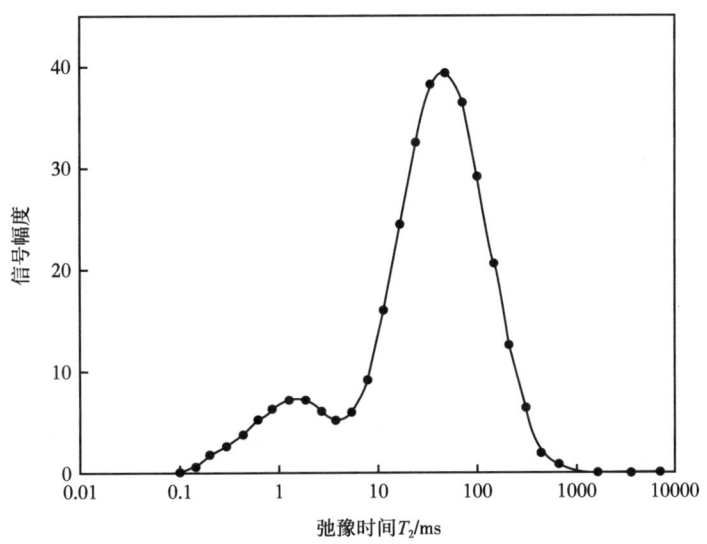

图 5-1-5　物性较好储层 T_2 谱特征

四、数据处理

对自发渗吸实验各个时间节点岩心核磁共振 T_2 谱进行数据处理,得到相应时间节点岩心内原油的相对含量,计算岩心自发渗吸过程各个时间点的渗吸采收率及渗吸速率。由于渗吸过程为吸水排油，吸入的压裂液及排出的原油存在核磁共振信号量的差异，所以岩心的核磁共振信号量逐渐降低如图 5-1-6 所示，渗吸效率的计算公式见式（5-1-10）：

$$\eta = \frac{\int T_2|t_0 - \int T_2|t_n}{\int T_2|t_0} \tag{5-1-10}$$

式中　η——渗吸采收率；

　　　$\int T_2|t_0$——初始时刻 t_0 核磁共振 T_2 谱与 x 轴形成的面积，代表初始时刻岩心内原油相对含量（图 5-1-7）；

　　　$\int T_2|t_n$——t_n 时刻核磁共振 T_2 谱与 x 轴形成的面积，代表 t_n 时刻岩心内原油的相对含量。

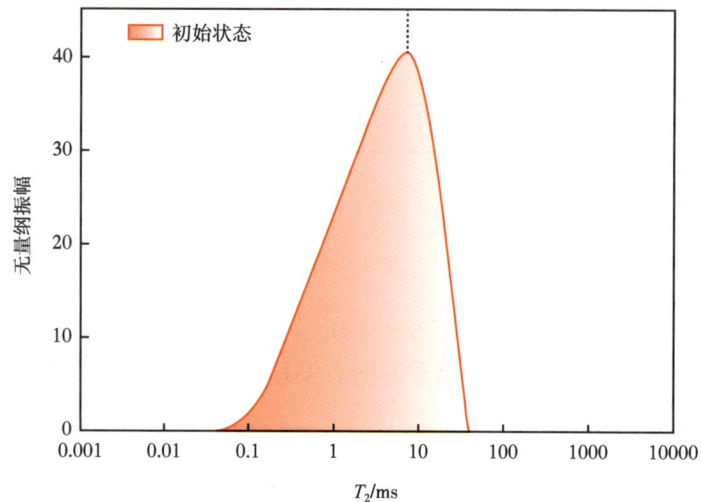

图 5-1-6　核磁共振 T_2 图谱

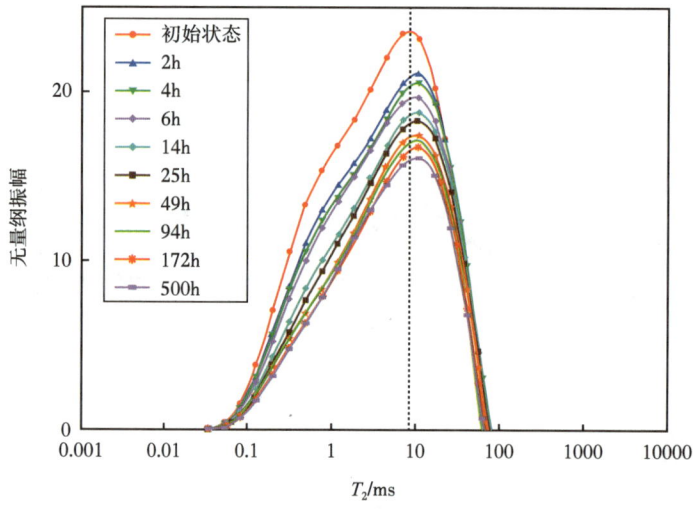

图 5-1-7　地层原油核磁共振 T_2 图谱

为了反映渗吸效率随时间的变化，定义渗吸速率由式（5-1-11）表示：

$$v = \frac{\Delta \eta}{\Delta t} = \frac{\eta_2 - \eta_1}{t_2 - t_1} \qquad (5\text{-}1\text{-}11)$$

式中　Δt——时间变化量，h；

　　　v——渗吸速率，h^{-1}；

　　　η_1、η_2——t_1 和 t_2 时刻渗吸效率；

　　　$\Delta \eta$——渗吸采收率变化量。

五、孔径转换

岩石孔隙流体的横向弛豫时间与孔隙比表面积有关，比表面积与孔径大小及形状有关，通过幂函数关系式可将 T_2 图谱转换成孔喉半径分布。但由于实验原油黏度过大，无法得到准确横向弛豫时间与孔隙半径的转换关系，而水的黏度低，利用水测试得到的横向弛豫时间可以得到准确的转换关系，故由压汞实验可得到岩心孔隙半径的分布，对比岩心饱和水后的核磁共振 T_2 图谱，可将压汞得到的孔隙半径分布与横向弛豫时间作一个等效关联。吉木萨尔页岩油储层压汞测试的孔隙半径分布如图 5-1-8 所示，与岩心内原油横向弛豫时间作等效关联，弛豫时间在 0.02~100ms 对应孔喉半径为 0.02~100μm。

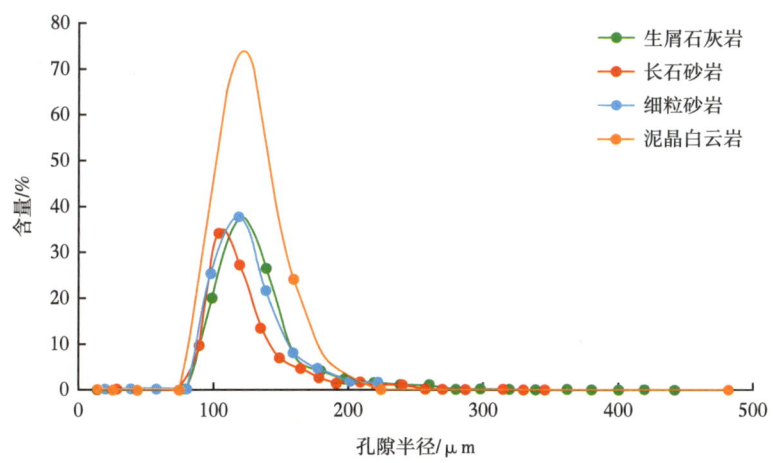

图 5-1-8　吉木萨尔页岩油储层孔隙半径分布

第二节　页岩油自发渗吸实验及规律分析

自发渗吸是多孔介质微观渗流的特性之一，由于页岩储层的孔喉尺寸处于微纳米级别，在一定条件下会存在不同程度的自发渗吸能力，决定了页岩油储层的开发效果。

一、自发渗吸原理

将一根干净的毛细管插入水中，在毛细管压力的作用下，液面会上升至一定高度，如图 5-2-1 所示。液柱受到两个力作用：表面张力和重力。当液柱稳定后，二者达到平衡，

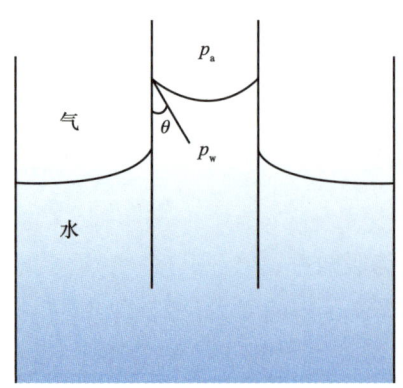

图 5-2-1　毛细管压力

关系式为：

$$A \cdot 2\pi r = \pi r^2 h \rho_w g \quad (5\text{-}2\text{-}1)$$

式中　A——附着张力，N/m；

　　　r——细管内下凹面曲率半径，m；

　　　ρ_w——水相密度，kg/m³；

　　　h——细管内液面高度，m；

　　　g——重力加速度，m/s²。

定义凹液面两侧气相和液相压力之差为毛细管压力，方向指向凹液面内侧，即

$$p_c = p_a - p_w = \rho g h \quad (5\text{-}2\text{-}2)$$

式中　p_c——毛细管压力，Pa；

　　　p_a——气相压力，Pa；

　　　p_w——水相压力，Pa。

联立以上两个方程，得

$$p_c = \frac{2\sigma \cos\theta}{r} \quad (5\text{-}2\text{-}3)$$

式中　σ——两相界面张力，mN/m；

　　　θ——界面接触角，(°)；

　　　r——曲率半径，m。

根据式（5-2-3）可知，在假设润湿角和表面张力不变的前提下，随着孔隙半径的减小，毛细管压力上升。由于页岩的孔隙半径为微纳米级，其孔隙内的毛细管压力往往是常规砂岩的几十倍，甚至上百倍，因此对水基压裂液具有非常强的渗吸作用。

另外，渗透率和含水饱和度越低，毛细管压力越大；在相同渗透率条件下，毛细管压力随着含水饱和度的降低而迅速升高，且渗透率越低的储层，含水饱和度对毛细管压力的影响越大。对于高渗透储层而言，毛细管压力较小，含水饱和度的影响较小。

页岩储层具有超低含水饱和度（约 20%~40%）和高束缚水饱和度（> 80%）。当超干页岩与水基压裂液接触后会迅速产生较强的吸水作用，含水饱和度由超低的初始含水饱和

度上升至束缚水饱和度。因此,原始地层条件下的页岩储层不仅具有高毛细管压力,还有较强的毛细管势能,渗吸作用会大大超过常规砂岩储层。但随着含水饱和度的上升,页岩储层的毛细管压力和毛管势能都会迅速下降,毛细管渗吸作用也会迅速减弱。

二、自发渗吸实验方法

(一)实验仪器

目前,低场核磁共振技术已广泛应用于石油工业,尤其是非常规油气开发领域。核磁共振技术的原理是,储层中的流体在外加磁场作用下,吸收某一特定频率的射频脉冲发生核磁共振后恢复平衡态的物理过程,通过线圈采集整个恢复平衡状态的物理过程,记录流体的核磁共振现象。实验采用 SPEC-RC2 型核磁共振岩心成分分析仪(图 5-2-2),采用吉木萨尔页岩油储层真实岩心进行核磁共振弛豫时间测量,通过对岩心赋存流体进行纵向弛豫时间 T_1、横向弛豫时间 T_2 及二维 T_1—T_2 测量与分析,确定页岩储层的流体饱和度变化,分析不同条件下的渗吸能力。实验装置具体参数见表 5-2-1。

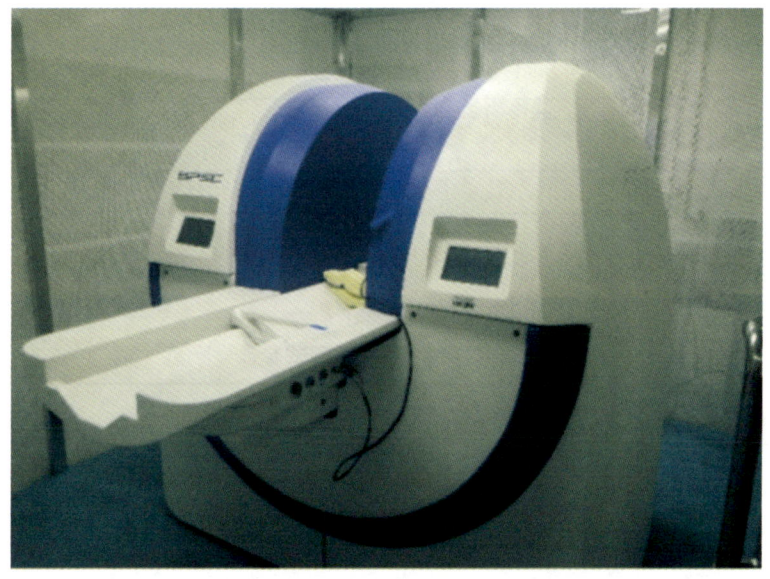

图 5-2-2 SPEC-RC2 型核磁共振岩心成分分析仪

表 5-2-1 SPEC-RC2 型核磁共振岩心成分分析仪硬件配置

序号	品名	功能和技术指标
1	磁体单元	磁场强度:0.23T+0.03T(质子共振频率 10MHz) 磁体净空间:330mm 磁性材料:钕铁硼稀有金属 防涡流材料:高电阻率特种材料 匀场方式:被动匀场+数字匀场 磁场匀场度:在 100mm 的球体内 50×10^{-6} 磁体形状:水平式结构
2	探头单元	110nn(内径)核磁共振探头,最大可分析样品直径 110mm 280mm(内径)核磁共振探头,最大可分析样品直径 280mm

续表

序号	品名		功能和技术指标
3	核磁共振电子控制单元	数字采集器	脉冲精度100ns，最短脉冲350ns，最长脉冲1000μs
		频率合成器	双通道数字式频率合成器，频率范围可从1~40MHz，频率控制精度为0.019Hz，射频相位可变，相位控制精度0.2°
		前置放大器	低噪声宽带前置放大器。噪声系数优于0.3dB
		射频接受器	全正交式数字接收，接收动态范围大（1~96dB），带有程序控制的可变滤波器
		脉冲发生器	最短数字采集间隔为50ns，数据采集可逐点程序控制，信号平均可达32位字长，CPMG最大回波采集数为256000个
4	功率放大器		300W 射频功率放大器
5	梯度单元		三维梯度 梯度线性度偏差优于5% 梯度强度：15Gs/cm 梯度方式：有源动态屏蔽，无涡流 高功率梯度电源
6	温控单元		全自动数字温度控制系统，配有独特的PID控制，恒温速度快，控温精度高（精度0.1℃）。控制机箱内温度为35℃+0.1℃，提高仪器的稳定性和分析结果的可靠性。无风扇式加热，无噪声
7	通信接口		仪器配备以太网接口，传输速度快、传输距离远、使用方便，使仪器具有很高的可靠性
8	通信电缆和电源线等		以太网电缆、电源电缆及各连接线缆等一套

测试采用CMPG回波序列，以回波间隔T_E=100μs测量岩心的横向弛豫时间（T_2）衰减曲线。核磁共振参数见表5-2-2。

表5-2-2 CMPG测试参数

参数	赋值（单位）	参数	赋值（单位）
SF（磁场主频率）	14.06（MHz）	NECH（采集回波个数）	4096（个）
P90（90度脉冲宽度）	10.5（μs）	SCAN（扫描次数）	64（次）
DW（采样时间）	1（μs）	RD（等待时间）	3000（ms）
Dead1（探头稳定时间）	4（μs）	TE（回波时间）	100（μs）
Dead2（滤波器稳定时间）	6（μs）	RG（信号增益）	20（dB）

（二）实验材料

（1）原油制备：从吉木萨尔页岩油井口取出原油中含有较多水、泥沙等杂质。采用离心脱水方法对原油进行脱水处理，较大颗粒的泥沙也可随之析出。将脱水后原油在恒温80℃水浴锅内用滤纸进行过滤，过滤原油中的泥沙等杂质。

（2）压裂液制备：配置6种不同类型压裂液：低黏滑溜水、瓜尔胶滑溜水、清水、低黏滑溜水+纳米乳液、瓜尔胶滑溜水+纳米乳液、清水+纳米乳液。配置好的压裂液放置在80℃的恒温箱内2h待其破胶后方可使用。压裂液配方如下：

①清水配方：2%KCl+ 重水；
②瓜尔胶滑溜水配方：0.1% 瓜尔胶粉 +0.3% 防乳化剂 +0.2% 防膨剂 +0.02% 破胶剂 +0.3% 助排剂 + 重水；
③低黏滑溜水配方：0.1% 低黏滑溜水原液 +0.3% 防乳化剂 +0.2% 防膨剂 +0.02% 破胶剂 +0.3% 助排剂 + 重水；
④清水 + 纳米乳液配方：2%KCl+0.3% 纳米乳液添加剂 + 重水；
⑤瓜尔胶滑溜水 + 纳米乳液配方：0.1% 瓜尔胶粉 +0.3% 防乳化剂 +0.2% 防膨剂 +0.02% 破胶剂 +0.3% 助排剂 +0.3% 纳米乳液添加剂 + 重水；
⑥低黏滑溜水配方：0.1% 低黏滑溜水原液 +0.3% 防乳化剂 +0.2% 防膨剂 +0.02% 破胶剂 +0.3% 助排剂 +0.3% 纳米乳液添加剂 + 重水。

配方中使用的重水（D_2O）为阿拉丁厂家纯度为 99.999% 的重水。使用重水的原因是要通过探测氕（$_1^1H$）元素的核磁共振现象反映岩心内流体的多少，而氘（$_1^2H$）无法产生核磁共振现象，故实验中为了屏蔽压裂液中水的影响，使用重水（D_2O）作为配置压裂液的液体。

（3）岩心制备：实验岩心取自吉木萨尔储层上、下甜点 5 个层位，经过切割和钻心处理后，实验用的页岩岩心均为标准圆柱体，截面直径为 25mm。具体参数详见表 5-2-3。

表 5-2-3　页岩油岩心信息表

序号	样品编号	长度 /mm	直径 /mm	实验原油井号
1	5-1#	36.3	25.1	JHW051
2	5-2#	33.1	25.1	JHW051
3	6-1#	38.7	25.1	JHW051
4	6-2#	39.2	25.1	JHW051
5	11-1#	35.2	25.1	JHW051
6	11-2#	34.8	25.1	JHW051
7	13-1#	33.3	25.1	JHW051
8	13-2#	32.5	25.1	JHW051
9	21-1#	30.5	25.1	JHW051
10	21-2#	31.3	25.1	JHW051
11	22-1#	32.8	25.1	JHW051
12	22-2#	33.8	25.1	JHW051
13	40-1#	30.8	26.0	J10054_H
14	40-2#	30.5	26.0	J10054_H
15	41-1#	31.5	26.1	J10054_H
16	41-2#	30.6	26.0	J10054_H
17	42-1#	31.5	26.1	J10054_H
18	42-2#	31.2	26.1	J10054_H

续表

序号	样品编号	长度/mm	直径/mm	实验原油井号
19	43-1#	29.0	26.0	J10054_H
20	43-2#	29.6	26.0	J10054_H
21	44-1#	32.3	26.1	J10054_H
22	44-2#	32.7	26.0	J10054_H

（4）岩心初始化：将原始长岩心分割为3cm左右的小岩心，放置在容器内恒温80℃、恒压30MPa对岩心进行原油饱和300h，而后将岩心放置40℃原油中进行老化处理72h，完成对岩心的初始化处理。

（5）测量岩心的 T_2 图谱及岩心 $T_1—T_2$ 图谱，获取岩心初始化结果，为后续开展渗吸效率计算及岩心原油初始饱和度计算提供基础。

（三）实验步骤

（1）将初始化完成的岩心放置在自发渗吸瓶中，加入用重水配置的破胶后压裂液，将自发渗吸瓶保存在80℃恒温箱中进行自发渗吸实验；

（2）在每个扫描时间节点，将测试岩心从自发渗吸瓶中取出，高温下擦净岩心表面原油，用聚四氟乙烯薄膜包裹冷却（薄膜减少岩心流体蒸发）；

（3）测试岩心冷却至25℃后，将岩心放进核磁共振仪SPEC-RC035进行扫描测量岩心 T_2 图谱；

（4）扫描结束后，拆掉薄膜，将测试岩心立即放回自发渗吸瓶内并放置在恒温箱中，继续自发渗吸过程，直至实验结束。

（四）实验方案

选取上、下甜点储层5个不同层位岩心进行自发渗吸实验，岩心数据和压裂液类型等见表5-2-4。根据岩心岩性、层位、渗透率等参数设计自发渗吸实验方案见表5-2-5。

表5-2-4 自发渗吸实验岩心参数

岩心编号	直径/cm	长度/cm	岩心井号	原油井号	采样深度/m	层位	岩性	压裂液类型
3-1	2.5	3.0	J10024	JHW051	3502.10~3502.37	$P_2l_2^{2-3}$	深灰色荧光质泥岩	低黏滑溜水
5-1	2.5	3.3	J10024	JHW051	3501.02~3501.32	$P_2l_2^{2-3}$	灰色油迹白云质粉砂岩	低黏滑溜水
5-2	2.5	3.3	J10024	JHW051	3501.02~3501.32	$P_2l_2^{2-3}$	灰色油迹白云质粉砂岩	低黏滑溜水
13-1	2.5	3.2	J10024	JHW051	3493.60~3493.90	$P_2l_2^{2-2}$	深灰色荧光质泥岩	瓜尔胶滑溜水
13-2	2.5	3.2	J10024	JHW051	3493.60~3493.90	$P_2l_2^{2-2}$	深灰色荧光质泥岩	瓜尔胶滑溜水
16-1	2.5	3.1	J10024	JHW051	3481.65~3481.85	$P_2l_2^{2-1}$	深灰色油斑泥质粉砂岩	低黏滑溜水

续表

岩心编号	直径/cm	长度/cm	岩心井号	原油井号	采样深度/m	层位	岩性	压裂液类型
18-1	2.5	3.0	J10024	JHW051	3482.45~3482.40	$P_2l_2^{2-1}$	深灰色油斑泥质粉砂岩	低黏滑溜水
20-1	2.5	3.0	J10024	JHW051	3482.45~3482.40	$P_2l_2^{2-1}$	灰黑色泥岩	低黏滑溜水
21-1	2.5	3.0	J10024	JHW051	3482.40~3482.45	$P_2l_2^{2-1}$	灰黑色泥岩	清水（KCl）
21-2	2.5	3.1	J10024	JHW051	3482.40~3482.45	$P_2l_2^{2-1}$	灰黑色泥岩	清水（KCl+纳米乳液）
40-1	2.6	3.1	J10024	J10054_H	3644.49~3644.60	$P_2l_1^{2-3}$	灰色油浸泥质粉砂岩	低黏滑溜水
41-1	2.6	3.1	J10024	J10054_H	3644.49~3644.60	$P_2l_1^{2-3}$	灰色油浸泥质粉砂岩	瓜尔胶滑溜水
41-2	2.6	3.1	J10024	J10054_H	3644.49~3644.60	$P_2l_1^{2-3}$	灰色油浸泥质粉砂岩	瓜尔胶滑溜水
43-1	2.6	2.9	J10024	J10054_H	3644.12~3644.23	$P_2l_1^{2-3}$	灰色油浸泥质粉砂岩	变黏纳米乳液
43-2	2.6	3.0	J10024	J10054_H	3644.12~3644.23	$P_2l_1^{2-3}$	灰色油浸泥质粉砂岩	瓜尔胶纳米乳液
44-1	2.6	3.3	J10024	J10054_H	3634.15~3634.28	$P_2l_1^{2-2}$	深灰色油斑灰质泥岩	低黏滑溜水

表 5-2-5　自发渗吸实验方案汇总

实验条件	岩心编号
不同岩心渗透率	3-1、5-2、20-1、40-1、44-2
不同初始含水饱和度	13-1、13-2、40-1、41-1、43-1、43-2、44-2
不同岩石润湿性	5-2、13-2、40-1、41-2、44-2
不同压裂液类型	5-2、13-2、21-1、21-2、40-1、41-2、43-1、43-2、44-2

三、实验结果及分析

（一）上甜点不同孔隙渗吸采收率特征

首先对上甜点岩心不同孔隙的渗吸特征进行研究，根据谱峰位置划分岩心的大小孔隙，由压汞得到的孔隙半径分布与横向弛豫时间存在一个等效关联的孔径转换关系，当弛豫时间大于 5ms 即孔隙尺寸大于 5μm，定义为大孔隙，弛豫时间小于 5ms 即孔隙尺寸小于 5μm，定义孔隙为小孔隙。

为了研究自发渗吸过程中岩心内不同孔径内含油量的动态变化，定义初始状态岩心不同孔隙内的含油饱和度为 100%，随着自发渗吸的进行，渗吸液（压裂液）在毛细管压力的作用下自发渗吸入岩心不同孔隙内，置换孔隙内的原油，进而将原油渗吸置换至渗吸瓶内。由于重水配置的压裂液不含核磁共振信号，随着岩心内不同尺寸孔隙内含油量的减少，随之核磁共振信号量也会减少，因此从不同时间的 T_2 图谱可以看出，不同弛豫时间下的无量纲振幅随着渗吸时间的增长逐渐减小，通过计算核磁共振 T_2 图谱的积分可以得到不同渗吸时间下原油的含量。

根据实验步骤对吉木萨尔上甜点岩心进行自发渗吸实验，分别测试不同渗吸时间节点的横向弛豫时间 T_2 图谱，计算相应的渗吸速度和采收率。如果以 5μm 孔径划分大小孔隙，分别对 0.001~5ms 及 5~100ms 核磁共振 T_2 图谱进行积分，得到岩心小、大孔隙内原油的相对含量。在不同渗吸时间下得到的原油相对含量，对比初始状态下的孔隙原油含量，可以计算不同渗吸时间下，大、小孔隙内原油渗吸效率和相应时间下的渗吸速率。上甜点 21-1# 岩心的测试和计算结果如图 5-2-3 至图 5-2-5 所示。

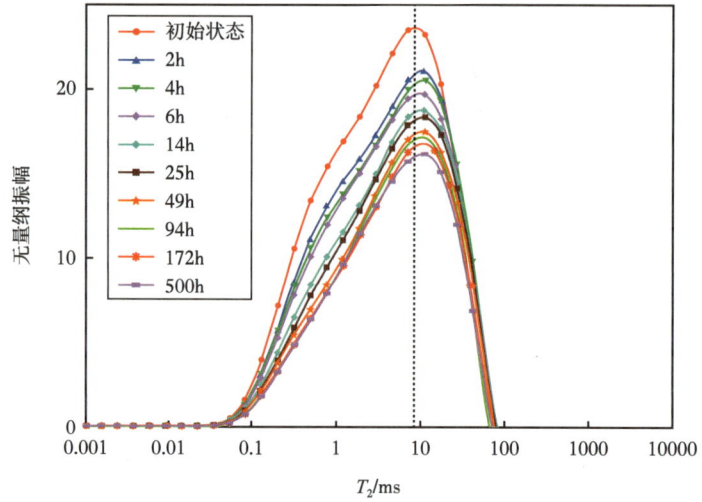

图 5-2-3　上甜点 21-1# 岩心 T_2 图谱

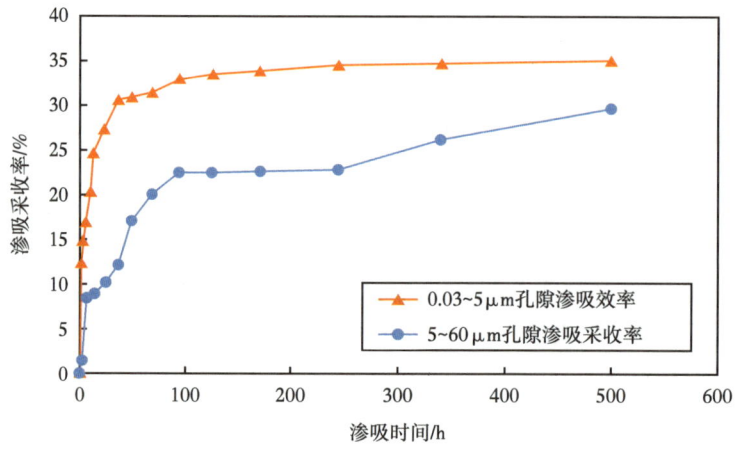

图 5-2-4　上甜点 21-1# 渗吸采收率图

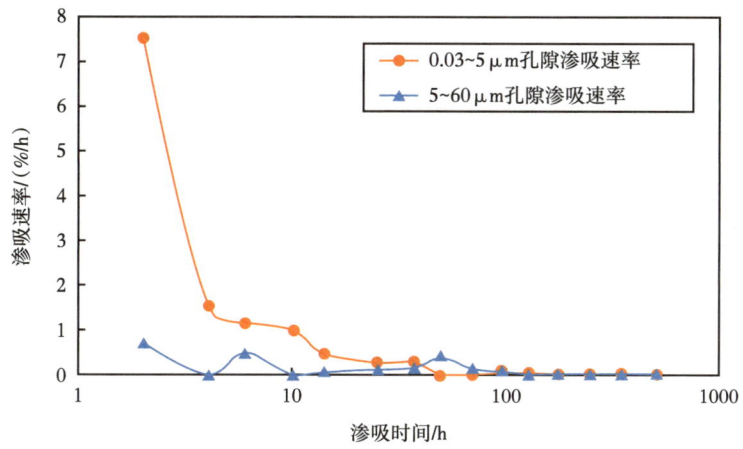

图 5-2-5　上甜点 21-1# 不同孔径渗吸速率图

综合上甜点所有岩心测试结果（表 5-2-6），原油动用孔喉下限平均为 0.03μm，小孔隙渗吸采收率为 28%~36%，大孔隙为 14%~25%。小孔隙渗吸采收率高于大孔隙的原因可以用岩石的润湿性解释。上甜点岩心润湿接触角均为 40.2°~75.1°，岩心均具有偏水湿特征，孔隙半径越小毛细管渗吸动力越大，故上甜点小孔隙渗吸采收率显著高于大孔隙。渗吸过程中小孔隙原油渗吸速率高于大孔隙，且小孔隙渗吸置换油量占总置换量的 62% 左右，所以随渗吸时间增加，小孔隙原油采出速度快，大孔隙原油采出速度慢，不同孔隙之间渗吸速度的差异，导致核磁共振 T_2 图谱谱峰向右移动的特征。

表 5-2-6　上甜点不同孔径渗吸采收率及孔隙动用下限表

岩心编号	甜点	渗吸采收率 / %	小孔隙渗吸采收率 / %	大孔隙渗吸采收率 / %	孔隙动用下限 / μm
3-1	上甜点	32.5	30	16	0.04
5-2	上甜点	25.0	35	23	0.02
13-1	上甜点	27.5	29	21	0.03
13-2	上甜点	28.4	28	20	0.03
20-1	上甜点	25.0	32	14	0.03
21-1	上甜点	36.9	36	25	0.02
21-2	上甜点	36.4	36	24	0.03

（二）下甜点不同孔隙渗吸采收率特征

同样方法测试了下甜点的渗吸采收率与孔隙大小的关系，仍以 5μm 孔径划分大小孔隙，分别对 0.001~5ms 及 5~100ms 核磁共振 T_2 图谱进行积分，得到相应的渗吸 T_2 图谱和采收率等，如图 5-2-6 至图 5-2-8 所示。所不同的是下甜点岩心的润湿接触角为 98.1°~135.8°，岩心均具有明显的偏油湿特征，压裂液优先进入大孔隙，发生润湿反转，所以大孔隙渗吸采收率明显高于小孔隙。渗吸过程中大孔隙原油渗吸速率也高于小孔隙，且大孔隙渗吸置换油量占总置换量的 82% 左右，所以随渗吸时间增加，大孔隙原油采出速度快，小孔隙原油采出速度慢，不同孔隙之间渗吸速度的差异，导致核磁共振 T_2 图谱谱峰向左移动的特征。综合下甜点岩心实验结果，原油可动孔喉下限平均为 0.08μm，小孔隙渗吸采收率为 5%~14%，大孔隙为 25%~40%（表 5-2-7）。

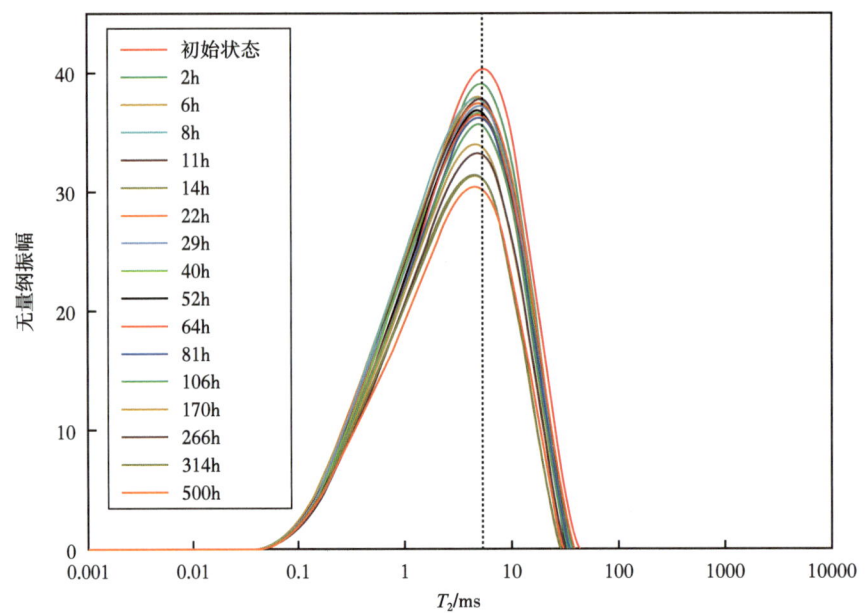

图 5-2-6　下甜点 43-1# T_2 图谱

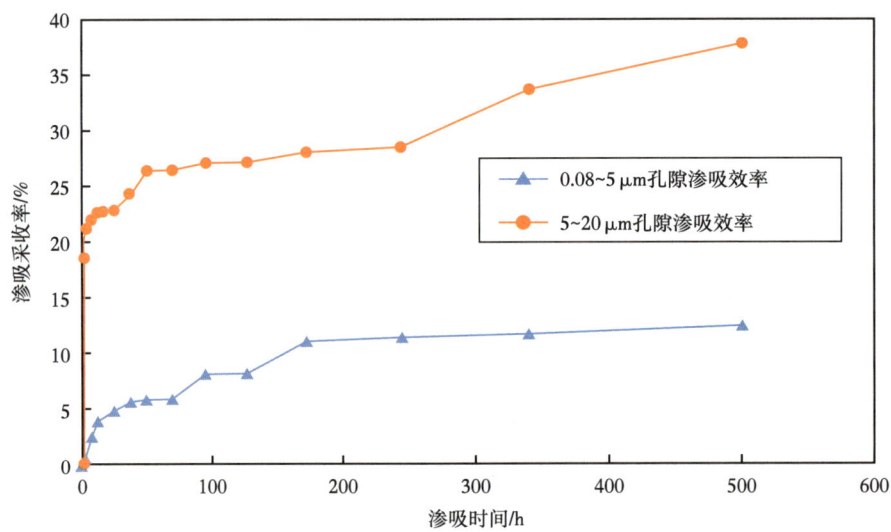

图 5-2-7　下甜点 43-1# 不同孔径与渗吸采收率

第五章 微纳米级孔喉油水置换机理

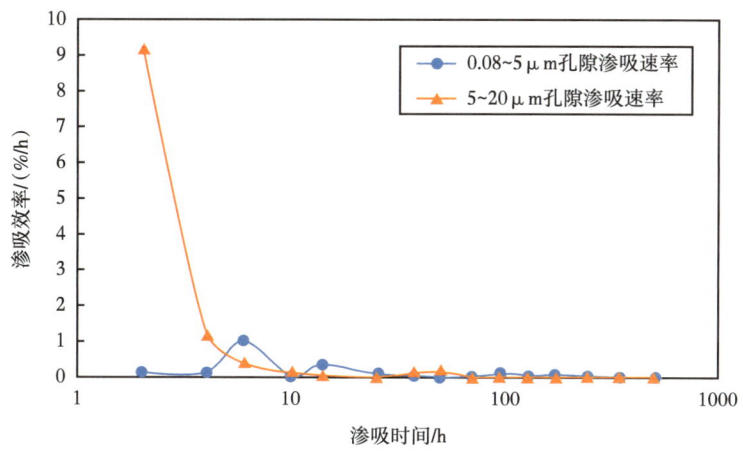

图 5-2-8 下甜点 43-1# 不同孔径与渗吸速率

表 5-2-7 下甜点不同孔隙渗吸采收率及孔隙动用下限表

岩心编号	甜点	渗吸采收率 /%	小孔隙渗吸采收率 /%	大孔隙渗吸采收率 /%	孔隙动用下限 /μm
40-1	下甜点	21.7	5	25	0.08
41-2	下甜点	23.5	8	35	0.07
43-1	下甜点	15.2	13	30	0.08
43-2	下甜点	18.5	12	31	0.09
44-2	下甜点	22.9	14	40	0.08

（三）不同孔隙渗吸速度特征

为了分析吉木萨尔上、下甜点不同岩心渗吸速率及渗吸平衡时间的差异，统计实验岩心前 100h 平均渗吸速率及最大渗吸速率。当渗吸速率低于 0.01%/h 时，即定义为该块岩心达到渗吸平衡条件。根据渗吸平衡条件统计岩心的渗吸平衡区间，上、下甜点渗吸速率及平衡时间见表 5-2-8。

表 5-2-8 上、下甜点岩心渗吸速率及平衡时间

岩心编号	层位	渗吸采收率 /%	前 100h 平均渗吸速度 /（%/h）	最大渗吸速度 /（%/h）	渗吸平衡区间 /h
5-2	上甜点	25.0	0.624	2.364	170~218
13-2	上甜点	28.4	0.882	4.823	172~244
21-1	上甜点	36.9	0.983	5.462	172~244
21-2	上甜点	30.4	0.982	5.408	172~244

续表

岩心编号	层位	渗吸采收率/%	前100h平均渗吸速度/(%/h)	最大渗吸速度/(%/h)	渗吸平衡区间/h
40-1	下甜点	21.7	0.233	0.869	106~130
41-2	下甜点	23.5	0.306	1.887	106~130
43-1	下甜点	15.2	0.269	1.759	94~126
43-2	下甜点	18.5	0.220	0.990	94~126
44-2	下甜点	22.9	0.165	0.151	106~130

上甜点偏水湿，在毛细管压力主导的渗吸作用下，渗吸采收率为25%~36%；下甜点偏油湿，在压裂液润湿反转作用下，渗吸采收率为15%~23%。上甜点渗吸采收率明显高于下甜点，渗吸潜力显著高于下甜点。上甜点岩心前100h平均渗吸速度为0.624~0.983%/h，最大渗吸速度为2.364~5.462%/h，渗吸平衡区间在170~218h范围内；下甜点岩心前100h平均渗吸速度为0.165~0.306%/h，最大渗吸速度为0.151~1.887%/h，渗吸平衡区间在94~130h范围内。初期上甜点渗吸速率明显快于下甜点，但随渗吸时间的增加不断减缓，200h左右达到渗吸平衡。下甜点虽然渗吸速率慢，孔隙原油动用程度较低，120h左右即达到渗吸平衡。上甜点渗吸采收率高于下甜点，达到渗吸平衡所需时间也更长。

（四）不同岩性渗吸特征

为了比较吉木萨尔上、下甜点不同层位岩心的渗吸特征，选取上甜点三个层位，下甜点两个层位共5种不同岩性的岩心进行自发渗吸实验，结果见表5-2-9。

表5-2-9 不同岩性渗吸采收率统计

岩心编号	原油井号	层位	岩性	渗吸采收率/%
5-2	JHW051	$P_2l_2^{2-3}$	灰色油迹白云质粉砂岩	25.0
13-2	JHW051	$P_2l_2^{2-2}$	深灰色荧光质泥岩	28.4
21-1	JHW051	$P_2l_2^{2-1}$	灰黑色泥岩	36.9
21-2	JHW051	$P_2l_2^{2-1}$	灰黑色泥岩	30.4
40-1	J10054_H	$P_2l_1^{2-3}$	灰色油侵泥质粉砂岩	21.7
41-2	J10054_H	$P_2l_1^{2-3}$	灰色油侵泥质粉砂岩	23.5
43-1	J10054_H	$P_2l_1^{2-3}$	灰色油侵泥质粉砂岩	15.2
43-2	J10054_H	$P_2l_1^{2-3}$	灰色油侵泥质粉砂岩	18.5
44-2	J10054_H	$P_2l_1^{2-2}$	深灰色油斑灰质泥岩	22.9

实验结果表明：不同岩性岩心渗吸结果对比发现上、下甜点均有一定渗吸潜力，其中上甜点的 $P_2l_2^{2-1}$、$P_2l_2^{2-2}$ 层岩心渗吸潜力最大，下甜点 $P_2l_1^{2-2}$、$P_2l_1^{2-3}$ 层渗吸采收率低于上甜点。上甜点 $P_2l_2^{2-1}$ 岩性为灰黑色泥岩，渗吸采收率为 30.4%~36.9%；$P_2l_2^{2-2}$ 岩性为深灰色荧光质泥岩，渗吸采收率为 28.4%；$P_2l_2^{2-3}$ 岩性为灰色油迹白云质粉砂岩，渗吸采收率为 25%。下甜点 $P_2l_1^{2-3}$ 岩性为灰色油侵泥质粉砂岩，渗吸采收率为 15.2%~23.5%；$P_2l_1^{2-2}$ 岩性为深灰色油斑灰质泥岩，渗吸采收率为 23%。

（五）不同类型压裂液对渗吸效果的影响

为了比较 6 种不同类型压裂液对吉木萨尔上、下甜点储层自发渗吸的影响，开展了压裂液性质对岩心渗吸效果的实验，实验方案及结果见表 5-2-10 和如图 5-2-9 及图 5-2-10 所示。

表 5-2-10 不同压裂液岩心渗吸采收率

岩心编号	层位	压裂液类型	渗吸采收率 /%
3-1	上甜点	低黏滑溜水	32.5
5-1	上甜点	低黏滑溜水	25.5
5-2	上甜点	低黏滑溜水	25.0
13-2	上甜点	瓜尔胶滑溜水	28.4
21-1	上甜点	清水	36.9
21-2	上甜点	清水+纳米乳液	30.4
40-1	下甜点	低黏滑溜水	21.7
41-2	下甜点	瓜尔胶滑溜水	23.5
43-1	下甜点	低黏纳米乳液	15.2
43-2	下甜点	瓜尔胶纳米乳液	18.5
44-2	下甜点	低黏滑溜水	22.9

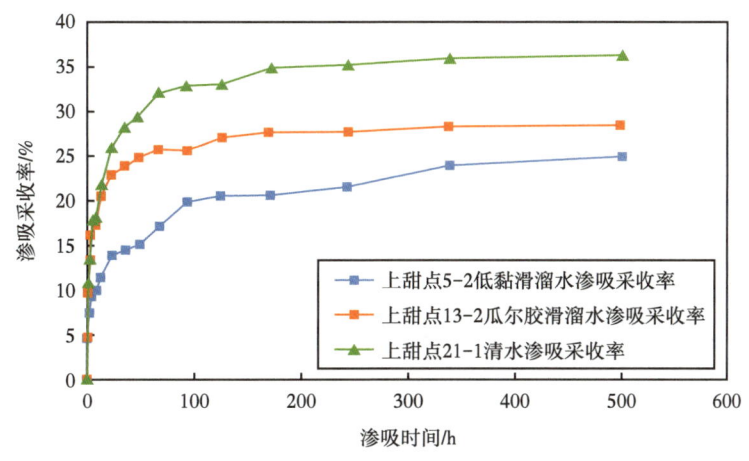

图 5-2-9 上甜点不同压裂液渗吸效果

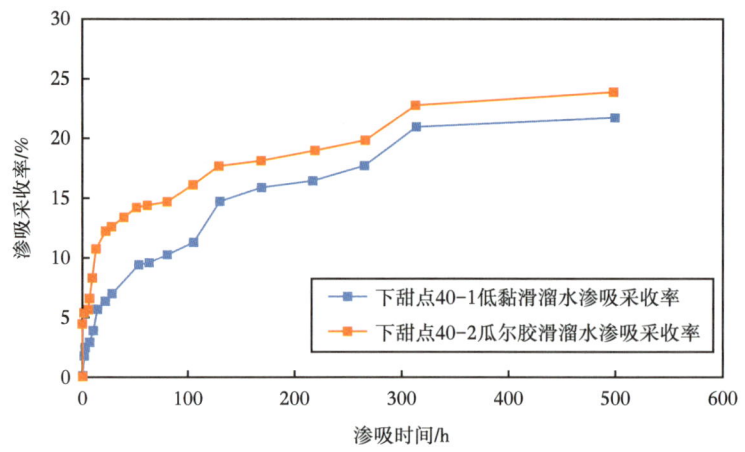

图 5-2-10 下甜点不同压裂液渗吸效果

使用清水压裂液的上甜点岩心渗吸采收率为 30.4%~36.9%，低黏滑溜水体系渗吸采收率为 21.7%~25%，瓜尔胶滑溜水体系渗吸采收率为 18.5%~28.4%。分析其原因：滑溜水体系中添加了高分子材料，一定程度上阻碍了水分子进入小孔隙发生渗吸置换；瓜尔胶滑溜水与低黏滑溜水渗吸采收率相近，其中瓜尔胶滑溜水破胶后黏度更低，渗吸采收率高出低黏滑溜水约 2%~3%。

（六）不同渗透率岩心渗吸特征

同一种压裂液（目前常用的低黏滑溜水）不同渗透率条件下，吉木萨尔上、下甜点岩心的渗吸实验条件及结果见表 5-2-11。

表 5-2-11 不同渗透率岩心渗吸采收率

岩心编号	压裂液类型	覆压孔隙度 /%	覆压渗透率 /mD	渗吸采收率 /%
3-1	低黏滑溜水	14.1	0.0165	32.5
13-2	低黏滑溜水	6.4	0.0029	28.0
20-1	低黏滑溜水	9.8	0.0109	30.8
40-1	低黏滑溜水	13	0.0084	21.7
44-2	低黏滑溜水	15	0.0378	22.9

上、下甜点岩心渗透率在 10^{-3}~10^{-2}mD 级别范围内。实验表明渗透率越大，渗吸采收率越高。虽然渗透率越低，孔隙半径越小，毛细管压力越大，但流体渗流阻力也随之增大，上甜点岩心渗透率增大 5~8 倍，渗吸采收率相应提高 5%~7%；下甜点岩心渗吸效果对渗透率的敏感程度较小。

（七）不同初始含水饱和度岩心渗吸特征

不同初始含水饱和度下岩心自发渗吸测量参数见表 5-2-12，实验结果如图 5-2-11、图 5-2-12 所示。

表 5-2-12 核磁共振 T_1—T_2 测量参数设置

参数	赋值（单位）	参数	赋值（单位）
SF（磁场主频率）	14.06（MHz）	TAU（脉冲间隔）	100（μs）
P90（90度脉冲宽度）	10.5（μs）	T_1Num（T_1 测量点）	31（次）
DW（采样时间）	1（μs）	RD（等待时间）	1000（ms）
NECH（采集回波个数）	4096（个）	TE（回波时间）	100（μs）
SCAN（扫描次数）	64（次）	RG（信号增益）	20（dB）

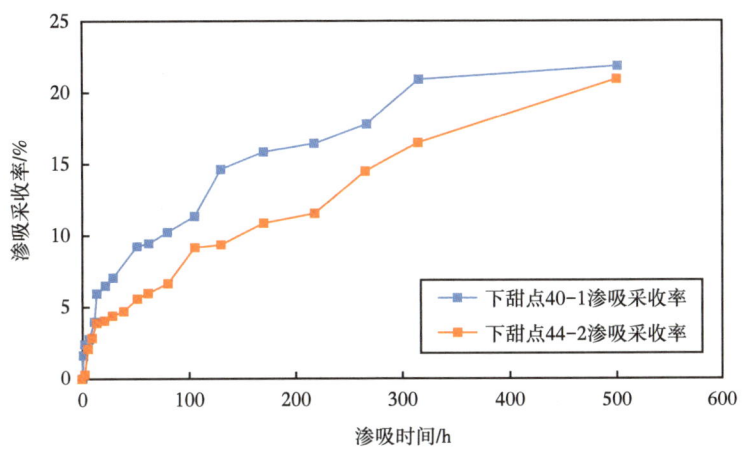

图 5-2-11 下甜点 40-1、下甜点 44-2 渗吸效率图

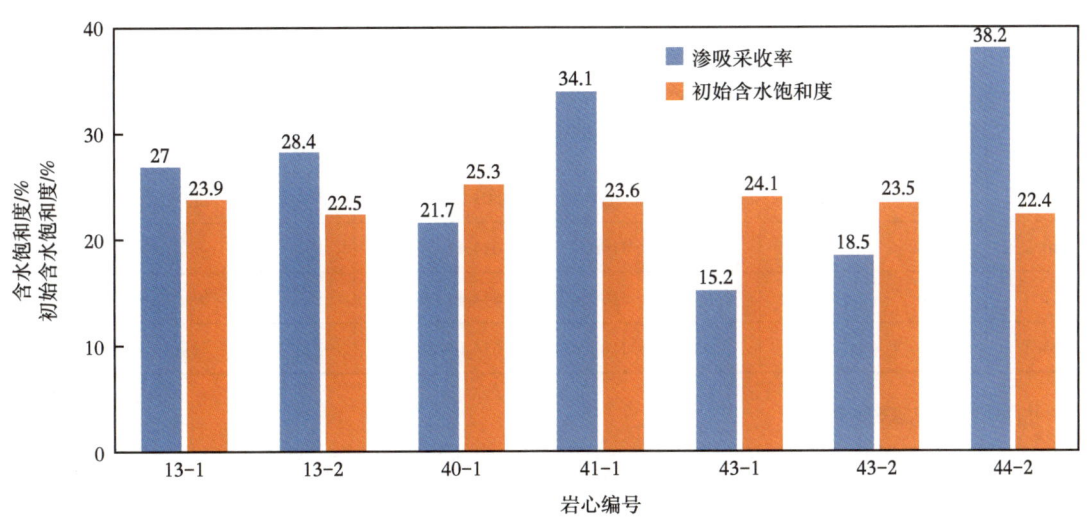

图 5-2-12 不同初始含水饱和度岩心渗吸采收率

含水饱和度的测定是通过 T_1—T_2 图谱来计算的,从渗吸规律可以发现:初始含水饱和度越高,岩心内可发生渗吸置换的原油体积越小,渗吸换油效果越差,渗吸采收率越低。但总体来看初始含水饱和度对渗吸采收率影响较小。

应用高温高压核磁共振扫描实验仪,通过对吉木萨尔上、下甜点岩心开展的页岩自发渗吸实验,得到如下结论:

(1)上甜点岩心表现为亲水—弱亲水;下甜点为亲油—弱亲油,压裂液存在润湿反转作用;

(2)上甜点小孔隙渗吸采收率高,渗吸速率大,在渗吸过程中占主导;

(3)下甜点小孔隙渗吸采收率低,大孔隙在渗吸过程中占主导;

(4)上甜点渗吸采收率高于下甜点,达到渗吸平衡的所需时间更长;

(5)上、下甜点均有一定渗吸潜力,$P_2l_2^{2-1}$、$P_2l_2^{2-2}$ 渗吸潜力最大;

(6)清水压裂液渗吸效果最佳,瓜尔胶与低黏滑溜水渗吸效果相近;

(7)岩心渗透率越大,页岩渗吸效率越高;

(8)初始含水饱和度越高,渗吸采收率越低,但影响程度相对较小。

第三节 页岩油加压渗吸实验及规律分析

页岩油储层依靠水平井+大规模多级压裂开采,施工结束后一段时间内裂缝内压力高于地层压力,同时采用分段压裂,施工周期长,裂缝内压裂液除了自发渗吸到基质外,还存在加压渗吸。本节通过核磁共振技术开展加压渗吸实验,分析其影响因素,实验结果可用于指导吉木萨尔上、下甜点页岩油储层压后焖井时间的优化。

一、实验材料及步骤

选用加压饱和原油后的岩心作为实验岩心,由于加压压力较大,选择耐压为 50MPa 的中间容器作为实验容器,实验岩心参数见表 5-3-1。

表 5-3-1 加压渗吸实验岩心

岩心编号	直径/cm	长度/cm	井号	原油井号	采样深度/m	层位	岩性
5-1	2.5	3.3	J10024	JHW051	3501.02~3501.32	$P_2l_2^{2-3}$	灰色油迹白云质粉砂岩
40-2	2.6	3.0	J10024	J10054_H	3644.49~3644.60	$P_2l_1^{2-3}$	灰色油侵泥质粉砂岩
42-1	2.6	3.1	J10024	J10054_H	3644.49~3644.60	$P_2l_1^{2-3}$	灰色油侵泥质粉砂岩
44-1	2.6	3.2	J10024	J10054_H	3634.15~3634.28	$P_2l_1^{2-2}$	深灰色油斑灰质泥岩

加压渗吸实验流程:

(1)将完成自发渗吸的岩心放置在已升温至 80℃ 的中间容器内,加入重水配置破胶后的压裂液,保持恒压 15MPa;

(2)在每个扫描时间节点,将测试岩心从中间容器中取出,高温下擦净岩心表面原油,用聚四氟乙烯薄膜包裹冷却(薄膜减少岩心流体蒸发);

（3）测试岩心冷却至25℃后，将岩心放进核磁共振仪SPEC-RC035进行扫描，测量岩心T_2图谱；

（4）扫描结束后拆掉薄膜，将测试岩心立即放回到中间容器内并保持恒温恒压，继续加压渗吸过程，直至实验结束。

数据处理与自发渗吸一致，对加压渗吸实验各个时间节点岩心核磁共振T_2谱进行数据处理，得到相应时间节点岩心内原油的相对含量，计算加压渗吸过程各个时间点的渗吸采收率及渗吸速率。

二、加压渗吸实验结果分析

（一）不同孔隙渗吸采收率特征

采用相同的实验方法，对吉木萨尔上、下甜点岩心进行加压渗吸实验，测定不同加压渗吸时间的横向弛豫时间T_2图谱，计算出不同加压渗吸时间下的渗吸采收率及渗吸速率如图5-3-1和图5-3-2所示。

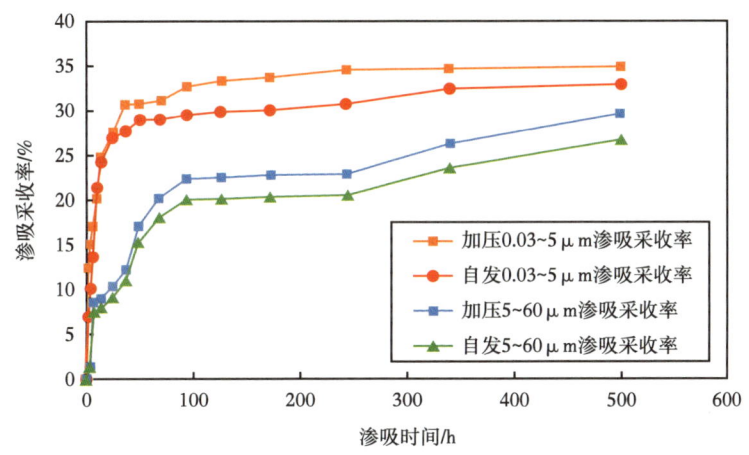

图5-3-1 上甜点5-1#加压渗吸效率

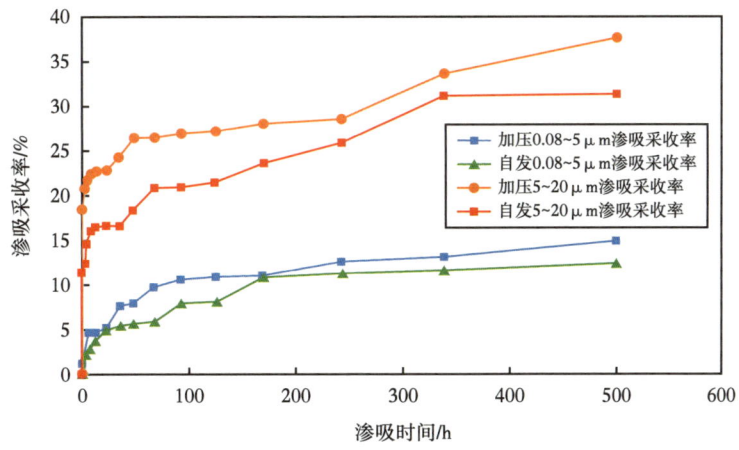

图5-3-2 下甜点40-2#加压渗吸效率

与自发渗吸相比，加压渗吸 500h 后，上、下甜点岩心渗吸采收率都有不同程度的提高，但小孔隙渗吸采收率提高的幅度较大，为 2%~5%，大孔隙渗吸采收率提高 2%~3%。说明加压后有助于压裂液进入小孔隙，有助于小孔隙内原油的采出，进一步提高渗吸采收率。因此，对页岩油储层压裂后适当焖井有助于提高渗吸置换量。

（二）自发、加压渗吸总体采收率对比

综合考虑不同孔隙的渗吸特征，加压渗吸与自发渗吸采收率和渗吸速度对比如图 5-2-3 至图 5-2-6 所示，对照表见 5-3-2。

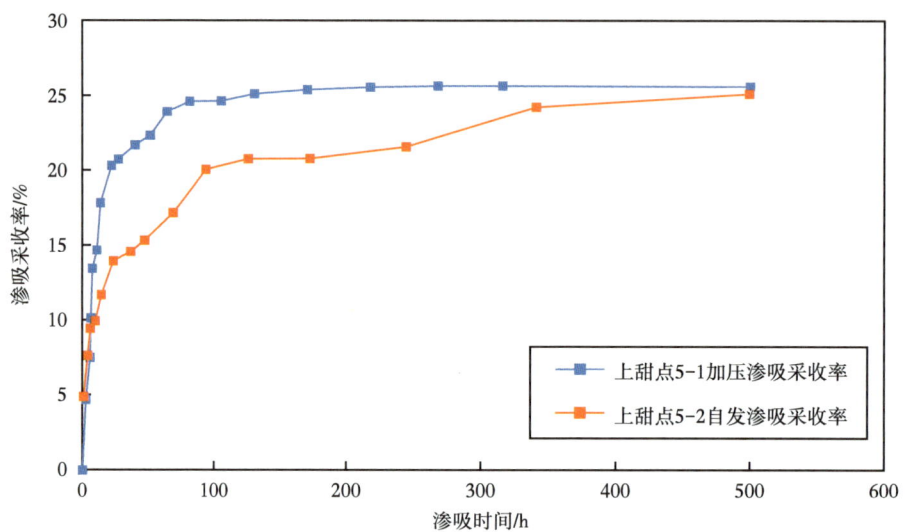

图 5-3-3　上甜点加压、自发渗吸采收率

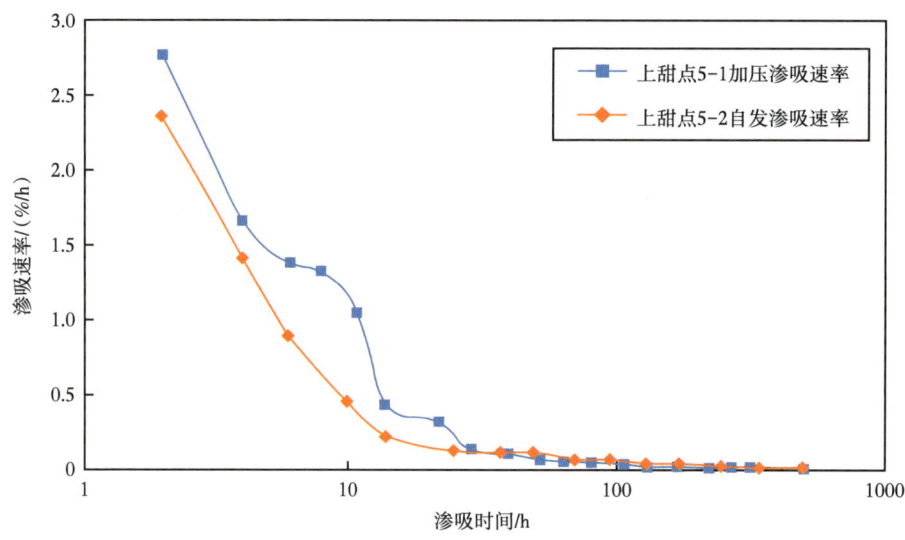

图 5-3-4　上甜点加压、自发渗吸速率

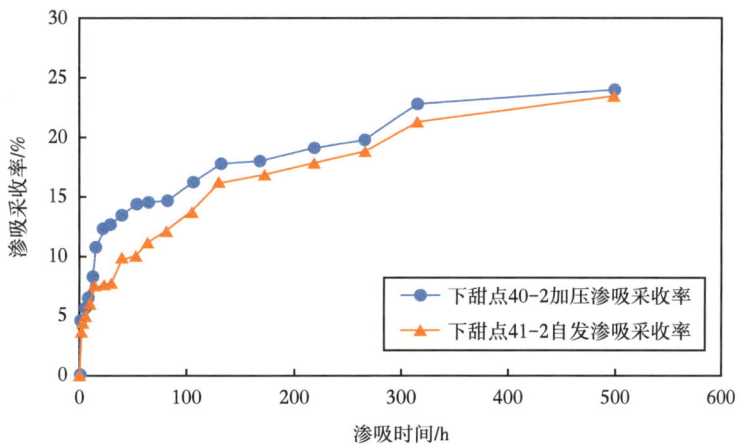

图 5-3-5 下甜点加压、自发渗吸采收率

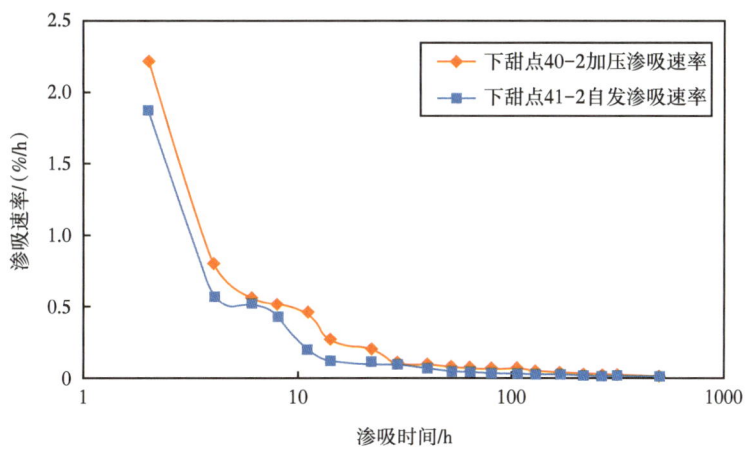

图 5-3-6 下甜点加压、自发渗吸速率

表 5-3-2 上、下甜点自发与加压渗吸效果对照表

岩心编号	长度/cm	渗吸类型	压裂液类型	渗吸采收率/%	渗吸平衡时间/h
5-1	2.5	加压渗吸	低黏滑溜水	25.5	126~166
5-2	2.5	自发渗吸	低黏滑溜水	25.0	170~218
40-2	3.1	加压渗吸	瓜尔胶压裂液	23.9	94~106
41-2	3.1	自发渗吸	瓜尔胶压裂液	23.5	106~130
42-1	3.1	加压渗吸	低黏滑溜水纳米乳液	16.6	94~106
43-1	2.9	自发渗吸	低黏滑溜水纳米乳液	15.2	94~126
43-2	3.0	自发渗吸	瓜尔胶纳米乳液	18.5	94~126
44-1	3.1	加压渗吸	瓜尔胶纳米乳液	18.9	94~106

对比自发、加压渗吸实验，上甜点加压渗吸采收率高于自发渗吸 0.5% 左右。170h 达到渗吸平衡，相较于自发渗吸缩短 15%；下甜点加压渗吸采收率高于自发渗吸采收率 1% 左右，80h 达到渗吸平衡，相较于自发渗吸缩短 33%。加压渗吸速率高于自发渗吸速率，有助于缩短平衡时间。

（三）最优焖井时间

由于室内实验岩心模型为 2~5cm，受岩心尺度限制，实验得到的渗吸平衡时间难以直接用于真实油藏尺度的焖井时间优化，因此，需要借助数值模拟的方法进行最优焖井时间优化。首先建立岩心尺度的数值模拟模型，通过计算的渗吸采收率与实验测得的对比拟合，确定上、下甜点的毛细管压力曲线等基础参数，再通过建立的油藏尺度数值模拟模型，以渗吸置换量为目标优化焖井时间，结果如图 5-3-7、图 5-3-8 所示。

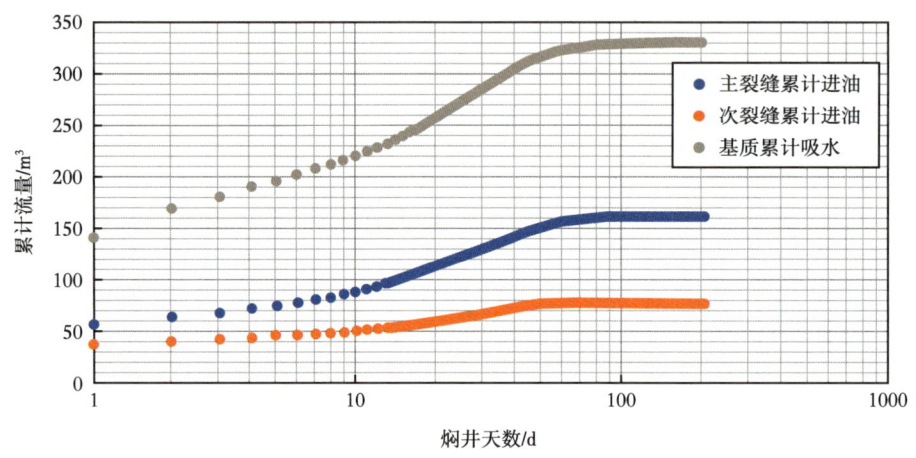

图 5-3-7　上甜点油藏尺度焖井时间优化

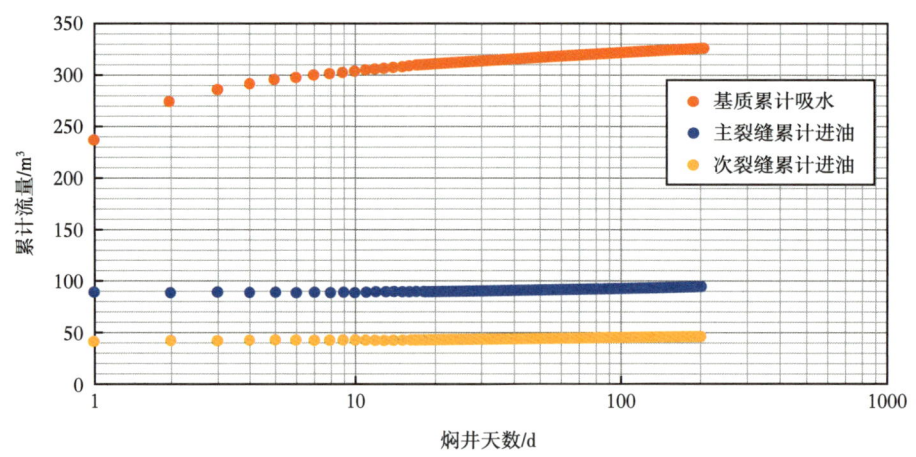

图 5-3-8　下甜点油藏尺度焖井时间优化

模拟结果表明：上甜点储层延长压后焖井时间（约 60d），有利于压裂液渗吸换油，提高油井产量；下甜点储层只要进行短期焖井（约 14d），就可以达到渗吸置换平衡。

通过吉木萨尔页岩储层上、下甜点加压渗吸实验,得到如下结论:
(1)加压渗吸有助于小孔隙原油的采出,大孔隙增幅效果不明显;
(2)加压渗吸速率高于自发渗吸,有助于缩短平衡时间;
(3)上甜点井可以适当延长焖井时间,下甜点井短期焖井即可。

第四节　页岩驱替返排实验研究

为了研究页岩油储层压裂焖井后的驱替返排效率,应用核磁共振技术模拟了压裂液的驱替过程,为后期驱替方式的选择提供依据。

一、实验材料及实验步骤

选用已经完成自发渗吸实验的岩心进行渗吸驱替实验。由于驱替液中不能有核磁共振信号,所以选择去氢材料(氟油)作为驱替液,模拟油(氟油)参数见表5-4-1。

表 5-4-1　模拟油参数表

项目	结果	实验方法参照标准
外观	无色透明液体	—
密度(25℃)/(kg/m^3)	1820	GB/T 13377
动力黏度(25℃)/(mPa·s)	14.692	GB/T 265
动力黏度(80℃)/(mPa·s)	10.265	GB/T 265
凝点/℃	< -60℃	GB/T 510
酸值/(mgKOH/g)	0.023	NB/SH/T 0434
初馏点/℃	210	GB/T 255

渗吸驱替实验步骤如下:
(1)将完成自发渗吸实验的岩心放入核磁共振仪进行扫描,获取驱替初始状态下的核磁 T_2 图谱;
(2)将扫描后的岩心放入岩心夹持器内,待岩心温度升至80℃,设定恒流0.03mL/min驱替,设置跟踪围压为3MPa,利用模拟油(氟油)恒流驱替;
(3)驱替10倍孔隙体积模拟油后,待驱出液体为纯模拟油后,泄压取出岩心;
(4)利用核磁共振仪测量驱替结束后的岩心 T_2 图谱,利用量筒测量驱替出水体积;
(5)扫描结束后,计算岩心驱替采收率及压裂液返排率。

二、实验结果分析

(一)上、下甜点渗吸驱替采收率特征

根据实验步骤对吉木萨尔上、下甜点岩心进行渗吸驱替实验,分别在驱替前后应用核磁共振仪进行横向弛豫时间 T_2 图谱的测量,计算出不同渗吸驱替时间下的驱替采收率及返排率。通过岩心驱替实验,得到吉木萨尔上、下甜点岩心渗吸驱替采收率见表5-4-2。

表 5-4-2 岩心渗吸驱替返排采收率统计表

岩心编号	甜点	层位	渗吸采收率/%	驱替采收率/%	总采收率/%
5-2	上甜点	$P_2l_2^{2-3}$	25.0	30.81	55.8
13-2	上甜点	$P_2l_2^{2-2}$	28.4	0（未驱通）	28.4
21-1	上甜点	$P_2l_2^{2-1}$	36.9	8.19	45.1
21-2	上甜点	$P_2l_2^{2-1}$	30.4	14.35	44.4
40-1	下甜点	$P_2l_1^{2-3}$	21.7	0（未驱通）	21.7
41-2	下甜点	$P_2l_1^{2-3}$	23.5	10.58	34.1
43-1	下甜点	$P_2l_1^{2-3}$	15.2	0（未驱通）	15.2
43-2	下甜点	$P_2l_1^{2-3}$	18.5	0（未驱通）	18.5
44-2	下甜点	$P_2l_1^{2-2}$	22.9	15.3	38.2

结合岩心孔喉数据，由实验结果可知：上甜点 $P_2l_2^{2-1}$ 岩心驱替动用孔喉下限为 3μm，$P_2l_2^{2-2}$ 岩心驱替未驱通，$P_2l_2^{2-3}$ 层驱替孔喉下限为 5μm；小孔隙驱替采收率为 10%~15%，而大孔隙采收率为 23%~25%，占主导地位。下甜点 $P_2l_1^{2-2}$ 岩心驱替动用孔喉下限平均 1μm，$P_2l_1^{2-3}$ 层为 1.2μm；小孔隙驱替采收率为 15%~22%，而大孔隙驱替采收率为 30%~35%，潜力更高。$P_2l_1^{2-2}$ 润湿反转后亲水性增加，总采收率高于 $P_2l_1^{2-3}$，大孔隙渗吸采收率高，占主导地位。

上、下甜点岩心驱替压力见表 5-4-3。实验结果表明，上甜点：$P_2l_2^{2-1}$ 层最高驱替压力为 40MPa，稳定驱替压力为 30.5MPa，其中驱替出大孔隙原油占 62%；$P_2l_2^{2-2}$ 岩心未驱通；$P_2l_2^{2-3}$ 最高驱替压力 42.5MPa，稳定驱替压力 36.5MPa，其中驱替出大孔隙原油占 57%。自发渗吸后，$P_2l_2^{2-1}$、$P_2l_2^{2-3}$ 层具有一定的渗吸驱替潜力。下甜点：$P_2l_1^{2-2}$ 层最高驱替压力为 25MPa，稳定驱替压力为 20.5MPa，其中驱替出大孔隙原油占 76%；$P_2l_1^{2-3}$ 层最高驱替压力为 35MPa，稳定驱替压力为 29MPa，其中驱替出大孔隙原油占比 68.5%。自发渗吸后，$P_2l_1^{2-2}$、$P_2l_1^{2-3}$ 层均具有较大渗吸驱替潜力。与上甜点对比，自发渗吸后下甜点储层的驱替潜力较大。

表 5-4-3 上甜点岩心驱替压力

岩心编号	层位	最大驱替压力/MPa	稳定驱替压力/MPa
5-2	$P_2l_2^{2-3}$	42.5	36.5
13-2	$P_2l_2^{2-2}$	未驱通	未驱通
16-1	$P_2l_2^{2-2}$	未驱通	未驱通
18-1	$P_2l_2^{2-1}$	40	30
21-1	$P_2l_2^{2-1}$	38	31
21-2	$P_2l_2^{2-1}$	37	31
40-1	$P_2l_2^{2-3}$	未驱通	未驱通

续表

岩心编号	层位	最大驱替压力 /MPa	稳定驱替压力 /MPa
41-2	$P_2l_1^{2-3}$	35	29
43-1	$P_2l_1^{2-3}$	未驱通	未驱通
43-2	$P_2l_1^{2-3}$	未驱通	未驱通
44-2	$P_2l_1^{2-2}$	25	20.5

（二）不同渗透率岩心驱替采收率特征

不同渗透率岩心驱替实验结果见表5-4-4。实验结果表明，实验最大驱替压差设置为50MPa，高于实际最大生产压差。渗透率越高，驱替压力越小，驱替采收率越高；渗吸驱替存在渗透率下限，低于0.01mD的岩心难以将原油驱替出来。

表 5-4-4 不同渗透率岩心驱替返排采收率图

岩心编号	驱替液	覆压渗透率 / mD	渗吸采收率 /%	驱替采收率 /%	总采收率 /%
3-1	模拟油	0.0165	32.5	30.8	62.5
13-2	模拟油	0.0029	28.0	0（未驱通）	28.0
20-1	模拟油	0.0109	30.8	14.4	45.2
40-1	模拟油	0.0084	21.7	0（未驱通）	21.7
44-2	模拟油	0.0378	22.9	25.3	48.2

（三）不同初始含水饱和度岩心驱替采收率特征

不同初始含水饱和度岩心驱替实验结果见表5-4-5，结果表明，初始含水饱和度与驱替效果无明显关联，不是影响驱替的主要因素。

表 5-4-5 不同初始含水饱和度岩心驱替返排采收率

岩心编号	甜点	初始含水饱和度	自发渗吸采收率 /%	驱替采收率 /%	总采收率 /%
13-1	上甜点	0.239	27.0	0（未驱通）	27.0
13-2	上甜点	0.225	28.4	0（未驱通）	28.4
40-1	下甜点	0.253	21.7	0（未驱通）	21.7
41-2	下甜点	0.236	23.5	20.6	44.1
44-2	下甜点	0.224	22.9	25.3	48.2

（四）不同压裂液驱替采收率特征

6种不同压裂液体系对吉木萨尔上、下甜点岩心驱替实验结果见表5-4-6。实验结果表示，上甜点储层弱亲水，基质返排率为7.4%~15.4%；下甜点储层弱亲油，但在压裂液润湿反转作用下，基质返排率与上甜点相当，在 11% 左右。瓜尔胶与低黏滑溜水返排率相近，清水（KCl）内无添加剂，返排率相较于压裂液体系高出 6%~8%。

表 5-4-6 不同压裂液岩心驱替返排采收率统计

岩心编号	层位	自发渗吸压裂液类型	基质返排率/%	自发渗吸采收率/%	驱替采收率/%
5-2	上甜点	低黏滑溜水	7.4	25	15.8
13-2	上甜点	瓜尔胶滑溜水	0（未驱通）	28.4	0
21-1	上甜点	清水（KCl）	15.4	36.9	8.2
21-2	上甜点	清水（KCl+纳米乳液）	13.3	30.4	14.4
40-1	下甜点	低黏滑溜水	0（未驱通）	21.7	0
41-2	下甜点	瓜尔胶滑溜水	11.58	23.5	20.6
43-1	下甜点	低黏纳米乳液	0（未驱通）	15.2	0
43-2	下甜点	瓜尔胶纳米乳液	0（未驱通）	18.5	0
44-2	下甜点	低黏滑溜水	10.27	22.9	25.3

通过对吉木萨尔上、下甜点岩心压裂液渗吸、驱替核磁共振实验研究，得到如下结论：

（1）储层岩心中大孔隙渗吸驱替采收率高，占主导地位；
（2）自发渗吸后上、下甜点都具有一定的驱替潜力，但下甜点层驱替潜力较大；
（3）岩心渗透率越高，驱替效率越高，而初始含水饱和度影响较小；
（4）清水（KCl）返排率最高，但基质返排率总体很低，平均 11% 左右。

参 考 文 献

丁次乾，2008. 矿场地球物理 [M]. 东营：中国石油大学出版社.
肖立志，1995. 核磁测井的现状与发展趋势 [J]. 石油天然气学报，（4）：38-43.
肖立志，1998. 核磁共振成像测井与岩石核磁共振及其应用 [M]. 北京：科学出版社.
TIMUR A, 1968. Producible porosity and permeability of sandstones investigated through nuclearmagnetic resonance principles[J]. Log Analyst, 10（1）: 3-11.
TIMUR A. 1969. Pulsed Nuclear Magnetic Resonance Studies of Porosity, Movable Fluid, and Permeability of Sandstones[J]. Journal of Petroleum Technology, 21（6）: 775-786.

第六章 CO_2 作用机理

吉木萨尔页岩储层渗流能力差,无法通过注采方式实现能量补充,只能采用衰竭开采开发方式,但衰竭开采方式能量下降快,采收率低(吴承美等,2021)。CO_2 前置蓄能压裂可以实现压裂过程的能量补充和生产阶段的提高采收率(刘合等,2022),因此,该技术是页岩油储层可选的高效开采方式。吉木萨尔页岩油地下黏度高,气油比低,前期虽开展过 CO_2 蓄能压裂现场试验,但井数少,其技术适应性和工艺参数设计还缺乏系统的研究。本节通过开展 CO_2 与储层的物理、化学作用机理研究,揭示 CO_2 前置蓄能压裂增产和提高采收率机理,为吉木萨尔页岩油储层 CO_2 前置蓄能压裂改造工艺参数设计奠定基础。

第一节 CO_2 与原油相互作用机理

在 CO_2 前置蓄能压裂焖井期间,CO_2 长时间与地下原油接触并相互作用,可以充分降低波及区域内的原油黏度,与原油混相并置换小孔隙中的原油(巢忠堂等,2003)。CO_2 与原油相互作用的机理在以往的 CO_2 驱和 CO_2 吞吐中被广泛研究(王高峰等,2015;胡永乐等,2019;黄兴等,2022),但为进一步明确 CO_2 对吉木萨尔页岩油的降黏效果、最小混相压力及 CO_2 的置换能力,需通过实验对上述三个作用进行量化。

一、降黏作用

(一)吉木萨尔页岩油高压物性测试

使用无汞全透明活塞式高压 PVT 装置分别对上甜点 A 井、下甜点 B 井原油开展高压物性实验,明确两口井原油的基础物性和地层流体井流物组成。结果见表 6-1-1 至表 6-1-4。

表 6-1-1 上甜点 A 井地层温度下地层流体黏度

压力 /MPa	原油黏度 /mPa·s
40.00	13.35
36.67	12.85
35.00	12.60
30.00	11.86
25.00	11.11
20.00	10.37
15.00	9.62
10.00	8.88
5.00	8.13
3.40	7.89
0.00	17.40

表 6-1-2 上甜点 A 井地层流体井流物组分组成分析

组分		闪蒸油组成		闪蒸气组成摩尔分数 /%	井流物组成	
		摩尔分数 /%	质量分数 /%		摩尔分数 /%	质量分数 /%
H_2S	硫化氢	0.00	0.00	0.00	0.00	0.00
CO_2	二氧化碳	0.00	0.00	0.98	0.16	0.03
N_2	氮气	0.00	0.00	4.12	0.68	0.07
C_1	甲烷	0.00	0.00	70.26	11.56	0.70
C_2	乙烷	0.00	0.00	10.48	1.72	0.20
C_3	丙烷	0.00	0.00	9.96	1.64	0.27
iC_4	异丁烷	0.00	0.00	1.72	0.28	0.06
nC_4	正丁烷	0.00	0.00	1.88	0.31	0.07
iC_5	异戊烷	0.00	0.00	0.32	0.05	0.01
nC_5	正戊烷	0.00	0.00	0.25	0.04	0.01
C_6	己烷	4.46	1.20	0.03	3.73	1.19
C_7	庚烷	2.13	0.66	0.00	1.78	0.65
C_8	辛烷	2.28	0.79	0.00	1.91	0.78
C_9	壬烷	2.44	0.95	0.00	2.04	0.94
C_{10}	癸烷	3.26	1.41	0.00	2.73	1.39
C_{11}	十一烷	3.86	1.83	0.00	3.22	1.80
C_{12}	十二烷	4.92	2.55	0.00	4.11	2.51
C_{13}	十三烷	4.82	2.71	0.00	4.03	2.68
C_{14}	十四烷	4.71	2.88	0.00	3.93	2.83
C_{15}	十五烷	4.02	2.66	0.00	3.36	2.63
C_{16}	十六烷	5.20	3.72	0.00	4.34	3.66
C_{17}	十七烷	4.52	3.45	0.00	3.78	3.40
C_{18}	十八烷	3.59	2.90	0.00	3.00	2.86
C_{19}	十九烷	3.73	3.16	0.00	3.12	3.12
C_{20}	二十烷	3.31	2.93	0.00	2.77	2.89
C_{21}	二十一烷	3.02	2.83	0.00	2.52	2.78
C_{22}	二十二烷	2.96	2.90	0.00	2.47	2.86
C_{23}	二十三烷	2.60	2.66	0.00	2.17	2.62
C_{24}	二十四烷	2.55	2.71	0.00	2.13	2.68
C_{25}	二十五烷	2.32	2.57	0.00	1.94	2.54
C_{26}	二十六烷	2.28	2.64	0.00	1.91	2.60
C_{27}	二十七烷	2.37	2.85	0.00	1.98	2.81
C_{28}	二十八烷	2.35	2.93	0.00	1.96	2.89
C_{29}	二十九烷	2.32	3.01	0.00	1.94	2.96
C_{30}	三十烷	1.92	2.57	0.00	1.61	2.54
C_{31}	三十一烷	1.61	2.23	0.00	1.35	2.20
C_{32}	三十二烷	1.28	1.83	0.00	1.07	1.80
C_{33}	三十三烷	1.24	1.83	0.00	1.03	1.79
C_{34}	三十四烷	1.27	1.93	0.00	1.06	1.90
C_{35}	三十五烷	1.43	2.24	0.00	1.20	2.21
C_{36+}	三十六烷以上	11.23	28.48	0.00	9.38	28.06
合计		100.00	100.00	100.00	100.00	100.00

表 6-1-3　下甜点 B 井地层温度下地层流体黏度

压力 /MPa	原油黏度 /（mPa·s）
40.00	30.08
39.21	29.77
35.00	26.61
30.00	24.93
25.00	23.88
20.00	22.94
15.00	22.03
10.00	20.12
6.57	21.17
3.00	20.59
0.00	35.78

表 6-1-4　下甜点 B 井地层流体井流物组分组成分析

组分		闪蒸油组成		闪蒸气组成摩尔分数 /%	井流物组成	
		摩尔分数 /%	质量分数 /%		摩尔分数 /%	质量分数 /%
H_2S	硫化氢	0.00	0.00	0.00	0.00	0.00
CO_2	二氧化碳	0.00	0.00	0.65	0.14	0.03
N_2	氮气	0.00	0.00	0.00	0.00	0.00
C_1	甲烷	0.00	0.00	65.13	14.04	0.93
C_2	乙烷	0.00	0.00	11.97	2.58	0.32
C_3	丙烷	0.00	0.00	15.97	3.44	0.62
iC_4	异丁烷	0.00	0.00	2.90	0.62	0.15
nC_4	正丁烷	0.00	0.00	2.66	0.57	0.14
iC_5	异戊烷	2.29	0.55	0.39	1.88	0.56
nC_5	正戊烷	1.97	0.47	0.31	1.61	0.48
C_6	己烷	5.15	1.43	0.00	4.04	1.39
C_7	庚烷	6.88	2.18	0.01	5.40	2.13
C_8	辛烷	6.47	2.28	0.00	5.07	2.23
C_9	壬烷	5.24	2.09	0.00	4.11	2.04
C_{10}	癸烷	4.18	1.85	0.00	3.27	1.80
C_{11}	十一烷	3.87	1.87	0.00	3.03	1.83
C_{12}	十二烷	3.93	2.09	0.00	3.08	2.04
C_{13}	十三烷	3.65	2.11	0.00	2.86	2.06
C_{14}	十四烷	3.61	2.27	0.00	2.84	2.22
C_{15}	十五烷	3.68	2.50	0.00	2.89	2.45
C_{16}	十六烷	4.08	2.99	0.00	3.20	2.92
C_{17}	十七烷	3.44	2.69	0.00	2.70	2.63
C_{18}	十八烷	2.23	1.84	0.00	1.75	1.81
C_{19}	十九烷	1.62	1.40	0.00	1.27	1.37
C_{20}	二十烷	1.61	1.46	0.00	1.26	1.42
C_{21}	二十一烷	1.51	1.45	0.00	1.19	1.42
C_{22}	二十二烷	1.43	1.44	0.00	1.12	1.40

续表

组分		闪蒸油组成		闪蒸气组成	井流物组成	
		摩尔分数 /%	质量分数 /%	摩尔分数 /%	摩尔分数 /%	质量分数 /%
C_{23}	二十三烷	1.38	1.45	0.00	1.08	1.41
C_{24}	二十四烷	1.33	1.45	0.00	1.04	1.41
C_{25}	二十五烷	1.27	1.45	0.00	1.00	1.42
C_{26}	二十六烷	1.30	1.54	0.00	1.02	1.50
C_{27}	二十七烷	1.22	1.50	0.00	0.96	1.48
C_{28}	二十八烷	1.46	1.87	0.00	1.15	1.83
C_{29}	二十九烷	1.68	2.22	0.00	1.32	2.18
C_{30}	三十烷	1.32	1.81	0.00	1.04	1.78
C_{31}	三十一烷	1.19	1.69	0.00	0.93	1.64
C_{32}	三十二烷	1.17	1.71	0.00	0.92	1.68
C_{33}	三十三烷	0.99	1.50	0.00	0.78	1.47
C_{34}	三十四烷	0.87	1.35	0.00	0.68	1.32
C_{35}	三十五烷	0.82	1.31	0.00	0.64	1.28
C_{36+}	三十六烷以上	17.18	44.20	0.00	13.48	43.21
合计		100.00	100.00	100.00	100.00	100.00

高压实验结果表明，吉木萨尔页岩储层上、下甜点原油重质组分丰富，黏度较高，地层条件下分别可以达到 13.35mPa·s 和 30mPa·s，意味着注入 CO_2 后具有较大的降黏空间，可以为提高采收率作出较大贡献。

（二）吉木萨尔页岩油注 CO_2 膨胀实验

使用无汞全透明活塞式高压 PVT 装置分别对上、下甜点原油进行注 CO_2 膨胀实验，分多次注入 CO_2，每次注入的 CO_2 气量多于前一次的加气量，这个过程中可以获取 CO_2—地层原油体系的饱和压力、体积膨胀系数等参数随注气量提高的变化。然后将 PVT 仪中的 CO_2—地层原油混合样品保持单相转入高温高压落球黏度计，在地层温度下测试体系单相黏度。实验结果见表 6-1-5 和表 6-1-6。

表 6-1-5 A 井注气膨胀实验结果

加气次数	CO_2 摩尔分数 /%	饱和压力 / MPa	气油比 / (m³/m³)	饱和压力下原油膨胀系数	p_b 密度 / (g/cm³)	p_b 黏度 / mPa·s
0	0.00	3.40	14.0	1.0000	0.8501	7.890
1	15.00	7.07	27.4	1.0350	0.8429	6.120
2	25.00	9.16	39.4	1.0662	0.8381	5.172
3	35.00	10.93	55.0	1.1070	0.8343	4.524
4	45.00	12.63	76.3	1.1627	0.8301	3.720
5	55.00	14.67	107.0	1.2433	0.8266	3.348
6	65.00	17.28	155.3	1.3694	0.8225	2.688
7	75.00	21.26	242.3	1.5914	0.8202	2.028
8	85.00	29.26	445.2	2.0691	0.8177	1.632

表 6-1-6　B 井注气膨胀实验结果

加气次数	CO_2 摩尔分数/%	饱和压力/MPa	气油比/(m^3/m^3)	饱和压力下原油膨胀系数	p_b 密度/(g/cm^3)	p_b 黏度/($mPa \cdot s$)
0	0.00	6.57	20.0	1.0000	0.865	21.17
1	18.85	9.43	40.9	1.2265	0.866	14.33
2	40.00	16.33	82.5	1.2945	0.869	9.11
3	52.10	23	121.2	1.3718	0.8769	7.68
4	62.00	33.93	175.5	1.4695	0.8875	6.91
5	69.00	48.14	225.4	1.5605	0.9059	6.55
6	72.45	58.64	271.6	1.6115	0.9172	6.34

注气膨胀实验结果表明，随 CO_2 注入及注入量持续增加，上、下甜点两口井原油性质变化规律保持一致。首先，注入 CO_2 后，地层原油的饱和压力明显升高，注入 CO_2 越多，饱和压力越高，与之相关的是 CO_2 在地层原油中的溶解度会随饱和压力的升高而增大，说明注气压力越高，CO_2 在原油中的溶解能力越强，从而越有利于提高驱油效率。其次，注入 CO_2 后，地层原油体积明显膨胀，随着加入原油中的 CO_2 越多，体积膨胀系数越大。地层压力下的体积膨胀系数指加入 CO_2 后地层原油在地层压力下的体积与未加 CO_2 时在地层压力下的体积之比。体积膨胀系数反映了注气后，CO_2 对地层原油的膨胀能力。因此提高注入压力，CO_2 膨胀原油体积的能力增强，有利于提高驱油效率。最后是原油黏度的变化，CO_2 驱能有效提高驱油效率的一个重要依据就是注入的 CO_2 溶解到原油中后可以使原油的黏度降低，而降黏的效果与驱油效果密切相关。注入 CO_2 后，地层原油黏度大幅度下降，体系黏度随着加入原油中的 CO_2 量增多而降低，但降黏幅度也随 CO_2 量的增加逐渐趋小，最终降幅达到 60%~70%。

二、混相作用

驱替过程中能否形成混相是影响驱油效率的关键因素，非混相驱替时驱油效率较低，驱油效率随混相程度的增加而增大，形成混相驱后原油和 CO_2 之间的界面张力消失，驱油效率不再发生实质性变化（苏玉亮等，2011）。混相关键参数是最小混相压力（MMP），在广泛应用的测试最小混相压力的实验方法中，上升泡仪（RBA）、细管实验（STT）、消失界面张力技术（VIT）、x 射线计算机断层扫描（CT）、磁共振成像技术（MRI）等各有优势，都是常用的行之有效方法（李孟涛等，2006；迟杰，2020）。近几年，国外提出两种测试 MMP 的新方法，分别是声响应法和快速增压法。前者利用声波探测原油与 CO_2 之间的边界；后者通过压缩容器内体积寻找压力增加的转折点。

在 CO_2 与吉木萨尔页岩油测试中，选用细管实验这一经典方法测试 CO_2 原油混相的最小混相压力（MMP），具体实验条件见表 6-1-7。细管实验实质是注入气在细管模型提供的多孔介质中驱替原油，能够在最大程度上消除流度比、重力分异、非均质性等因素带来的影响。对于给定的地层原油和油藏温度，驱替压力和注入气组分组成是影响能否混相的主要因素，通过改变驱替压力或注入气组分组成，获得相同注入孔隙体积倍数条件下的驱油效率与驱替压力（或注入气组分组成）的关系曲线，曲线拐点所对应的压力即为最低混相压力。上、下甜点两口井细管实验结果如图 6-1-1 和图 6-1-2 所示，进而可以确认两口井的最小混相压力。

表 6-1-7　细管实验实验条件

井号	A 井	B 井
地层温度 /℃	82.89	90
地层压力 /MPa	36.67	40
实验温度 /℃	83℃	90
驱替速度 /（mL/min）	0.2	0.2

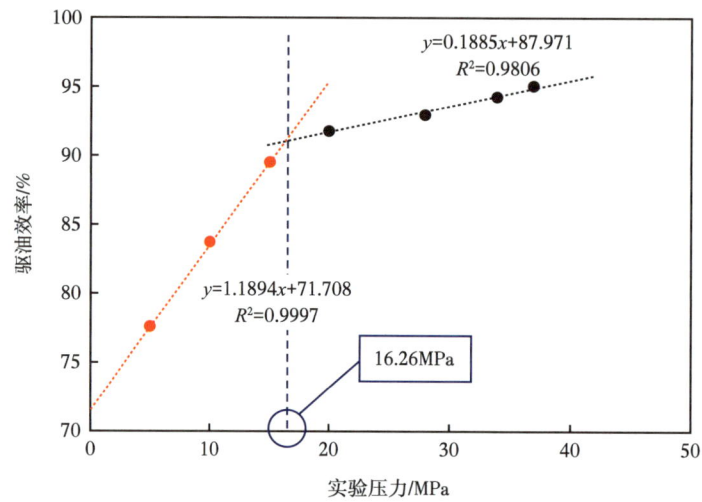

图 6-1-1　A 井驱油效率与实验压力关系图

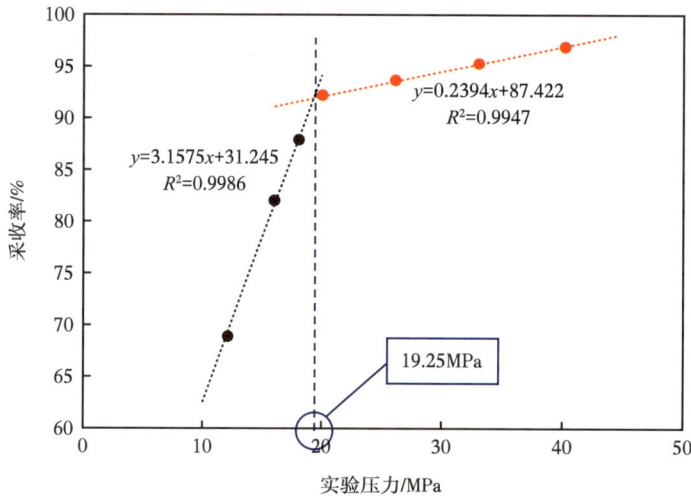

图 6-1-2　B 井驱油效率与实验压力关系图

两组油样的细管实验结果表明，上、下甜点的原油最小混相压力变化较大，但均低于地层压力，表明 CO_2 进入地层后可以实现与原油混相。

三、置换作用

在以往的认识中，油水置换以渗吸的形式存在于压裂开发中，而 CO_2 与原油之间也存在置换作用，使赋存在小孔隙中的原油得以被采出，但其机理不同于油水渗吸采油机理（Li 等，2021）。

为了研究 CO_2 与原油的置换作用并进行量化，在地层温度压力（90℃，40MPa）条件下，对上、下甜点含油岩心开展 CO_2 浸泡实验。通过实验对原油析出现象进行定性描述，同时结合核磁共振扫描等手段，量化 CO_2 对原油的置换能力。本实验选用核磁共振测试作为辅助手段确定浸泡前后岩心内原油的质量和分布情况。核磁共振的测试原理是检测样品中的氢离子，整个实验体系和浸泡过程中只有原油含氢离子，浸泡前后氢离子的变化可以视为岩心内原油的变化。

（一）核磁信号量定标

在对岩心进行核磁测试之前，需要对吉木萨尔 B 井原油（后续实验中使用）进行核磁信号量定标，从而建立核磁信号与原油质量之间的关系。定标结果如图 6-1-3 所示，从而可以将核磁共振实验中获取的岩心核磁信号量直接转换为岩心含油量。

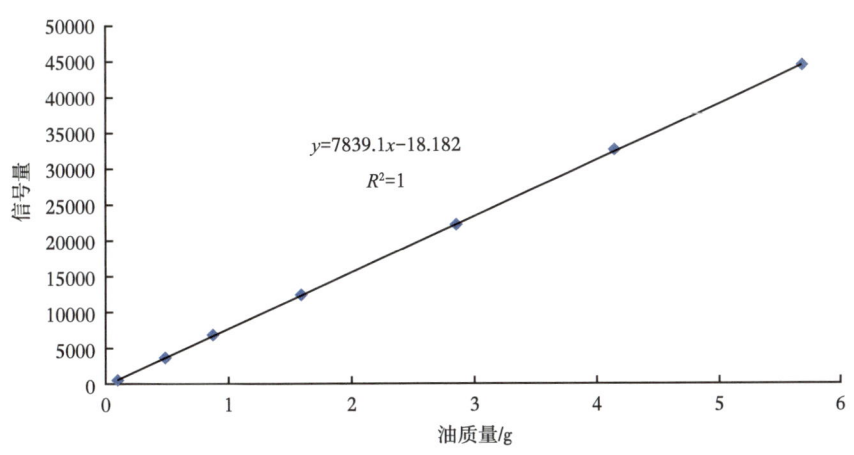

图 6-1-3　核磁信号量与原油质量转换关系

（二）岩心原始含油量测试

将吉木萨尔岩样加工成直径 2.5cm，长 7~8cm 的岩心柱，使用由乙醇和四氯化碳 1:1 配制而成的洗油剂洗油 30d，洗出岩心内残余的原油。

使用真空饱和法为岩心重新饱和原油，从而保证每根岩心初始含油情况基本相同。新饱和的原油为吉木萨尔 B 井脱水原油，即上文中经过核磁定标的原油。各岩心核磁测试后得到的 T_2 谱如图 6-1-4 所示。T_2 谱纵坐标为核磁信号量，反应含油量；横坐标表示为弛豫时间，反映孔隙尺寸。因此 T_2 谱上每个点代表所有相应孔隙尺寸下的含油量，整个曲线与横坐标之间的包络面积则为岩心的总含油量。

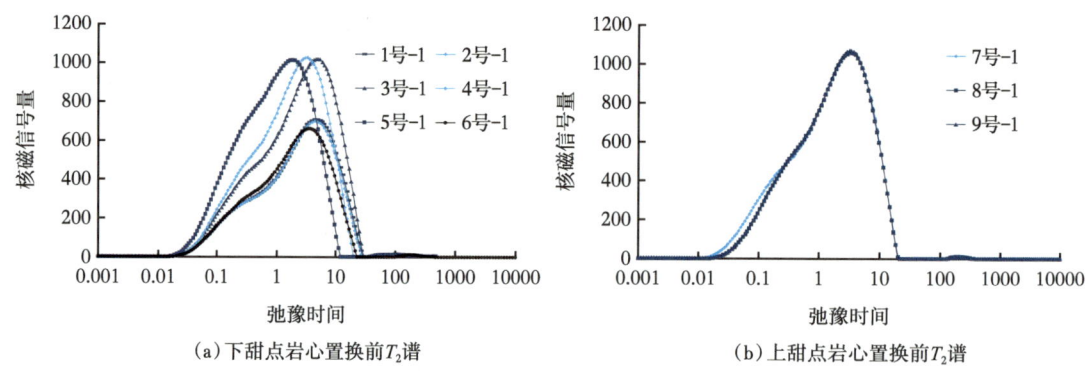

(a) 下甜点岩心置换前 T_2 谱　　　　　　(b) 上甜点岩心置换前 T_2 谱

图 6-1-4　岩心初始状态 T_2 谱

图 6-1-4 为 9 块实验岩心初始含油状态，图中可以看出，1、2、6 号岩心含油量及赋存孔隙较为接近，因此可以用于研究压力对采收率的影响；3、4、5 较为接近，用于研究采收率随时间变化。上甜点的 7、8、9 号岩心初始含油情况基本完全相同，用来研究上甜点采收率随时间的变化。根据核磁信号量与原油质量的转换关系，计算出 9 块岩心中的含油量见表 6-1-11。

表 6-1-8　9 块岩心初始含油量

编号	1	2	3	4	5	6	7	8	9
饱和油质量 /g	3.903	3.801	5.692	5.53	5.708	3.646	5.948	5.736	5.778

（三）置换后岩心含油量测试

根据岩心内实际初始含油量，分别研究置换压力和置换时间对置换效果的影响规律，实验条件见表 6-1-9。

表 6-1-9　置换实验实验条件

编号 \ 项目	压力 /MPa	温度 /℃	时间 /h
1	40	90	24
2	30	90	24
3	20	90	24
4	20	90	6
5	20	90	12
6	10	90	24
7	20	90	6
8	20	90	12
9	10	90	24

对浸泡或驱替后的岩心再次进行核磁共振，结果如图 6-1-5 所示，同时根据结果计算出各组实验浸泡后岩心内的含油量并计算置换采收率，见表 6-1-10。

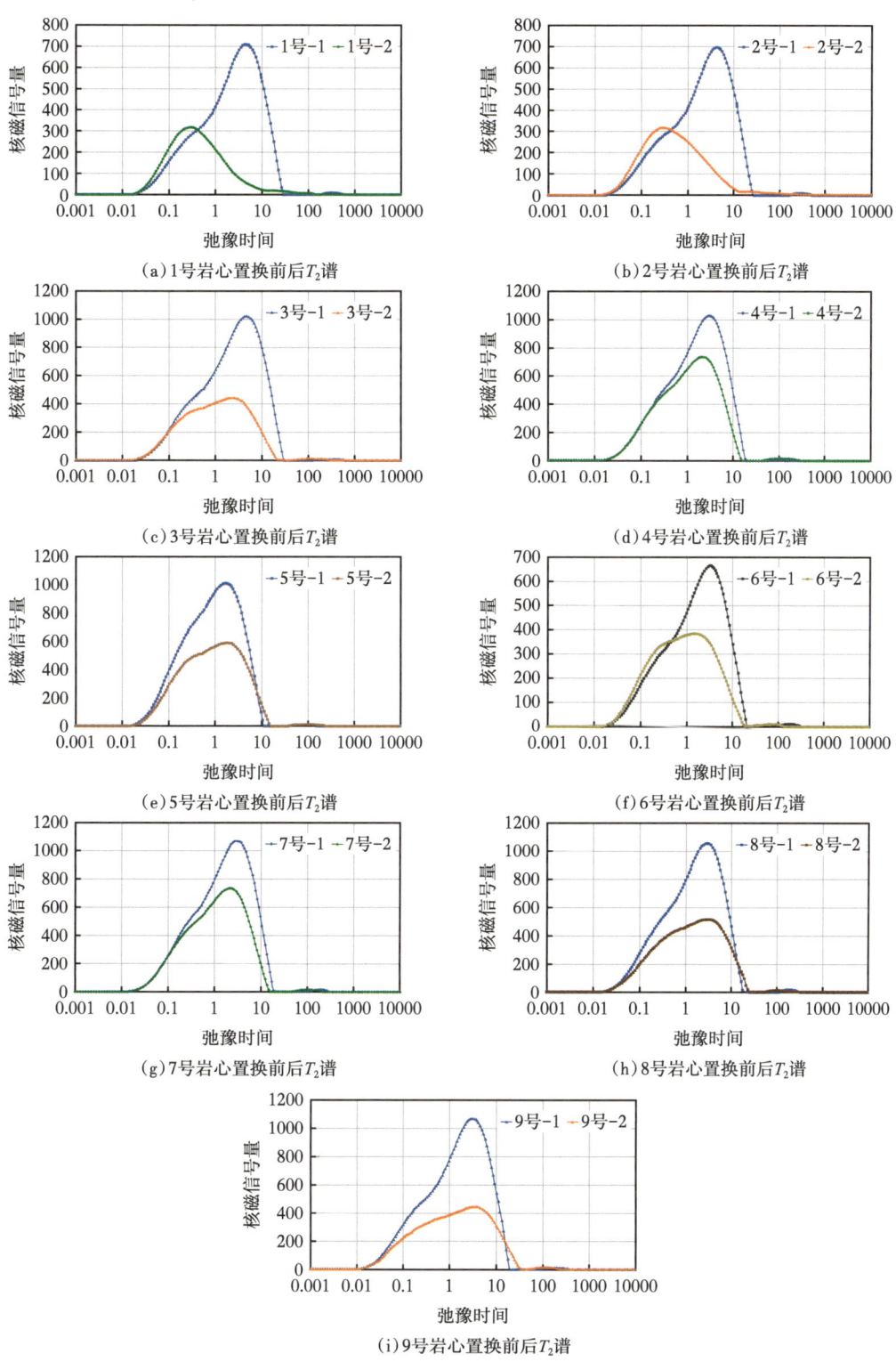

图 6-1-5　9 组岩心置换前后 T_2 谱

表 6-1-10 浸泡实验实验结果

编号\项目	饱和油质量 /g	采出质量 /g	采收率 /%
1	3.903	2.210	56.70
2	3.801	1.940	51.07
3	5.692	2.419	42.50
4	5.530	1.181	21.35
5	5.708	2.002	35.07
6	3.646	0.848	23.26
7	5.948	1.742	29.29
8	5.736	2.244	39.13
9	5.778	2.525	43.70

（四）结果分析

1. 采收率评价

根据实验结果，分别对 1、2、3、6 组、3、4、5 组和 7、8、9 组实验结果绘制采收率曲线，如图 6-1-6 至图 6-1-8 所示。

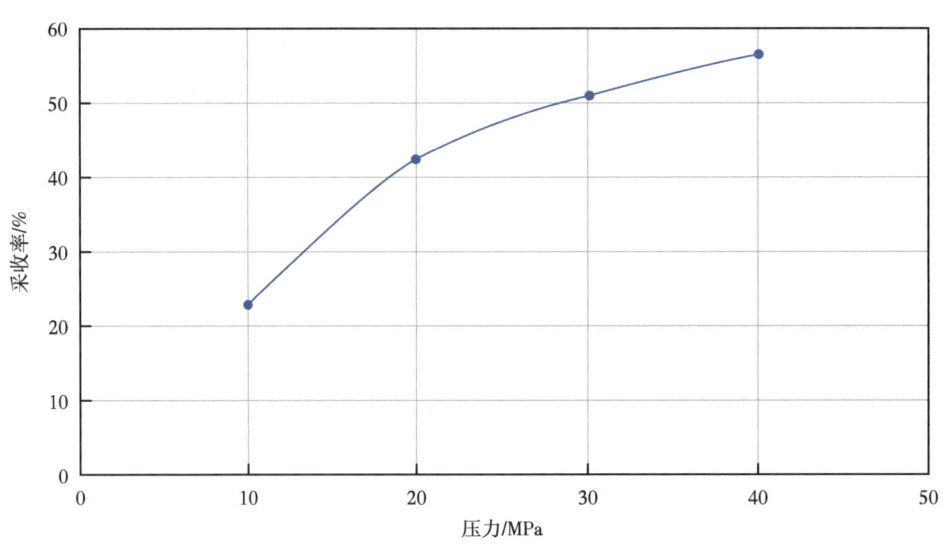

图 6-1-6　不同压力下置换 24h 后采收率

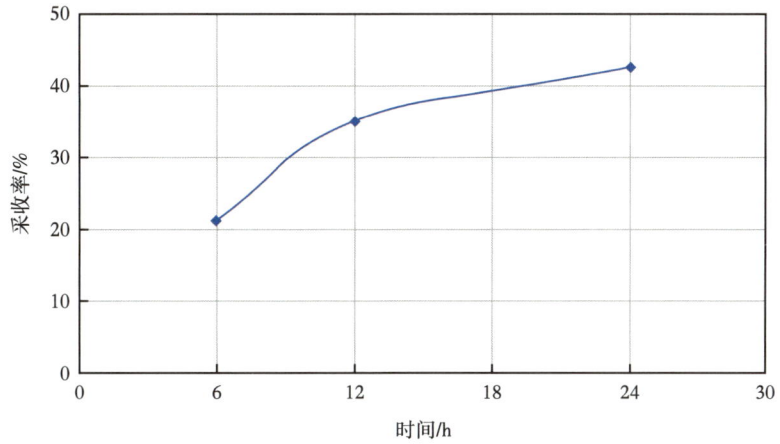

图 6-1-7　20MPa 下置换采收率（下甜点）

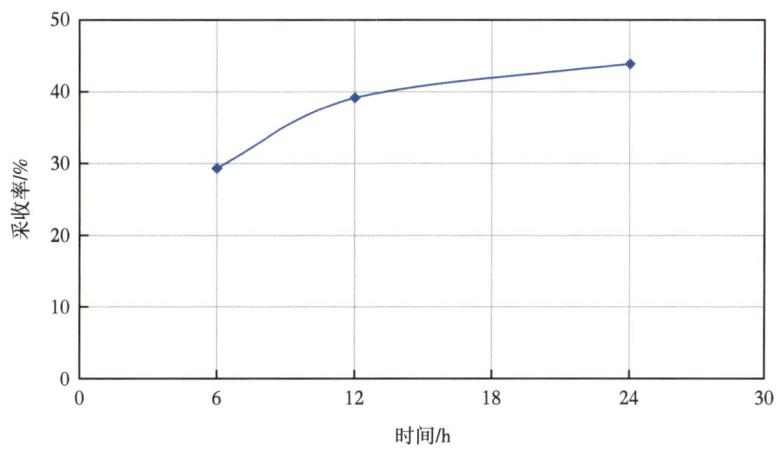

图 6-1-8　20MPa 下置换不同时间后采收率（上甜点）

从图中可以看出随压力增大，超临界 CO_2 置换能力增强，相同时间内置换出原油量更高，但增幅逐渐减小；随时间延长，置换持续发生，但置换效率逐渐降低，整体而言，置换是一个很快的过程。

2. 核磁共振结果分析

对 9 组置换实验前后的岩心核磁共振 T_2 谱进行对比，有以下发现。

（1）初始条件下，9 块岩心均有两个波峰，分别为位于 0.01＜弛豫时间＜100 的左侧波峰和弛豫时间＞100 的右侧波峰。

（2）置换实验后，左侧波峰峰值降低，右侧波峰发生左移。右侧波峰发生左移包含两个过程：一是原来的右侧波峰消失，对应大孔隙中原油被置换出岩心；二是左侧波峰中代表小孔隙中的油逐渐向大孔隙中运移，在这个连续的过程中，可以监测到中间孔隙的油。

（3）对比 1、2、3、6 号岩心，可以看出 1、2 号岩心置换实验后 T_2 谱，左侧波峰除了峰值减小外，还发生向左偏移的情况，这一点在 3、6 号岩心，甚至 3、4、5 号岩心中均未发现。这是由于在高压实验条件下，有一部分油被挤入更小孔隙中。

（4）对比 3、4、5 号岩心，可以看出置换实验后左侧波峰面积相对于原始波峰而言，占比随时间延长越来越小，即岩心中含油量越来越低。

（5）对比上、下甜点置换效果，可以发现相同时间内上甜点置换效率略高于下甜点，这是由于置换主要是抽提原油中轻质组分，而上甜点油质较轻，更有利于置换。

3.CO_2 对原本无法动用原油的增产效果

对比 CO_2—原油置换实验和油水渗吸实验的核磁共振实验结果进行分析，如图 6-1-9 所示。油水渗吸实验中，可动用最小孔隙为 0.08μm，且 0.05~5μm 孔隙中渗吸采收率为 5%~14%，但这一部分采出的原油主要集中在 1~5μm 孔隙中；CO_2—原油置换实验（20MPa）实验中，CO_2 可以动用小于 0.08μm 孔隙中的原油，且对于 0.08~1μm 孔隙中原油有明显动用效果，根据趋势最高能置换出约 30% 原油，占岩心总含油量 6%。

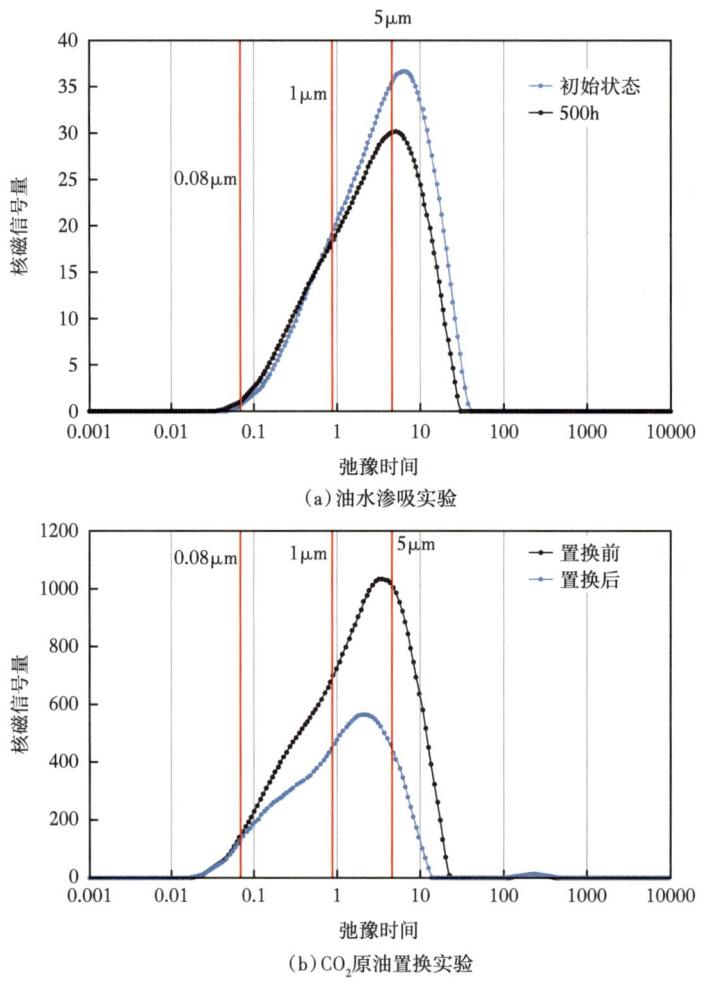

图 6-1-9　油水渗吸实验和 CO_2 原油置换实验对比

第二节 CO_2与岩石相互作用机理

CO_2前置蓄能压裂是一种复合压裂方式，前置注入的CO_2与后续注入的水基压裂液结合生成碳酸，对储层中碳酸盐矿物具有溶蚀作用。因此在较长的焖井期内，矿物组成和孔喉结构都会发生变化，进而对储层孔隙度、渗透率造成影响（贾海正等，2021）。以吉木萨尔储层真实岩心、岩屑作为实验材料，开展CO_2浸泡实验，应用X射线衍射（XRD）、扫描电镜（SEM）和孔隙度、渗透率测试仪等开展相关参数测试，研究CO_2与岩石相互作用机理。

一、CO_2对吉木萨尔页岩储层矿物成分影响

为了分析CO_2对储层矿物成分的影响，需要确定吉木萨尔页岩储层初始矿物组成。选用上、下甜点各5组岩屑样品分别测试其初始矿物组成，而后在地层温度、压力下开展CO_2浸泡实验。通过测试浸泡前后矿物成分变化，研究CO_2与储层矿物作用机理。

（一）吉木萨尔页岩储层初始矿物成分测试

使用D2 Phaser衍射仪分别测试上、下甜点各5组样品的初始矿物成分，结果见表6-2-1和表6-2-2。结果表明：上甜点石英约25%，长石约41%，碳酸盐约29%，矿物成分黏土含量较低；下甜点石英约16%，长石约30%，碳酸盐约25%，赤铁矿、菱铁矿约20%，黏土矿物含量同样较低，其中以伊蒙混层为主。

表6-2-1 上甜点初始矿物组成

编号 \ 矿物组成	石英/%	钾长石/%	斜长石/%	方解石/%	白云石/%	黏土矿物/%
1	25.5	7.6	51.5	4.1	7	4.3
2	23.1	3.7	45	4.2	17.1	6.9
3	16.6	1.8	24.1	—	51.4	6.1
4	27.8	8	30.3	14.6	11.9	7.4
5	30.8	8.7	26.5	10.6	15.2	8.2
平均	24.76	5.96	35.48	8.375	20.52	6.58

表6-2-2 下甜点初始矿物组成

编号 \ 矿物组成	黏土矿物/%	石英/%	钾长/%	斜长石/%	方解石/%	白云石/%	菱铁矿+赤铁矿/%	硬石膏/%
1	7	22.1	4.6	34.2	—	25	1.5	5.6
2	8.7	15.3	3.1	22.6	—	16.4	27.2	6.7
3	6.3	14.2	2.7	22.5	—	13.5	36.2	4.5
4	—	16.5	3.2	23	—	20.8	31.8	4.7
5	3.6	10.1	2.6	28.7	40.6	13.2	—	1.1
平均值	5.12	15.64	3.24	26.2	8.12	17.78	19.34	4.52

(二)CO_2浸泡后矿物成分测试

为模拟地层实际条件,统一设定浸泡压力40MPa、温度90℃,其余变量包括浸泡时间、浸泡介质和样品规格等具体实验条件见表6-2-3(上、下甜点实验条件一致)。

表6-2-3 浸泡实验实验条件

项目 编号	样品规格	浸泡方式	浸泡时间/d	浸泡温度/℃	浸泡压力/MPa
1(上、下)	碎块	水+CO_2	5		
2(上、下)	碎块	水+CO_2	2		
3(上、下)	岩片	水+CO_2	2	90	40
4(上、下)	碎块	纯CO_2	2		
5(上、下)	岩片	水+CO_2	5		

浸泡后再次进行矿物成分分析实验,将结果与初始矿物组成进行对比,见表6-2-4和表6-2-5。

表6-2-4 浸泡前后上甜点矿物组成对比

矿物组成 编号	石英/%	钾长石/%	斜长石/%	方解石/%	白云石/%	黏土矿物/%
1前	25.5	7.6	51.5	4.1	7	4.3
1后	28.8	8.7	54	0.7	3.2	4.6
2前	23.1	3.7	45	4.2	17.1	6.9
2后	26.7	5	42.4	1.9	16.5	7.5
3前	16.6	1.8	24.1	—	51.4	6.1
3后	17.1	1.7	24.6	—	49.7	6.9
4前	27.8	8	30.3	14.6	11.9	7.4
4后	28.2	7.7	30.8	13.8	11.1	8.4
5前	30.8	8.7	26.5	10.6	15.2	8.2
5后	31.1	10.4	26.2	8.8	14.1	9.4

表6-2-5 浸泡前后下甜点矿物组成对比

矿物组成 编号	黏土矿物/%	石英/%	钾长石/%	斜长石/%	方解石/%	白云石/%	菱铁矿+赤铁矿/%	硬石膏/%
1前	7	22.1	4.6	34.2	—	25	1.5	5.6
1后	12	20.8	4.5	40.2	—	13.7	1.9	7
2前	8.7	15.3	3.1	22.6	16.4	27.2	6.7
2后	10.6	14.6	3.3	23.7	15.4	28	4.4
3前	6.3	14.2	2.7	22.5	13.5	36.2	4.5
3后	6.3	13.3	2.5	20.4	13	40.5	4
4前	—	16.5	3.2	23	20.8	31.8	4.7
4后	—	16.1	3.4	26.7	19.9	30.7	3.2
5前	3.6	10.1	2.6	28.7	40.6	13.2	—	1.1
5后	6.8	17.3	3.7	30.2	24.2	16.1	—	1.6

通过对10组样品的测试结果进行对比发现，CO_2浸泡对吉木萨尔页岩储层上、下甜点矿物成分的影响一致，可以总结为以下4点。

（1）各组实验中CO_2或CO_2水溶液浸泡后碳酸盐含量均呈现出不同程度的减小，相应的其他矿物成分相对含量增加，说明CO_2或CO_2水溶液对碳酸盐有较强的溶蚀作用，对其他矿物包括黏土在内几乎没有溶蚀能力。

（2）相比于岩块，碎块与CO_2水溶液有更大的接触面，有利于碳酸盐溶蚀。

（3）延长浸泡时间有利于碳酸盐溶蚀。

（4）相比于纯CO_2，CO_2水溶液有更好的溶蚀能力。

二、CO_2对吉木萨尔页岩储层孔喉结构影响

采用定位技术，对浸泡前后样品同一点位的微观孔喉结构进行电镜扫描，以明确CO_2对吉木萨尔页岩储层孔喉结构影响。实验样品取自吉木萨尔页岩储层上、下甜点，浸泡实验条件同上。

（一）初始孔喉结构电镜扫描

使用Quanta200F场发射环境扫描电镜分别扫描上、下甜点共4组样品的初始微观孔喉结构并标记好点位，结果如图6-2-1和图6-2-2所示。

(a) 全貌　　　　　　　　　　　　　(b) 局部

图6-2-1　上甜点1号岩样微观孔喉

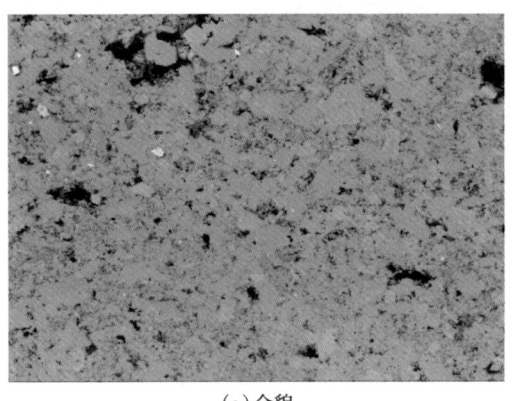
(a) 全貌　　　　　　　　　　　　　(b) 局部

图6-2-2　下甜点2号岩样微观孔喉

从全貌来看：微、纳米孔隙发育，微米级别孔隙尺寸普遍在 30μm 以下，孔隙类型以粒间孔隙为主；从局部来看：原始状态下可以观察到粒间微晶石英、自形菱面体白云石、板状钠长石及粒间孔隙。

（二）CO_2 浸泡后孔喉结构特征

模拟地层实际条件，设定浸泡压力为 40MPa，浸泡温度为 90℃，同时为了适配仪器，实验所用岩样均被加工成岩片。具体实验条件见表 6-2-6。

表 6-2-6 浸泡实验条件

编号	层位	样品规格	浸泡方式	浸泡时间	浸泡温度	浸泡压力
1	上甜点	岩片	水 +CO_2	0.5h、1h、1d	90℃	40MPa
2	下甜点	岩片	纯 CO_2	7d		
3	下甜点	岩片	水 +CO_2	7d		
4	下甜点	岩片	水 +CO_2	14d		

浸泡实验后，再次扫描各样品标记的点位处的微观孔喉结构，扫描结果与原始孔喉结果的对比如图 6-2-3 至图 6-2-6 所示。

图 6-2-3 上甜点 1 号岩样 CO_2 水溶液浸泡前后微观孔喉结构对比（全貌）

图 6-2-4　上甜点 1 号岩样 CO_2 水溶液浸泡前后微观孔喉结构对比（局部）

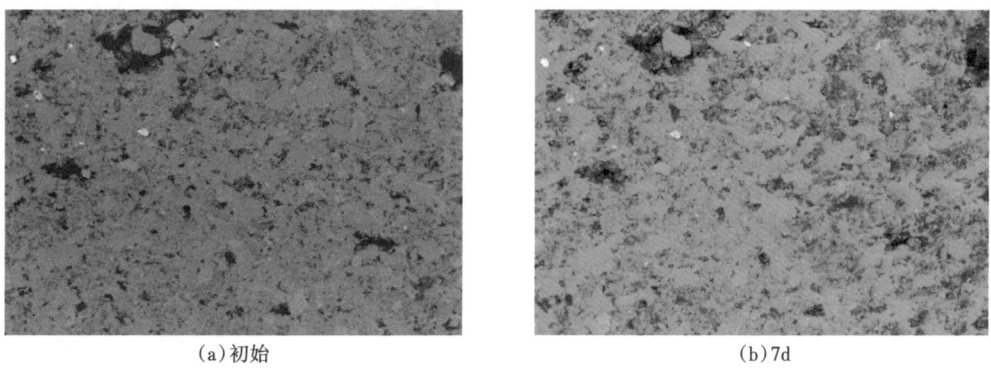

图 6-2-5　下甜点 2 号岩样纯 CO_2 浸泡前后微观孔喉结构对比（全貌）

图 6-2-6　下甜点 2 号岩样纯 CO_2 浸泡前后微观孔喉结构对比（局部）

从全貌来看：孔隙类型以粒间孔隙为主；随着 CO_2 水溶液溶蚀作用的发生，孔隙较发育，见大量残余原生孔、晶间孔。从局部来看：原始状态下可以观察到粒间微晶石英、自形菱面体白云石、板状钠长石及粒间孔隙；随着 CO_2 水溶液溶蚀作用的发生，白云石晶型被破坏，残缺逐渐严重，表明其持续发生溶蚀。

从下甜点岩心浸泡后全貌来看，纯 CO_2 浸泡后对原有孔喉形态、孔隙尺寸及表面形貌均几乎无影响，也几乎未溶蚀出新的孔洞。但浸泡后画面变得"模糊"，孔喉中多了很多"脏东西"，这是岩样内部未洗干净的油，在超临界 CO_2 强抽提作用下被带到岩样表面。

从局部来看，纯 CO_2 浸泡对原油孔喉尺寸几乎无影响，对该视野内三个孔隙进行尺寸标定，浸泡前分别为 10.12μm、11.40μm、3.877μm，浸泡后分别为 10.70μm、11.70μm 以及 3.951μm。

对下甜点 4 号岩心浸泡 14d 后的孔隙结构变化如图 6-2-7、图 6-2-8 所示。可以看到，在电镜扫描视野内孔隙周围为碳酸盐矿物，经过 14d 的浸泡后被完全溶蚀，暴露出新的更大的孔隙，也进一步说明 CO_2 水溶液对碳酸盐矿物的溶解作用。

(a) 初始

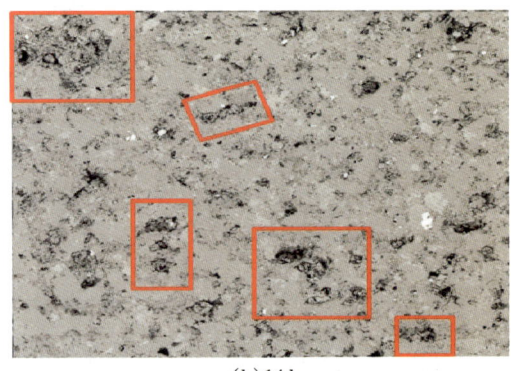
(b) 14d

图 6-2-7　下甜点 4 号岩样 CO_2 水溶液浸泡前后微观孔喉结构对比（全貌）

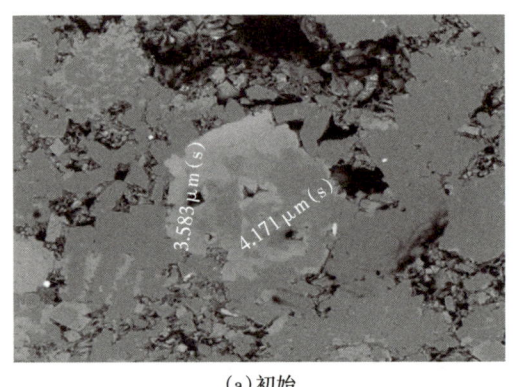
(a) 初始

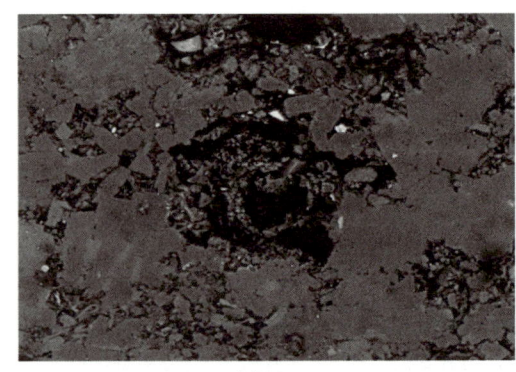
(b) 14d

图 6-2-8　下甜点 4 号岩样 CO_2 水溶液浸泡前后微观孔喉结构对比（局部）

三、CO_2 对吉木萨尔页岩储层孔隙度、渗透率影响

大量研究结果表明，CO_2 在地层水环境下生成碳酸，碳酸对储层岩石及其胶结物发生溶蚀的同时，伴随着新矿物的沉积和碎屑颗粒物的运移，这将导致储层的物性（孔隙度、渗透率等）发生改变（戴彩丽等，2019）。在对吉木萨尔页岩油 CO_2 前置蓄能压裂的研究中也发现，压后焖井期间，注入的 CO_2、水基压裂液和岩石发生相互作用后能够影响吉木萨尔页岩储层的矿物成分和孔喉微观结构，进而引起储层物性的改变。但这个过程中究竟是矿物溶蚀导致孔渗增大还是微粒运移堵塞孔隙导致孔渗减小占据主导仍需开展研究。

对吉木萨尔芦草沟组岩心开展 CO_2 长期浸泡实验，浸泡时间为 7d 和 14d，分别测试岩心浸泡后前后的孔隙度和渗透率。实验结果见表 6-2-7。

表 6-2-7　长期浸泡后孔隙度、渗透率变化

编号	浸泡时间 / d	初始渗透率 / mD	浸泡渗透率 / mD	增幅 / %	初始孔隙度 / %	浸泡孔隙度 / %	增幅 / %
1	7	0.0484	0.1430	195.33	8.26	10.03	21.47
2	7	0.0597	0.1796	201.07	7.23	9.28	28.35
1	14	0.0484	0.1509	211.54	8.26	10.85	31.36
2	14	0.0597	0.1893	217.25	7.23	10.04	38.87

经过 CO_2 长期浸泡后，实验岩心的孔隙度、渗透率明显提高，结合短期浸泡实验可以发现，浸泡初期渗透率提高较快，后逐渐变缓，浸泡 7d 后，岩心渗透率增大约 2 倍，孔隙度提高 20%~30%；浸泡 14d 后，岩心渗透率提高约 2.2 倍，孔隙度提高约 30%~40%。

实验结果表明，经长期浸泡后，CO_2 的溶蚀作用使得储层孔隙度和渗透率都有大幅度提高。

第三节　CO_2 压裂作用机理

CO_2 压裂作为一种无水压裂技术，已广泛应用于低压、低渗透各类储层改造中，对于非常规油气储层，CO_2 压裂具有独特的增产和提高采收率的优势，在国内外非常规油气开采中也开展了一定的试验和应用，取得了一定的增产效果，但能否应用于吉木萨尔芦草沟组页岩油的压裂改造还有待研究（吴宝成等，2019；Li 等，2022）。

本节应用大型三轴压裂物理模拟实验装置，开展吉木萨尔页岩储层液态/超临界 CO_2 压裂物理模拟实验，研究水平应力差、排量、压裂液类型等参数对 CO_2 压裂裂缝扩展规律的影响，通过试样表面观察和压力曲线分析描述裂缝形态，明确 CO_2 破岩机理。

一、真三轴 CO_2 压裂物理模拟实验

真三轴 CO_2 压裂物理模拟实验岩样取自吉木萨尔露头，如图 6-3-1 所示。露头层理

发育，沿层理方向将其加工成尺寸为 30cm×30cm×30cm 的立方体岩样，并沿层理方向放置钢筒模拟水平井。立方体岩样及其应力加载方向如图 6-3-2 所示。

图 6-3-1 吉木萨尔露头

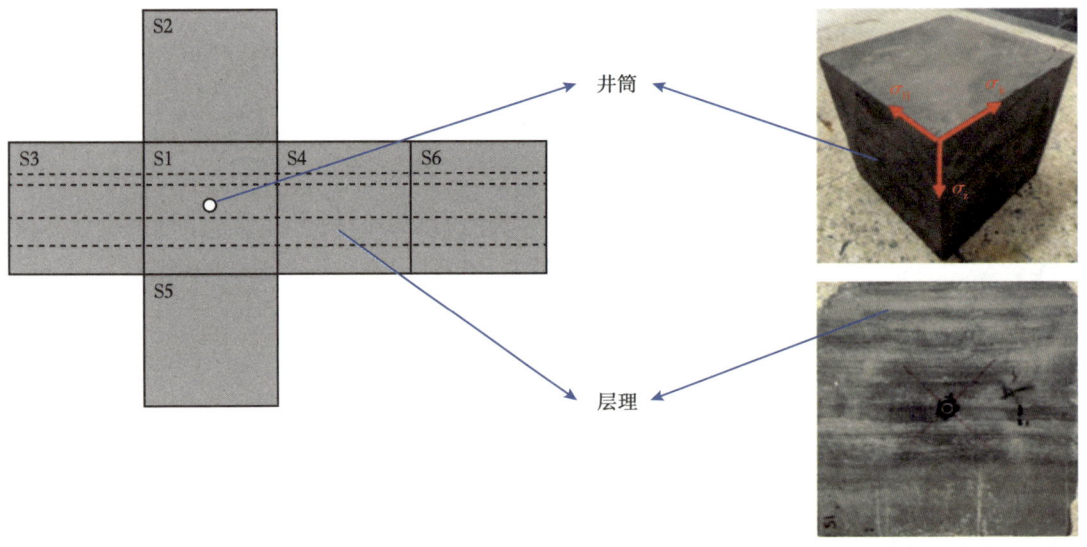

图 6-3-2 岩样示意图

在不同条件下共进行 16 组破岩作用实验，16 组岩样均发育有水平层理，变量包括是否包含天然裂缝、水平应力差、压裂液类型和排量。其中 5 块岩样天然裂缝发育，另外 11 块表面无明显天然裂缝；水平应力差分别选取了现场典型的 4MPa、8MPa、12MPa；压裂液包括液态 CO_2 和超临界 CO_2；排量选择为 100mL/min 和 300mL/min。各组试件的实验条件见表 6-3-1。

表 6-3-1 真三轴 CO_2 压裂物理模拟实验条件

编号	水平层理	天然裂缝	X/MPa	Y/MPa	Z/MPa	水平应力差/MPa	压裂液	排量/(mL/min)
1	√	√	10	14	30	4	L-CO_2	100
2	√	×	10	14	30	4	L-CO_2	100
3	√	×	10	22	30	12	L-CO_2	100
4	√	√	10	22	30	12	L-CO_2	100→300
5	√	×	10	14	30	4	L-CO_2	300
6	√	×	10	18	30	8	L-CO_2	300
7	√	×	10	22	30	12	L-CO_2	300
8	√	×	10	14	30	4	SC-CO_2	100
9	√	×	10	18	30	8	SC-CO_2	100
10	√	×	10	22	30	12	SC-CO_2	100
11	√	×	10	14	30	4	SC-CO_2	300
12	√	√	10	14	30	4	SC-CO_2	300
13	√	×	10	22	30	12	SC-CO_2	300
14	√	√	5	9	30	4	SC-CO_2	100
15	√	×	5	17	30	12	SC-CO_2	300
16	√	√	5	17	30	12	SC-CO_2	300

二、实验结果分析

(一)压力曲线分析

实验压力曲线反映岩样破裂过程中的压力响应,与岩石强度、裂缝形态等有关。不同于水基压裂液,CO_2 压裂过程中无论是液态或是超临界,本身带有压力,因此初始压力并非从零开始上升。同时进入井底时刻会带来瞬间冲击,因此实验过程中可以观察到三类曲线变化,如图 6-3-3 所示,三类曲线对应三种裂缝起裂、扩展情况,具体如下。

(1)图 6-3-3(a)中压力没有憋起,一直在初始压力附近上下小幅波动,表明井底连通薄弱的层理面,瞬间冲击力会直接打开层理缝;若层理缝直接延伸到岩样表面,后续无法继续起压;若层理缝在延伸过程中交汇其他胶结差的天然裂缝后也会将其开启。其对应岩样有岩样 2、3、9、10、11 和 14,如图 6-3-4(a)所示。

(2)图 6-3-3(b)中压力波动上涨,可以观察到明显破裂显示,表明井底连通层理面,层理缝延伸过程中交汇复杂的天然裂缝,则压力曲线会剧烈波动,且压力在波动中上升,直至破裂。其对应岩样有岩样 1、4 和 12,如图 6-3-4(b)所示。

(3)图 6-3-3(c)中压力稳定上升,与水基压裂液类似,但增压速率较慢,表明井底未连通层理面,压力平稳上升,且相比于水基压裂液其增压速率明显更为缓慢。同时在地应力差的控制下形成横切缝,进而沟通层理缝。其对应岩样有岩样 5、6、7、8、13、15 和 16,如图 6-3-4(c)所示。

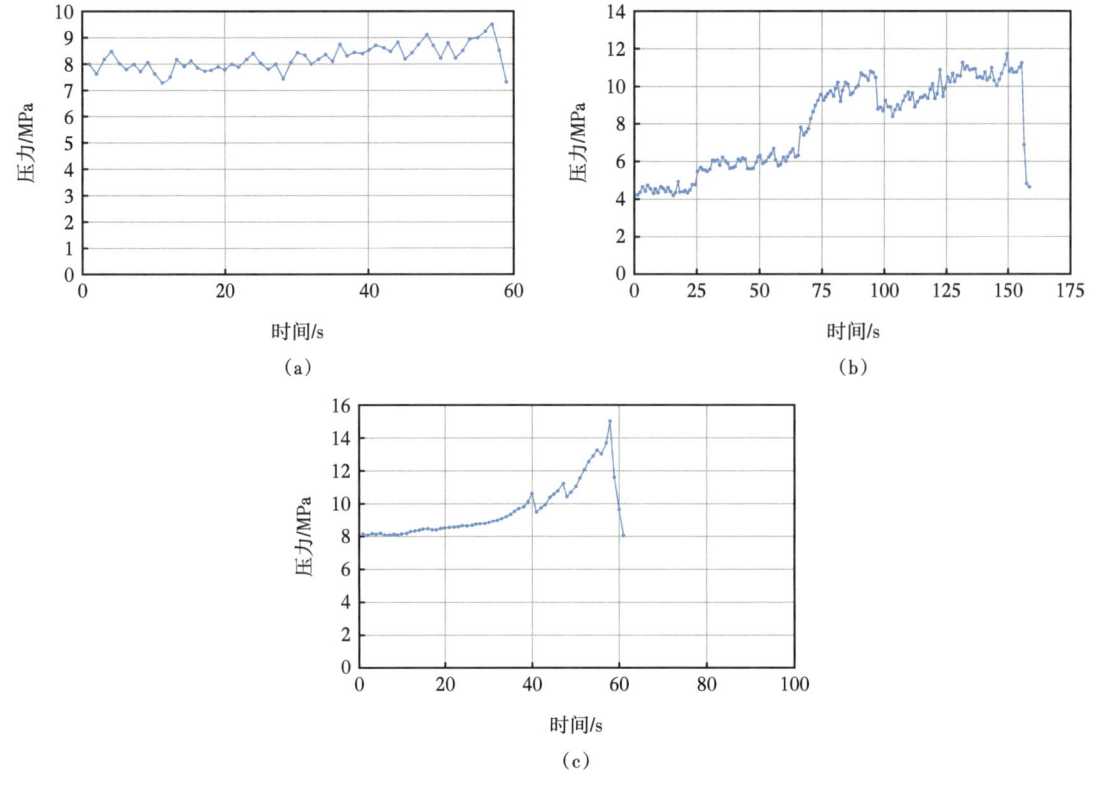

图 6-3-3 三类压力曲线

（二）裂缝形态、扩展规律分析

1. 水平应力差影响

由于吉木萨尔芦草沟组页岩储层的层理发育，CO_2 压裂过程中层理易开启，水平应力差不再是形成复杂缝网的决定性因素之一。

（1）对于低水平应力差地层，若天然裂缝发育，则天然裂缝也易被开启，进而形成层理与天然裂缝相互交错的复杂裂缝；若天然裂缝不发育，则开启层理缝，裂缝基本沿层理扩展，裂缝形态较简单。

（2）对于高水平应力差地层，CO_2 压裂过程中更易形成垂直于层理面的横切缝或斜交缝，结合层理面开启，也可形成复杂裂缝形态。

2. 排量影响

提高排量在一定程度上能开启更多的层理缝，通过对实验结果的统计分析，不同排量下开启的层理缝如图 6-3-5 所示，从图中可以看到：

（1）液态 CO_2 压裂的 7 组岩样中，除一组未开启层理缝外，排量为 100mL/min 的三块岩样平均开启 1.7 条层理缝，排量为 300mL/min 的三块岩样平均开启 3 条层理缝；

（2）超临界 CO_2 压裂的 9 组岩样中，排量为 100mL/min 的 5 块岩样平均开启 1.4 条层理缝，排量为 300mL/min 的 4 块岩样平均开启 3.3 条层理缝，采用液态 CO_2 和超临界 CO_2 压裂对层理缝的开启影响程度相近。

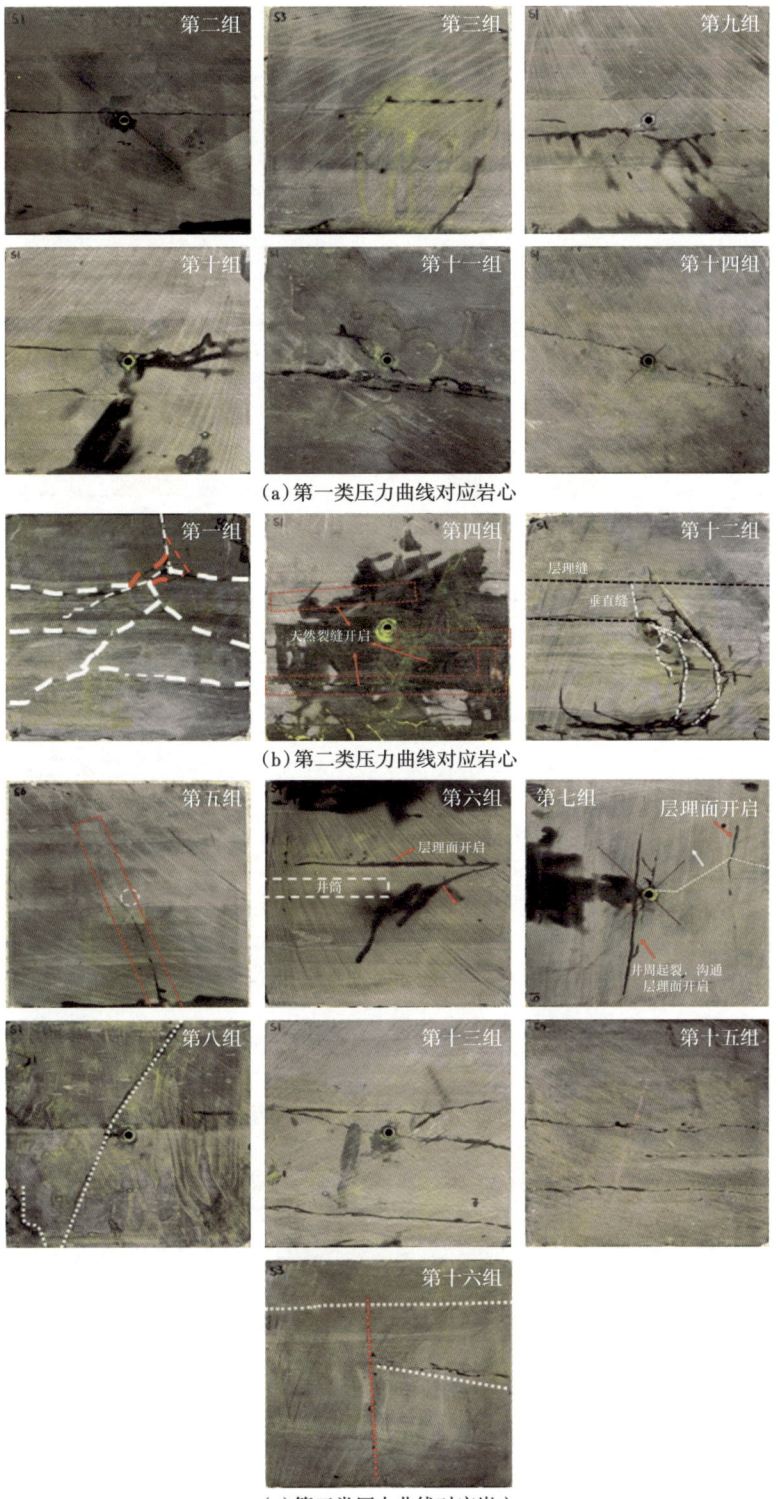

图 6-3-4 三类压力曲线对应岩心

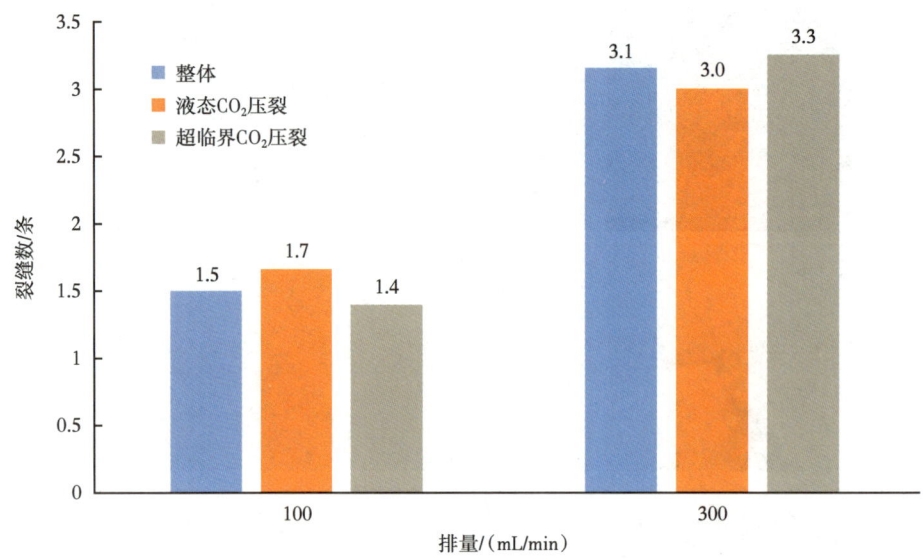

图 6-3-5 不同排量下液态/超临界态 CO_2 压裂裂缝条数统计结果

参 考 文 献

巢忠堂，陈其荣，刘爱武，等，2003.注 CO_2 提高采收率机理室内研究 [J].江汉石油学院学报，（S2）：66-67+7.

迟杰，2020.CO_2 混相驱极限井距解析方法与驱油特征研究 [J].西北大学学报（自然科学版），50（6）：996-1004.

戴彩丽，丁行行，于志豪，等，2019.CO_2 和地层水对储层物性的影响研究进展 [J].油田化学，（4）：741-747.

胡永乐，郝明强，陈国利，等，2019.中国 CO_2 驱油与埋存技术及实践 [J].石油勘探与开发，46（4）：716-727.

黄兴，李响，张益，等，2022.页岩油储层二氧化碳吞吐纳米孔隙原油微观动用特征 [J].石油勘探与开发，49（3）：557-564.

贾海正，李柏杨，吕照，等，2021.CO_2 与吉木萨尔储层岩石相互作用实验研究 [J].石油与天然气化工，50（6）：76-80.

李孟涛，张英芝，单文文，等，2006.大庆榆树林油田最小混相压力的确定 [J].西南石油学院学报，（4）：36-39，103.

刘合，陶嘉平，孟思炜，等，2022.页岩油藏 CO_2 提高采收率技术现状及展望 [J].中国石油勘探，27（1）：127-134.

苏玉亮，吴晓东，侯艳红，等，2011.低渗透油藏 CO_2 混相驱油机制及影响因素 [J].中国石油大学学报（自然科学版），35（3）：99-102.

王高峰，郑雄杰，张玉，等，2015.适合二氧化碳驱的低渗透油藏筛选方法 [J].石油勘探与开发，42（3）：358-363.

吴承美，许长福，陈依伟，等，2021.吉木萨尔页岩油水平井开采实践 [J].西南石油大学学报（自然科学版），43（5）：33-41.

吴宝成，李建民，邬元月，等，2019.准噶尔盆地吉木萨尔凹陷芦草沟组页岩油上甜点地质工程一体化开发实践 [J].中国石油勘探，24（5）：679-690.

LI B Y, MOU J Y, ZHANG S C, et al., 2021. Experimental Investigation into Replacement of Crude Oil in Core Samples by Carbon Dioxide Based on Nuclear Magnetic Resonance Technology[C] ARMA/DGS/SEG 2nd International Geomechanics Symposium. 2021. ARMA-IGS-21-037

LI B Y, MOU J Y, ZHANG S C, et al., 2022. Experimental Study on the Interaction between CO2 and Rock during CO2 Pre-pad Energized Fracturing Operation in Thin Interbedded Shale[J]. Frontiers in Energy Research, 533.

第七章 水平井体积压裂设计

水平井体积压裂技术,因其泄油面积大、单井产量高的特点,能有效提升储层动用程度,目前已成为开发非常规油气的主要技术。本章在吉木萨尔页岩油储层岩石力学性质、页岩油段内多簇支撑剂运移规律、页岩油渗吸实验的基础上,结合区块地质甜点与工程甜点,通过建立页岩油水平井体积压裂地质工程一体化模型,明确影响压裂效果的主控因素,开展页岩油立体开发压裂方案设计和顺序优化,以及压后评估等,形成一套完善的页岩油水平井体积压裂优化设计方法。

第一节 水平井地质工程一体化三维压裂设计

地质工程一体化是以提高单井产量和油藏整体开发效益为目标,以油气藏认识为核心,在勘探开发进程中,在作业和工程实践中,通过一体化研究和一体化作业的及时互动,不断深化油气藏认识、持续优化工程应用,提高作业效率和开发效益。地质工程一体化的基础是一体化模型的建立(吴奇等,2015;胡文瑞等,2017;章敬等,2017)。

一、吉木萨尔页岩油水平井地质工程一体化模型建立

地质工程一体化模型包括地质模型、岩石力学模型、渗流力学模型和生产动态分析模型等,本文结合吉木萨尔页岩油下甜点地质特征,重点阐述三维地质模型和岩石力学模型的建立。

(一)页岩油储集体三维地质建模

储层地质模型是油藏描述的核心,是储层特征及其非均质性在三维空间上变化和分布的表征,尤其在油气田的开发阶段,建立定量的储层三维地质模型是进行油气田开发分析的基础,也是储层研究由定性向定量发展的必然结果。储层建模方法可以分为确定性建模和随机性建模两种,确定性建模方法是从已知确定资料的控制点出发,根据确定的储层结构和参数分布来进行建模。随机建模是以已知的信息为基础,以随机函数为理论,应用随机模拟的方法,产生多个可选的、等概率的高精度的油藏地质模型的方法(阮基富等,2013)。

吉木萨尔页岩油工区岩性复杂,储层性质变化快,如果采用单一确定性建模,不能很好反映出储层多变、非均质性强的特点,而只采用随机性的建模方法,又很难描述清楚甜点的分布范围。因此,在建模方法上采取了确定性和随机性相互结合的方法,即对甜点的分布范围,采取确定性的建模方法,对砂泥岩等碎屑岩则采用随机性的建模方法,把所有井上的岩性信息通过随机建模充分结合进来。最后,将确定性建好的甜点区与随机性建好的碎屑岩通过统计汇集运算程序结合在一起,得到三维地质模型。

三维地质建模主要包括数据准备、构造建模、岩相(沉积相)建模及属性建模等,直观展示油藏各地质体及属性空间变化规律,是地应力建模的基础。

1. 数据准备

主要包括：目的层层面构造数据及断层解释数据；单井井位坐标、地质分层、各层的沉积相、亚相、微相划分及孔、渗、饱解释数据；工作区各砂层组、砂层、单层岩性尖灭线，厚度、岩性、沉积厚度等数据；2D、3D 地震属性数据或其他可用于建模中起约束作用的数据。为了提高储层建模精度，必须尽量保证用于建模的原始数据特别是确定性数据的准确性。因此，必须对各类数据进行全面的质量检查，可以通过不同的统计分析，如直方图、散点图等方法对数据进行检查，还可以在三维视窗中直观检查各种来源数据的匹配关系并对其进行质量检查和编辑。

2. 构造解释

构造模型主要研究层面构造及构造背景下的地层厚度分布变化、垂向地层之间的接触关系和断裂系统的发育情况等。构造模型是三维地质建模的基础，并为后续的属性建模、地应力建模提供三维骨架。建立构造模型主要以地震解释的断层数据和层面数据及依据高分辨率层序地层学确定的单井分层数据为输入数据源，建立层面模型。

依据测录井资料，吉木萨尔芦草沟组为咸化湖相沉积，自下而上划分为芦草沟组一段 P_2l_1 和二段 P_2l_2，进一步划分为 4 个油层：$P_2l_1^2$、$P_2l_1^1$、$P_2l_2^2$、$P_2l_2^1$。其中，$P_2l_2^2$、$P_2l_1^2$ 中上部发育两套物性、含油性均较好的油层集中发育段，对应上、下两套甜点体。上甜点体纵向划分为 $P_2l_2^{2-1}$、$P_2l_2^{2-2}$、$P_2l_2^{2-3}$、$P_2l_2^{2-4}$ 四个小层，油层岩性主要为砂屑云岩、岩屑长石粉细砂岩和云屑砂岩，隔层岩性主要为泥晶云岩；下甜点体纵向划分为 $P_2l_1^{2-1}$、$P_2l_1^{2-2}$、$P_2l_1^{2-3}$、$P_2l_1^{2-4}$、$P_2l_1^{2-5}$、$P_2l_1^{2-6}$、$P_2l_1^{2-7}$ 七个小层，油层集中发育在上部三个小层，油层岩性主要为云质粉砂岩，隔层主要为粉砂质、云质泥岩（图7-1-1）。

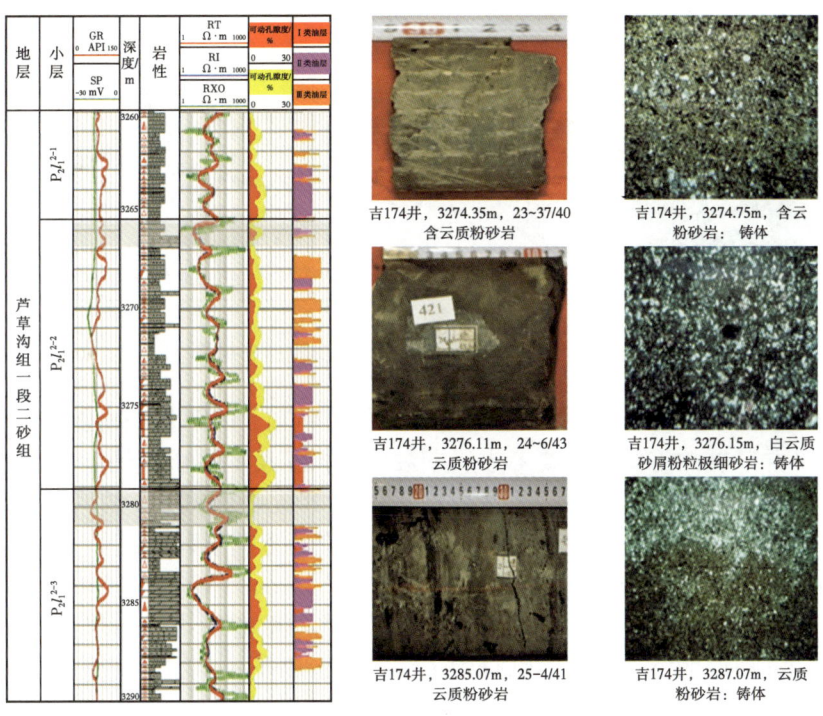

图 7-1-1　吉 174 井下甜点岩性综合解释图

吉木萨尔井区构造形态整体上为东南高西北低的西倾单斜，地层倾角为 2°~3°，断裂不发育。本次利用 5 个时间域三维地震解释层面，经时深转换后变成深度域层面，采用协克里金法生成构造面，作为构造模型大层的趋势控制面，生成大层的构造模型。根据已有定向井及直井的分层数据，求取各砂体及隔夹层的地层厚度，最后在大层构造模型的控制下，根据地层厚度图及所有井的分层数据，通过小层建模，完成各砂层组层位及隔夹层的构造建模。根据井实际钻遇轨迹及井分层数据，对钻遇的地层进行了构造校正，保证了井所处构造及地层的准确性，建立的井区构造模型三维图如图 7-1-2 所示。

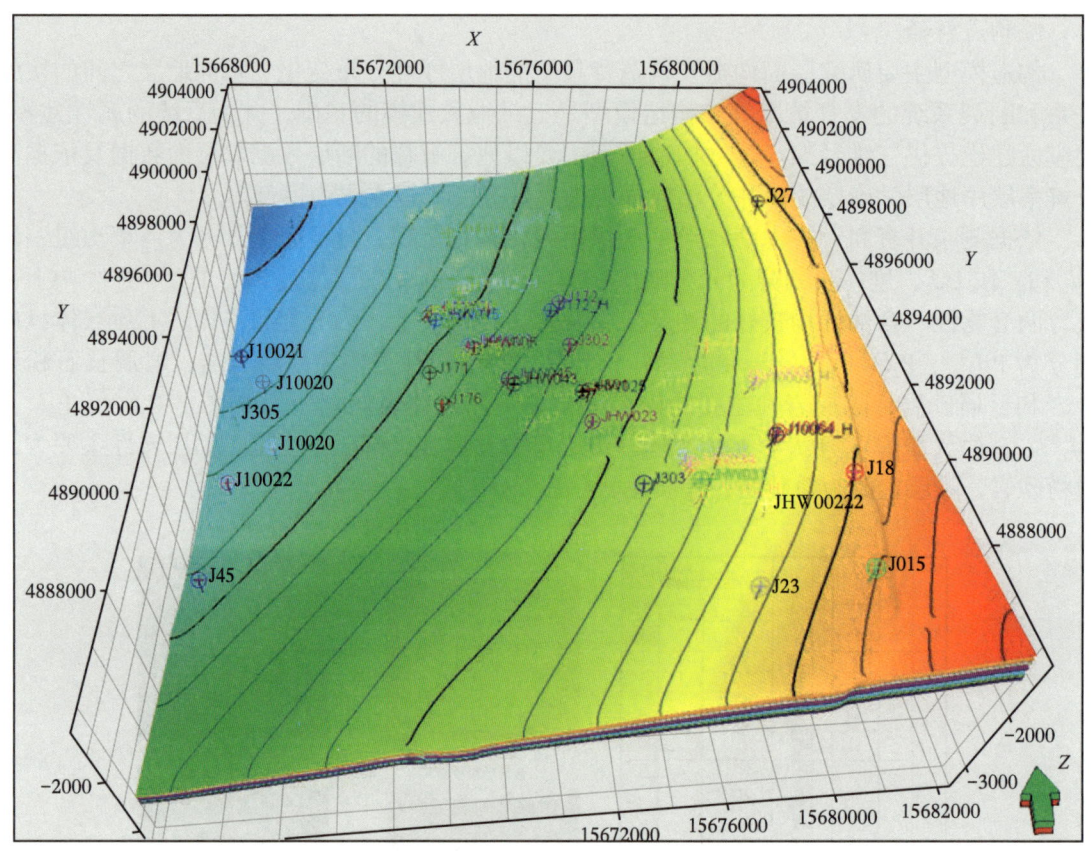

图 7-1-2　吉木萨尔井区构造模型三维图

根据确定的建模工区及资料的落实程度，对网格进行了设计，在进行网格设计时既要考虑满足水平井部署的需要，又要考虑后期数值模拟精度的要求，还要考虑机器运算速度和软件的负载能力，综合考虑后，本次建模采用了 20m×20m×0.5m 的网格设计，X、Y、Z 方向的网格数分别为 706 个、929 个和 257 个，模型的总网格数达到了 $16855.96×10^4$ 个。

3. 岩相建模

根据 EMI 图像上所反映的岩性特征，岩屑录井与取心所描述的岩性，以及电阻率和岩性孔隙度测井获取的资料，同时结合中子—密度、中子—声波、中子—自然伽马测井曲线对 EMI 测量井段内的岩性进行了识别。

对岩性数据采用随机性的建模方法，主要采用序贯指示模拟方法。为了能够较真实地模拟地下储集体岩性，将已有模型多次实现进行比较，取最合理的模型，逐层修改，得到最终岩相模型如图7-1-3所示。

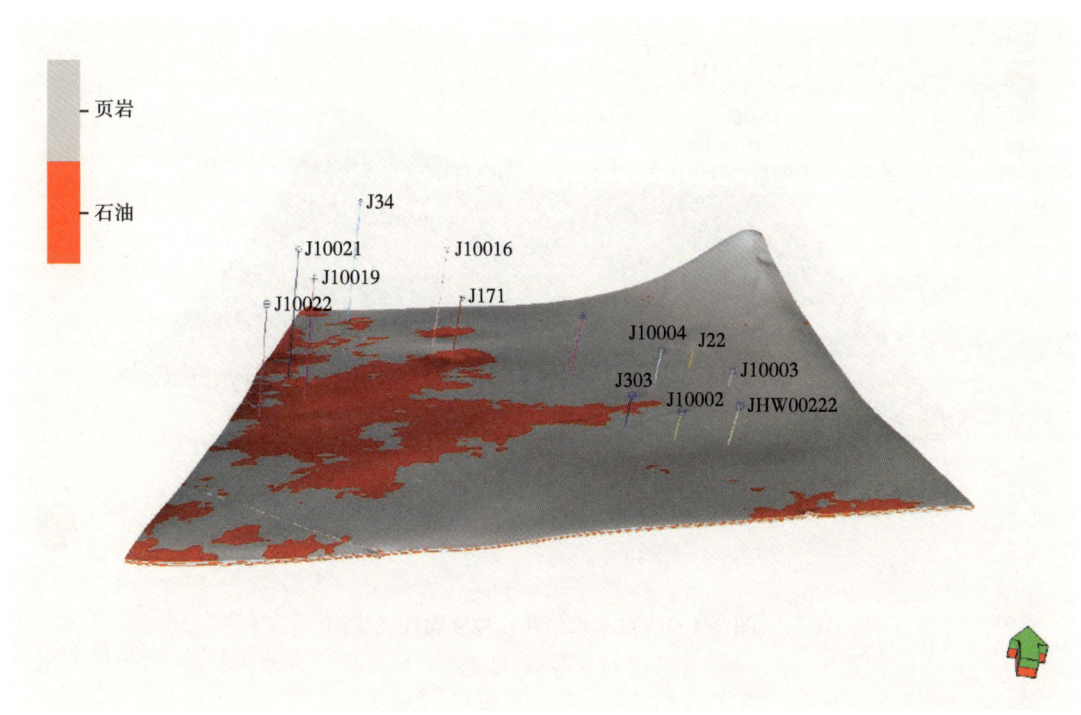

图7-1-3 吉木萨尔井区岩相属性三维图

4. 储层参数建模

储层三维建模的最终目的是建立能够反映储层物性（孔、渗、饱、净毛比）空间分布的参数模型。由于储层物性分布的非均质性与各向异性，用少数观测点进行插值的确定性建模，难以反映储层物性的空间变化，因此应用了地质统计学和相控随机模拟方法。相控随机模拟是在统计储层物性分布特征的基础上，求取各参数的实验变差函数，并选择合适的理论变差模型来描述储层孔隙度、渗透率等参数的空间分布特征。

在进行变差函数分析之前，首先对物性参数进行趋势分析及数据变换，即检验输入的属性数据，对输入输出数据进行截断变换，去除异常值，分层分相得到属性的正态分布，进行序贯高斯模拟；对于渗透率参数，一般不呈正态分布，不能直接应用序贯高斯模拟来进行模拟，需对其进行对数变换，使其分布接近正态分布，模拟后再进行反变换，通过变换，使各参数符合高斯分布。

变差函数是随机建模的基本工具，是反映区域化变量空间变异的程度随距离而变化的特征，能定量地描述地质规律所造成的储层参数在空间上的相关性。为精确描述储层参数的非均质性变化，在拟合变差函数之前，要对整个研究区地质信息有全面的了解。通过数据分析及建立变差函数模型，并以地震反演孔隙度为约束，在相控条件下，进行孔隙度、含油饱和度的模拟，模拟结果如图7-1-4、图7-1-5所示。

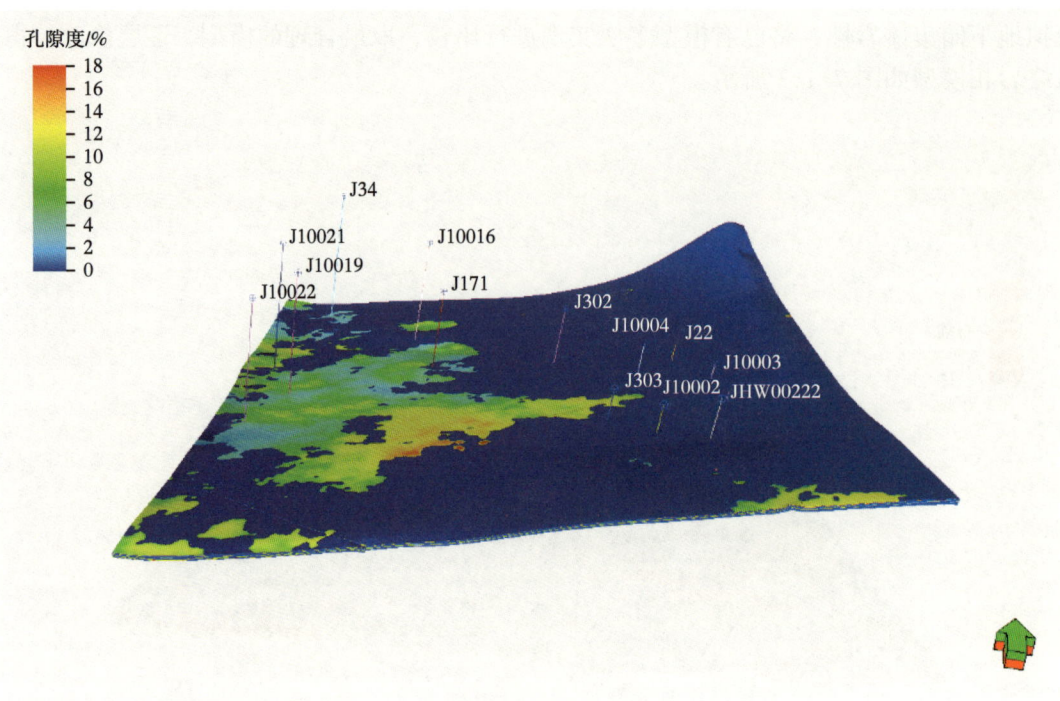

图 7-1-4　吉木萨尔井孔隙度属性三维图

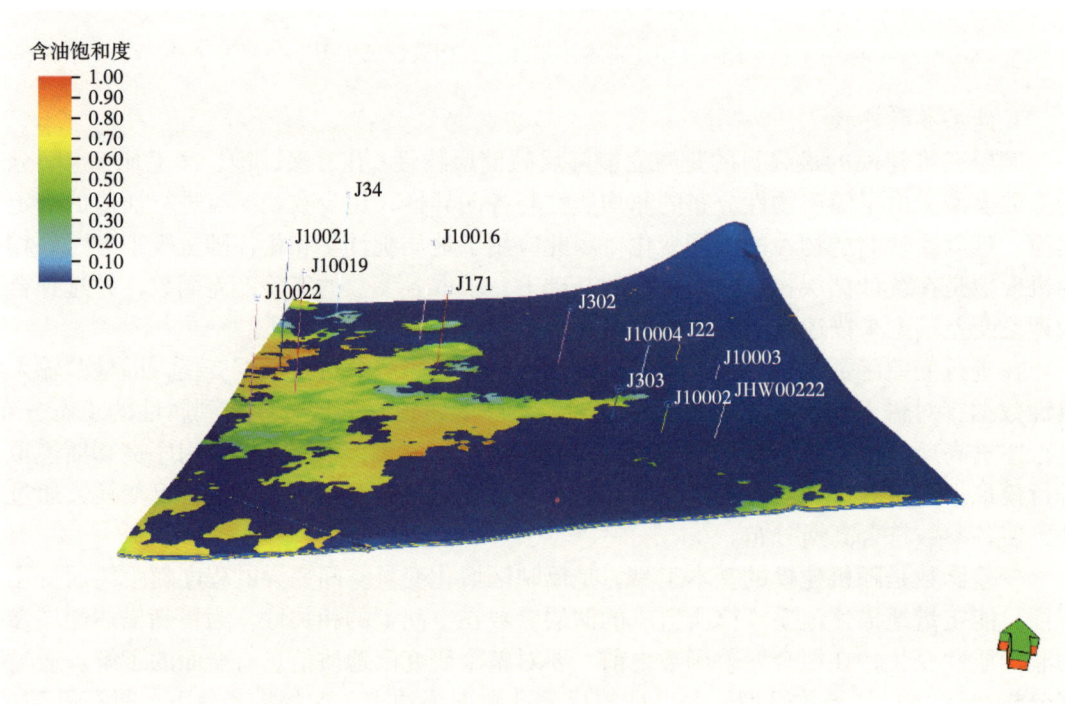

图 7-1-5　吉木萨尔井区含油饱和度属性三维图

（二）三维工程参数建模

水平井体积压裂的工程参数主要包括岩石力学参数和地应力场等。

1. 岩石力学参数模型

（1）杨氏模量。杨氏模量是表征物质在一定的承受范围内抗拉或抗压程度的物理性质（马中高等，2020）。其大小反映材料在外力作用下产生单位弹性变形所需的应力。杨氏弹性模量越小越容易发生形变。通过纵横波时差、岩石密度等数据，由式（7-1-1）可计算杨氏弹性模量。

$$E = \frac{\rho_b}{\Delta t_s^2} \cdot \frac{3\Delta t_s^2 - 4\Delta t_p^2}{\Delta t_s^2 - \Delta t_p^2} \cdot \beta = \rho_b \cdot \frac{3v_p^2 - 4v_s^2}{v_p^2 - v_s^2} \cdot \beta \quad (7-1-1)$$

式中　E——杨氏弹性模量，GPa；
　　　ρ_b——岩石密度，g/cm³；
　　　β——单位换算因子，9.290304×10⁷。

若研究井段无横波时差，可以通过纵波时差、密度、自然伽马及电阻率等曲线拟合建立横波公式，构建计算所需的横波数据。根据第二章岩石力学性质实验测试和测井资料可以获得研究工区内的杨氏模量分布。

（2）泊松比。泊松比是均匀分布的垂直应力所引起的横向应变与相应的垂直应变之比的绝对值，反映材料横向变形的弹性参数。依据室内实验和现场实测纵横波测井资料，由式（7-1-2）可以得到连续的泊松比值。

$$\upsilon = \frac{0.5v_p^2 - v_s^2}{v_p^2 - v_s^2} = \frac{\Delta t_s^2 - 2\Delta t_p^2}{2(\Delta t_s^2 - \Delta t_p^2)} \quad (7-1-2)$$

式中　υ——泊松比；
　　　Δt_p、Δt_s——纵、横波时差，μs/ft；
　　　v_p、v_s——纵、横波速度，ft/μs。

（3）剪切模量。物体在剪应力作用下，在有限的弹性变形范围内，切应力与切应变之比称为剪切弹性模量。它表征物体本身抵抗切应变的能力。剪切弹性模量越大物体的刚性越强。计算公式为：

$$G = \rho_b v_s^2 \beta = \frac{\rho_b}{(\Delta t_s)^2} \beta \quad (7-1-3)$$

式中　G——剪切模量，GPa；
　　　Δt_s——横波时差，μs/ft；
　　　v_s——横波速度，ft/μs；
　　　ρ_b——岩石密度，g/cm³；
　　　β——单位换算因子 9.290304×10⁷。

（4）体积模量。对弹性体施加一个整体的压强 p（体积应力），弹性体的体积减少量与原来体积 V 的比值称为体积应变；体积应力除以体积应变就等于体积模量。计算公式为：

$$K = \rho_b \cdot \frac{3\Delta t_s^2 - 4\Delta t_p^2}{3\Delta t_s^2 \cdot \Delta t_p^2} \cdot \beta \quad (7-1-4)$$

式中　K——体积模量，GPa；

　　　Δt_p、Δt_s——纵、横波时差，μs/ft；

　　　ρ_b——岩石密度，g/cm³；

　　　β——单位换算因子 9.290304×10^7。

上述根据高频声波测井曲线计算的弹性模量称为动态弹性模量。与高频声波信号传播相比，井眼变形或破裂是一个相当缓慢的过程，所以上述计算结果需要用实验室岩心测试得到的静态数据进行校正（见第二章）。

2. 地应力场模型

地应力是存在于地壳中的未受工程扰动的天然应力（也称岩体初始应力），是地球固体介质受重力、构造力等在地球内部引起的相应变形的力学参数，直接影响着固体介质及其蕴含的各种流体的力学行为。地应力场已被广泛应用于石油生产工程中，在石油地质方面，通过水平应力差值可以解释构造的发生机理与演化过程；在石油钻井方面，根据岩石力学参数与地应力判断开钻条件；在油田开发方面，根据地应力的大小和方向预测压裂裂缝缝宽、缝高、延伸长度及走向等。

目前地应力的确定主要依靠两种方式，一为直接测量法，如岩石力学实验、水力压裂法、应力恢复法、应力解除法等，其中水力压裂法因与工程设计密切相关而得到广泛应用；另一种方式是利用长源距声波或交叉偶极横波测井、自然伽马测井、密度测井等地球物理方法间接计算（见第二章）。

3. 吉木萨尔页岩油井区三维地应力

根据前文研究成果，构建了吉木萨尔页岩油井区的三维地应力场模型，用以指导体积压裂的设计和施工规模及施工工艺优化等。

（1）三维应力场方向。利用成像测井井壁崩落及诱导缝确定的地应力方向模拟吉木萨尔页岩油井区三维应力方向，模拟结果表明（图7-1-6、图7-1-7），井区最大水平主应力方向为158°~170°，最小水平主应力方向为68°~80°，预测结果与区域地质认识一致。

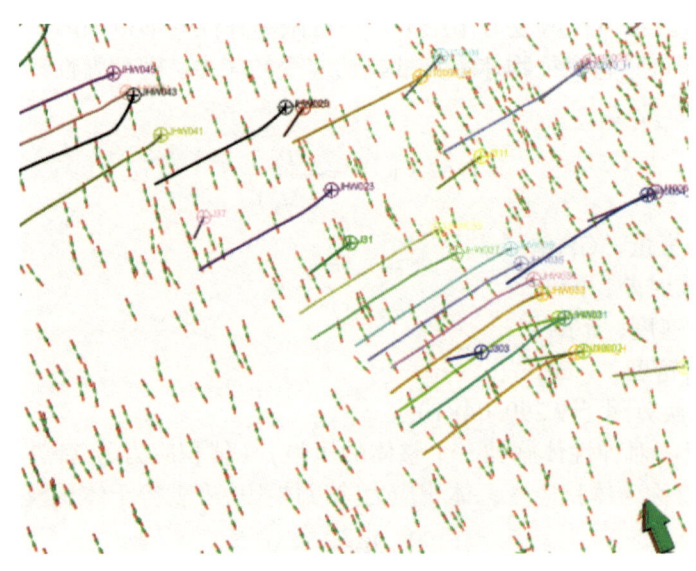

图 7-1-6　最大水平主应力方向图

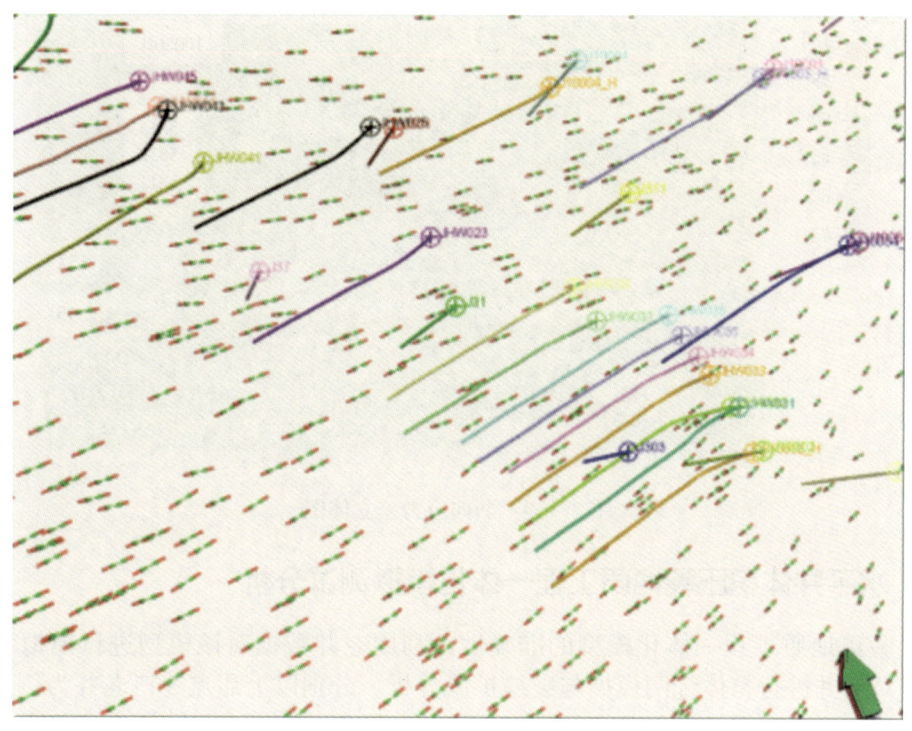

图 7-1-7　最小水平主应力方向图

（2）三维应力场分布。采用有限元法模拟和目标函数拟合反演预测研究区块三维应力场，预测结果表明（图 7-1-8 和图 7-1-9），区块最大水平主应力值域为 56~69MPa，最小水平主应力值域为 44~58MPa，二者的差值为 2.6~8MPa，工区中西部应力较东部高，东部及西北部两向应力差较中部地区高。通过应力分布规律研究获得地应力场的分布规律，对后续水平井压裂设计、提高压裂成功率具有重要意义。

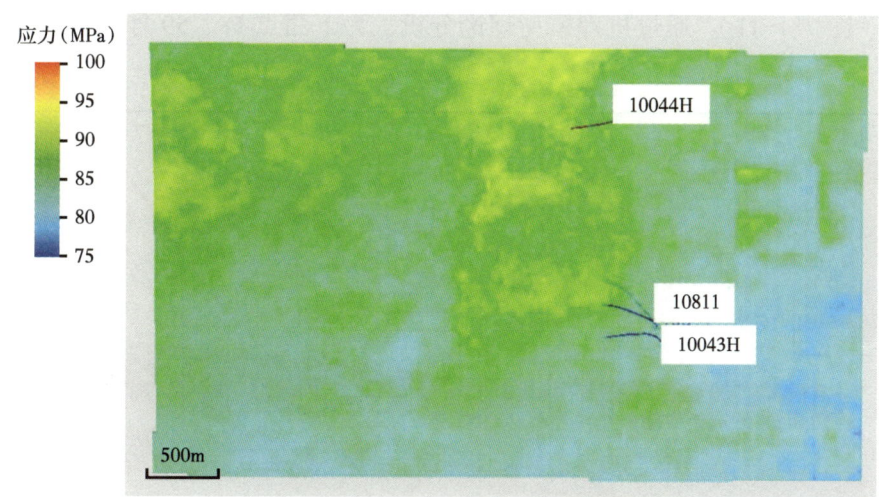

图 7-1-8　最小水平主应力立体图

图 7-1-9 两向应力差立体图

二、水平井体积压裂地质工程一体化模拟测试分析

为了验证地质工程一体化模型的准确性,利用老井数据对该模型进行模拟和分析评价,从而对新井进行整体缝网模拟与裂缝扩展分析。分别以上甜点 3 口老井为例进行簇间距模拟分析,以下甜点 5 口老井为例进行立体井网模拟,测试分析压力和地应力变化。对 58 号平台老井进行焖井和注水模拟测试分析,完成焖井模拟、注水模拟,同时对 58 号平台与 59 号平台老井进行关井模拟分析;使用设计轨迹对新井进行整体缝网模拟及窜层分析,同时对 58 号平台、59 号平台新井压裂进行裂缝扩展分析。

(一)老井工程建模与分析

1. 簇间距模拟分析

以上甜点 JHW034、JHW035、JHW036 所在区域地质模型为机理模型基础(图 7-1-10),模拟面积为 5.2km²,纵向自上而下分 6 个层,总网格数为 420×86×6=380016;网格步长为 10m×10m(图 7-1-11)。通过机理模型理论分析,为下甜点 58、59 号平台新井工程建模做准备。

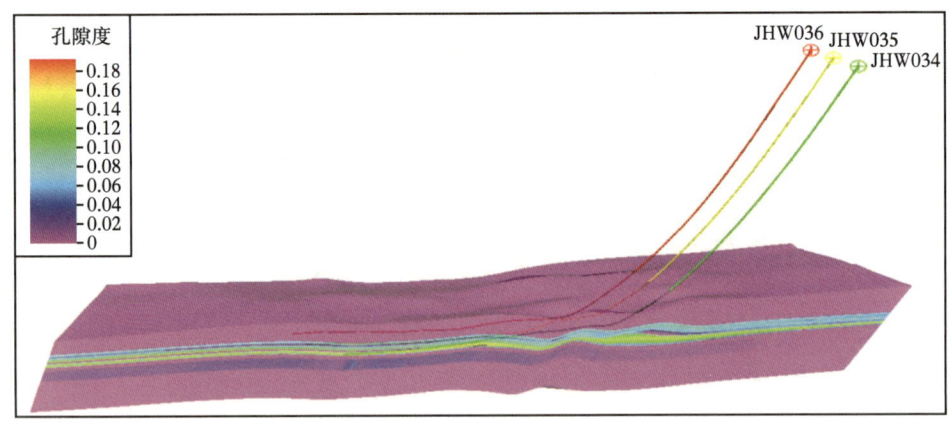

图 7-1-10 三维区域地质模型

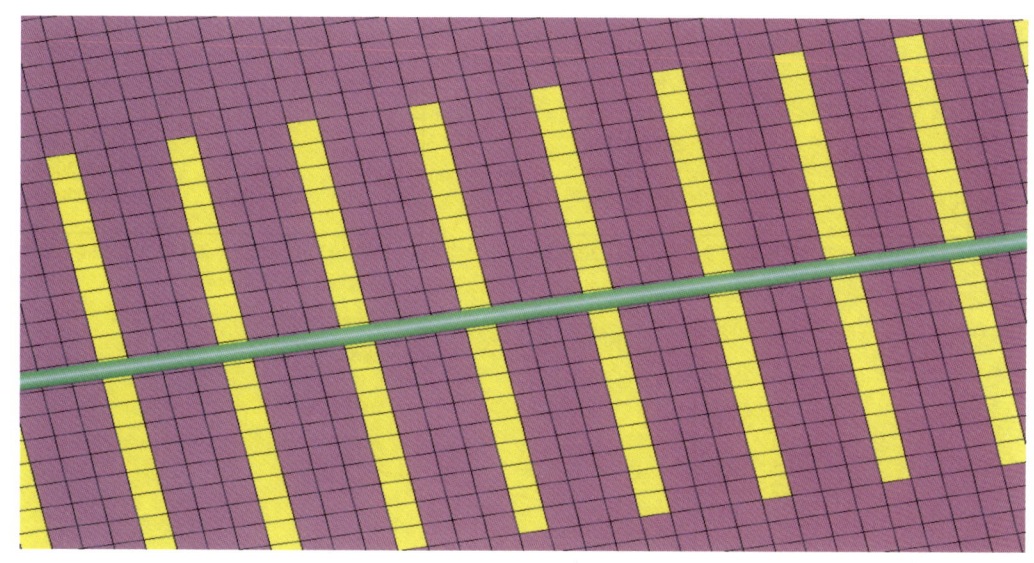

图 7-1-11 模型平面网格图

根据现场实测情况,确定该区渗透率为 $0.02×10^{-3}$ mD。分别模拟不同簇间距条件下（10m、20m、30m）储层压力随时间推移（1年、2年、3年）的变化情况（图 7-1-12）。

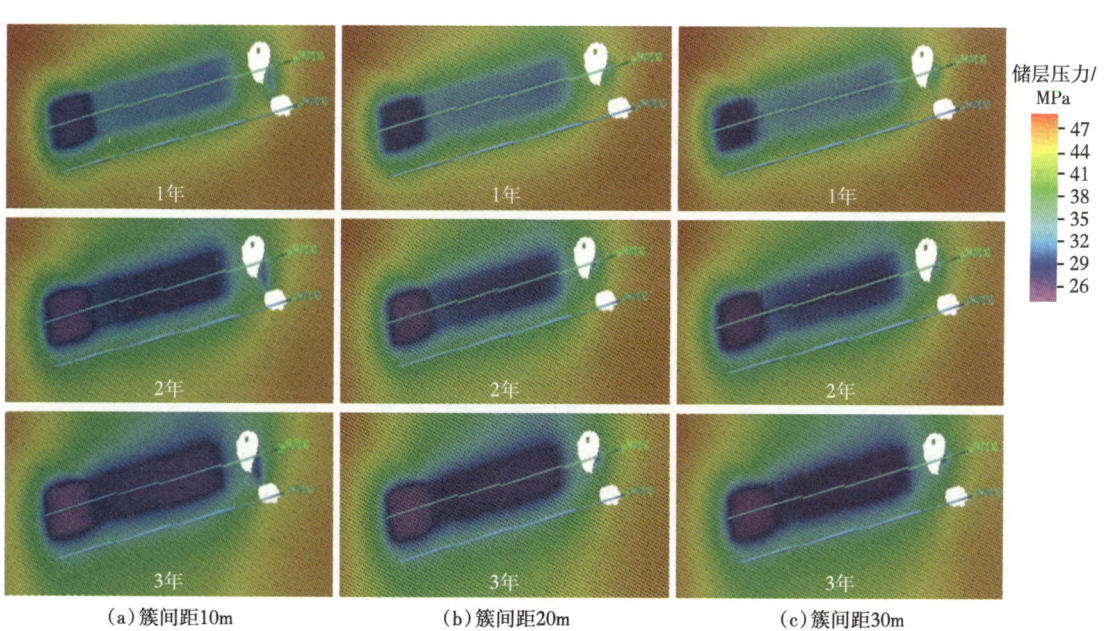

(a) 簇间距10m　　　　　(b) 簇间距20m　　　　　(c) 簇间距30m

图 7-1-12　三种簇间距下储层压力在 3 年内的变化

根据模拟不同簇间距和储层渗透率可以得到压裂后的井组累计产油量变化情况（图 7-1-13）。结果表明：渗透率越小，井底压降越快，产量越低；同一渗透率下，簇间距越小，簇间的压力动用越均匀，产量越高；渗透率越小，不同簇间距对压力及产量的影响越大。当渗透率大于 $1.0×10^{-3}$ mD 时，不同簇间距对压力的传导影响不大。

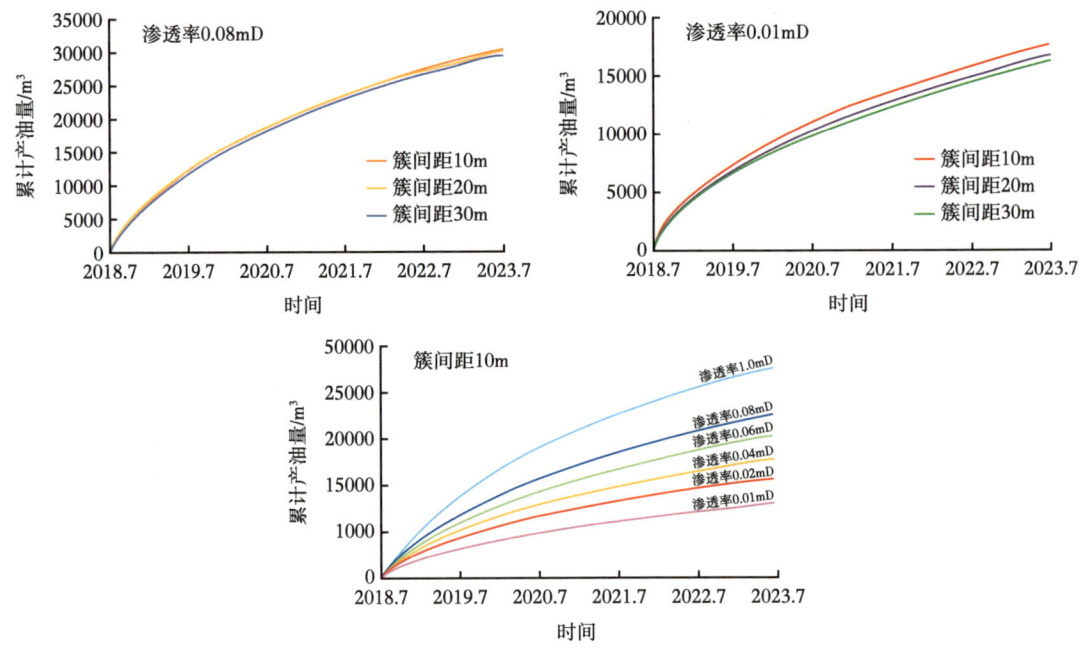

图 7-1-13　不同簇间距和渗透率下累计产油量对比

通过机理模型，优选出 10m 簇间距比较合适。根据页岩油示范区实际地质模型，选择 JHW05813 井作为候选井，不考虑周围井对其的影响，水平段位置选择 5000~5600m。模拟 10m 和 5m 簇间距时裂缝扩展，以及生产 5 年的累计产量（如图 7-1-14、图 7-1-15）。可以看到 5m 簇间距时缝间改造程度更彻底，但 5 年累计产量相差仅 543m³。所以，从增产量出发，簇间距在 10m 左右较为合适。

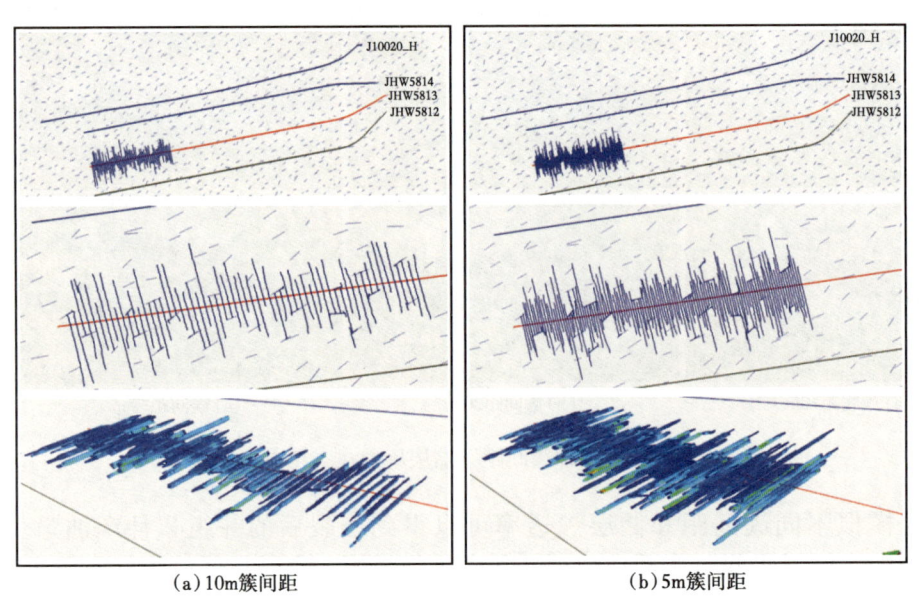

(a) 10m 簇间距　　　　　(b) 5m 簇间距

图 7-1-14　10m 簇间距裂缝与 5m 簇间距裂缝分布图

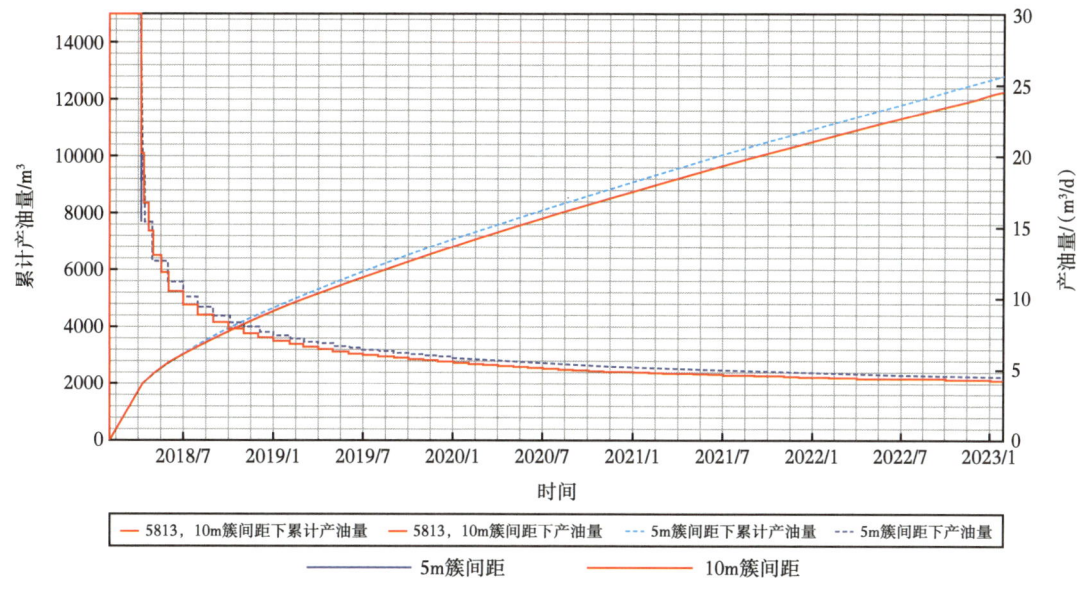

图 7-1-15 5m 簇间距与 10m 簇间距的产量对比图

2. 老井工程建模与分析

选取下甜点 5 口老井进行压后地层压力、地应力和产量拟合模拟，以便修订建立的三维地质和工程模型，井号和模拟时间如下：J10020_H，模拟生产时间 2019.12.9 至 2021.3.30；JHW151，模拟生产时间 2019.12.17 至 2021.3.30；JHW152，模拟生产时间 2020.4.19 至 2021.3.30；J10044_H，模拟生产时间 2020.6.9 至 2021.3.30；J10043_H，模拟生产时间 2019.11.22 至 2021.3.30。

模拟结果表明：J10044_H、J10043_H 井区初始地层压力 46.3MPa，压裂后地层压力为 60.3MPa，2019.11.22 生产至 2020.6.9 地层压力降至 40.96MPa，生产至 2021.3.30 地层压力降至 30.67MPa，1 年 4 个月地层压力降低约 33.75%。最小主应力变化情况：从 2019.11.22 的平均 72.9MPa 降至 2021.3.30 的 68.2MPa，降低约 15.6%。

J10020_H、JHW151、JHW152 井区：初始地层压力从 2019.12.9 的 45.3MPa，降至 2021.3.30 的 31.45MPa，降低约 30.57%。最小主应力从平均 70.46MPa 降至平均 66.75MPa，降低约 12%。

通过对 58 号平台 JHW151、JHW152、J10020_H 日产油量的拟合曲线，拟合率都在 90% 以上（图 7-1-16），表明建立的地质工程一体化模型可以应用于 58 号平台的模拟和评价。

（二）新井压裂模拟分析

在老井模拟分析基础上，对地质工程一体化模型进行必要的修正，再用于新井的模拟和预测。以 58 号平台立体开发 5 口新井为例，说明缝网整体优化设计方法。

1. 新井整体缝网模拟设计

选择 58 号平台 JHW05815、JHW05814、JHW05813、JHW05812、JHW05811 5 口新井开展新井工程建模，构建立体井网模型，老井按照实际压裂参数进行模拟，新井采用 80m 段长，每段 8 簇，每簇 6 孔；单段 100m³ 砂，滑溜水比例 90% 进行模拟，如图 7-1-17 所示。

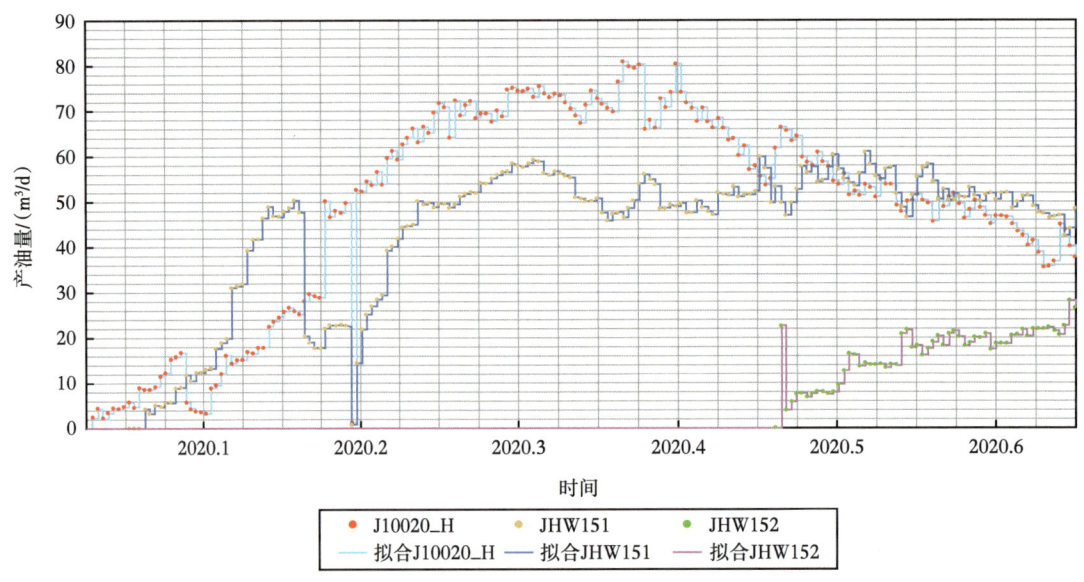

图 7-1-16　58 号平台水平井日产油量拟合曲线

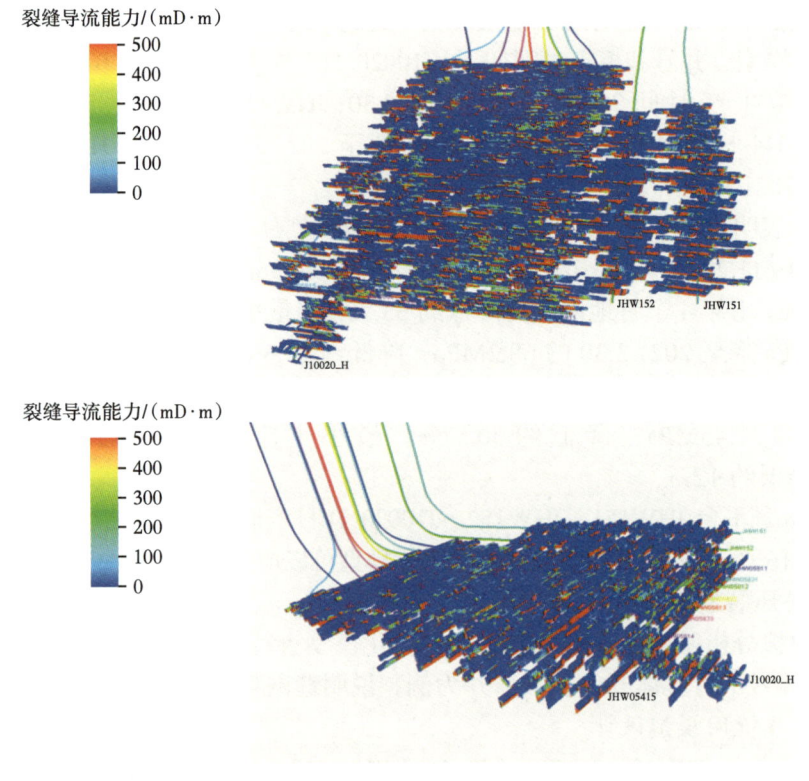

图 7-1-17　立体井网模拟结果图

模拟结果表明，裂缝在平面上可以覆盖井间泄油区域，而且在纵向上存在窜层，裂缝在下甜点 $p_1l_1^{2-1}$、$p_1l_1^{2-2}$、$p_1l_1^{2-3}$ 互相窜层，如图 7-1-18 所示。

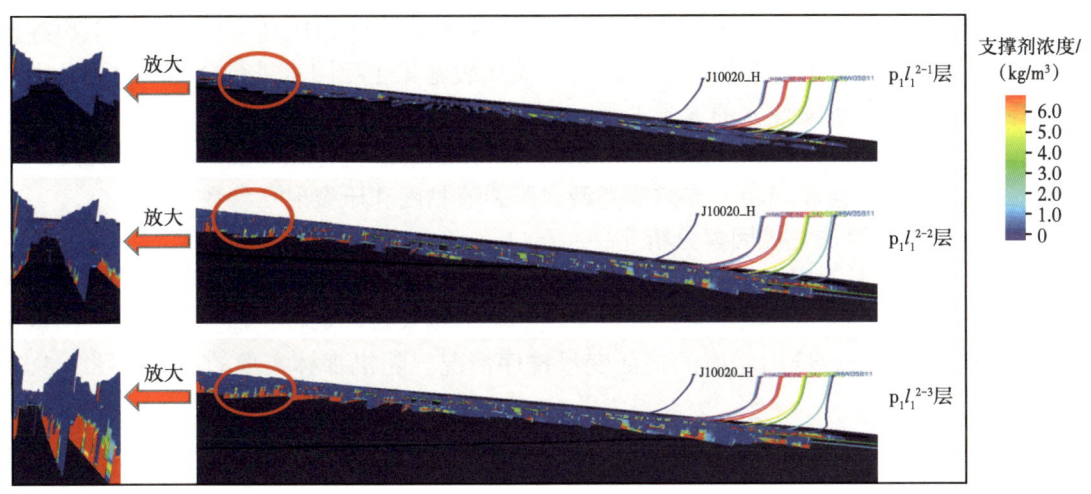

图 7-1-18　立体井网窜层效果模拟图

2. 新井裂缝扩展分析

对 58 号平台在老井关井后，拉链式压裂新井，模拟结果显示相邻的新、老井间将产生裂缝串通（缝间干扰）（图 7-1-19）。

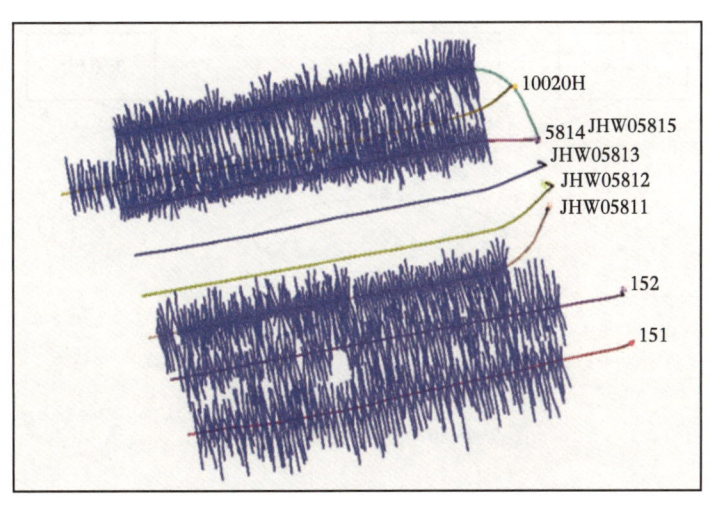

图 7-1-19　相邻新、老井裂缝串通情况图

裂缝窜扰模拟结果表明：JHW05815 总裂缝 162 条，扩展到老井 J10020_H（井距 250m 左右）40 条，占比 24%；JHW05814 井总裂缝 150 条，扩展到老井 J10020_H（井距 110m 左右）132 条，占比 88%；JHW05811 井总裂缝 144 条，扩展到老井 J10043_H（井距 220m）40 条，占比 27%。井间干扰严重，因此，后续体积压裂施工参数需要考虑设计

井间、层间裂缝干扰情况。

三、58号平台水平井立体开发压裂施工参数优化

吉木萨尔页岩油58号平台采用水平井立体井网开发，体积压裂后形成的人工裂缝影响参数众多，下面主要通过随机森林算法对相关压裂施工主控因素进行分析，得到各因素重要性排序；再结合前文建立的地质工程一体化模型和修正后老井工程模型，采用Petrel-Kinetix软件对58号平台立体开发相关压裂施工主控因素进行优化，确定出立体开发的压裂规模、施工排量、段簇间距、支撑剂类型、压裂液黏度和压裂射孔参数等。

（一）随机森林算法主控因素分析

随机森林算法通常用于分类和回归研究（马骊，2016），主要原理是在多棵决策树对样本训练的基础上，投票得出结果的一种算法，可以用来特征选择，通过计算各个产量影响因素的重要性评分，给出相应的特征变量排序情况。随机森林实现的步骤如图7-1-20所示。

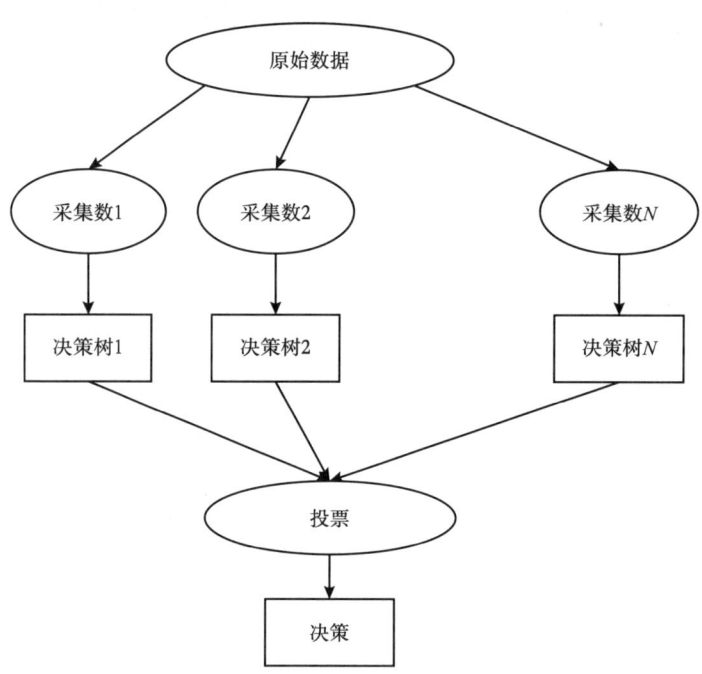

图7-1-20　随机森林算法运行图

随机森林算法在运行时，随机抽取了样本及特征双重因素，保证了决策树之间的相对独立性，提高了投票结果的准确性。同时，随机森林每棵决策树的选择及节点的选择都是随机的，因此，使得随机森林算法既保证了准确性，又提高了随机性。

下面使用随机森林算法，确定出影响吉木萨尔页岩油储层压裂效果的主控因素，通过比较各个影响因素在每棵决策树上的贡献值，计算平均值，得到不同影响因素的贡献值大小，具体步骤如下：

（1）收集各个特征参数并进行预处理，包括缺失值处理、异常值识别、数据标准化；

（2）计算每个影响因素的重要性，并按降序排序。

1. 平台压裂水平井数据收集与处理

（1）数据收集。截至 2020 年 7 月底，吉木萨尔页岩油藏共完钻水平井 93 口，其中上甜点 75 口，下甜点 18 口。将每口压裂井数据按照压裂施工参数和生产数据进行整理，共整理出 2 类 16 个特征参数，见表 7-1-1。

表 7-1-1 特征参数表

一级分类	二级分类	一级分类	二级分类
压裂施工参数	加砂强度	压裂施工参数	液砂比
	施工排量		簇数
	簇间距		井段长
	射孔数量	生产数据	采收率（EUR）
	支撑剂类型		返排率
	压裂液类型		30d 产量
	总液量		90d 产量
	总砂量		180d 产量

（2）数据分析与处理。缺失值处理，对于收集到的压裂水平井各项数据，一般情况下，由于很多不可抗拒的因素，会导致数据的缺失，进而影响数据的质量、模型的效果，所以对缺失值的分析及处理是数据预处理中的重要组成部分。分析所有影响因素的缺失率发现，区块 93 口样本井的缺失率为 5%~10%。按照缺失率的不同性质分别进行处理，当缺失率大于 10% 时，直接删除该属性，例如返排率、EUR；当缺失率小于 5% 时，采用中位值进行填补，例如施工排量；当缺失率大于 5% 且小于 10% 时，采用了插值法进行填充，例如射孔数量。

（3）异常值处理。异常值也称为离群点，指远离绝大多数样本点的特殊群体，通常这样的数据点在数据集中都表现出不合理的特性。如果忽视这些异常值，在后续主控因素分析中就会导致结论的错误，所以在数据整理分析的过程中，有必要识别出这些异常值并处理好它们。按照异常值的不同分别进行处理，共分为三种情况：①当样本数量足够多或者数据异常错误程度过于离谱，可直接将该条异常值删除；②当样本数量很少时，可以考虑使用均值或其他统计量取代；③常规的异常值不进行操作，保留数据的真实性，根据不同异常值的性质，进行综合分析。

（4）数据标准化。对于收集到的压裂水平井的各项数据，由于收集到的数据会存在量纲、数量级上的很大差异，使得难以相互比较及加权处理等，因此，在进行随机森林主控因素分析前会对数据进行标准化预处理。将数据按照一定比例进行缩放处理，将其转变为无量纲形式，从而去除量纲与数量级的限制。选择 min-max 标准化对数据进行处理。其原理是以数据变换的形式，使原始数据落在一个大于 0 且小于 1 的特征区间内，也称为离差标准化。

2. 随机森林法主控因素分析

在工程实践中 180d 产量数据更趋稳定，故选择该二级参数为观测标签，同时选取待筛选的压裂参数作为特征数据集，基于随机森林算法，对区块页岩油藏压裂施工主控因素进行分析。根据随机森林算法的参数重要性评价方法，确定出压裂施工参数的重要性排序（总评分为1.0），如图7-1-21所示。

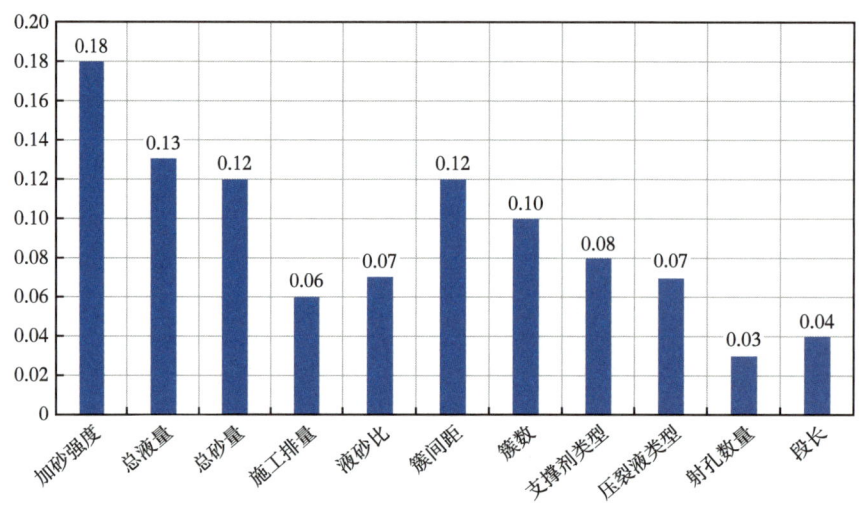

图7-1-21　区块压裂施工主控因素排序

根据分析结果可知，加砂强度的影响程度最高，射孔数量的影响程度最弱。为方便后续参数优化，对以上各个施工参数进行数据特征选择，将加砂强度、总液量、总砂量、液砂比四个参数归一化为压裂规模优化，将簇间距、簇数、段长三个参数归一化为段簇参数优化，最终需要优化的参数按照重要性排序为（1）压裂规模、（2）段簇参数、（3）支撑剂类型、（4）压裂液类型、（5）施工排量、（6）射孔参数等六类。

（二）主控因素对区块整体压裂效果影响

使用地质工程一体化软件+油藏模拟软件开展该区块立体井网开发压裂效果分析。以 $p_2l_1^{2-2}$ 层的 JHW05815 井为例（表7-1-2），开展不同段长三维压裂模拟，并进行产能模拟，综合对比不同段簇组合条件下的裂缝扩展与生产效果。按照从简单到复杂，从单因素到多因素，从单缝—单段—单井到多井—多段—立体井网开展模拟研究，最终确定出最优设计参数。

表7-1-2　模拟井基础参数表

井号	层位	测深/m	A点测深/m	B点测深/m	水平段长/m	油层钻遇率/%	段长/m	段数	单段簇数	簇间距/m	压裂液（比例4:6）
JHW05815	$p_2l_1^{2-2}$	5825	4000	5800	1800	90.5	45	40	6	5	高黏50mPa·s
							75	24	6	11	低黏10mPa·s

1. 单段簇数优化设计

根据前文优化结果，58号平台的簇间距在10m左右，对新井JHW05815进行单段簇数优化设计。在单簇砂量30m³、段长75m条件下，设计簇数分别为6簇/段、8簇/段、10簇/段、12簇/段，测试得到单段裂缝扩展形态如图7-1-22所示。

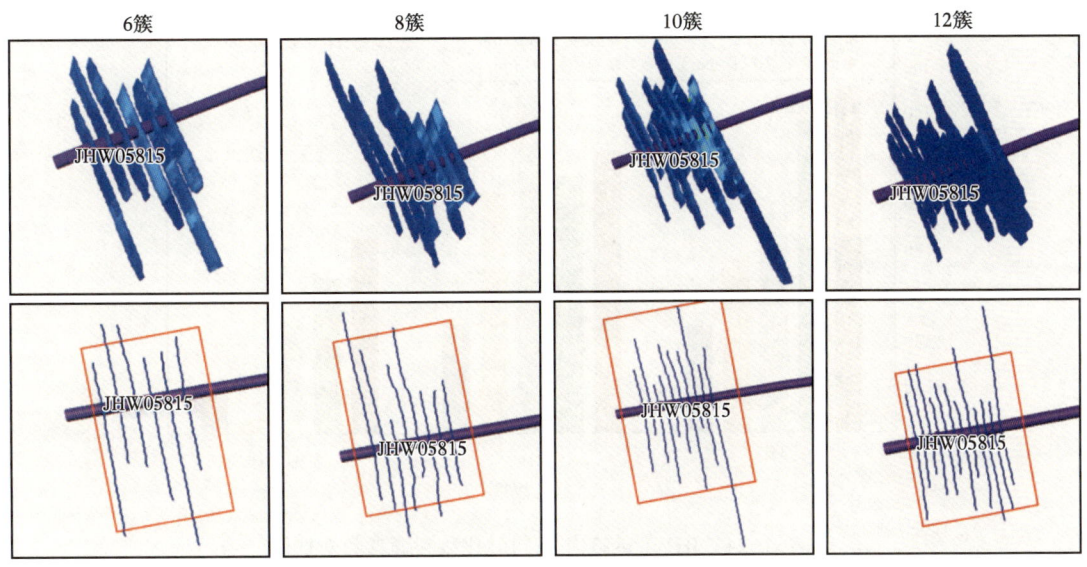

图 7-1-22　JHW05815 井单段裂缝扩展形态图

从图中可以看到：在单簇加砂量相同的条件下，10 簇/段时裂缝两翼延伸更为充分，改造效果最佳；12 簇/段情况下，由于缝间强应力阴影效应裂缝长度延伸受限，近井地带改造更为充分。产能预测结果显示（图 7-1-23），簇数越多，产量越高，但单段簇数超过 10 簇（簇间距 7m），产量不再增加，反而由于长度方向延伸不足，远井地带改造不充分，产量有所下降；因此推荐单段簇数不超过 10 簇。

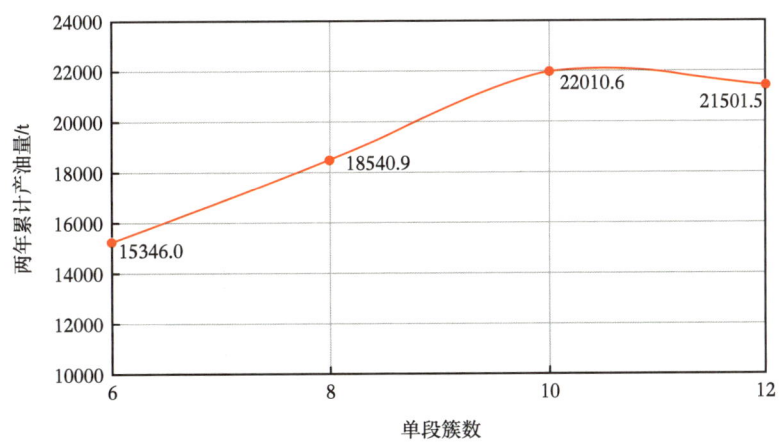

图 7-1-23　不同单段簇数累计产油量对比图

2. 单簇孔数优化设计

在单簇砂量 30m³、单段 6 簇条件下，设计射孔数分别为 3 孔/簇、5 孔/簇、8 孔/簇，模拟得到不同射孔参数条件下单簇裂缝扩展形态和导流能力结果如图 7-1-24 所示，可以看到在单簇砂量 30m³，3~5 孔/簇，单段 18~30 孔，裂缝扩展均衡性相对较好。

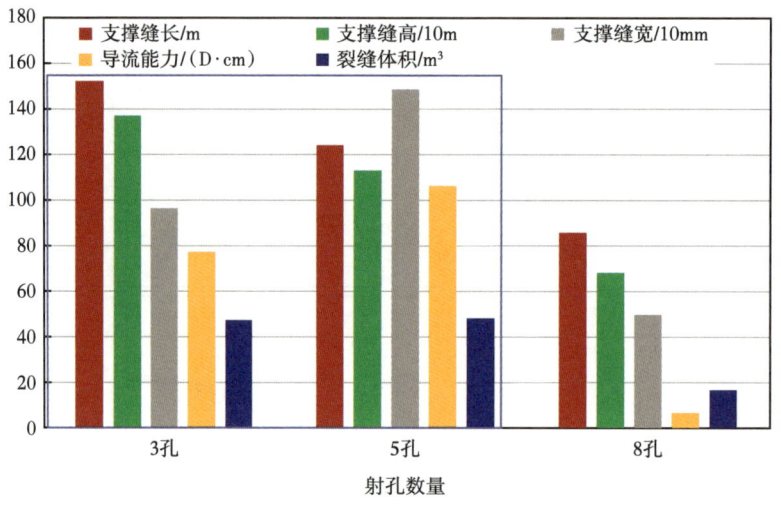

图 7-1-24　JHW05813 井不同射孔数裂缝参数对比图

3. 压裂液黏度比例优化设计

在单簇砂量 30m³、单段 6 簇条件下，设计高低黏度压裂液体积比例分别为 2∶8、4∶6、6∶4，裂缝扩展效果如图 7-1-25 所示，可以看出在单簇加砂规模相同条件下，随着高黏液体比例增加，裂缝纵向延伸与纵向支撑缝高增加，但当高黏比例达到 60% 时，缝高延伸受限，导流能力下降，建议高黏压裂液比例不超过 50%。

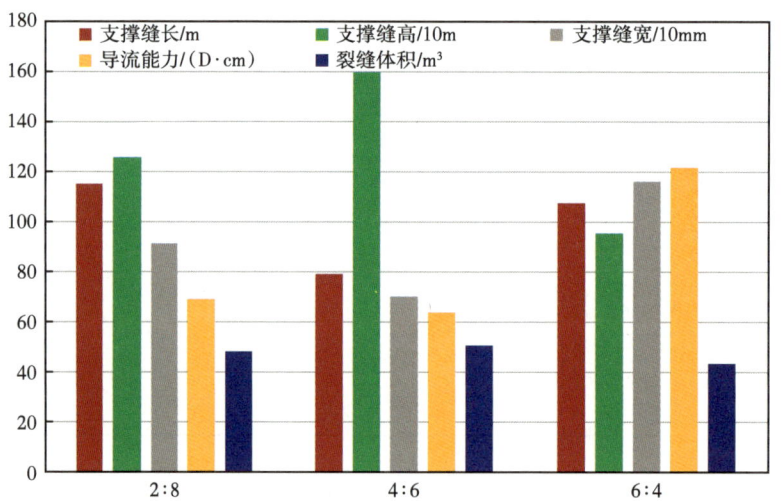

图 7-1-25　JHW05813 井不同黏度压裂液比例裂缝参数对比图

4. 单簇砂量优化设计

设计单簇砂量 20m³、25m³、30m³ 与 35m³ 4 种情况下裂缝扩展模拟如图 7-1-26 所示。表明裂缝几何尺寸随单簇砂量增加而增加，但单簇砂量超过 30m³ 时，支撑缝高与裂缝体积基本不再增加。另外，单簇砂量 30m³，支撑缝高约 20m，可以达到穿层改造目的。

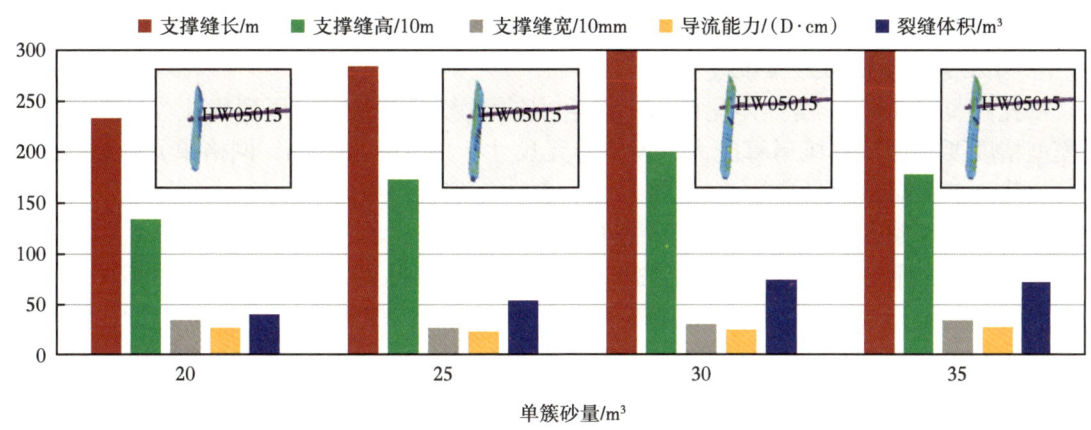

图 7-1-26 不同砂量下裂缝扩展形态对比图

5. 压裂段长优化设计

近期生产资料表明，下甜点已投产井 JHW07121 段长 75m、10~12 簇/段，配合暂堵工艺可实现段内多簇均衡改造；下甜点已实施井中三口井采用 75m 段长，同期累产效果较区块下甜点平均水平高 20% 左右，建议主力段长 70~80m，可同时进行 40~45m 段长对比分析。

6. 新井布缝方式模拟分析

针对 58 号平台开展了对称布缝和交错布缝两种方式数值模拟研究，模拟结果表明在缝长大于 75m 时，交错布缝优于对称布缝。

7. 立体开发压裂施工设计方案

根据随机森林算法对压裂施工主控因素进行分析，再结合压裂数值模拟结果，对区块 58 号平台立体开发压裂施工参数进行整体优化设计，设计方案见表 7-1-3。

表 7-1-3 设计方案施工参数汇总表

参数	优化结果
规模	$p_2l_1^{2-2}$ 层，单簇 30m³ 砂，折算加砂强度 3.0m³/m
	$p_2l_1^{2-3}$ 层，单簇 20m³ 砂，折算加砂强度 2.5m³/m
段簇	段长 70~80m，8~10 簇/段
排量	14~15m³/min
射孔	3 孔/簇，单段 18~30 孔
压裂液	高黏比例 50% 左右
支撑剂	石英砂（70/140 目：40/70 目：30/50 目比例 1:3:6）
布缝方式	交错布缝

四、页岩油水平井立体开发压裂顺序优化

不同的水平井压裂顺序将影响水平井立体开发井间、层间的裂缝扩展干扰问题，最终也会影响油井的产能和 EUR（Jacobs，2014）。下面结合 58 号平台地质工程一体化模型，采用 FracMan 软件对该平台不同水平井压裂顺序进行模拟分析，以缝网复杂程度、储层改造体积、10 年累计产量为目标，优化不同井组及其压裂段的压裂顺序，最终确定出最优

的立体开发压裂顺序。

（一）压裂顺序模拟方案设计

依托建立的地质工程一体化模型，结合主控因素分析确定的压裂优化参数，综合考虑模型精度要求、计算机运算能力，设定单元尺寸：10m×10m×2m，网格单元数量329万个，加载到FracMan软件中，进行58号平台整体压裂顺序设计。

根据整体压裂58号平台的地质特点和现场施工要求，将平台上下两层8口井分为A、B两个平台，A平台4口井，B平台3口井，采用W形井网，交错布缝，模拟同层顺序压裂、层间拉链压裂、边缘—中心压裂、多段顺序压裂、多段拉链压裂等5类压裂顺序，共计16种方案（图7-1-27、表7-1-4、表7-1-5）。

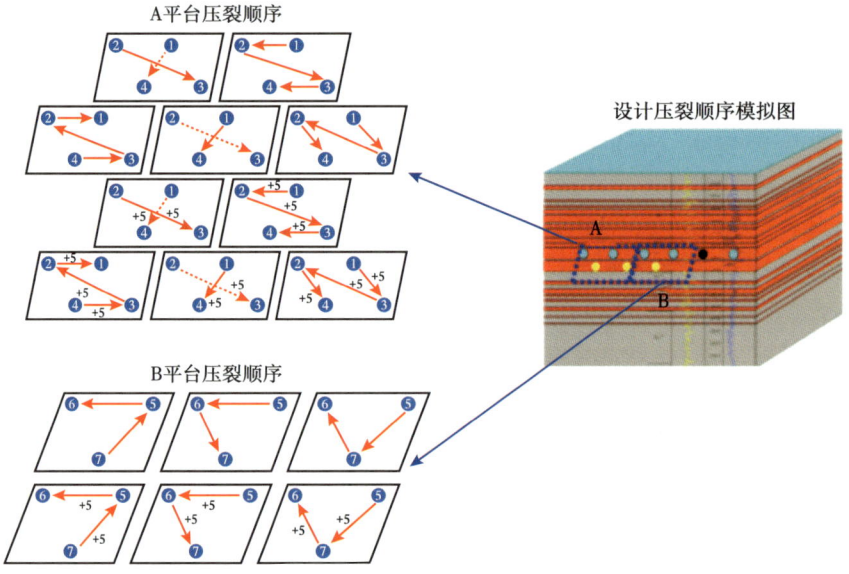

图 7-1-27　设计压裂顺序模拟图

表 7-1-4　A 平台压裂顺序方案设计表

类别	A 平台方案设计种类
方案 1	层间拉链压裂
方案 2	边缘—中心压裂
方案 3	上—下顺序压裂
方案 4	中心—边缘压裂
方案 5	下—上顺序压裂
方案 6	多段层间拉链压裂（5段）
方案 7	多段边缘—中心压裂（5段）
方案 8	多段上—下顺序压裂（5段）
方案 9	多段中心—边缘压裂（5段）
方案 10	多段下—上顺序压裂（5段）

表 7-1-5　B 平台压裂顺序方案设计表

类别	B 平台方案设计种类
方案 1	层间拉链压裂
方案 2	边缘—中心压裂
方案 3	上—下顺序压裂
方案 4	多段层间拉链压裂（5 段）
方案 5	多段边缘—中心压裂（5 段）
方案 6	多段上—下顺序压裂（5 段）

（二）缝网复杂程度与储层改造体积模拟结果分析

1. A 平台模拟结果

采用全三维压裂模拟技术，考虑井间、段间应力干扰得到的 A 平台三维压裂缝网扩展模拟结果如图 7-1-28 所示。方案 1 上部缝网扩展受限，方案 2 各层压裂缝网扩展相对较好，方案 3 下部缝网扩展受限［图 7-1-28］，方案 4 下部井裂缝网扩展受限，方案 5 上层裂缝扩展过长，易形成干扰［图 7-1-28］。裂缝扩展效果方案 2＞方案 1＞方案 3，整体上方案 4、5 裂缝扩展不佳。采用容积法，计算储层的改造体积方案 1、2 优于方案 3，栅格图计算结果表明方案 5 优于方案 4（表 7-1-6）。

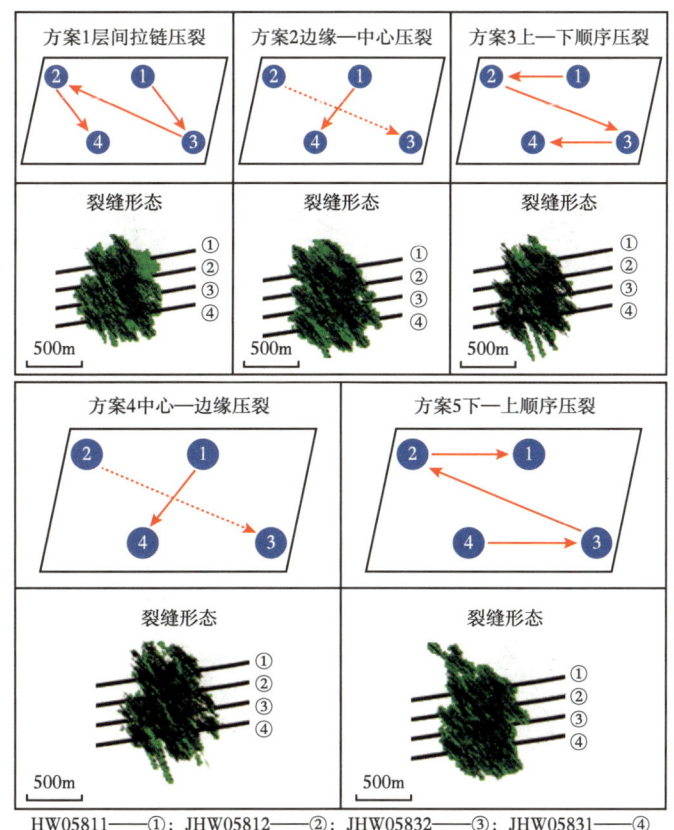

HW05811——①；JHW05812——②；JHW05832——③；JHW05831——④

图 7-1-28　单段压裂时不同压裂顺序形成的缝网及改造体积

表 7-1-6　单段压裂 5 种方案储层改造体积对比

系列	储层改造体积 /$10^4 m^3$
方案 1	467
方案 2	480
方案 3	435
方案 4	336
方案 5	348

多段压裂模拟结果如图 7-1-29 所示。方案 6 中部缝网扩展受限，方案 7 各层压裂缝网扩展相对略好，但没有单级压裂效果好，方案 8 上部井缝网扩展不佳（图 7-1-29），方案 9 下部井裂缝网扩展受限，方案 10 中部井裂缝网扩展受限，整体上多段压裂的效果低于单段压裂（图 7-1-29）；采用容积法，计算储层的改造体积，栅格图计算结果表明，方案 7 略优于方案 6、8，方案 9、10 相差不大（表 7-1-7）。

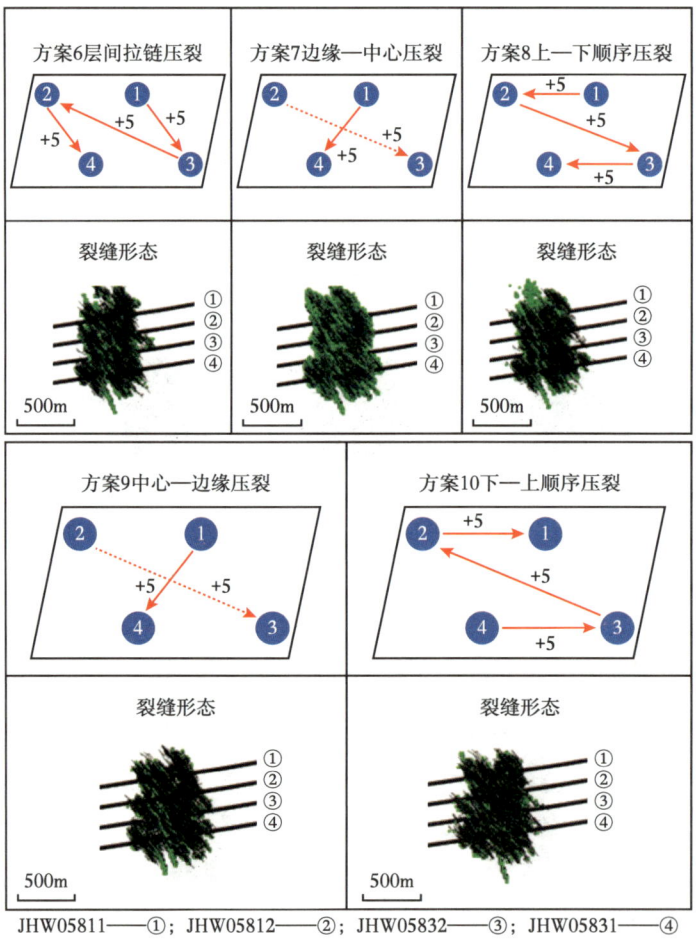

JHW05811──①；JHW05812──②；JHW05832──③；JHW05831──④

图 7-1-29　多段压裂时不同压裂顺序形成的缝网及改造体积

表 7-1-7　多段压裂 5 种方案储层改造体积对比

系列	储层改造体积 /$10^4 m^3$
方案 6	347
方案 7	373
方案 8	343
方案 9	351
方案 10	323

A 平台 10 个方案中顺序方案缝网复杂程度和储层改造体积对比结果如图 7-1-30 所示，可以看出：（1）单级压裂效果比多级压裂好；（2）方案 1 层间拉链压裂、方案 2 边缘—中心压裂、方案 3 上—下顺序压裂，三种方案效果好于其他方案。

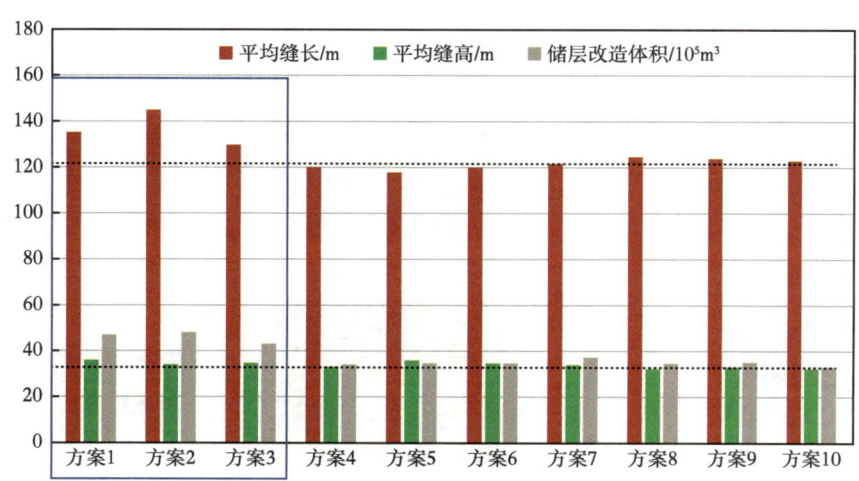

图 7-1-30　A 平台 10 种压裂方案对比

2. B 平台模拟结果

采用同样方法对 B 平台的 6 个方案进行了模拟计算，得到与 A 平台类似的结论（图 7-1-31）。（1）单级压裂效果优于多级压裂；（2）边缘—中心压裂、层间拉链压裂、顺序压裂，三种方案效果最优。

综合分析，从压裂缝网的复杂程度和储层改造体积出发，A、B 平台模拟结果都表明，单段交替压裂优于多段交替压裂，初选出三种方案：（1）层间拉链压裂，（2）顺序压裂，（3）边缘—中心压裂。这三种方案将在后续多维度评价中继续进行筛选，直至选出最优方案。

（三）应力场变化和生产动态模拟分析

1. 应力场模拟结果

依据缝网扩展结果和储层改造体积模拟结果，针对层间拉链压裂、边缘—中心压裂、顺序压裂三种方案，对 $p_2 l_1^{2-2}$ 层 JHW05812、JHW05813 井、$p_2 l_1^{2-3}$ 层 JHW05832 井前三段压裂前后的地应力场变化进行模拟计算（图 7-1-32）。

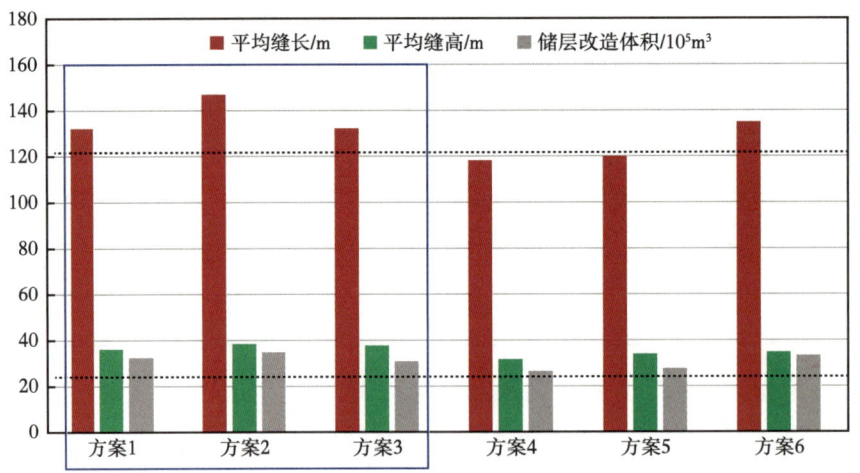

图 7-1-31　B 平台 6 种压裂方案对比

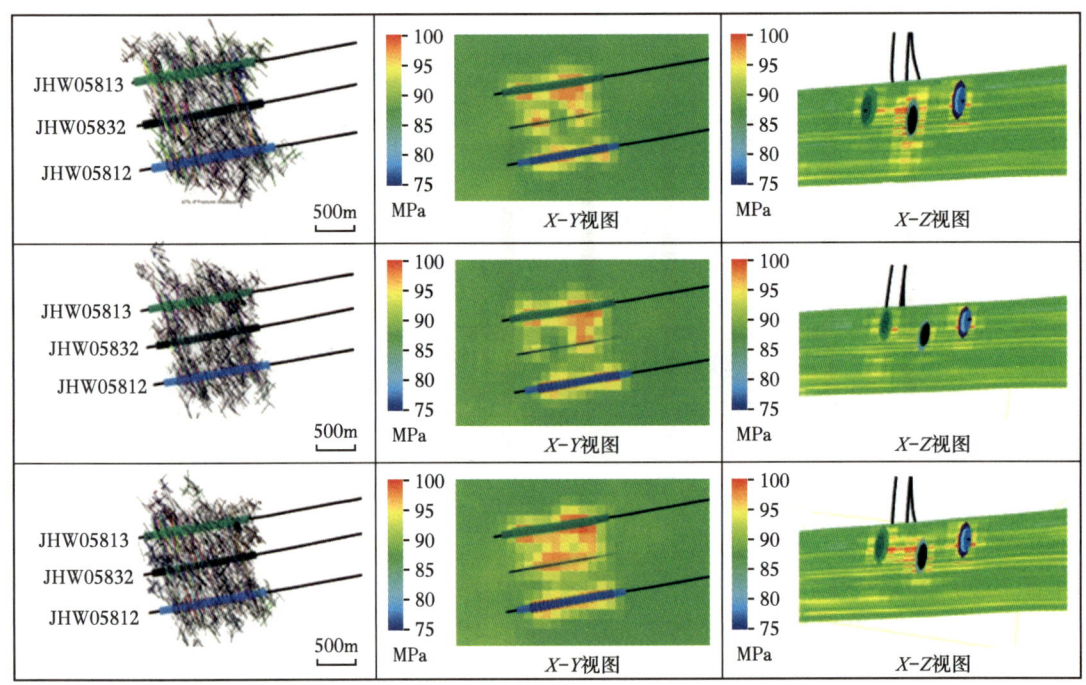

图 7-1-32　应力场模拟图

模拟结果显示：层间拉链压裂中间井纵向上应力波及范围最大；边缘—中心压裂应力波及范围在平面上、纵向上都更为集中；顺序压裂应力波及效果较差。在 58 号平台采用边缘—中心拉链式＋层间拉链可以很好地释放造缝过程中的应力增量。

2. 生产动态模拟结果

以压裂缝网、应力场模拟结果为基础，针对交替拉链压裂、边缘—中心压裂、顺序压裂三种方案，对 $p_2l_1^{2-2}$ 层 JHW05812、JHW05813 井、$p_2l_1^{2-3}$ 层 JHW05832 井前三段开展生产动态模拟。模拟条件为单相流——油，定井底流压 40MPa 进行生产，以 10 年累计产量为指标，计算结果如图 7-1-33 所示。生产动态预测结果表明：边缘—中心压裂、层间拉链压裂生产特征相似，产量相对较高；顺序压裂产量较低。推荐采用边缘—中心+交替拉链的压裂顺序。

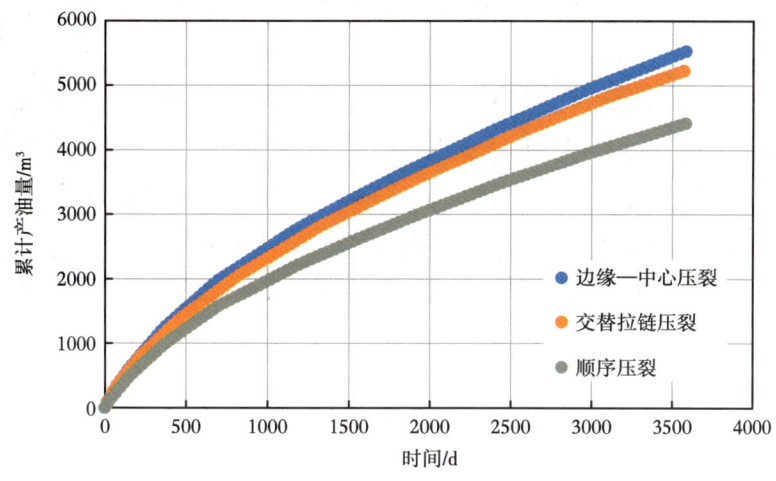

图 7-1-33 产量模拟图

（四）58 号平台裂缝反演模拟

1. 施工压力拟合与裂缝反演

应用 Meyer 软件净压力拟合模块，对 58 号平台 8 口压裂水平井、267 段施工曲线进行了拟合（共 312 段，有 45 段缺乏施工数据未拟合），得到了每段裂缝参数，为后期产量预测和压裂效果分析奠定了基础。

以 JHW05813 井第 7 段施工压力拟合为例，拟合结果如图 7-1-34 所示，裂缝形态反演结果呈现不均衡扩展（图 7-1-35）。该段深度 5282~5324m，段长 42m，压裂拟合过程中，储层渗透率平均为 0.047mD，储层最小水平主应力为 76.7MPa，半缝长为 46.2m，缝高为 27.88m，净压力约 10.01MPa。

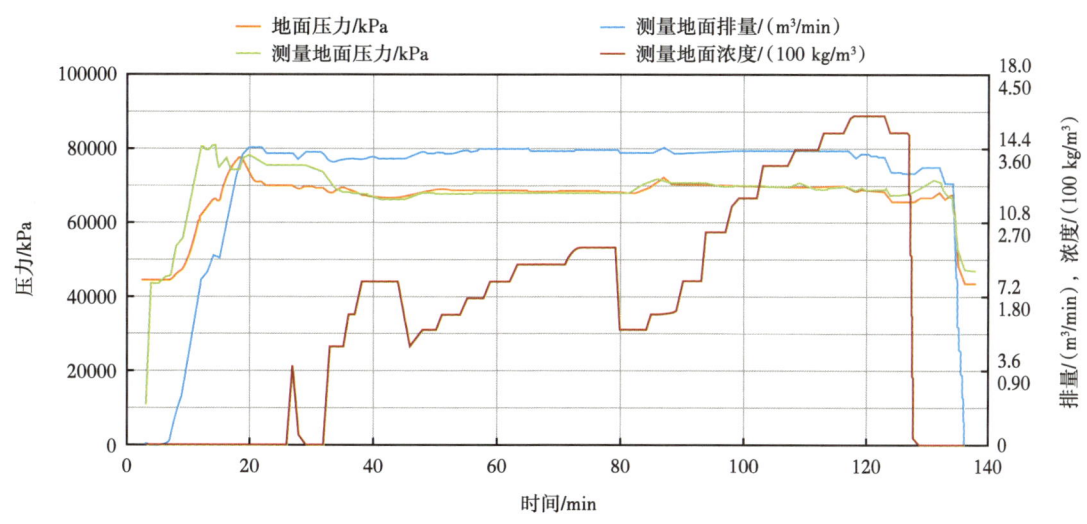

图 7-1-34 JHW05813 水平井第 7 段施工压力拟合结果

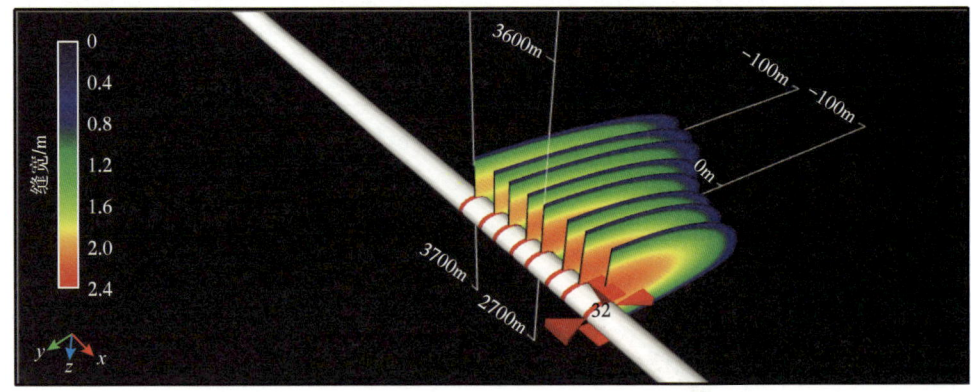

图 7-1-35　JHW05813 水平井第 7 段压裂裂缝反演 3D 图

58 号平台 8 口井的施工压力拟合结果见表 7-1-8。可以看出，普遍存在裂缝在水平井轴两侧的不均衡扩展，同时裂缝长度也有很大的差异，说明页岩油储层体积压裂裂缝扩展的复杂性。裂缝的不均衡扩展对后期储量的动用有一定的影响。

表 7-1-8　58 号平台压裂井裂缝参数反演结果

井号	层位	改造段长 / m	施工压力拟合效果	平均裂缝半长 / m	平均缝高 / m	平均缝宽 / cm	裂缝反演不均匀扩展段比例 / %
JHW05811		1767	90%	81.29	20	1.8	24
JHW05812		1753	90%	75.75	20	1.8	24
JHW05813	$p_2l_1^{2-2}$	1746	90%	80.15	20	1.8	44
JHW05814		1738	90%	65.57	20	1.8	51
JHW05815		1750	90%	68.14	20	1.8	24
JHW05831		1765	90%	75.51	20	1.8	67
JHW05832	$p_2l_1^{2-3}$	1748	90%	67.45	20	1.8	40
JHW05833		1723	90%	66.39	20	1.8	18
平均	—	1749	90%	72.53	20	1.8	37

2. 微地震数据拟合与裂缝反演

JHW05813 井的微地震监测结果如图 7-1-36 所示。发现中部缝网密度与两端差异较大，具有独特性。通过微地震数据拟合，反演裂缝参数，并与施工压力拟合结果进行对比。其中第 12~18 段的微地震数据拟合、裂缝反演结果如图 7-1-37 所示。

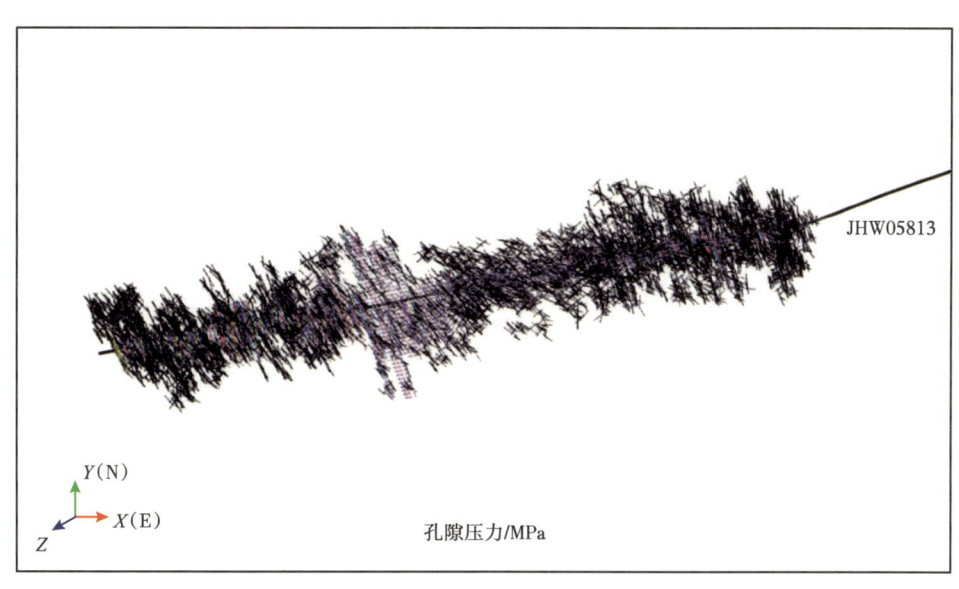

图 7-1-36　JHW05813 井裂缝扩展模拟图

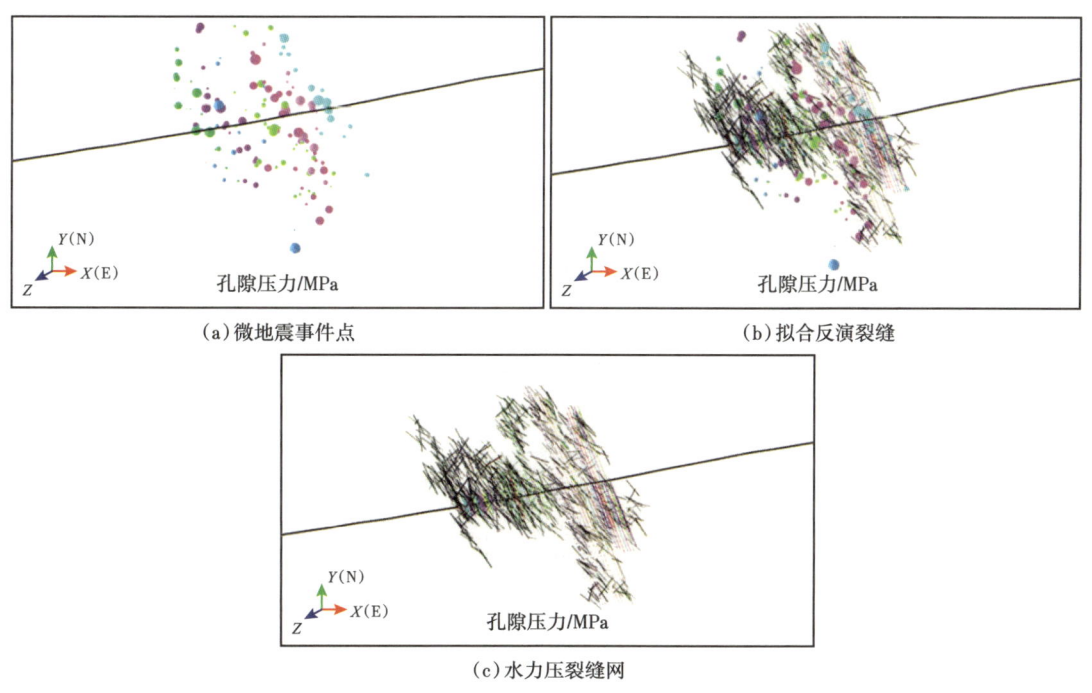

图 7-1-37　JHW05813 井 12~18 段微地震拟合

拟合结果呈现两种状况：激活天然裂缝形态（图 7-1-38）和水力裂缝主缝延伸形态（图 7-1-39），压裂缝网与微地震空间分布基本一致，各级裂缝形态与微地震形态也基本一致，拟合率较好，说明拟合方法是可行的。

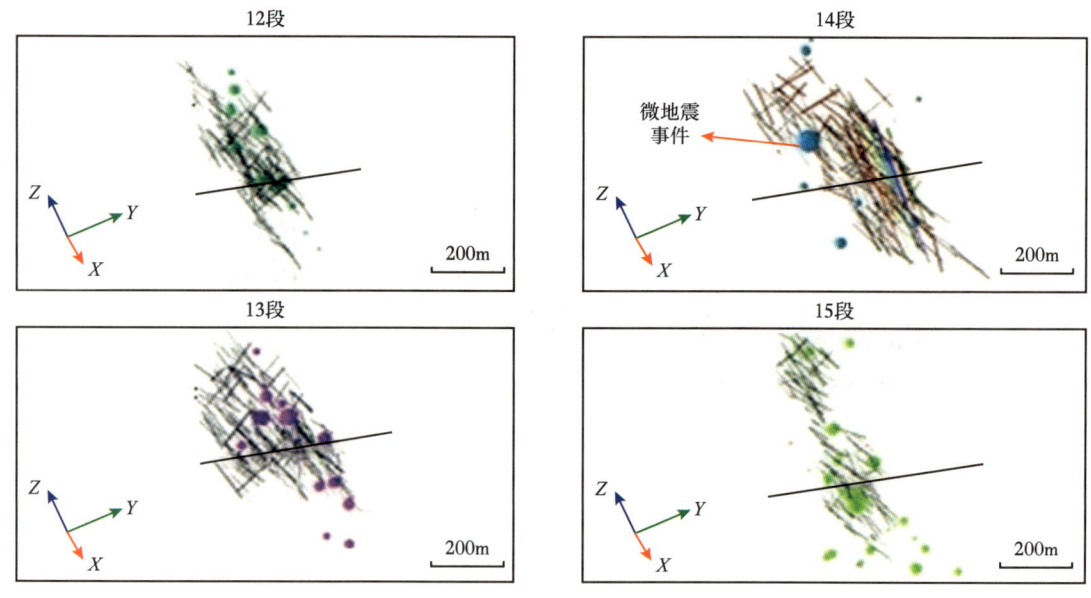

图 7-1-38 激活天然裂缝形态拟合结果

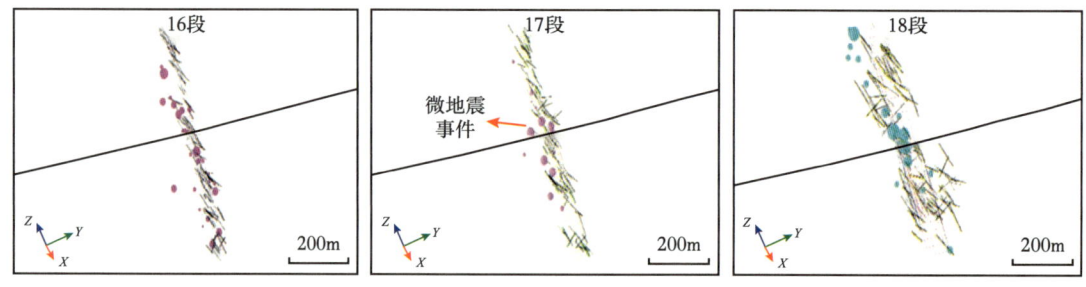

图 7-1-39 水力主缝延伸形态拟合结果

第 12~18 段微地震数据拟合得到的裂缝参数见表 7-1-9。微地震空间展布整体拟合符合率高，裂缝全长 140~170m，缝高 20~30m，整体上与 Meyer 裂缝反演结果一致。

表 7-1-9 裂缝参数统计

压裂段	水力主缝		激活天然裂缝			微地震拟合情况
	缝高/m	缝长/m	缝高/m	缝长/m	裂缝带宽/m	
12	20	50	20.33	166.02	106.83	好
13	20	62.5	21.72	144.33	112.02	一般
14	28.11	109.2	24.81	149.93	79.39	一般
15	28.91	100.2	25.87	163.91	68.83	好
16	21.81	102	26.05	160.63	64.28	好
17	22.24	104.07	28.89	163.26	68.57	好
18	23.08	128.62	21.97	162.37	93.57	好

第二节　页岩油水平井压裂后焖井与返排制度设计

根据第四章页岩储层体积压裂后的渗吸、置换等机理研究成果，吉木萨尔页岩油压裂后通过一段时间焖井可以提高压裂液与基质原油的渗吸置换能力，提高改造效果。本章结合渗吸置换机理研究成果，对压裂井的焖井时间、返排制度等进行优化，以期指导现场生产管理。

一、页岩油水平井压后焖井返排模型建立

为了模拟页岩油储层压裂后多尺度渗流机理，同时考虑在压后焖井、返排过程中涉及的储层物理、化学效应及复杂裂缝动态特征，需要建立三重介质油水两相页岩油压裂水平井焖井返排数学模型（吉木萨尔页岩储层气油比低，忽略气相）（Wang Fei 等，2021）。

（一）控制方程

模型假设条件：

（1）压裂结束时，整个裂缝系统内充满压裂液；

（2）忽略水平井段沿程压降和井筒储集效应；

（3）假设流体微可压缩，考虑支撑裂缝与未支撑裂缝的闭合影响；

（4）考虑基质渗吸置换作用，并假设整个裂缝系统的渗吸换油效率相同；

（5）假设各压裂段沿着水平井筒是等间距对称分布的，选择其中一段裂缝区域作为模拟单元，计算结果再放大到多级压裂水平井。

采用三重介质模型：基质（M）、水力裂缝（F）和次级裂缝（f）。模型选用单孔数值模型，通过采用局部对数网格加密（LGR）技术设置了水力裂缝与次级裂缝网络，该方法一方面解决了小尺度缝宽和大尺度基质网格尺寸之间瞬变流动巨大差异的难题，另一方面也确保了数值计算的稳定性和收敛性。建立的裂缝单元网格模型如图 7-2-1 所示，其中水平井筒沿 x 轴方向、水力裂缝沿 y 轴方向。

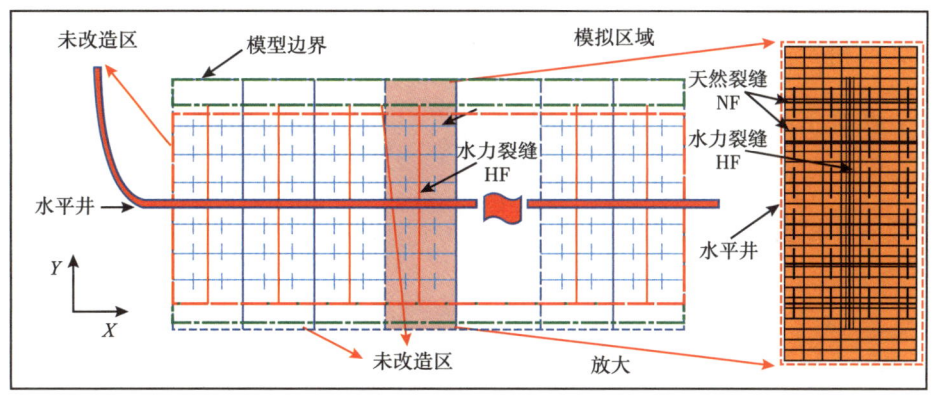

图 7-2-1　三重介质油水两相页岩油压裂水平井焖井返排物理模型

模型初始参数设置见表 7-2-1、表 7-2-2。

表 7-2-1 基础模型的输入参数

参数	值	参数	值
原始油藏压力 /MPa	38	压裂段数	26
油藏温度 /℃	90	裂缝闭合压力 /MPa	57
油层深度 /m	2650	油藏泡点压力 /MPa	3.95
岩石压缩系数 /MPa^{-1}	2×10-3	压裂施工排量 /（m³/min）	12
基质渗透率 /mD	0.012	基质孔隙度	0.125
基质初始含水饱和度	0.2	井底泵注限压 /MPa	80

表 7-2-2 基础模型的缝网参数

参数	值
主裂缝渗透率 /mD	1000
主裂缝半长 /m	125
次级裂缝渗透率 /mD	10
次级裂缝长度（与主裂缝沟通）/m	70
次级裂缝间距（与主裂缝沟通）间距 /m	40

1. 基本方程

基本方程包括主裂缝、次裂缝和基质内的油相和水相渗流方程，以及辅助方程。

主裂缝水相控制方程：

$$h\frac{\partial\left(\rho_w\phi^F S_w^F\right)}{\partial t}=-\nabla\left(h\rho_w v_w^F\right)-\frac{\alpha_3\rho_w K^F K_{rw}^F h}{\eta_w}\left(p_w^F-p_{wf}\right)+\frac{\alpha_1\rho_w K^f K_{rw}^f h}{\eta_w}\left(p_w^f-p_w^F\right) \quad (7\text{-}2\text{-}1)$$

主裂缝油相控制方程：

$$h\frac{\partial\left(\rho_o\phi^F S_o^F\right)}{\partial t}=-\nabla\left(h\rho_o v_o^F\right)-\frac{\alpha_3\rho_o K^F K_{ro}^F h}{\eta_o}\left(p_o^F-p_{wf}\right)+\frac{\alpha_1\rho_o K^f K_{ro}^f h}{\eta_o}\left(p_o^f-p_o^F\right) \quad (7\text{-}2\text{-}2)$$

次级裂缝水相控制方程：

$$h\frac{\partial\left(\rho_w\phi^f S_w^f\right)}{\partial t}=-\nabla\left(h\rho_w v_w^f\right)-q_w^{fF}+\frac{\alpha_2\rho_w K^m K_{rw}^m h}{\eta_w}\left(p_w^m-p_w^f\right)- \\ \frac{\alpha_2\rho_w K^f K_{rw}^f h}{\eta_w}\left[x_c\lambda_c\frac{vRT\left(C^m-C^f\right)\delta}{m}\right] \quad (7\text{-}2\text{-}3)$$

次级裂缝油相控制方程：

$$h\frac{\partial\left(\rho_o\phi^f S_o^f\right)}{\partial t}=-\nabla\left(h\rho_o v_o^f\right)-q_o^{fF}+\frac{\alpha_2\rho_o K^m K_{ro}^m h}{\eta_o}\left(p_o^m-p_o^f\right) \quad (7\text{-}2\text{-}4)$$

基质水相控制方程：

$$h\frac{\partial\left(\rho_w\phi^m S_w^m\right)}{\partial t}=\nabla\left[h\rho_w\frac{K^m K_{rw}^m}{\eta_w}\nabla\left(p_w^m-x_c\lambda_c\frac{vRTC^m\delta}{m}\right)\right]-q_w^{mf} \quad (7\text{-}2\text{-}5)$$

基质油相控制方程：

$$h\frac{\partial\left(\rho_o\phi^m S_o^m\right)}{\partial t}=-\nabla\left(h\rho_o v_o^m\right)-q_o^{mf} \quad (7\text{-}2\text{-}6)$$

辅助方程：

$$\begin{matrix}S_w^F+S_o^F=1\\ p_o^F=p_w^F\\ S_w^f+S_o^f=1\\ p_o^f-p_w^f=p_c^f\\ S_w^m+S_o^m=1\\ p_o^m-p_w^m=p_c^m\end{matrix} \quad (7\text{-}2\text{-}7)$$

式中 S_o^F——主裂缝含油饱和度；

S_o^f——次级裂缝含油饱和度；

S_o^m——基质含油饱和度；

ρ_o——原油黏度，mPa·s；

ϕ——基质孔隙度；

K_{ro}——油相相对渗透率；

η_o——油相流度；

Δp_o——不同介质油相压差，MPa；

S_w^F——主裂缝含水饱和度；

S_w^f——次级裂缝含水饱和度；

S_w^m——基质含水饱和度；

S_w^F——主裂缝含水饱和度；

S_w^f——次级裂缝含水饱和度；

S_w^m——基质含水饱和度；

ρ_w——压裂液黏度，mPa·s；

ϕ_m——基质孔隙度；

K_{rw}——水相相对渗透率；

η_w——水相流度；

Δp_w——不同介质水相压差,MPa;

p_c——毛细管压力,MPa。

2. 相对渗透率曲线确定

由于整个压裂过程包括泵注、焖井、返排期间,以及长期生产过程中井底压力始终高于吉木萨尔泡点压力,所以数值模拟中不会有溶解气的产生,故仅考虑油水两相流的流动。根据现场测试分析资料,吉木萨尔页岩基质油水两相相对渗透率曲线如图 7-2-2 和图 7-2-3 所示,由油水相渗曲线可以看出,储层残余油饱和度较高,两相包络区域面积较小、相对渗透率顶点值偏低,过低的相对渗透率也在一定程度上遏制了页岩基质渗吸强度。次级裂缝的相对渗透率参考了其他典型页岩储层的天然裂缝相渗曲线,水力裂缝的相渗曲线仅考虑重力对于油水渗流的影响。由于吉木萨尔上、下甜点分别有着不同的润湿性,故采用两种不同类型相渗曲线对上、下甜点焖井过程进行数值模拟。

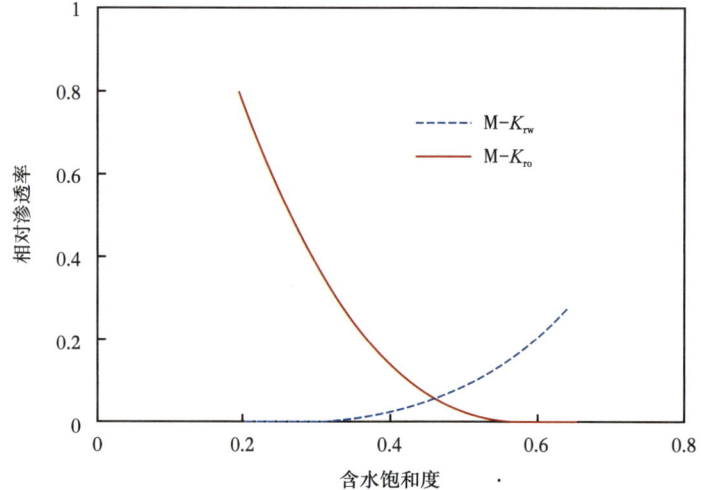

图 7-2-2 基质相渗曲线

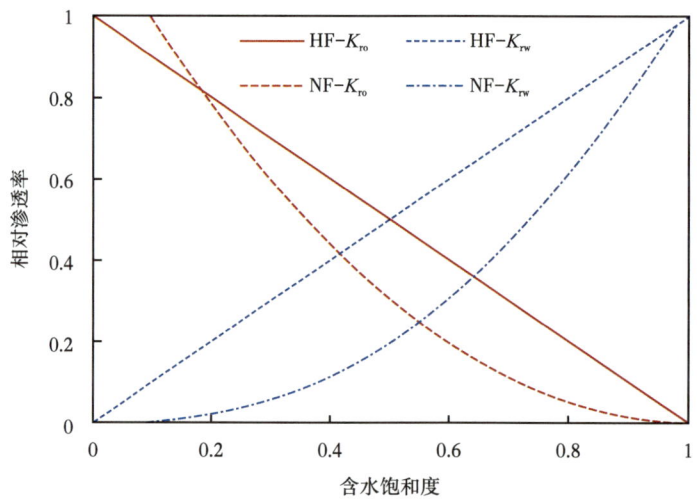

图 7-2-3 水力裂缝和次级裂缝相渗曲线

3. 毛细管压力曲线

吉木萨尔页岩储层具有极低的孔隙度和渗透率，因而具有较高的毛细管压力，这是滑溜水压裂液进入基质的动力。毛细管压力大小影响压裂液及原油在基质及裂缝系统中的分布。基质毛细管压力由如下经验公式确定。

$$p_{cD} = a_1 + a_2 \left(1 - S_{wn}\right)^{a_3} \quad （7\text{-}2\text{-}8）$$

$$S_{wn} = \frac{\left(S_w - S_{wc}\right)}{\left(1 - S_{wc}\right)} \quad （7\text{-}2\text{-}9）$$

式中 p_{cD}——渗吸毛细管压力，MPa；

S_{wn}——无量纲含水饱和度；

S_w——含水饱和度；

S_{wc}——束缚水含水饱和度；

a_1、a_2、a_3、b_1、b_2、b_3、b_4、b_5——常数，其中 $a_1=b_1$、$a_2=b_2$、$a_3=b_3$。

对于页岩油藏，地层岩石往往呈强亲水性，所以在先前关于页岩油井压裂液毛细管渗吸的研究中，毛细管压力曲线计算采用的式（7-2-8），仅考虑正值部分，即假设 b_4 和 b_5 皆为 0。然而，在吉木萨尔页岩油藏中，岩石并不始终都是亲水的，也呈现出中性润湿或弱水湿，所以在模拟过程中考虑了毛细管压力曲线的负值部分，即没有忽略渗吸滞后的影响。计算得到的页岩基质毛细管压力曲线如图 7-2-3 所示，其中 b_1、b_2、b_3、b_4、b_5 分别取值为 0、4.88、20、86、5。上、下甜点出现不同润湿性表现，故上、下甜点分别选取如图 7-2-4 和图 7-2-5 的弱水湿和油湿的毛细管压力曲线。

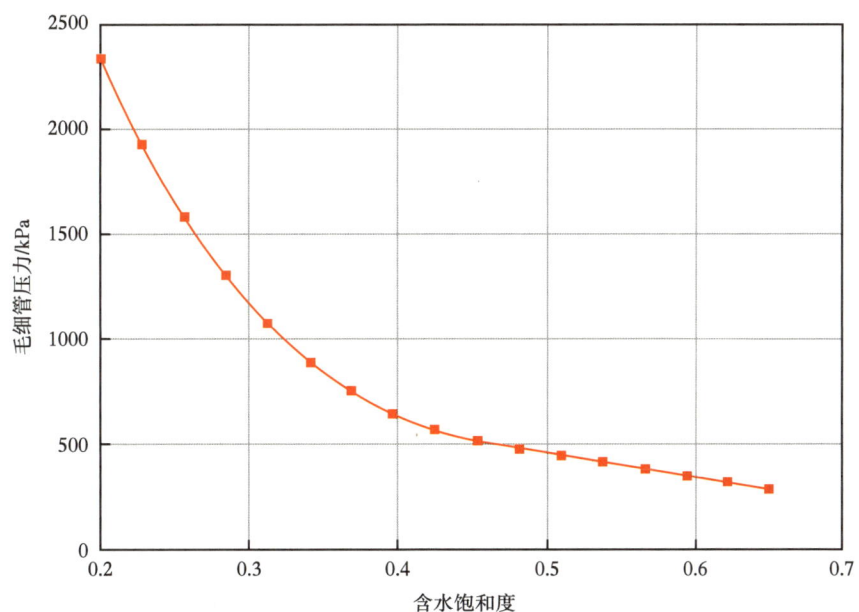

图 7-2-4　水湿基质裂缝毛细管压力

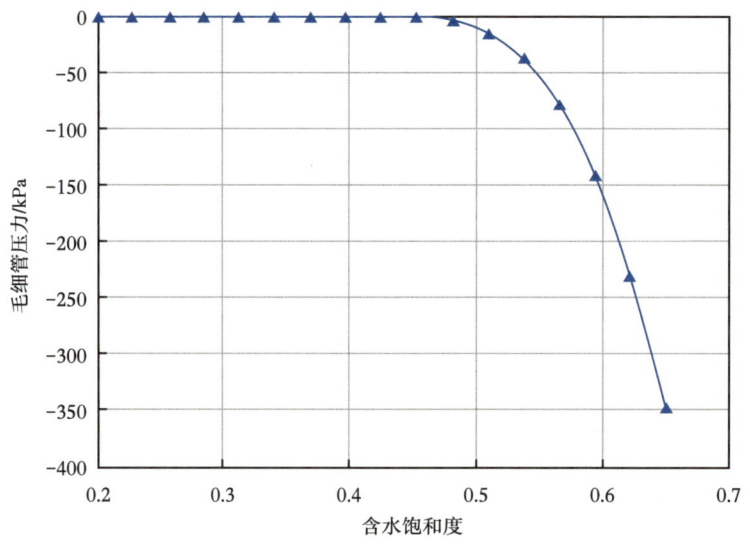

图 7-2-5　油湿基质裂缝毛细管压力

根据吉木萨尔页岩油渗吸实验（岩心尺度），通过对上、下甜点储层渗吸效率的拟合（图 7-2-6），得到修正后的毛细管压力曲线如图 7-2-7 所示。

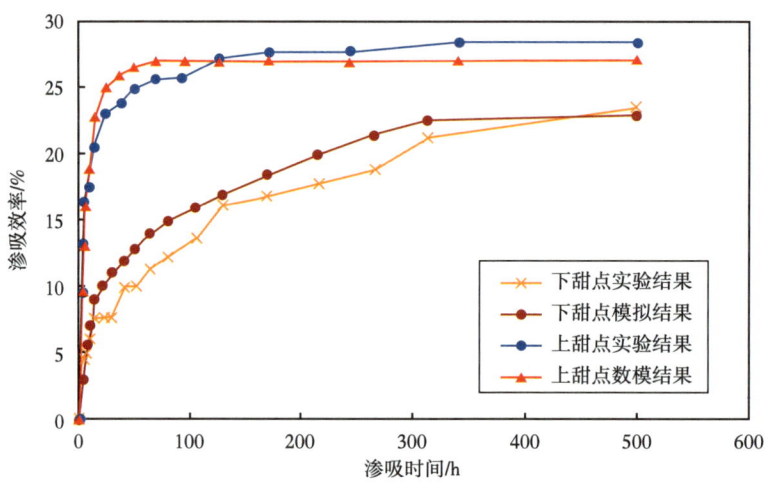

图 7-2-6　上、下甜点毛细管压力拟合

4. 应力敏感性确定

现场普遍采用的大液量、高排量施工模式使得压裂施工过程中，裂缝内及附近地层的压力升高，在焖井期间由于没有压裂液的注入，裂缝及附近地层的压裂液在压力差作用下渗滤到地层内，但地层总体压力可能仍高于原始地层压力，焖井结束后返排阶段，裂缝和地层内的压力将进一步降低，甚至低于原始地层压力。因此，在水平井体积压裂施工、焖井到返排和生产全过程，裂缝和地层内的压力是随时间变化的。研究表明，这种压力变化，将会导致裂缝和基质系统内孔隙度与渗透率的变化，即应力敏感性。孔隙度、渗透率的

应力敏感性会影响焖井过程中压裂液从裂缝到基质的渗吸，以及返排期间的压裂液返排率。

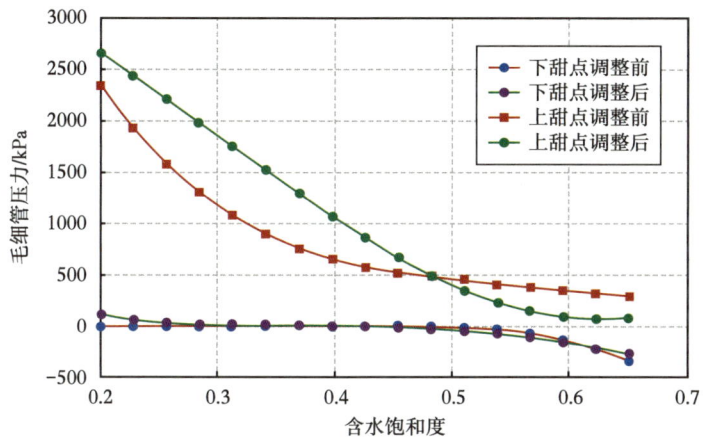

图 7-2-7　修正后模型设置毛细管压力曲线

页岩基质孔隙度和渗透率的应力敏感性可以通过实验确定，研究发现对存在大规模复杂缝网的页岩油储层，与裂缝相比，基质的应力敏感性相对较小（张骞等，2021）。本研究采用常用的经验指数公式（7-2-10）和式（7-2-11）来计算裂缝系统中孔隙度和渗透率随压力变化曲线，以模拟应力敏感性对焖井和返排的影响。

$$\frac{K_\mathrm{f}}{K_\mathrm{f0}}=10^{m_\mathrm{i}p_\mathrm{net}} \qquad (7\text{-}2\text{-}10)$$

$$\frac{\phi_\mathrm{f}}{\phi_\mathrm{f0}}=e^{C_\mathrm{fi}p_\mathrm{net}} \qquad (7\text{-}2\text{-}11)$$

式中　ϕ_f——裂缝孔隙度；

ϕ_f0——裂缝初始孔隙度；

C_fi——注入阶段裂缝压缩系数，kPa^{-1}；

p_net——裂缝内净压力，kPa；

K_f——裂缝渗透率，mD；

K_f0——裂缝初始渗透率，mD；

m_i——渗透率变化系数（根据经验值确定），kPa^{-1}。

Tiab 等认为相比于基质岩石的压缩系数，裂缝压缩系数高出两个数量级的大小。因此，取裂缝压缩系数 C_fi 值为 $5.97×10^{-5}\mathrm{kPa}^{-1}$；水力裂缝和天然裂缝的渗透率变化系数分别取值为 $6.67×10^{-5}\mathrm{kPa}^{-1}$ 和 $1.00×10^{-5}\mathrm{kPa}^{-1}$。

（二）模型求解与验证

求解步骤如下：

（1）采用有限差分方法对主控方程组进行差分离散，得到非线性差分方程组；

（2）应用半隐式方法对非线性系数项进行线性化，得线性方程组；

（3）利用 Gauss-Seidel 迭代法求解方程组；

（4）基于 CMG 软件完成数值计算。

1. 上、下甜点焖井、返排模型参数设置

（1）地质参数：根据测井解释参数设置初始储层孔隙度、渗透率、含油饱和度，通过压降试井解释确定具体值；根据上、下甜点区别设置储层润湿性、原油黏度、储层压力、储层厚度等。

（2）工程参数：根据有效水平段长和井距（500m/300m/260m/200m）设置模型水平方向边界，根据实际压裂段、簇数、排量、泵压等设置施工参数。

（3）裂缝参数：根据生产动态分析反演结果设置主裂缝缝长、导流能力、次级裂缝密度、次级裂缝孔渗等。

（4）生产控制参数：模拟不同焖井时间，根据实际井返排程序设置生产参数。

以上甜点 JHW025、下甜点 J10012_H 为例，对上、下甜点模型中实际参数进行设置，见表 7-2-3。

表 7-2-3 上甜点模型参数设置

储层参数	值	裂缝参数	值	工程参数	值
基质渗透率 / mD	0.012	主裂缝半缝长 / m	130	压裂段数	25
基质孔隙度	0.125	主裂缝导流能力 / (D·cm)	7	压裂段长 / m	45
基质初始含水饱和度	0.29	次级裂缝密度 / (条/m²)	0.46	簇数	1段3簇
模型边界 / (m×m×m)	1400×500×13	次级裂缝孔隙度	0.25	注入速度 / (m³/min)	12
原油黏度 / (mPa·s)	9	次级裂缝导流能力 / (D·cm)	0.1	压力液黏度 / (mPa·s)	3
地层压力 / MPa	38	主裂缝应力敏感 / MINER%	50	最大注入压力 / MPa	80
地层温度 / ℃	85	次级裂缝应力敏感 / MINER%	0	注入时间 / min	120

表 7-2-4 下甜点模型参数设置

储层参数	值	裂缝参数	值	工程参数	值
基质渗透率 / mD	0.011	主裂缝半缝长 /m	130	压裂段数	30
基质孔隙度	0.12	主裂缝导流能力 / (D·cm)	15	压裂段长 / m	45
基质初始含水饱和度	0.22	次级裂缝密度 / (条/m²)	1.08	簇数	1段3簇

续表

储层参数	值	裂缝参数	值	工程参数	值
模型边界/(m×m×m)	1400×500×18	次级裂缝孔隙度	0.25	注入速度/(m³/min)	12
原油黏度/(mPa·s)	20	次级裂缝导流能力/(D·cm)	0.1	压力液黏度/(mPa·s)	3
地层压力/MPa	44	主裂缝应力敏感/MINER%	50	最大注入压力/MPa	80
地层温度/℃	90	次级裂缝应力敏感/MINER%	0	注入时间/min	120

2. 模型验证

应用吉木萨尔 2017—2020 年投产的 30 口（上甜点 26 口 + 下甜点 10 口）压裂水平井实际压后产油量数据和压裂液返排数据，验证焖井、返排模型的准确性，结合吉木萨尔页岩油上、下甜点储层焖井渗吸换油规律，制定合理焖井时间。由于实际压裂施工各级间隔时间较长，全井段压裂施工结束时存在多数裂缝已处于焖井状态，故将现场记录的压裂施工周期与焖井时间之和作为模拟焖井时间。验证对象为渗吸换油量、单段累计产油量及压裂液返排率。

对上甜点根据产油量规模、优质储层钻遇率、泵注液量砂量等把上甜点 26 口井划分为 5 类，见表 7-2-5。相应的模型设置参数见表 7-2-6。

表 7-2-5　上甜点压裂水平井压裂施工信息

类别	井名	压裂工期/d	焖井时间/d	水平井段长度/m	段数	井距/m	泵注液量/m³	加砂量/m³	平均段长/m
第1类	J10064_H	6	36	1534	22	1000	28830.7	1870	46.34
	JHW023	11	56	1237	27	1000	37407.9	2480	46.37
	JHW025	12	7	1241	27	1000	38097.35	2475	44.4
第2类	J10002_H	7	25	1456	32	1000	48438.7	3070	46.6
	J10003_H	3	12	1507	5	1000	7920	440	46.8
	J10004_H	10	15	1529	35	1000	48362.08	3080	46.37
	JHW031	16	6	1500	34	200	44186.3	2970	44.12
	JHW032	16	6	1534	35	200	29536.7	2615	44.24
	JHW033	10	10	1503	28	200	45750.4	3050	42.9
	JHW034	10	43	1363	30	200	56959.0	3510	45.5
	JHW035	13	42	1245	28	200	58754.6	3845	44.5
	JHW036	12	53	1473	33	200	47816.3	4550	44.6
	JHW00321	3	31	547	12	200	15237	1010	42.5

续表

类别	井名	压裂工期/d	焖井时间/d	水平井段长度/m	段数	井距/m	泵注液量/m³	加砂量/m³	平均段长/m
第3类	JHW00121	9	32	1836	11	200	15094.7	990	46
	J10027_H	12	24	1810	30	1000	49627	3629	51.2
	J10019_H	7	73	1245	22	1000	29347	1935	47.1
	J10018_H	10	31	1500	30	1000	40975	2740	44.6
	JHW051	22	32	1852	24	260	63589	3650	42.7
第4类	JHW041	17	64	1458	31	260	42905.6	2680	43
	JHW042	15	40	1504	32	260	44238.2	2790	46.5
	JHW043	15	49	1356	32	260	44341	2790	2.5
	JHW044	17	47	1504	29	260	40289.5	2410	45.4
	JHW045	4	5	1202	25	260	33155.8	2200	44.3
	JHW00124	6	45	1173	19	200	28200	1681	45.1
	J10030_H	10	51	1118	25	1000	28897-2-7	2110	42.2
	J10028_H	15	37	2030	36	1000	45576.6	2800	46

表 7-2-6　上甜点 4 类模型参数

类别	储层参数	数值	等级	裂缝参数	数值
第 1 类（JHW023，JHW025 等）	基质渗透率/mD	0.012	一	水力裂缝半缝长/m	130
	基质孔隙度	0.125		水力裂缝导流能力/（D·cm）	7
	初始含水饱和度	0.29		次级裂缝密度/（条/m²）	0.46
第 2 类（JHW031-036 等）	基质渗透率/mD	0.007	二	水力裂缝半缝长/m	130
	基质孔隙度	0.12		水力裂缝导流能力/（D·cm）	7
	初始含水饱和度	0.3		次级裂缝密度/（条/m²）	0.15
第 3 类（J10018_H，J10019_H 等）	基质渗透率/mD	0.002	三	水力裂缝半缝长/m	130
	基质孔隙度	0.1		水力裂缝导流能力/（D·cm）	4.5
	初始含水饱和度	0.32		次级裂缝密度/（条/m²）	0.15
第 4 类（JHW041-045 等）	基质渗透率/mD	0.003	二	水力裂缝半缝长/m	80
	基质孔隙度	0.1		水力裂缝导流能力/（D·cm）	2
	初始含水饱和度	0.31		次级裂缝密度/（条/m²）	0.46

根据产油量规模、优质储层钻遇率、泵注液量砂量等，将下甜点的 10 口井划分为 2 类，见表 7-2-7 和表 7-2-8。

表 7-2-7 下甜点压裂水平井压裂施工信息

类别	井名	压裂工期 /d	焖井时间 /d	水平井段长度 /m	段数	井距 /m	泵注液量 /m³	加砂量 /m³	平均段长 /m
第 1 类	JHW152	12	163	1300	26	260	36197.6	2420	46.15
	JHW151	26	30	1315	29	260	35615.6	2710	45.34
	吉 187_H	9	35	1331	21	1000	25907.4	1980	46.76
	J10012_H	8	47	1494	33	1000	46198	2850	47-2-9
	J10054_H	17	31	1646	31	1000	46985	2716	44.2
	J10038_H	11	30	1636	35	1000	36929.3	2780	46.2
	J10020_H	14	31	2014	45	1000	23992	4160	44.76
第 2 类	J10014_H	11	60	1468	33	1000	47372	2920	44.1
	吉 41_H	15	43	1365	27	1000	44693	2720	44.44
	J10022_H	7	15	851	20	1000	28897-2-7	1760	42.6

表 7-2-8 下甜点 2 类模型参数

类别	储层参数	数值	等级	裂缝参数	数值
第 1 类（J10020_H、JHW151 等代表）	基质渗透率 /mD	0.011	一	水力裂缝半缝长 /m	130
	基质孔隙度	0.12		水力裂缝导流能力 /（D·cm）	15
	初始含水饱和度	0.22		次级裂缝密度 /（条 /m²）	1.08
第 2 类（J10022_H、J10014_H、吉 41 代表）	基质渗透率 /mD	0.005	二	水力裂缝半缝长 /m	130
	基质孔隙度	0.1		水力裂缝导流能力 /（D·cm）	9
	初始含水饱和度	0.25		次级裂缝密度 /（条 /m²）	0.89

1）累计产油量及返排率拟合

对上甜点 4 类井、下甜点 2 类井分别进行累计产油量和返排率模拟，同时对照实际井的累计产油量及返排率进行拟合。图 7-2-8 至图 7-2-12 为上甜点 4 类井单段生产 180d 累计产量、返排率拟合结果，图 7-2-13、图 7-2-14 为渗吸换油量拟合结果，可以看出上甜点整体拟合率较高，说明建立的焖井、返排数值模拟模型是可行的。

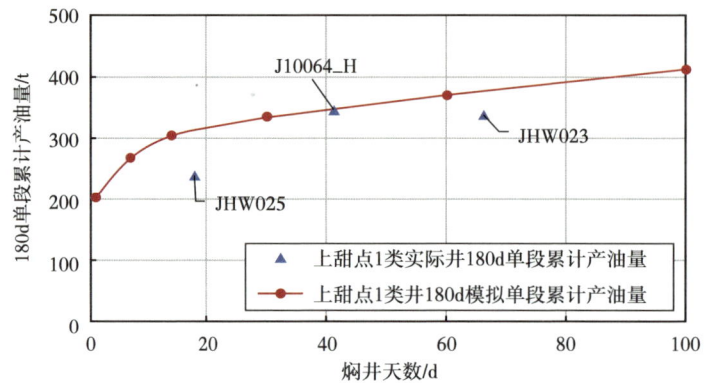

图 7-2-8　上甜点 1 类井单段累计产油量与焖井时间关系

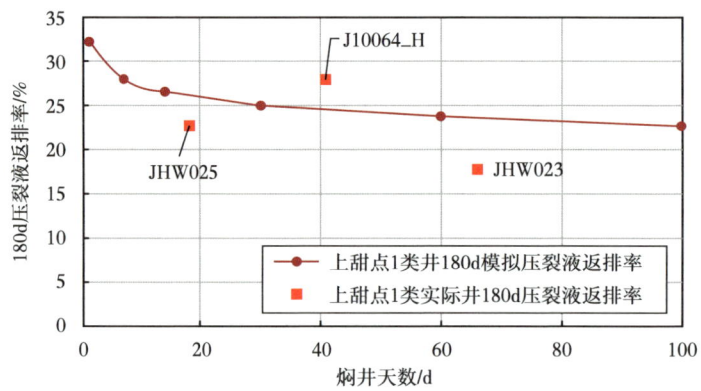

图 7-2-9　上甜点 1 类井返排率与焖井时间关系

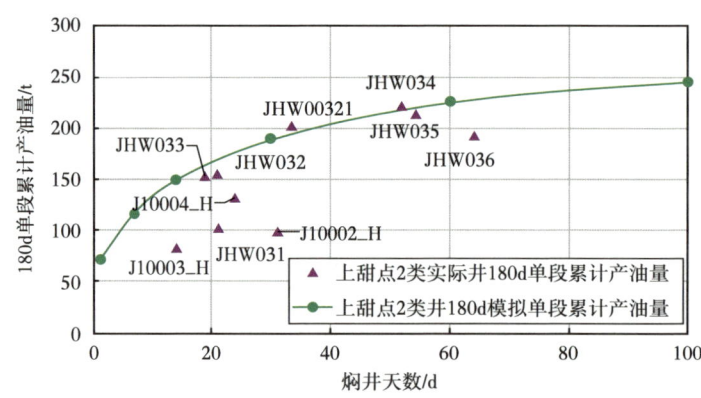

图 7-2-10　上甜点第 2 类井 180d 单段累产油量随焖井时间变化曲线

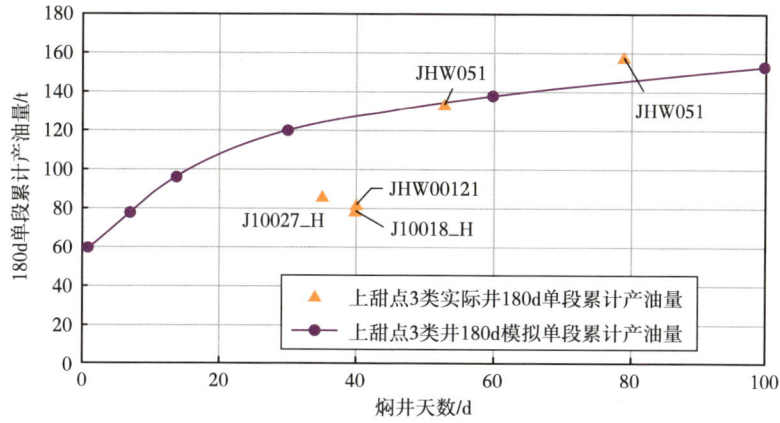

图 7-2-11　上甜点第 3 类井 180d 单段累计产油量随焖井时间变化曲线

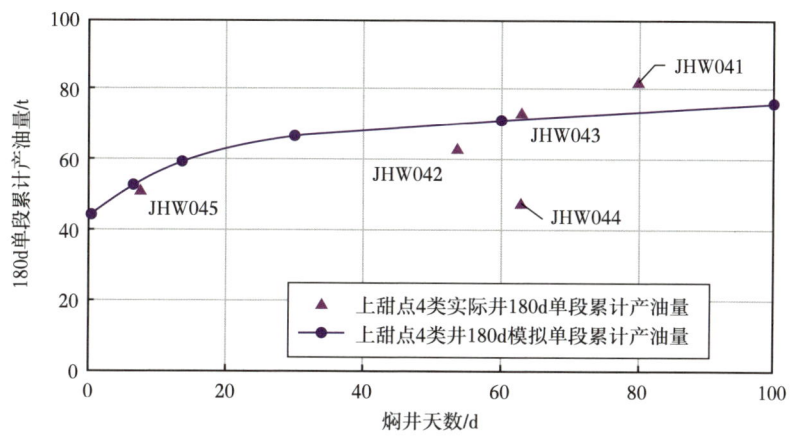

图 7-2-12　上甜点第 4 类井 180d 单段累产油量随焖井时间变化曲线

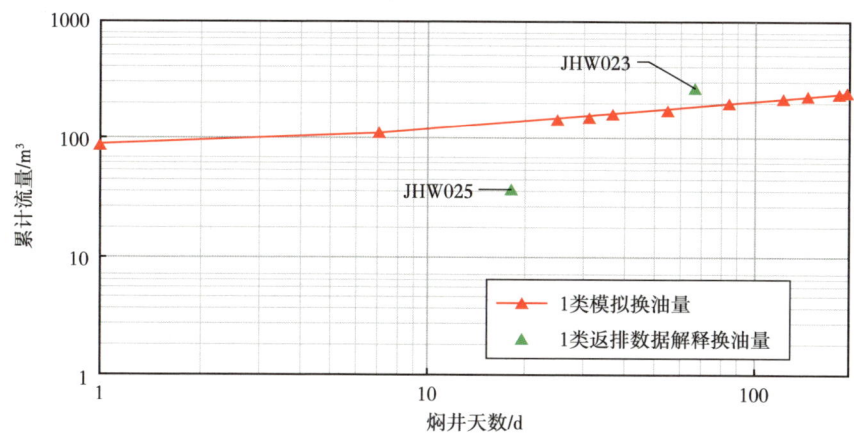

图 7-2-13　上甜点第 1 类井单段换油量随焖井时间变化曲线

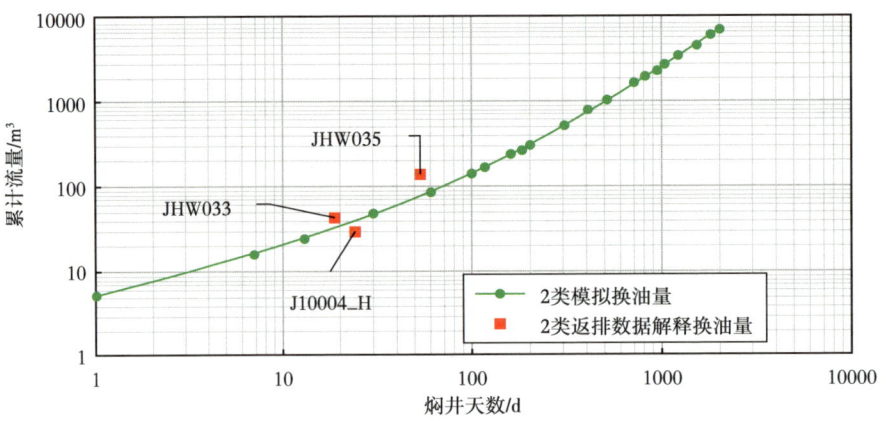

图 7-2-14　上甜点第 2 类井单段换油量随焖井时间变化曲线

图 7-2-15 至图 7-2-20 为下甜点累计产油量、压裂液返排率和渗吸换油量的拟合结果，同样证明建立的数值模拟模型可以用于下甜点的焖井和返排过程模拟。

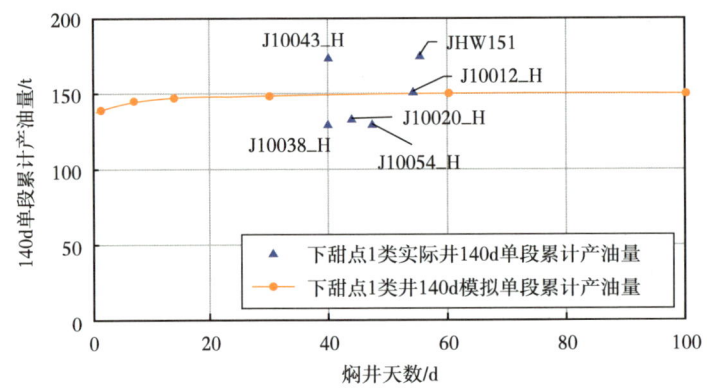

图 7-2-15　下甜点第 1 类井 140d 单段累计产油量随焖井时间变化曲线

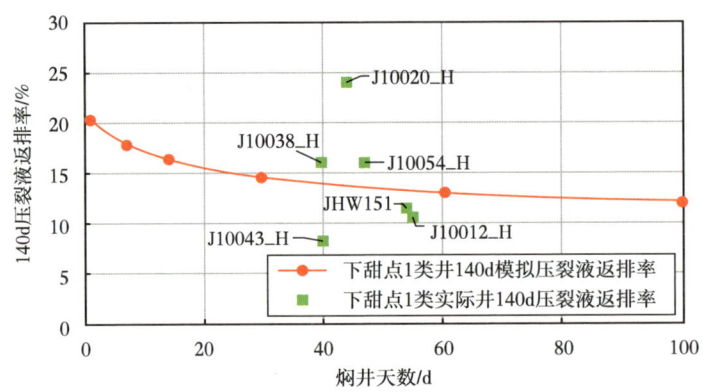

图 7-2-16　下甜点第 1 类井 140d 返排率随焖井时间变化曲线

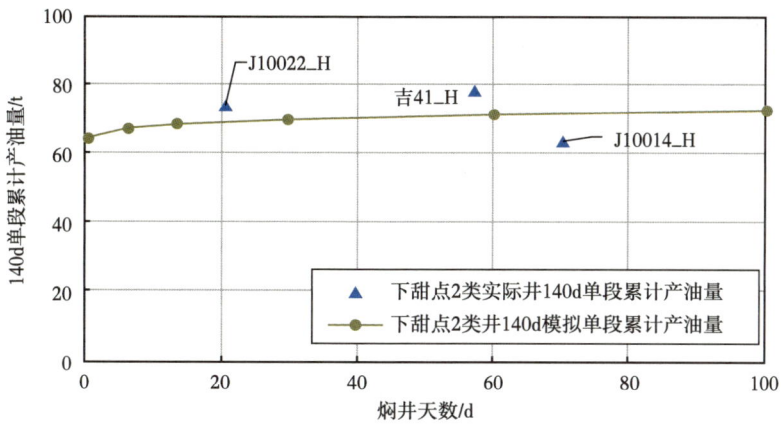

图 7-2-17　下甜点第 2 类井 140d 单段累计产油量随焖井时间变化曲线

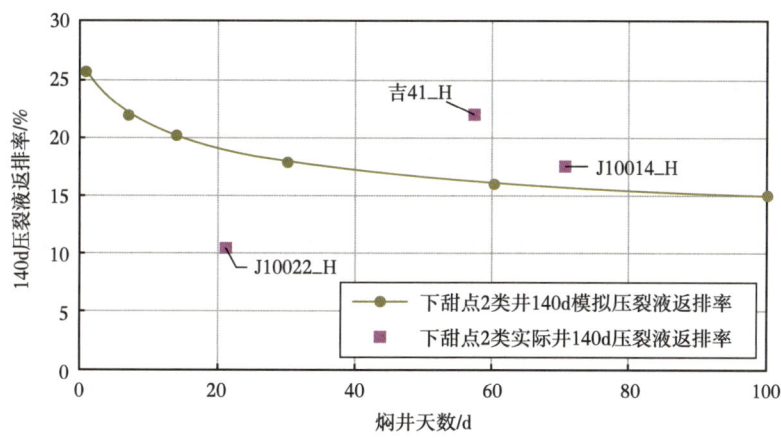

图 7-2-18　下甜点第 2 类井 140d 返排率随焖井时间变化曲线

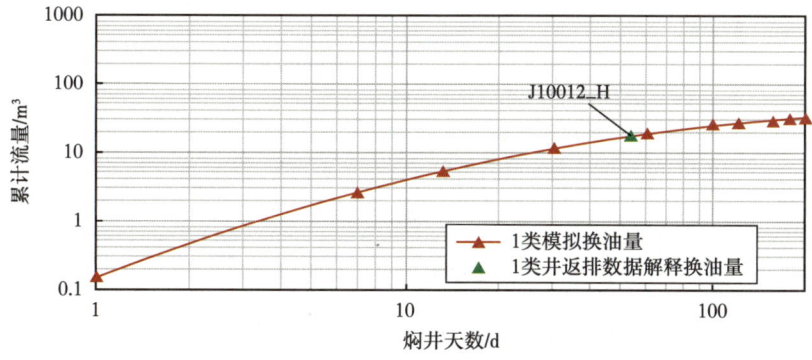

图 7-2-19　下甜点第 1 类井单段换油量随焖井时间变化曲线

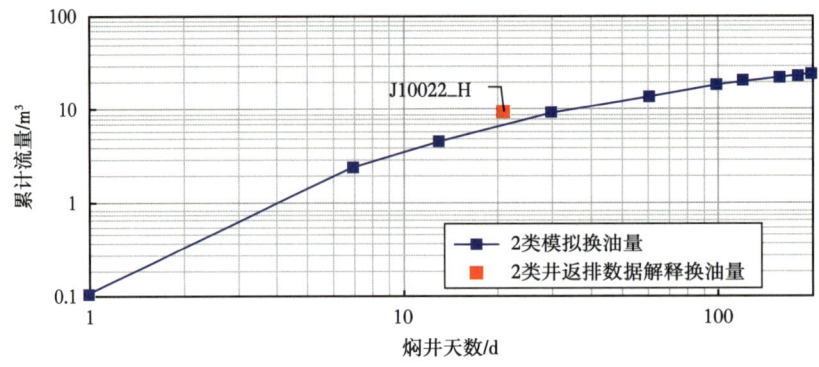

图 7-2-20　下甜点第 2 类井单段换油量随焖井时间变化曲线

上、下甜点生产动态拟合结果表明：一类储层钻遇率越高，改造越充分，渗吸换油量越大，焖井增产倍数越大，压裂液返排率下降的幅度越大；在相同地质、工程条件下，诱导裂缝密度越大，累计产油量绝对值越大，压裂液返排率越低。

2）含水率拟合

应用建立的数值模拟模型对上、下甜点不同返排时期含水率情况进行模拟，如图 7-2-21、图 7-2-22 所示，可以看到：上甜点基质自发渗吸换油，返排初期基质仍有渗吸换油过程，返排液含水逐渐下降，含水率曲线呈现"凹"形下降趋势，含水率下降慢；下甜点裂缝驱替换油，开井返排压裂液消耗裂缝内压力，含水率快速下降，相较于上甜点，下甜点开井后返排压裂液量更大，含水率曲线呈现"L"形下降趋势，含水率下降快。

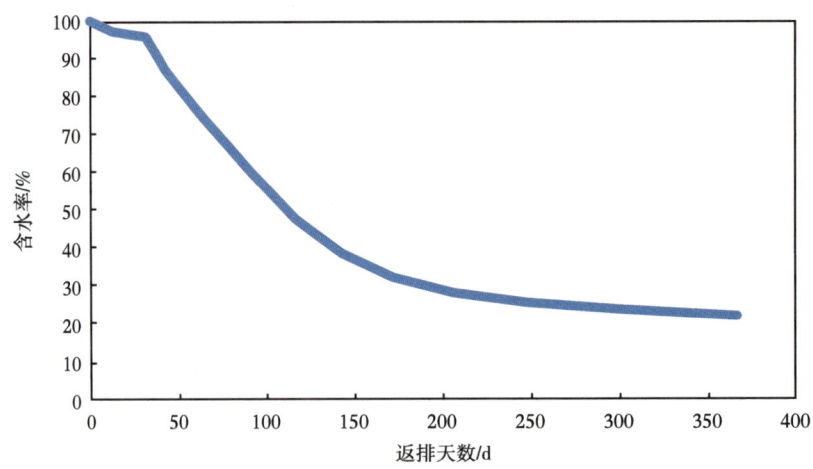

图 7-2-21　上甜点不同返排时间模拟含水率

选取上甜点 6 口井：J10064_H、JHW023、JHW025、JHW036、JHW035、JHW00321，下甜点 5 口井 J10012_H、J10054_H、J10038_H、J10020_H、J10043_H，进行返排含水率动态模拟和拟合，如图 7-2-23 和图 7-2-24 所示。

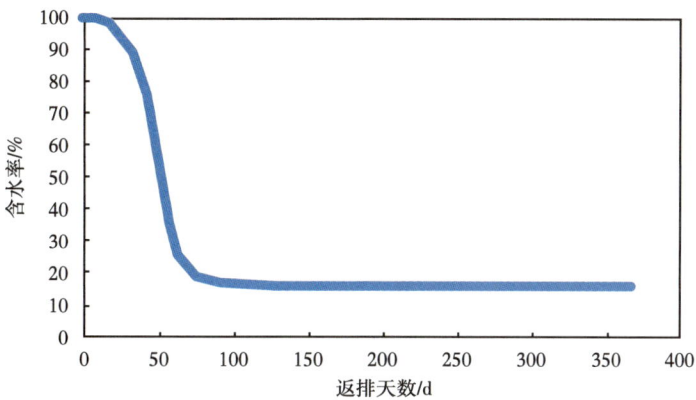

图 7-2-22　下甜点不同返排时间模拟含水率

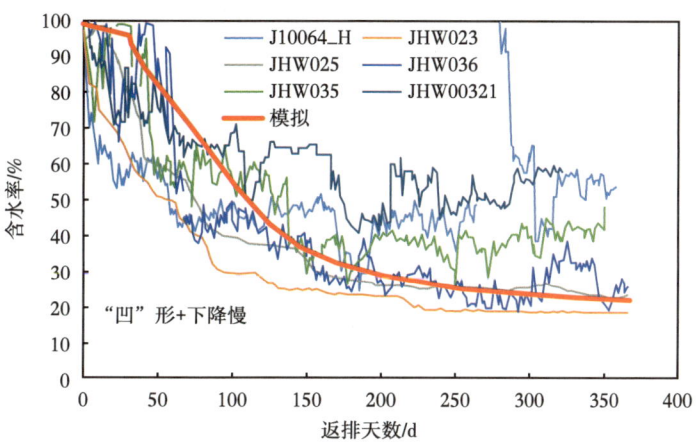

图 7-2-23　上甜点含水率动态拟合

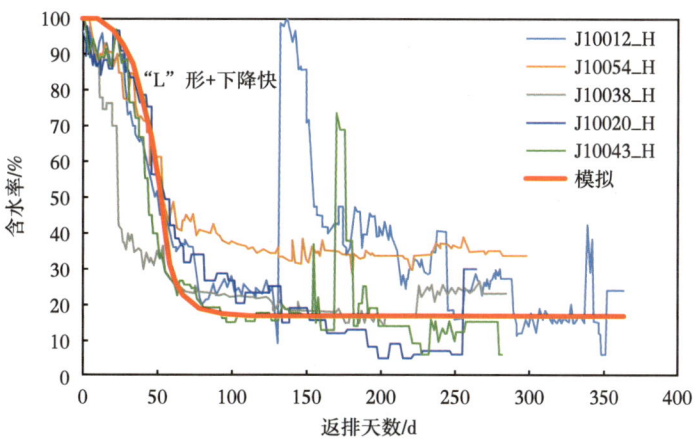

图 7-2-24　下甜点含水率动态拟合

拟合结果表明：上甜点基质自发渗吸换油，返排初期基质仍有渗吸换油过程，返排液含水逐渐下降，符合偏水湿特点，焖井渗吸换油效果好，含水率下降慢呈现"凹"形；下甜点裂缝驱替驱油，含水率快速下降，相较于上甜点，下甜点开井后返排率更高，符合油湿特点，焖井渗吸换油效果不明显，含水率下降快呈现"L"形。

在含水率拟合基础上对不同生产时间含水率变化进行了预测（图7-2-25），可以看出，一类井3年的含水率最低，四类井最高。

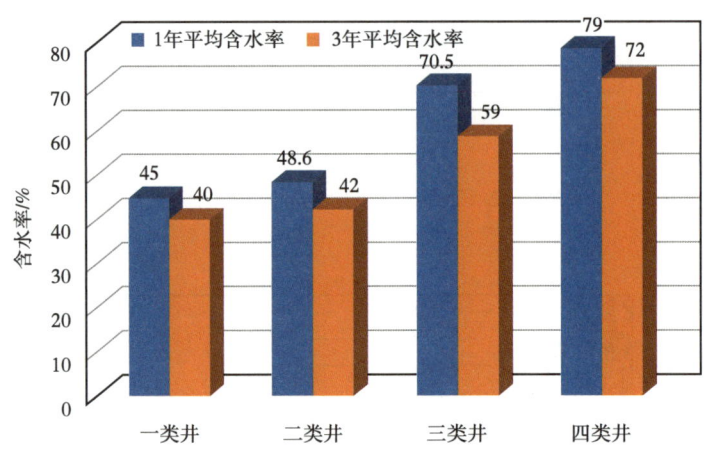

图7-2-25　不同类井1年，3年平均含水率

3）EUR预测拟合

以180d的累计产量拟合为基础，对上、下甜点4类井10年的EUR进行预测，如图7-2-26所示，同样可以看出一类井的10年EUR最高，四类井的最低。

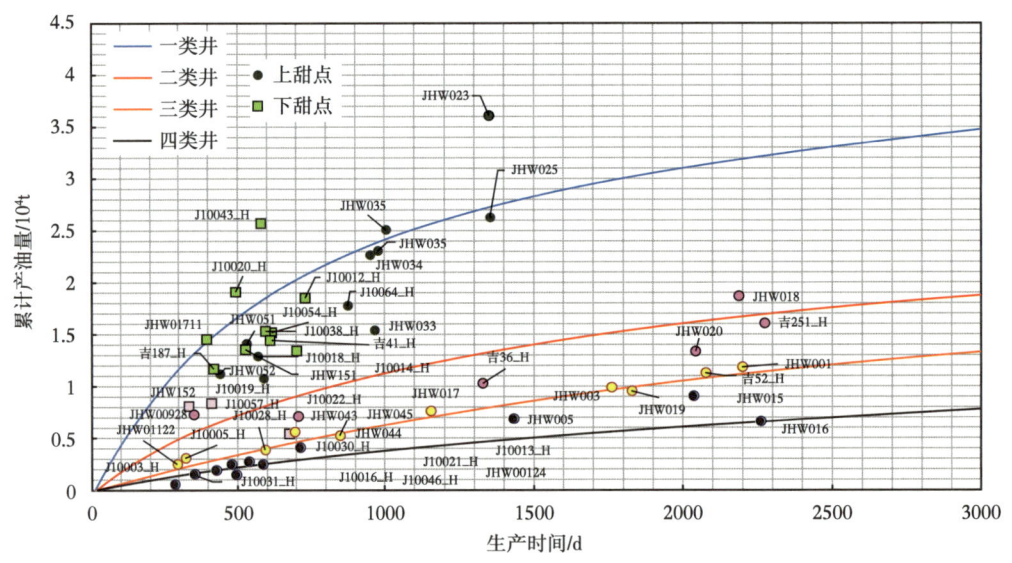

图7-2-26　不同类井10年累计产油量

预测结果与现场统计规律拟合率较高，见表 7-2-9。

表 7-2-9　上甜点模拟结果与现场结果统计表

分类	模拟结果		现场统计	
	稳定含水 /%	最终累计产油量 /10^4t	稳定含水 /%	最终累计产油量 /10^4t
一类井	30	4.20	≤40	≥4.0
二类井	42	7-2-62	40~50	3.0~4.0
三类井	59	2.49	50~70	2.0~3.0
四类井	79	0.87	≤70	≤2.0

二、页岩油水平井压后焖井期间的渗吸换油规律

应用建立的页岩油储层压后焖井渗流模型，对焖井期间压力分布、饱和度分布、渗吸前缘、渗吸平衡时间等进行数值模拟，明确不同页岩地质参数、裂缝参数对渗吸换油的影响，明确焖井增产的效果。

（一）模拟结果分析

1. 焖井期间压力分布

为了模拟压后焖井期间裂缝和地层内压力分布，需要确定压裂施工结束时的压力分布。以上甜点地质参数为基础，模拟得到上甜点压裂施工泵注结束时，主缝中心处压力为 66.5MPa，距裂缝 5m 及以上基质区域压力为原始地层压力 38MPa（图 7-2-27）。焖井 200d 后，主缝中心压力降至 43MPa，距裂缝 5m 及以上的基质区域压力升至 40MPa，压力分布较为均匀（图 7-2-28）。

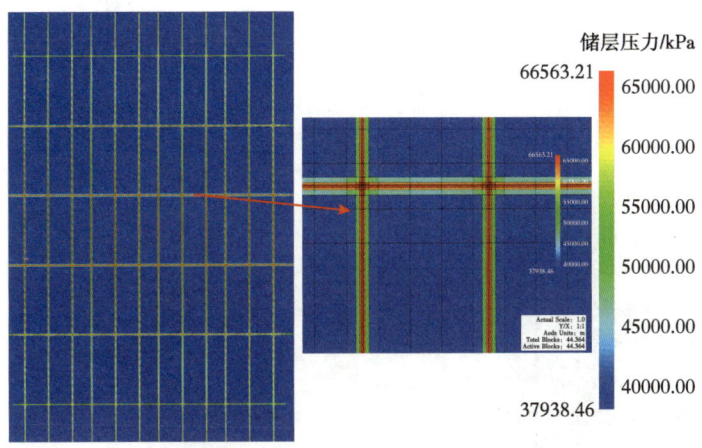

图 7-2-27　上甜点泵注结束时刻压力分布

下甜点泵注结束时，主缝中心处压力为 71.5MPa，距裂缝 5m 及以上基质区域压力为原始地层压力 40MPa（图 7-2-29）。焖井 200d 后，主缝中心压力降至 46.3MPa，距裂缝 5m 及以上的基质区域压力升至 44MPa，裂缝区域存在明显"高压区"（图 7-2-30）。

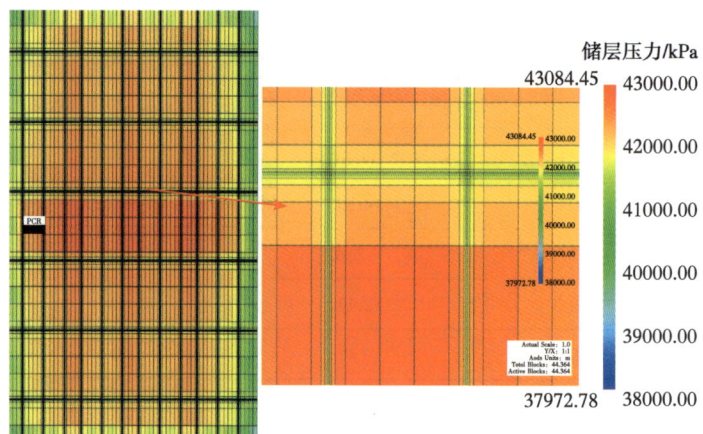

图 7-2-28　上甜点焖井 200d 压力分布

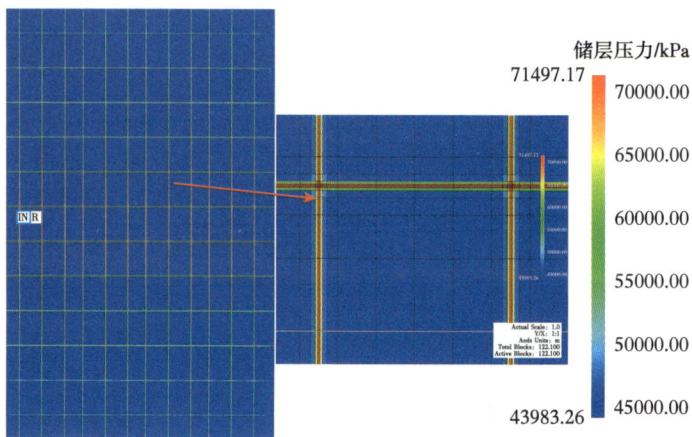

图 7-2-29　下甜点泵注结束时刻压力分布

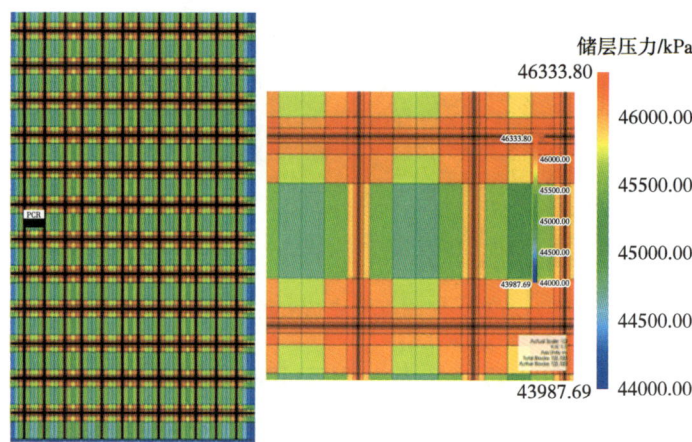

图 7-2-30　下甜点焖井 200d 压力分布

2. 焖井期间饱和度分布

上甜点泵注结束时和焖井 200d 的含水饱和度分布如图 7-2-31、图 7-2-32 所示。泵注结束时有 20.3% 的压裂液分布在水力主裂缝中，41.2% 的压裂液分布在次级裂缝中，38.5% 的压裂液滤失到近缝基质内。焖井 200d 后，只有 3.2% 的压裂液保留在水力主裂缝中，5.9% 的压裂液分布在次级裂缝中，90.9% 的压裂液滤失到近缝基质内，所以压裂液的渗吸置换效果好。

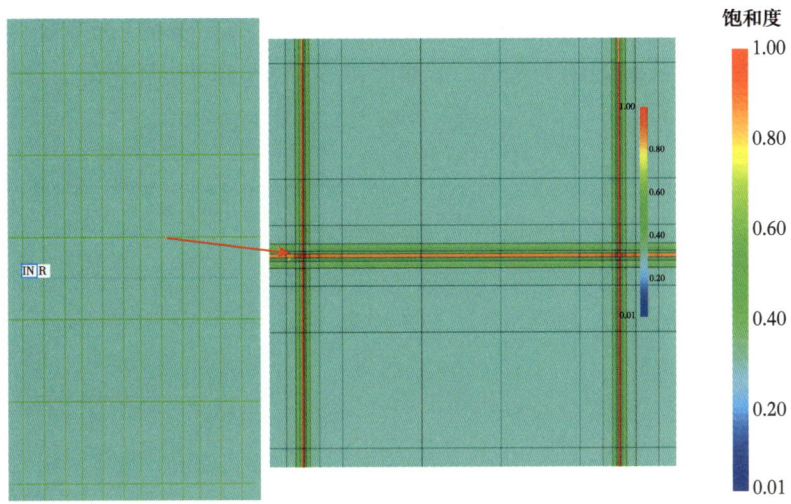

图 7-2-31　上甜点泵注结束时刻 S_w 分布

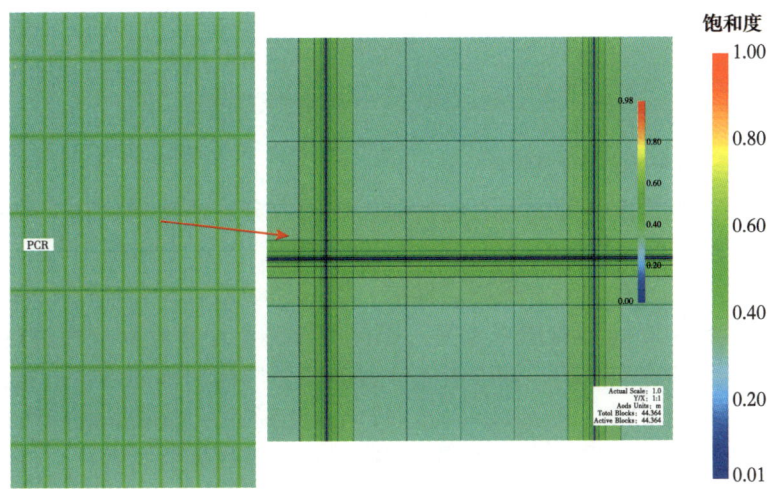

图 7-2-32　上甜点焖井 200d S_w 分布

类似可以得到下甜点泵注结束时和焖井 200d 的含水饱和度分布。停泵时 28.1% 的压裂液分布在水力主裂缝中，40.2% 的压裂液分布在次级裂缝中，31.7% 的压裂液滤失到近缝基质内；焖井 200d 后，21.9% 的压裂液分布在水力主裂缝中，27.9% 的压裂液分布在次级裂缝中，50.2% 的压裂液滤失到近缝基质内。与上甜点不同的是焖井 200d 时，基质内的压裂液量明显降低，主裂缝内的压裂液量增加；另外上甜点焖井 200d 储层平均压力增加 4MPa，下甜点仅增压 1.5MPa，裂缝存在明显"高压区"。说明上甜点储层压后增能、渗吸效果优于下甜点，压裂液的渗吸置换效果好。

3. 焖井期间渗吸前缘

模拟结果如图 7-2-33 所示，表明上甜点储层在泵注结束时的渗吸前缘为 0.5m，随焖井时间增加渗吸前缘也逐渐增加，至 200d 时达到 2.4m，反映出上甜点裂缝复杂程度低 + 基质自发渗吸的特征；下甜点储层泵注结束时的渗吸前缘为 0.8m，随焖井时间的增加渗吸前缘位置基本保持不变（0.95m），反映出下甜点裂缝复杂程度高 + 基质受压渗吸的特征。上甜点一类储层渗吸平衡时间约为 65d，下甜点渗吸平衡时间约为 14d。以此可以选择上、下甜点压裂井的焖井时间。

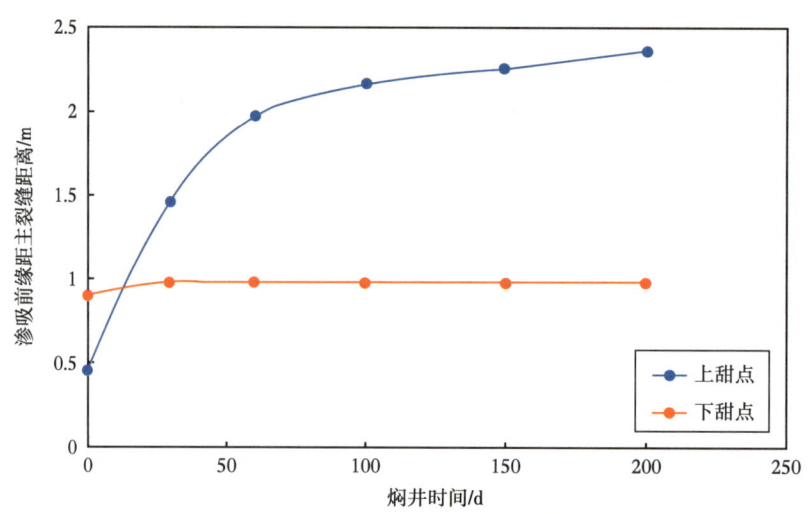

图 7-2-33　焖井过程上、下甜点渗吸前缘动态

（二）渗吸置换平衡时间影响因素分析

影响页岩储层渗吸置换时间的因素包括储层矿物成分、地质参数和工程参数等。

1. 黏土矿物含量

页岩储层的矿物组成有别于常规砂岩储层，研究压裂液在页岩储层中的流动特征及滞留原因对合理确定焖井时间具有指导意义。不同类型的黏土矿物对压裂液的敏感性不同，伊蒙混层具有相对高的比表面积，能够吸附大量的水，容易引起压裂液的自发渗吸及滞留现象；伊利石是速敏性矿物，易造成颗粒运移堵塞地层，所以返排时应注意控制返排速度；绿泥石一般含量低，说明对酸不敏感。同时，由于页岩压裂过程中，注入的滑溜水压裂液矿化度约为 1kppm~5kppm，远远低于地层水的矿化度：约为 280kppm，将导致产生化学渗透压。化学渗透指的是水分子经过半透膜从低盐度溶液一侧进入高盐度溶液一侧以保持盐度平衡的现象，化学渗透过程提高了高盐度溶液的压力（称为渗透压）。Kurtoglu 认为压裂液与页岩接触面存在半透膜效应，大量低盐度滑溜水压裂液注入地层后，在化学渗透压的作用下，水通过页岩半透膜进入储层基质中，而盐粒子不能通过或者只能部分通过半透膜。

Wang 等（2016）提出了直接描述页岩自发渗吸动力的公式：

$$\frac{\mu_w^f - \mu_w^m}{V_w} = p_w^f - p_w^m + \lambda \frac{RT}{V_m} \ln \frac{x_f}{x_m} \qquad (7\text{-}2\text{-}12)$$

式中　μ_w^f 和 μ_w^m——分别为滤失至地层中压裂液和原始地层水的化学势；

　　　V_w——水相的偏摩尔体积；

　　　p_w^f 和 p_w^m——分别为裂缝和基质内的孔隙压力；

　　　x_f 和 x_m——分别为压裂液和原始地层水中水分子的摩尔分数；

　　　λ——膜效率，与黏土相关；

　　　R——热力学常数；

　　　T——绝对温度。

对于含有矿化度的溶液，水分子的摩尔分数可以通过分析溶液中的矿物浓度并且进行计算得到。

方程左边部分 $\dfrac{\mu_w^f - \mu_w^m}{V_w}$ 代表驱动力。当不考虑原始地层水和压裂液之间的矿化度之差时，驱动力简化为水力压差 $p_f - p_m$，即常规的黏性力公式。在页岩自发渗吸过程中 $p_f - p_m$ 为毛细管压力。

当考虑原始地层水和压裂液之间的矿化度之差时，驱动力为水力压差和渗透压之和。$\lambda \dfrac{RT}{V_m} \ln \dfrac{x_f}{x_m}$ 代表渗透压。渗透压由不同溶液之间的矿化度之差引起，并驱动水从低矿化度溶液向高矿化度溶液流动。

模型设置不同黏土含量模拟其对渗吸平衡时间及渗吸平衡量的影响，黏土含量分别为 5%、10%、20%、25% 及 50% 时的模拟结果如图 7-2-34 所示。

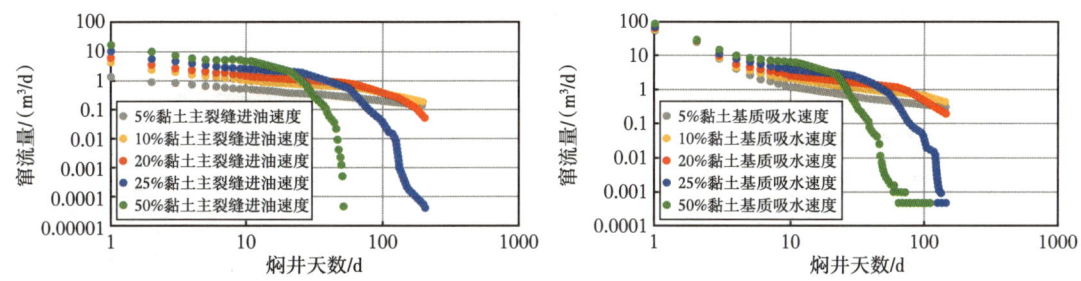

图 7-2-34　不同黏土含量基质吸水速度及主裂缝进油速度

模拟结果表明，黏土矿物含量越高，对应毛细管压力越大，焖井期间，油水置换动力越大，故裂缝系统中的压裂液与地层基质的原油置换速度越快，达到渗吸平衡的时间越短。当渗吸换油达到裂缝闭合时的裂缝体积时，裂缝内充满压裂液置换出的原油，不再发生油水置换。过低的黏土含量导致毛细管压力很小，200d 内无法达到渗吸平衡时间，在很长一段时间内仍有渗吸换油作用。

2. 原油黏度

分别设置原油黏度为 2mPa·s、9mPa·s、20mPa·s、30mPa·s、40mPa·s，模拟原油黏度对渗吸平衡时间及渗吸平衡量的关系，模拟结果如图 7-2-35 所示。

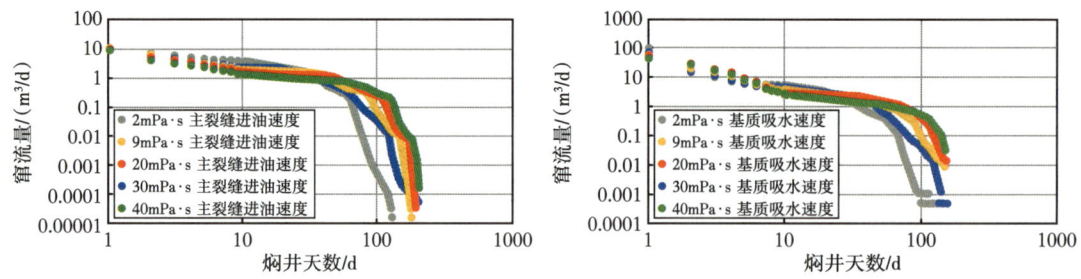

图 7-2-35　不同原油基质吸水速度及主裂缝进油速度

原油黏度模拟结果表明，原油黏度越大，黏滞阻力越大，减小了毛细管压力的作用，原油渗流速度越慢，焖井阶段油水置换时的渗吸阻力越大，达到渗吸平衡的时间越长。原油黏度达到 40mPa·s 时，在 200d 内可以达到渗吸平衡。到达渗吸平衡时的渗吸换油量均为裂缝体积。

3. 天然裂缝发育程度

储层天然裂缝发育程度越高产生的缝网约复杂。由于天然裂缝的渗透率远远大于基质中的渗透率，在压裂过程中，水力裂缝因高压开启会连通井筒和主裂缝附近的天然裂缝，从而形成次级裂缝。在模型中设置不同密度的垂直于主缝的次级裂缝，模拟天然裂缝发育程度对基质吸水速度及主裂缝进油速度的影响，如图 7-2-36 所示。模拟结果表明，天然裂缝发育程度越高，次级裂缝的密度越大，次级裂缝间距越小，在主裂缝上次级裂缝的条数越多，裂缝系统与基质的接触面积越大，压裂液会更多的窜流至次级裂缝中，次级裂缝中存留的压裂液越多，与基质换油量也越大，达到渗吸平衡的时间越短。达到渗吸平衡时，主裂缝渗吸换油量差别不大，次级裂缝条数越多，换油量越大。

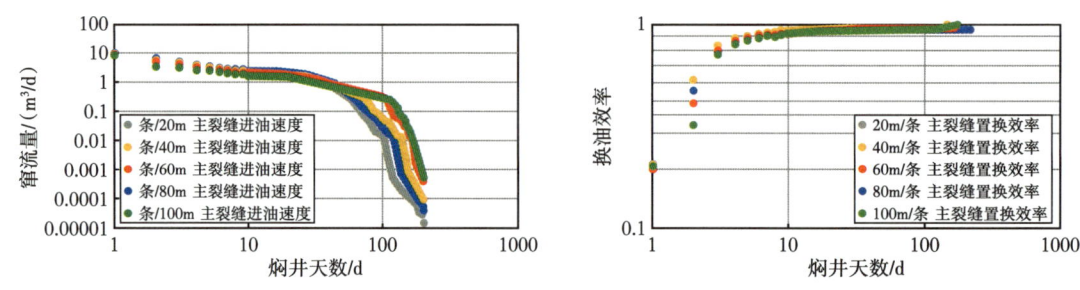

图 7-2-36　不同天然裂缝密度基质吸水速度及主裂缝进油速度

4. 岩石润湿性

页岩基质中具有较复杂的矿物成分，其中页岩中富含黏土、石英、长石、方解石、白云石等多种矿物成分，且各个矿物成分表现着不同的润湿性，集中在一块岩石上表现出既弱亲水又弱亲油的表现。故在模型设置中，分别设置了水湿毛细管压力及油湿毛细管压力，混合润湿可利用不同网格设置不同的水湿、油湿毛细管压力，使整个地层呈现出既有水湿区域又有油湿区域的混合润湿性。模拟得到不同润湿性基质吸水速度及主裂缝进油速度关系，如图 7-2-37 所示。

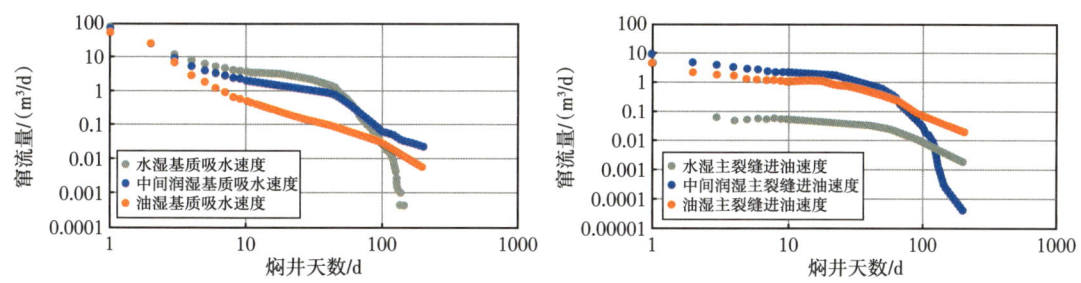

图 7-2-37　不同润湿性基质吸水速度及主裂缝进油速度

润湿性模拟结果表明，焖井期间所发生的油水置换大部分发生于水湿地层毛细管压力逆向渗吸过程，故地层亲水性越强，毛细管压力为正且越大，油水渗吸平衡时间越短，焖井期间的油水渗吸量越大。由三类润湿结果知，改变地层润湿性可有效提高焖井期间的渗吸置换量。

5. 束缚水饱和度

吉木萨尔束缚水饱和度较低。长期生产，地层水均以束缚水的状态存留在地层中，但束缚水饱和度对于地层油水分布及地层中油水流动有着很大影响，不同束缚水饱和度体现于相渗曲线中含水饱和度起点的位置。不同束缚水饱和度下基质吸水速度及主裂缝进油速度关系如图 7-2-38 所示。结果表明，地层束缚水饱和度越高，可动水程度越低，地层含水饱和度在大于束缚水饱和度时才可以流动，压裂液才可继续向地层深处继续渗吸。由于原始地层的含水饱和度没有达到束缚水饱和度，所以压裂液会首先补充地层中缺失的水的含量，达到渗吸平衡的时间将越长。

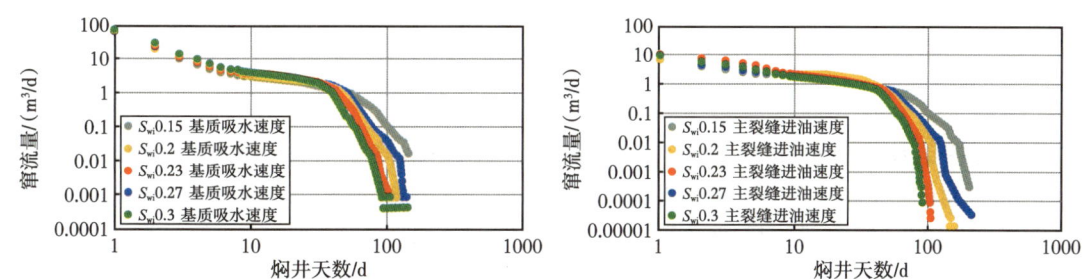

图 7-2-38　不同束缚水饱和度基质吸水速度及主裂缝进油速度

6. 裂缝导流能力

裂缝导流能力是由支撑剂的分布及支撑剂种类决定的。模拟了裂缝区域导流能力分别为 60D·cm、50D·cm、20D·cm、10D·cm、5D·cm 时，渗吸平衡时间及渗吸平衡换油量的变化如图 7-2-39 所示。

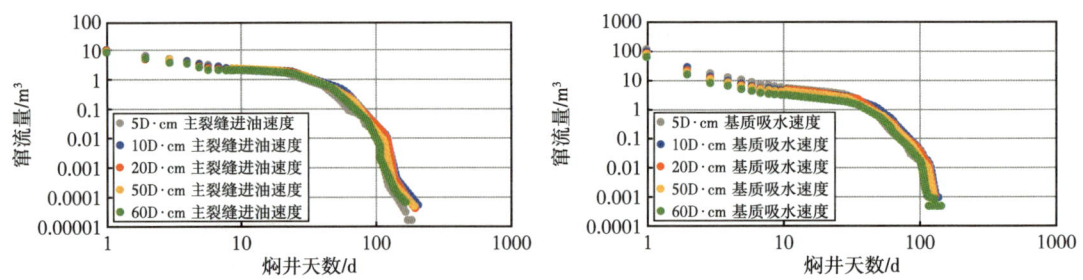

图 7-2-39　不同裂缝导流能力基质吸水速度及主裂缝进油速度

裂缝导流能力模拟结果表明，基质渗吸换油速度及基质渗吸换油量与裂缝导流能力基本无关，但裂缝导流能力大小会影响返排阶段的压裂液返排及原油的生产速度。页岩储层作为低孔低渗透储层，对于裂缝导流能力需求相对较低，对裂缝系统与基质的接触面积有着更大的需求。

7. 裂缝半长

主裂缝半长对于渗吸平衡时间及渗吸换油量的影响如图 7-2-40 所示。模拟结果表明，主裂缝半长越长，压裂施工时，主裂缝体积越大，滞留在主裂缝中的压裂液体积越大，渗吸换油量越大。同时裂缝越长，裂缝系统与基质的接触面积越大，累计压裂液渗吸换油量随裂缝半长增大而增大，但裂缝半长对渗吸平衡时间影响不大。

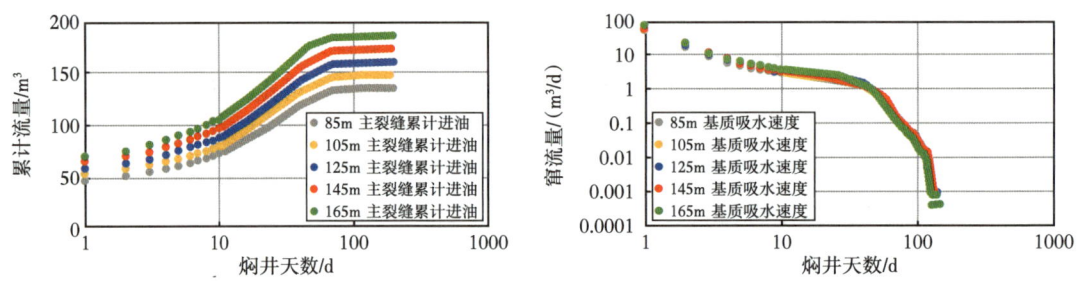

图 7-2-40　不同裂缝半长基质吸水速度及主裂缝进油速度

8. 裂缝复杂程度

在实际页岩储层体积压裂过程中，形成的裂缝网络越复杂，裂缝系统的平均缝宽也就越低。从前面的分析中可知，裂缝宽度直接关系到裂缝闭合体积的大小。这里引入裂缝复杂程度指数（FCI）来定量表征裂缝复杂程度。

$$\mathrm{FCI} = \frac{V_{nf}}{V_{hf} + V_{nf}} \quad (7\text{-}2\text{-}13)$$

式中　FCI——裂缝复杂程度指数；
　　　V_{nf}——天然裂缝体积，m^3；
　　　V_{hf}——水力裂缝体积，m^3。

当 FCI 值越大，则意味着裂缝复杂程度越高。

在裂缝网格总体积相同条件下，通过调整主裂缝 F 和次级裂缝 f 宽度的大小来模拟不同复杂程度的裂缝，具体设置方式见表 7-2-10。

表 7-2-10　不同裂缝复杂程度参数设置

类型	1	2	3	4	5
水力裂缝初始缝宽 /mm	10	6	4	2.8	2
次级裂缝初始缝宽 /mm	—	1.5	1	0.7	0.5
裂缝基质接触面积 /$10^4 m^2$	2.4	6.6	17-2-8	21.6	31
裂缝复杂程度	0	0.37	0.54	0.67	0.75
压裂液效率 /%	89	86.3	79.6	75.8	70.4
示意图					

模拟得到不同裂缝复杂程度对基质吸水速度及主裂缝进油速度的影响，如图 7-2-41 所示。

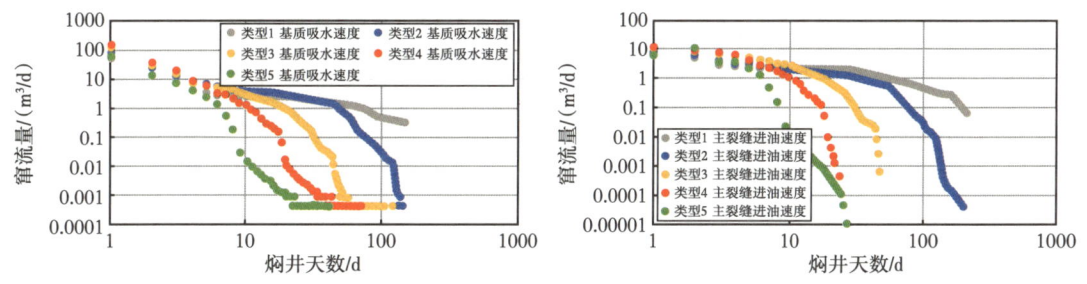

图 7-2-41　不同类型基质吸水速度及主裂缝进油速度

结果表明，裂缝总体积不变时，裂缝复杂程度越高，裂缝体系与基质接触面积越大，渗吸换油面积越大，压裂液渗吸换油速度越快，达到压裂液渗吸平衡时间越短。裂缝复杂程度越高，主裂缝内压裂液体积越小，故主裂缝累计换油量越低，次级裂缝累计换油量越高。

9. 综合分析

本节基于结构化网格，采用理想化的正交裂缝分布，建立了页岩油井压后返排数值模型，模型综合考虑了裂缝孔隙度和渗透率应力敏感效应。实现了压裂注入阶段裂缝开启与返排阶段裂缝闭合特征的模拟，分析不同页岩地质参数（包括黏土矿物含量、原油黏度、天然裂缝发育程度、混合润湿性和束缚水饱和度）及不同压裂裂缝参数（包括裂缝导流能力、裂缝半长、裂缝复杂程度）对渗吸置换平衡时间的影响，得到了不同参数下渗吸换油量及平衡时间关系图与不同参数下三重介质油水置换量关系图（图7-2-42至图7-2-43），结果表明：

（1）渗吸平衡时间：上甜点渗吸平衡时间在65d左右，下甜点约为14d。储层黏土含量越高渗吸平衡时间越短；次级裂缝占比越大，渗吸平衡时间越短；储层亲水性强，渗吸平衡时间越短；支撑裂缝占比越大，渗吸平衡时间越长。

（2）渗吸换油量：渗吸平衡时单段主裂缝渗吸换油量约为161.12m³，次级裂缝渗吸换油77m³。储层亲水性越弱，渗吸换油量越小；主裂缝缝长越长，渗吸换油量越大；次级裂缝占比越大，主裂缝渗吸换油量越小，次级裂缝渗吸换油量越大。

综合分析得到影响渗吸平衡时间的主控因素为储层润湿性与裂缝复杂程度。储层亲水性越强，次级裂缝越多，铺砂越均匀，渗吸平衡越早；渗吸换油量的主控因素为储层润湿性、裂缝半长、铺砂浓度。储层亲水性越强，主裂缝半长越长，铺砂浓度越高，渗吸换油量越多。此外，通过敏感性分析，较长的、复杂的、铺砂均匀的裂缝，以及选用具备润湿反转功能的压裂液，可以更充分地发挥页岩渗吸采油效果。

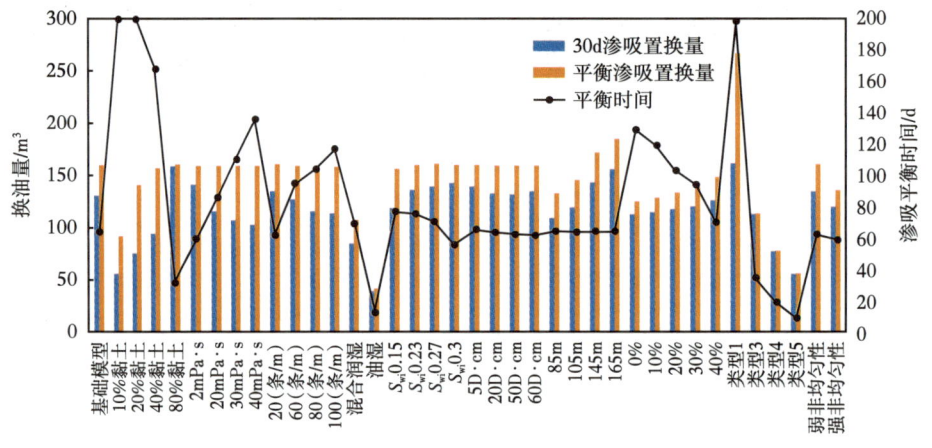

图7-2-42 不同参数渗吸换油量及平衡时间

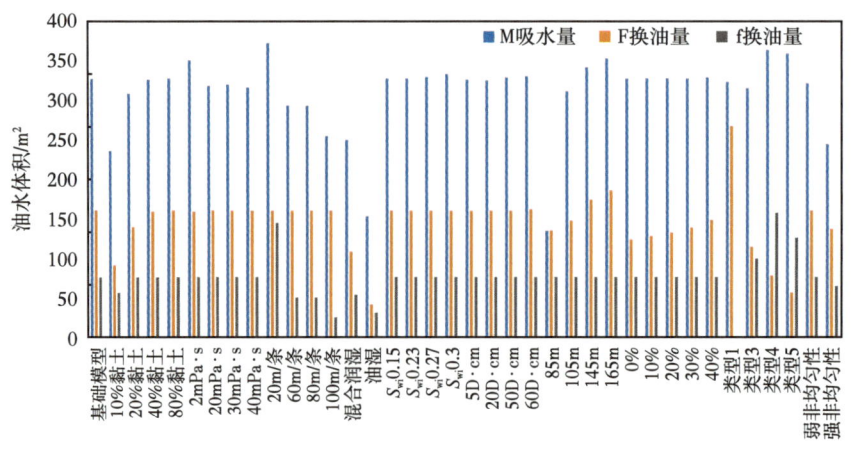

图7-2-43 不同参数三重介质油水置换量

三、压后返排期间裂缝闭合与渗吸置换协同机理研究

压裂井经过焖井后将进行返排和生产，返排制度的确定也会影响到裂缝和基质内的渗吸置换和增产量，通过数值模拟可以研究裂缝闭合过程对渗吸置换的影响。

（一）返排过程裂缝闭合规律

1. 返排过程裂缝导流能力变化

压裂液返排期间，裂缝内的压力逐渐降低，裂缝内支撑剂承受的闭合压力逐渐增加，相应的裂缝导流能力将减少。根据室内裂缝导流能力实验，可获得不同闭合压力下裂缝导流能力的变化。图 7-2-44 是 30/50 目石英砂在不同闭合压力下导流能力的变化，进而可以计算出不同闭合应力下裂缝渗透率、孔隙度的变化（图 7-2-45），用于模拟返排过程中裂缝导流能力变化对生产动态的影响。

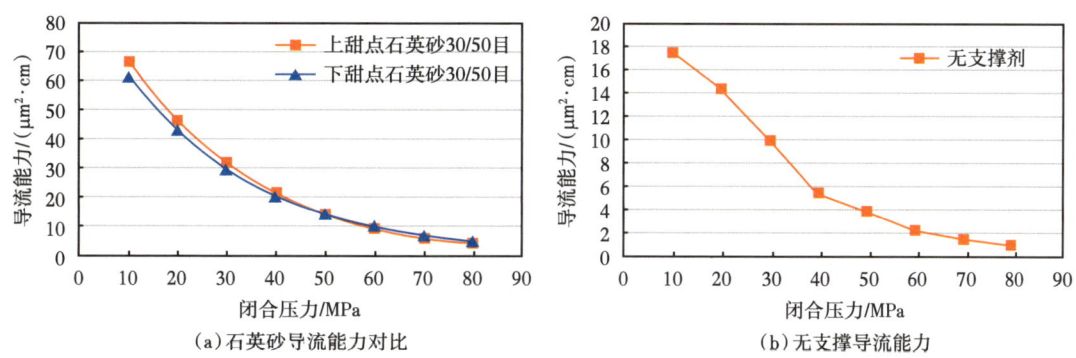

图 7-2-44　上、下甜点 30/50 目导流能力实验及无支撑剂导流能力实验

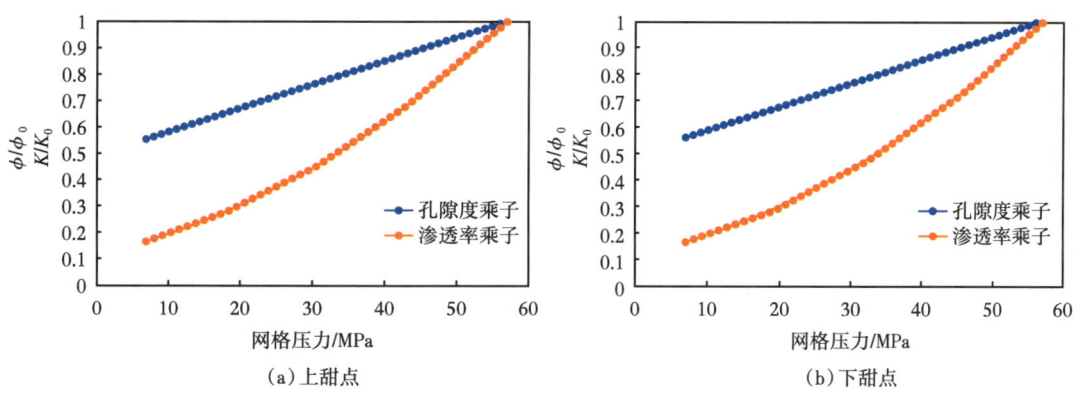

图 7-2-45　上、下甜点主裂缝孔隙度、渗透率与孔隙压力关系

2. 返排过程模拟结果

采用定流量控制返排速度，模拟返排流量分别为 20t/d、60t/d、100t/d 时，上、下甜点储层裂缝的闭合情况，模拟结果如图 7-2-46 和图 7-2-47 所示。可以看到：返排流量由 20 t/d 增至 100 t/d 时，返排 30d 时，上甜点主裂缝体积为泵注结束时的 75.3%~87%，次级裂缝体积为 76.8%~87.5%；下甜点主裂缝体积为泵注结束时的 80.8%~88.5%，次级裂缝体

积为81.5%~88.9%。在相同返排时间下，返排速度越大，裂缝体积下降越大。返排初期裂缝闭合快，之后裂缝闭合速度逐渐降低。

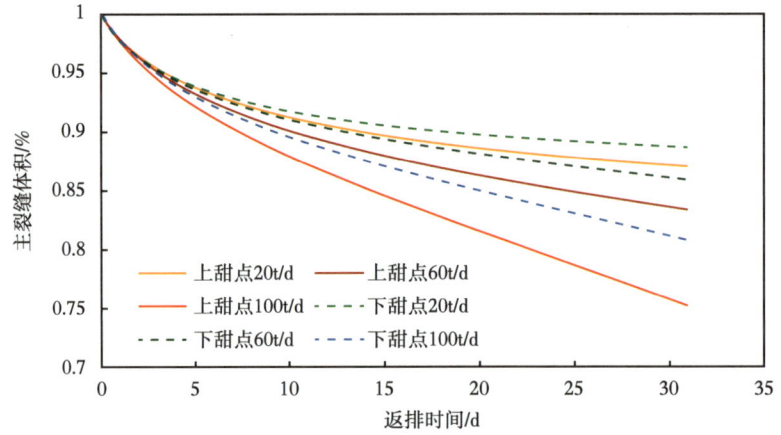

图7-2-46　不同返排速度下主支撑裂缝闭合动态

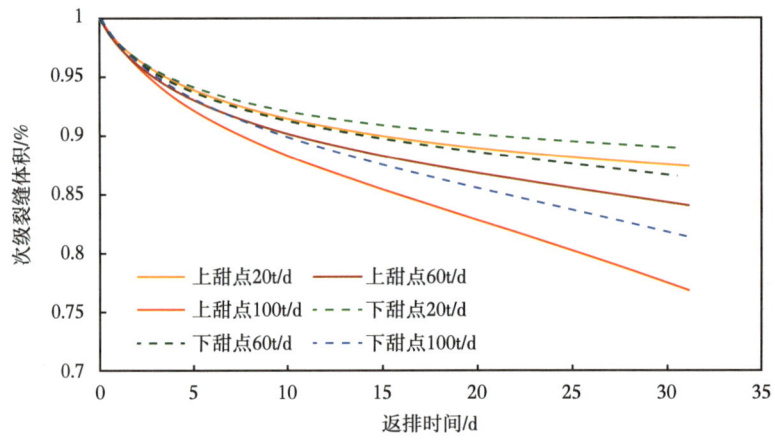

图7-2-47　不同返排速度下次支撑裂缝闭合动态

（二）裂缝闭合对压后产能的影响

根据裂缝导流能力随闭合压力变化，通过在数值模拟模型中裂缝缝宽方向设置不同的应力敏感曲线及裂缝导流能力，研究裂缝闭合对于返排及产能的影响。模拟中，不同裂缝导流能力通过改变裂缝所在网格的渗透率来表征。在基准模型中，仅改变裂缝不同网格渗透率，以表征不同的导流能力用来表示支撑剂嵌入或破碎后的闭合裂缝。模拟中分别设置闭合区域导流能力为 5D·cm、1D·cm 和 0.1D·cm，每种情况下裂缝闭合区域占比分别为33%、66%、未闭合三种情形。

上甜点模拟结果如图 7-2-48 所示，返排初期 30d 内定液量生产，30d 后定井底流压25MPa 生产。由模拟结果可以得出，随闭合裂缝区域占比增加，日产油呈下降趋势。33%未支撑裂缝与全支撑时对日产油量相差不大，而 66% 裂缝未支撑时与全支撑裂缝相比，百米日产油量下降 90%。下甜点模拟结果与之类似（图 7-2-49）。

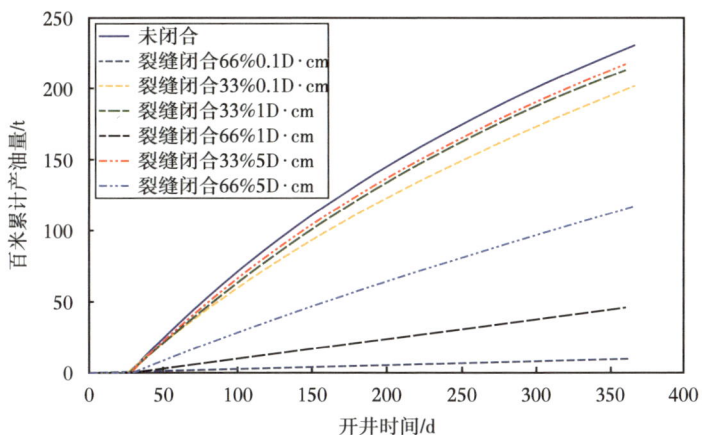

图 7-2-48　上甜点闭合裂缝占比与百米累计产油量关系

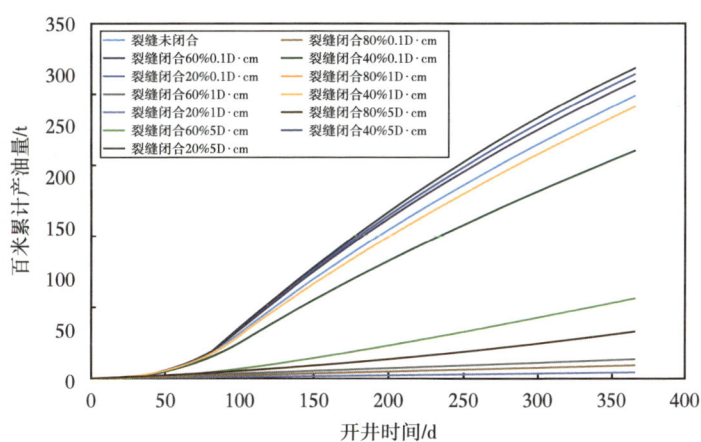

图 7-2-49　下甜点闭合裂缝占比与百米累计产油量关系

综上分析，随裂缝闭合区域占比的增加，不同裂缝导流能力下的累计产油量都在下降，原始导流能力越高，下降越慢。实际生产过程中，上、下甜点生产阶段裂缝闭合均未超过 60%，因此，仅仅考虑裂缝导流能力的应力敏感性对压后产能的影响是有限的。

（三）返排期间油嘴尺寸的选择

1. 油嘴选择模型建立

根据伯努利方程、质量守恒方程、能量守恒方程建立油嘴尺寸与生产井油压关系：

$$\begin{cases} \dfrac{p(t)}{\gamma} + \dfrac{v_1^2}{2g} = \dfrac{p_0}{\gamma} + \dfrac{v^2}{2g} + \zeta \dfrac{v^2}{2g} \\ v_1^2 \pi R^2 = v \pi r^2 \\ Q = \pi r^2 v \\ p_{\text{wf}}(t) = p_{\text{H}} + p_{\text{fr}} + p(t) \end{cases} \qquad (7\text{-}2\text{-}14)$$

式中　$p(t)$——不同返排时刻下的井口压力，MPa；
　　　v_1——返排液在井筒中的流动速度，m/s；
　　　p_0——开井时刻的井口压力，MPa；
　　　v——返排液在井口处的流速，m/s；
　　　ζ——局部阻力系数；
　　　R——井筒半径，m；
　　　r——油嘴半径，m；
　　　p_H——垂直井筒中的净液柱压力，MPa；
　　　p_{fr}——垂直井筒中的摩擦阻力，MPa。

联立可获得返排过程中井底压力 p_{wf} 与油嘴半径 r 之间的关系如式（7-2-15）。

$$r = R \left\{ \frac{(1+\zeta)\rho Q_o^2}{\rho Q_o^2 + 2\times 10^6 \pi^2 R^4 \left[p_{wf}(t) - \rho g H - \lambda \frac{\gamma H v^2}{2Dg} - 0.1 \right]} \right\} \quad (7\text{-}2\text{-}15)$$

返排过程中，井口压力、缝内压力、返排速度都是在不断变化的，水平井段各条裂缝中的返排流量皆应满足最优返排液量，通过求解计算出油嘴尺寸与井底压力、返排流量的关系，建立井口压力与油嘴尺寸切换图版。

根据上甜点 4 类储层最优焖井时间，得到不同排液流量下的井口压力与油嘴尺寸关系图，如图 7-2-50 所示。上甜点返排阶段仍有渗吸换油作用，为了最大化利用返排阶段的渗吸置换作用，建议上甜点使用 2~3mm 油嘴放喷。例如 JHW01122 井属于上甜点三类井，最优焖井时间 65d，返排 15d，井口压力为 18.5MPa，返排速度为 60t/d，应选取 2.5mm 油嘴放喷。

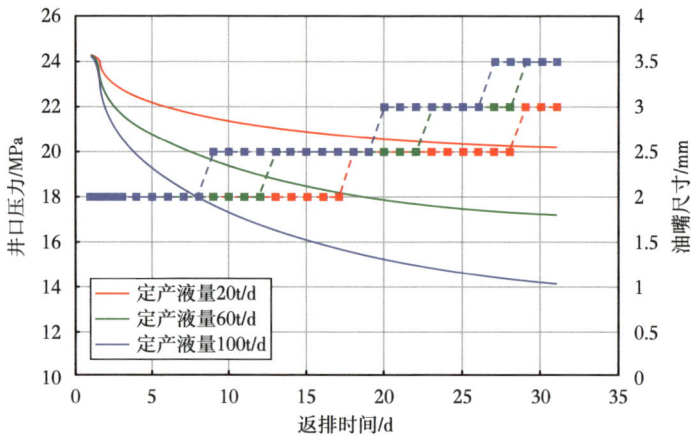

图 7-2-50　上甜点返排油嘴尺寸切换图版

同理，下甜点可使用 2~3.5mm 油嘴保压放喷。例如 JHW01711 井属下甜点一类井，最优焖井时间 14d，返排 30d，返排速度为 100t/d，压力下降至 18.6MPa，油嘴尺寸选用 3.5mm 油嘴放喷。

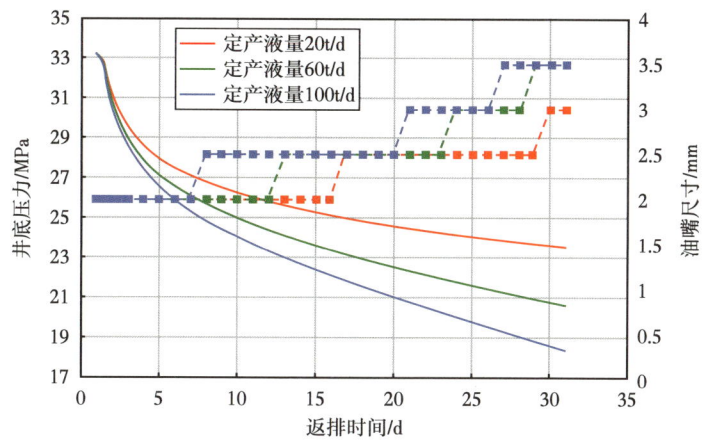

图 7-2-51 下甜点返排油嘴尺寸切换图版

2. 油嘴尺寸选择应用实例

上甜点 JHW02024 井采用 3~3.5mm 油嘴返排生产,相较于采用 4~4.5mm 油嘴的 J10064_H 井 180d 百米累计产油量提高 18%。下甜点 JHW05815 井采用 3mm 油嘴返排生产,相较于采用 4~4.5mm 油嘴的 J10012_H 井 180d 百米累计产油量提高 22%。

参 考 文 献

胡文瑞,2017. 地质工程一体化是实现复杂油气藏效益勘探开发的必由之路 [J]. 中国石油勘探,22(1):1-5.

马骊,2016. 随机森林算法的优化改进研究 [D]. 广州:暨南大学.

马中高,朱立华,张卫华,等,2020. 雷州半岛南部玄武岩岩石物理特征 [J]. 石油学报,41(6):702-710.

阮基富,李新玲,唐青松,等,2013. 相控建模技术在磨溪气田嘉二段气藏中的应用 [J]. 岩性油气藏,(4):83-88+94.

吴奇,梁兴,鲜成钢,等,2015. 地质—工程一体化高效开发中国南方海相页岩气 [J]. 中国石油勘探,20(4):1-23.

章敬,罗兆,徐明强,等,2017. 新疆油田致密油地质工程一体化实践与思考 [J]. 中国石油勘探,22(1):12-20.

张骞,岳晓晶,2021. 覆压作用下页岩的孔渗性实验及其应力敏感性研究 [J]. 地质通报,40(9):1514-1521.

JACOBS T,2014. The Shale Evolution:Zipper Fracture Takes Hold. J. Pet. Technol. 66,60–67.

WANG F,CHEN Q Y,RUAN Y Q,et al. 2021. Numerical Investigation of Oil-Water Exchange Behaviors during Post-fracturing Soaking Periods and Field Application for Shale Oil Wells. Frontiers in Earth Science,10(9):735972.

第八章 吉木萨尔页岩油开发实践效果评价

准噶尔盆地吉木萨尔页岩油藏是典型的陆上页岩油非常规油藏，储层岩性复杂、横向埋深差异大、纵向夹层多、非均质性强、油层薄、原油黏度高、开发难度大（何小东等，2021）。针对吉木萨尔页岩油的储层特征和开发难点，自2012年以来，新疆油田逐步加大勘探开发力度，历经10年研究与实践，以实现"缝控储量"为改造目标，立足高效低成本设计理念，形成了"高密度布缝+高强度改造+低成本材料"为特色的体积压裂技术体系，在开发向平台化、多层系模式转变下，通过地质工程一体化研究，形成大平台整体改造设计方法；为提高页岩储层的缝控改造体积，探索了CO_2前置蓄能压裂技术。通过大平台立体井网压裂与CO_2前置蓄能压裂试验，配套系统监测方案，系统评价试验效果。

第一节 大平台立体井网压裂实践

为探索吉木萨尔凹陷页岩油规模开发可行性，2021年，完成吉木萨尔页岩油首个立体开发平台整体改造现场试验，实现了压裂零丢段和钻塞无遇阻的安全压裂指标，整体生产效果大幅度提升，为吉木萨尔页岩油高质量建产树立了优质范本。

一、大平台立体井网压裂试验

（一）58号平台压裂设计

1. 井位部署

58号平台立体井网位于准噶尔盆地东部吉木萨尔凹陷二叠系芦草沟组页岩油，下甜点 $P_2l_1^{2-2}$ 层部署5口井（JHW05811、JHW05812、JHW05813、JHW05814、JHW05815），单井设计产能25.3t/d；下部 $P_2l_1^{2-3}$ 层部署3口井（JHW05831、JHW05832、JHW05833），单井设计产能24.2t/d。层内井距均为200m，立体交错100m，水平段长均为1800m（图8-1-1、图8-1-2）。58号平台水平井实钻井深为5600~5825m、A点垂深为3561~3619m、油层钻遇率为86.8%~87.8%；核磁解释孔隙度为13.1%~20.5%、含油饱和度为88.3%~93.1%。

2. 压裂工艺参数

以提高下甜点纵向整体动用为目标，根据裂缝扩展理论与立体支撑机理研究成果，采用段内多簇密切割工艺增加改造程度，应用大排量+极限限流技术确保多簇裂缝均衡起裂，通过提高高黏液体占比，提高携砂液悬砂能力，同时应用不同粒径支撑剂组合，保证支撑剂纵向支撑铺置；通过提高加砂强度和用液强度，提升整体压裂效果，实现多套储层立体动用（王俊超等，2021）。

第八章 吉木萨尔页岩油开发实践效果评价

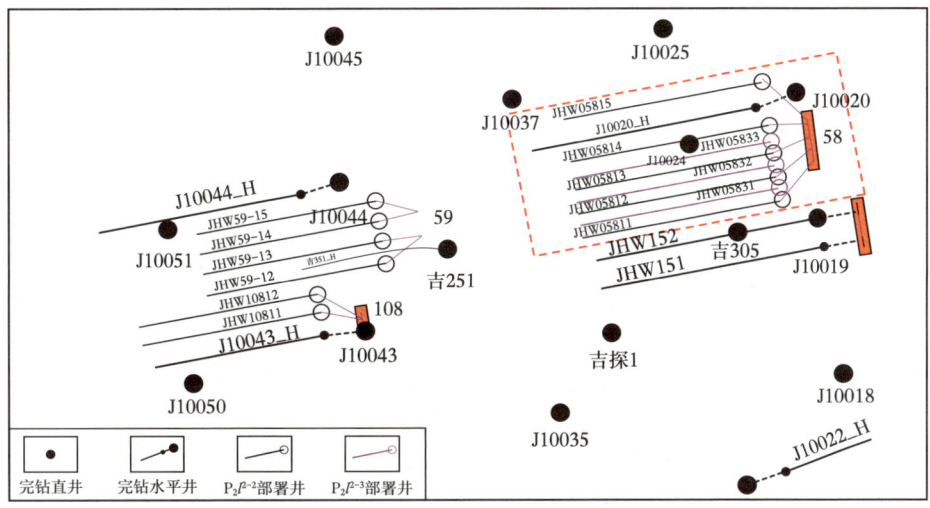

图 8-1-1 58 号平台井位部署图

58 号平台压裂设计主要参数为：段长 40~50m、单段 6~8 簇、簇间距 5~8m；射孔工艺参数：0.5m/簇，3~5 孔/簇，等孔径射孔弹（有效孔径≥10mm）和 89 型射孔枪；压裂液采用聚合物型免配直混变黏滑溜水体系，要求压裂液性能稳定、低摩阻、低伤害、低成本、安全环保和可回收利用；支撑剂选用 70/140 目、40/70 目和 30/50 目石英砂组合，实现多尺度裂缝有效支撑，组合比例为 1:3:6。变黏滑溜水连续加砂压裂工艺分为三个阶段：高黏滑溜水起缝、低黏滑溜水低砂比连续携砂、高黏滑溜水高砂比连续携砂，其中高黏压裂液占比 50% 左右，低黏滑溜水砂比为 10%~15%，高黏滑溜水砂比为 15%~20%，施工排量为 14.0~16.0m³/min。

58 号平台设计总施工段数 312 段、2403 簇；总用液量为 57.4×10⁴m³（平均 7×10⁴m³/口）、总砂量为 5.74×10⁴m³（平均 7200m³/口）；平均用液强度为 40.0m³/m、平均加砂强度为 4.0m³/m、液砂比为 10.0m³/m³（表 8-1-1）。

表 8-1-1 58 号平台压裂设计参数表

井号	段数	簇数	改造段长/m	压裂液/m³	用液强度/(m³/m)	支撑剂/m³	加砂强度/(m³/m)	液砂比/(m³/m³)
JHW05811	40	307	1767	73369	41.5	7340	4.1	10.0
JHW05812	39	303	1753	71914	40.0	7230	4.0	9.9
JHW05813	40	302	1746	72416	40.2	7240	4.0	10.0
JHW05814	39	299	1738	71882	40.0	7150	4.0	10.1
JHW05815	39	302	1750	72131	41.2	7210	4.0	10.0
JHW05831	39	299	1765	70731	40.0	7080	4.0	10.0
JHW05832	39	302	1748	71577	39.8	7210	4.0	10.0
JHW05833	37	289	1723	69940	38.8	6980	3.9	10.0
合计	312	2403	13990	573960	—	57440	—	—

3. 工厂化压裂作业

58 号平台采用 2 个压裂工作面同步实施压裂施工作业（图 8-1-2），A 平台包括

JHW05811/05812 井、JHW05831/05832 井；B 平台包括 JHW05813/05814/05815 井、JHW05833 井，每一个压裂工作面针对 A、B 小平台采用拉链式交叉压裂作业，单个工作面每日压裂 4 级。

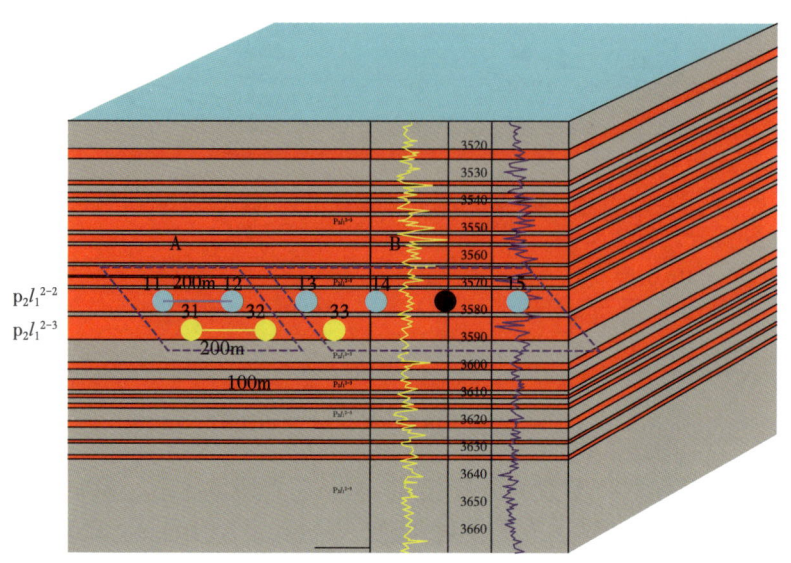

图 8-1-2　58 号平台立体井位与压裂小平台示意图

单个压裂工作面装备要求如下：

（1）连续泵注系统：每个压裂工作面需要 1 组压裂泵车，每组泵注排量满足 16m³/min，按施工限压 90MPa，折算水马力 32000HHP；井口及高压管汇满足 16m³/min 注入需求；供液能力 16m³/min 以上的混砂车 1 台。

（2）输砂设备：连续输砂装置 1 组。

（3）连续供水系统：由供水管线输至集中储水池，通过软管转水至压裂现场，实现井组集中供水；单个工作面单日压裂 4 级，单日加砂规模 800m³，用水约 8000m³。

（4）配套电缆防喷装置 2 套，电缆射孔装置 2 台。

4. 压裂监测方案

为评价压裂实施效果、纵向及平面裂缝的沟通情况，设计采用微地震与示踪剂监测相结合的监测方案。设计一个井下微地震监测点（J10024 井），同时监测 8 口水平井，有效监测距离 800m 左右。设计示踪剂监测共 6 井次 16 段，分别为 JHW05811（第 12、13 段）、JHW05812（第 9、18、28、31 段）、JHW05814（第 26、29、37 段）、JHW05831（第 1、9、13 段）、JHW05832（第 21、24 段）、JHW05833（第 12、15 段）。

5. 套管变形风险控制措施

制定页岩油套变控制及应对策略（图 8-1-3），在压裂过程中，严格落实井间空间位置差异小于 150m 的平齐推进实施原则。同时，关注微地震监测实时解释结果，若发生事件点异常，则及时调整泵注程序，通过暂堵方式控制套管变形可能。若发现套变预警，坚持优先实施问题井的原则，通过小直径桥塞、多簇暂堵、调整施工参数等组合措施，最大限度降低套变的影响。

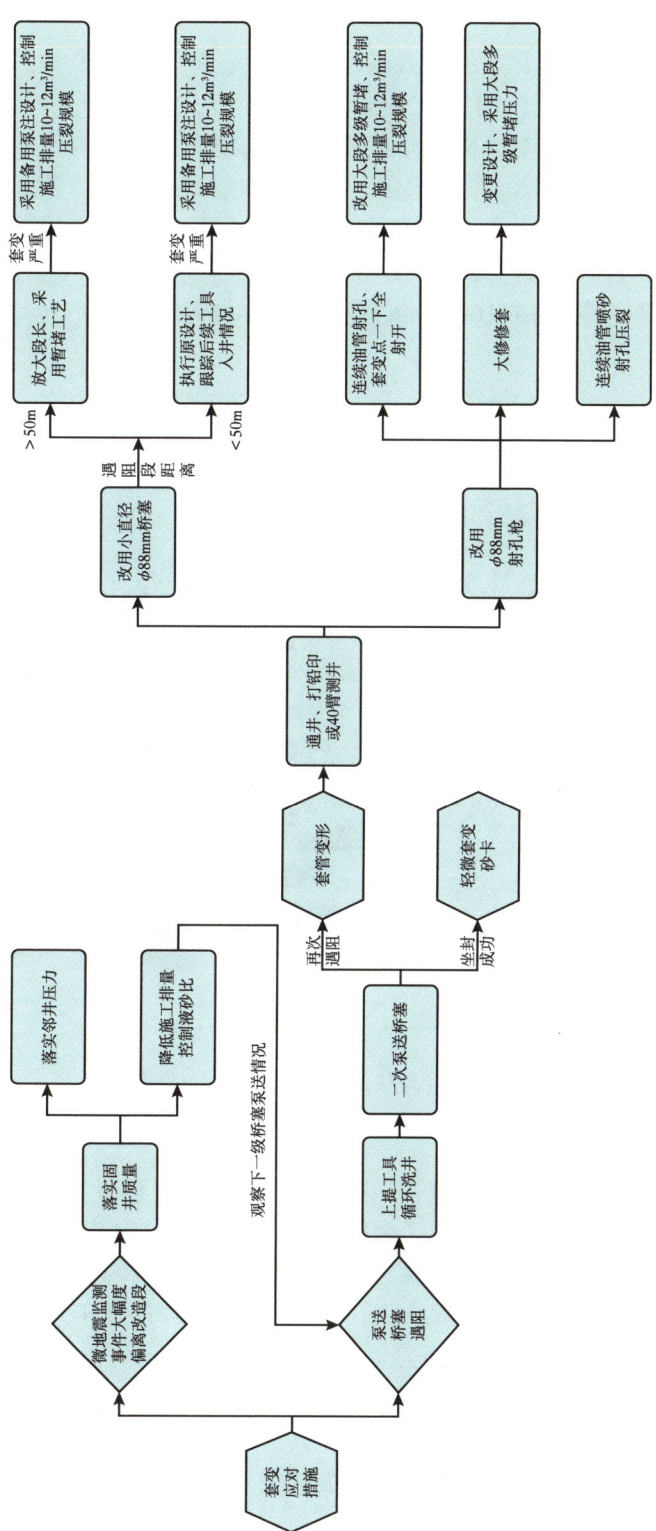

图 8-1-3 页岩油套变控制及应对策略图

（二）58号平台压裂施工概况

1. 平台布置

采用工厂化压裂方式，将压裂液的配置及压裂砂的输送等环节由站内搬往井场，将井场变为压裂作业工厂，实现供水、配液、输砂等作业流程井场内闭环，大大减少运输车次，减少作业人员，降低作业成本，提高作业效率。58号平台1号工作面与2号工作面各配备1组压裂施工设备，连续混配装置1套，集中供水管线至井场，规划支撑剂、化学品堆放区和射孔、桥塞下入操作区等。采用油、电混驱压裂工艺，如图8-1-4所示，1号工作面配备4台电驱+10台柴油驱压裂车，2号工作面配备6台电驱+6台柴油驱压裂车，可实现连续提升施工排量，满足14~16m³/min压裂施工排量需求。

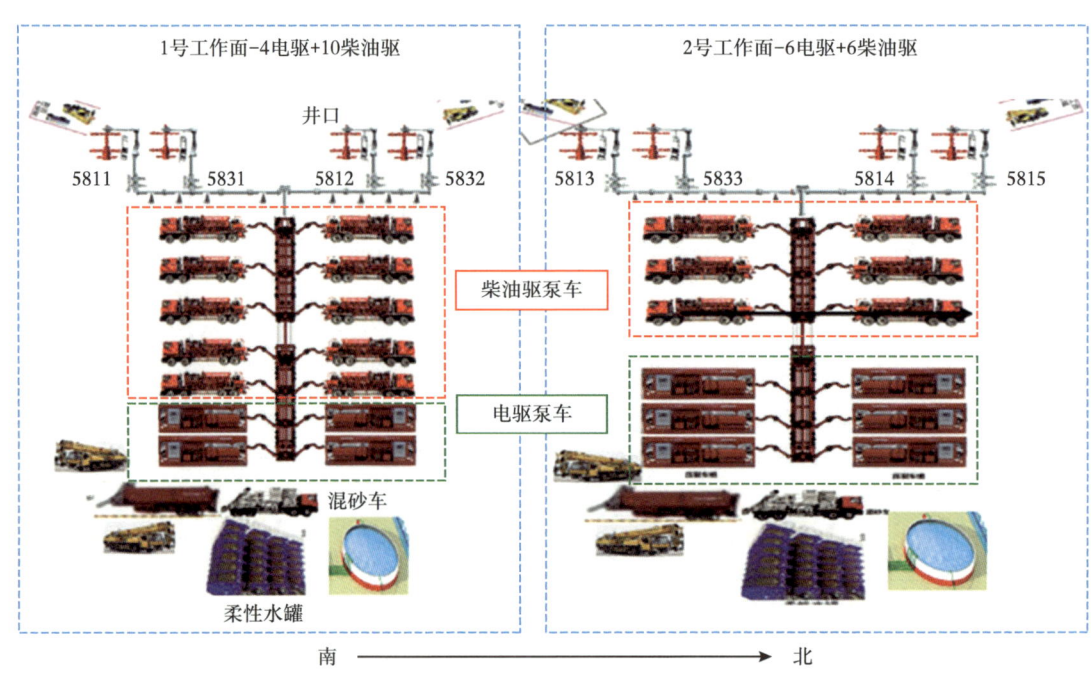

图8-1-4　58号平台8井工厂化压裂设备布置图

2. 施工效率

58号平台两个工作面采用拉链式压裂，设计平均8级/d，预计40d完成8口水平井压裂，现场实际施工周期50d，可划分为3个阶段（图8-1-5）。起步阶段（2021年3月8日至3月12日）：由于首次自主化建产，缺乏现场统筹协调经验，同时尚未摸清地层，导致阶段施工效率低，平均1.6级/d。摸索阶段（2021年3月14日至4月2日）：针对第一阶段中出现的各种问题，及时总结相关经验，制定相关调整措施，施工效率大幅度提高，最高施工级数8级/d，平均4.8级/d，较第一阶段施工效率提升2倍。成熟阶段（2021年4月3日至4月27日）：通过持续优化改进现场组织管理模式，降低无效等停时间，施工效率提至正常施工水平，单日最高施工级数13级，平均8.6级/d，较第二阶段施工效率提升0.8倍。

第八章 吉木萨尔页岩油开发实践效果评价

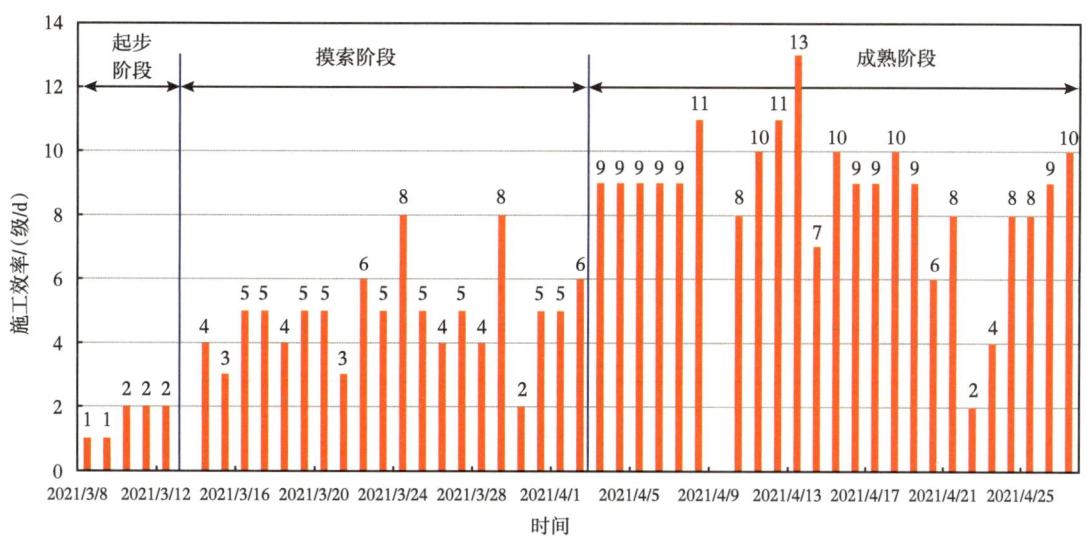

图 8-1-5　58 号平台压裂施工作业时效统计图

3. 设计符合率

58 号平台按设计段数完成施工，未发生套变，实现压裂零丢段的安全压裂指标，整体用时较计划多 10d（+25%），净液量较设计误差在 -4% 以内，用液强度较设计误差在 -3% 以内，加砂强度、总砂量与设计一致（图 8-1-6）。

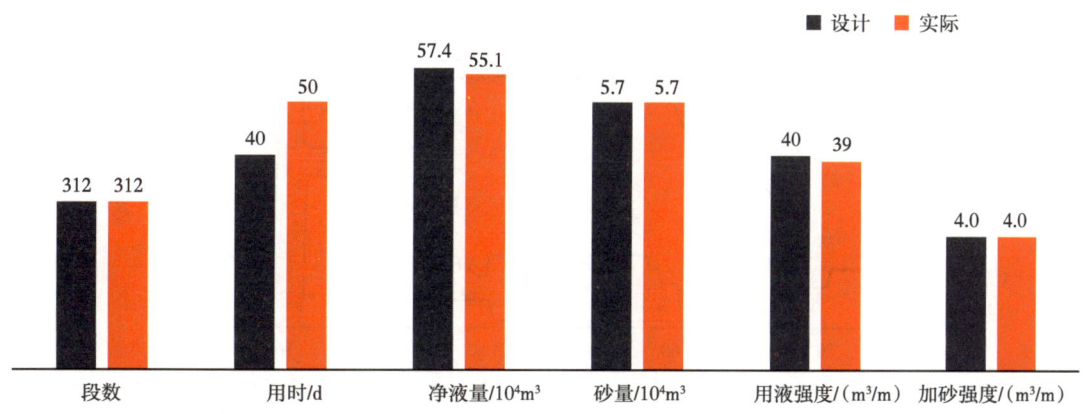

图 8-1-6　58 号平台实际参数与设计参数对比图

4. 压裂技术指标突破

首次实现下甜点 3500m 以深 16m^3/min 大排量施工。根据裂缝扩展机理研究成果，为了实现纵向裂缝扩展，通过泵注工艺优化，前置液阶段高黏液体用量由 80m^3 提升至 200m^3（图 8-1-7），强化起裂阶段的主缝扩展，减少近井筒裂缝的复杂性，为后续 16m^3/min 大排量加砂提供安全通道，解决了下甜点 3500m 以深地层施工压力高导致排量受限的技术难题。

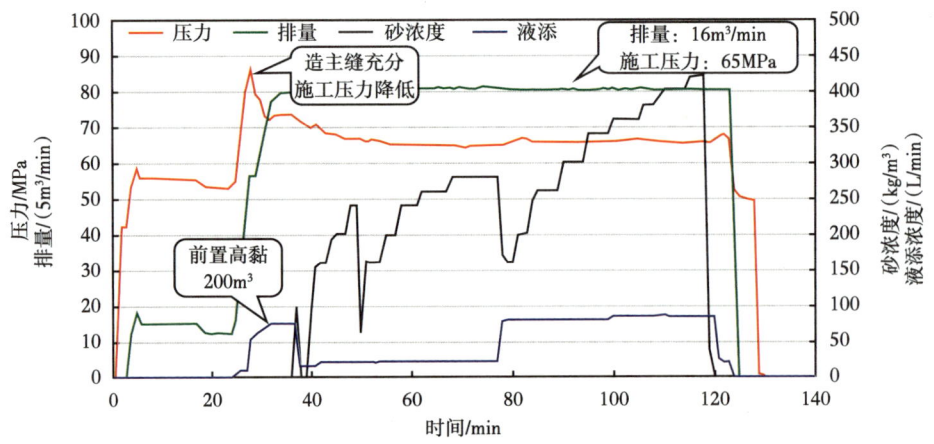

图 8-1-7　58 号平台 JHW05812 井第 24 级泵注曲线

滑溜水连续携砂工艺技术指标创新高。高黏滑溜水加砂阶段，施工压力对砂浓度不敏感。虽然砂浓度增加造成沿程摩阻升高，但携砂液密度也随之增加，静液柱压力增加，二者处于平衡状态。因此采用阶梯提升砂浓度的策略，实现砂浓度 420kg/m³ 的滑溜水连续携砂（30/50 目石英砂），液砂比由设计的 10m³/m³ 控减至 9.6m³/m³（图 8-1-8）。

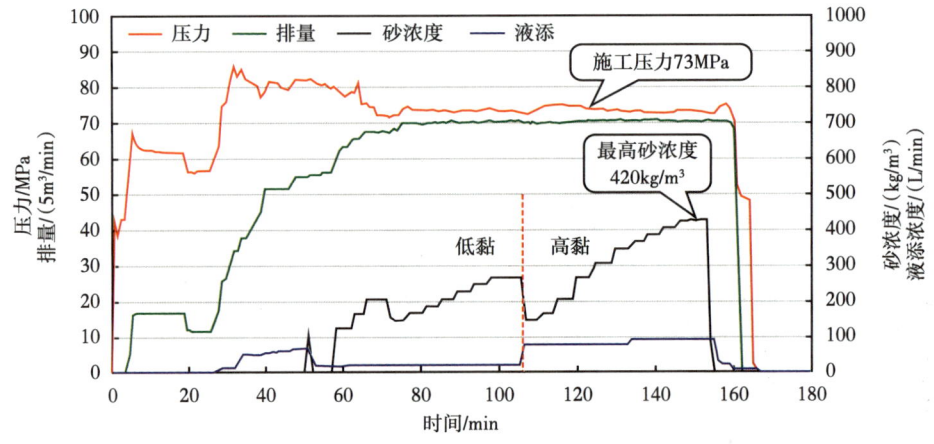

图 8-1-8　58 号平台 JHW05813 井第 8 级泵注曲线

二、大平台立体井网压裂效果评价与认识

（一）段内多簇均衡起裂效果

JHW05814 井鹰眼测试结果显示，可视冲蚀、测量冲蚀簇数分别占比 90%、100%（图 8-1-9）；通过对比段内各簇孔眼冲蚀直径的方差，采用段内暂堵的试验段方差更小，表明孔径更均衡，进一步提升了进砂均衡性（图 8-1-10）。

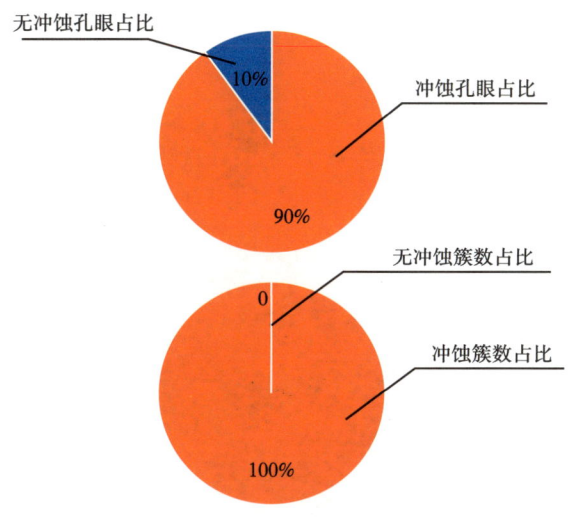

图 8-1-9　JHW05814 井鹰眼测试冲蚀孔数、簇数占比图

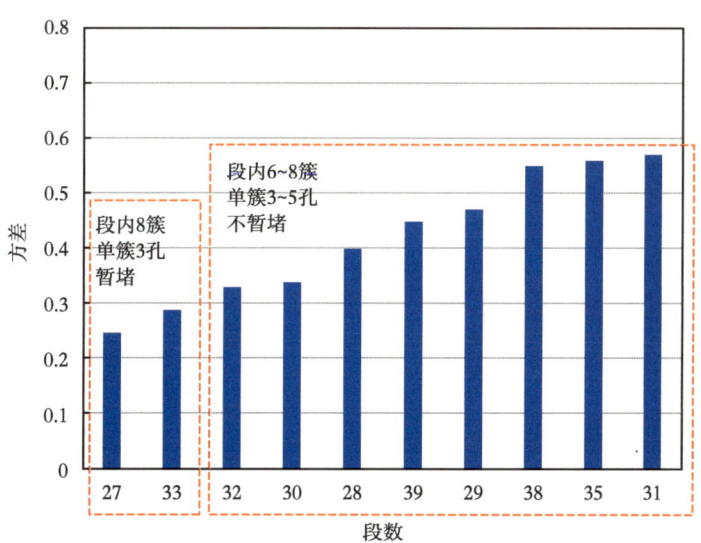

图 8-1-10　JHW05814 井段内各簇冲蚀面积方差分布图

（二）改造体积及裂缝复杂程度

1. 微地震监测评价

平台微地震监测结果如图 8-1-11 所示，整体缝网呈南北翼扩展，网络走向 140°~185°，与区域最大主应力方向一致。裂缝两翼延伸较均衡，以 JHW05813 井为例，北翼裂缝长度平均为 144m、南翼裂缝长度平均为 133m，井间地层完全改造且有部分交叉，部分压裂段扩展较远，波及到临井。平均缝网高度为 46.4m，纵向上实现了各层系沟通。裂缝网络宽度大于段距，主要表现为向上一段扩展（图 8-1-12），体现段内改造充分。

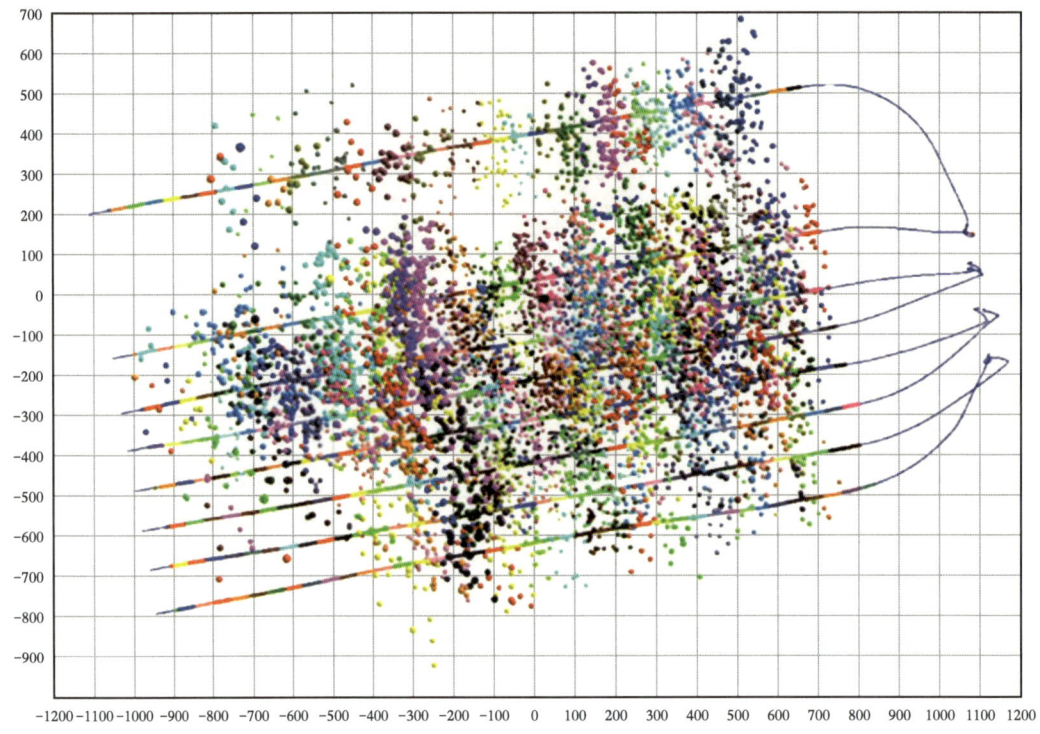

图 8-1-11　58 号平台微地震监测结果

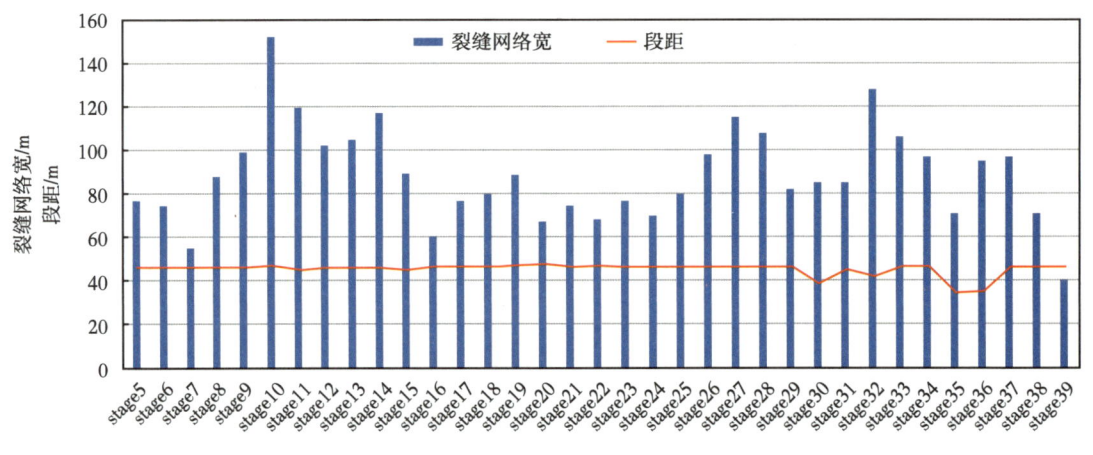

图 8-1-12　JHW05814 井微地震监测裂缝网络宽与段距对比图

2. 三维裂缝反演评价

基于天然裂缝模型、岩石力学模型、三维地应力场模型，采用平台井实际压裂施工数据，模拟 58 号平台立体井网压裂效果。受到天然裂缝（构造缝、层理缝）的影响，水力裂缝的扩展相对复杂（图 8-1-13）。平台井压裂裂缝半长主要分布在 70~120m，平均为 114m（图 8-1-14）；裂缝高主要分布在 20~30m，平均为 25m（图 8-1-15）。

第八章　吉木萨尔页岩油开发实践效果评价

图 8-1-13　58号平台三维裂缝反演结果图

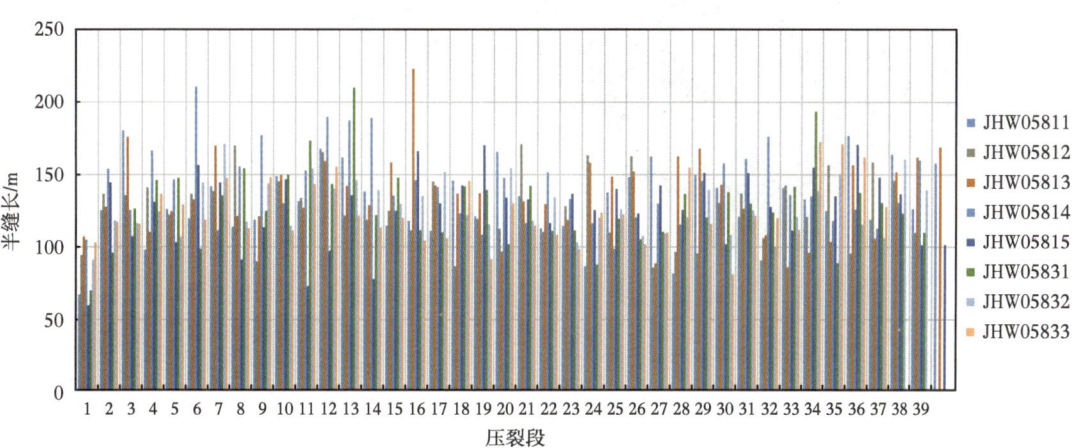

图 8-1-14　裂缝半长统计直方图

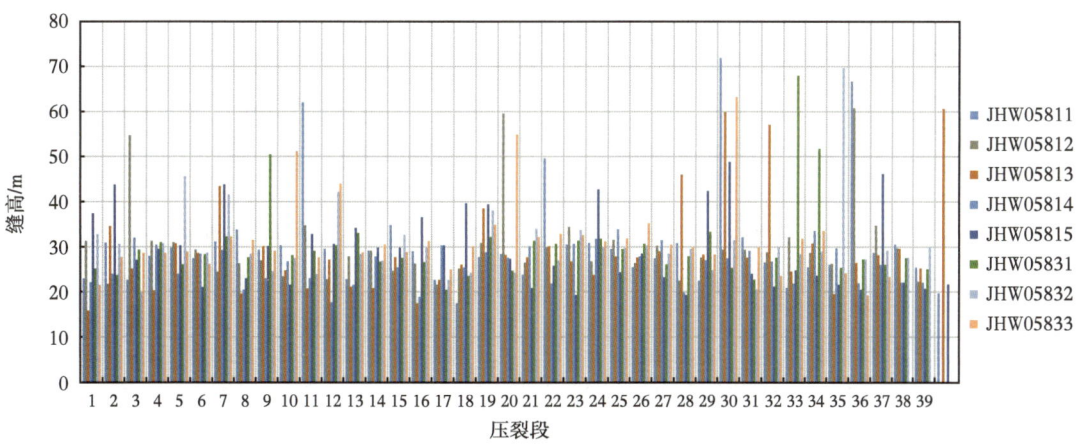

图 8-1-15　裂缝高度统计直方图

297

采用 Slab 容积法，平台井整体压裂改造体积为 $7.41×10^7m^3$，平台井总缝控储量为 $2.62×10^6m^3$（图 8-1-16）。

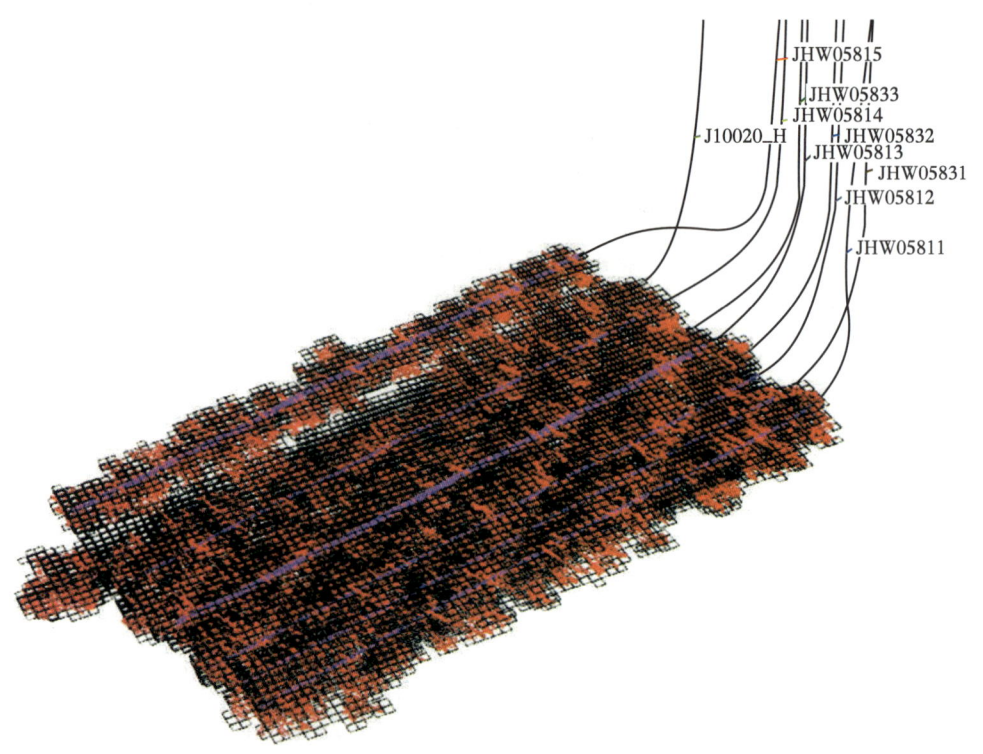

图 8-1-16　58 号平台压裂改造体积

（三）生产效果

与前期同层投产水平井相比，初期含油上升、含水下降快，整体产油能力相当（图 8-1-17），一年期累计产油接近 9000t。

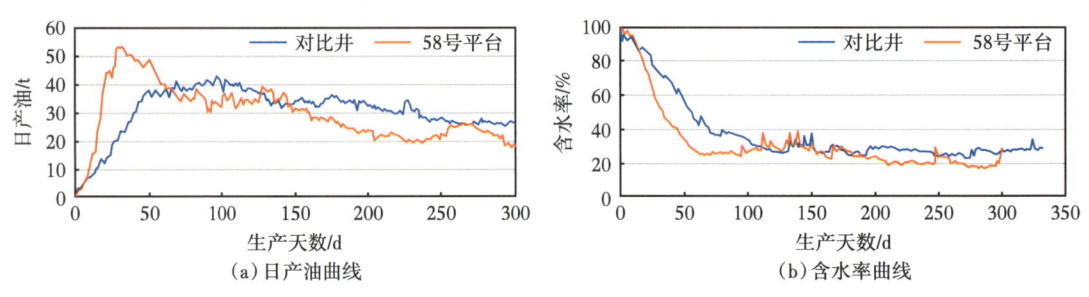

图 8-1-17　58 号平台生产效果图

根据前期投产水平井生产动态预测 EUR，其与井控储量有较好的正相关。58 号平台立体部署区 $p_2l_1^{2-2}$ 层 5 口井井距 100m，平均井控储量 $20.4×10^4t$，预测 EUR 为 $3.5×10^4t$，采收率为 17.2%（图 8-1-18）；在小井距条件下，采收率大幅度提升，但受成本制约。

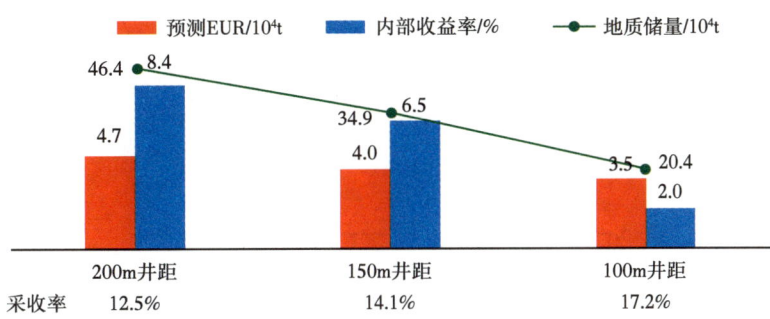

图 8-1-18　页岩油不同井距开发指标对比图

第二节　CO_2 前置蓄能压裂技术实践

吉木萨尔页岩油储层渗流能力差,无法通过注采方式实现能量补充,采用衰竭开采开发方式,但衰竭开采方式能量下降快,采收率低。根据 CO_2 前置蓄能压裂增产机理及工艺技术研究,并结合吉木萨尔页岩油储层的特征和实际情况,开展了页岩油规模应用 CO_2 全生命周期、全流程的可行性论证。2019 年首次在 J10043_H 井开展了 CO_2 前置蓄能压裂试验,并以 J10043_H 为例分析 CO_2 前置蓄能压裂技术的应用效果,为吉木萨尔页岩油 CO_2 前置蓄能压裂增产机理和规律认识提供了关键数据支撑。

一、CO_2 前置蓄能压裂试验

(一) J10043_H 井 CO_2 前置蓄能压裂设计

1. 基本数据

J10043_H 位于准噶尔盆地东部吉木萨尔凹陷二叠系芦草沟组,开发层位为 $P_2l_1^{2-2}$(图 8-2-1)。水平段长度为 1510m,油层钻遇率为 81.0%,其中 1 类油层厚度为 843.9m,2 类油层厚度为 211m,3 类油层厚度为 165.8m,油层孔隙度为 5.0%~29.9%,平均孔隙度为 11.04%,含油饱和度为 8.9%~99.9%,平均含油饱和度为 76.5%。

2. 压裂工艺参数

J10043_H 井在井段 3960.0~5428m 内共分 31 段 90 簇,有效改造段长 1433m,平均簇间距为 15.9m,单段 3 簇,平均段间距为 46.2m,加砂规模为 2900m³,加砂强度为 2.02m³/m。射孔工艺参数为 1.0m/簇,孔密为 16 孔/m。

压裂液采用滑溜水和低浓度有机硼瓜尔胶压裂液体系,滑溜水体系要求具有良好的降阻效果,满足大排量施工要求。滑溜水段塞阶段采用 70/140 目石英砂、40/70 目石英砂,主体加砂采用承压 69MPa 的 20/40 目陶粒,使天然裂缝及人工裂缝均可以得到有效支撑。滑溜水比例为 55%~65%,平均砂比为 16%~18%,施工排量为 12~14.0m³/min。

为进一步探索下甜点地下原油黏度较高区域的有效开发方式,在 CO_2 与原油、岩石相互作用机理研究的基础上,对 J10043_H 井的 CO_2 前置蓄能压裂工艺进行优化,该井地下原油黏度为 24~26mPa·s。

由数值模拟得到，在单段注入量超过 120 t 时，增油幅度变缓，设计单段注入量为 100~150t（图 8-2-1）。在设计总注入量不变的情况，模拟注入方式对增产量的影响（每段注入量 75t，为隔段注入的一半）和隔段注入模式（仅偶数段或奇数段注入，每段注入 150t），结果表明：隔段注入方式累计产油增幅仅低 7%（图 8-2-2）；考虑试验井 CO_2 实际供给能力和施工时效性，选用隔段注入模式。

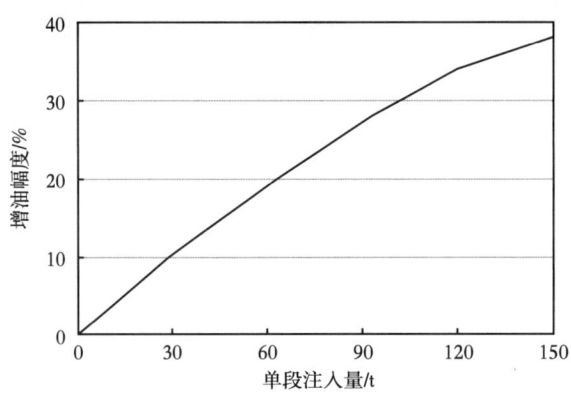

图 8-2-1 单段注入量和增油幅度相关性

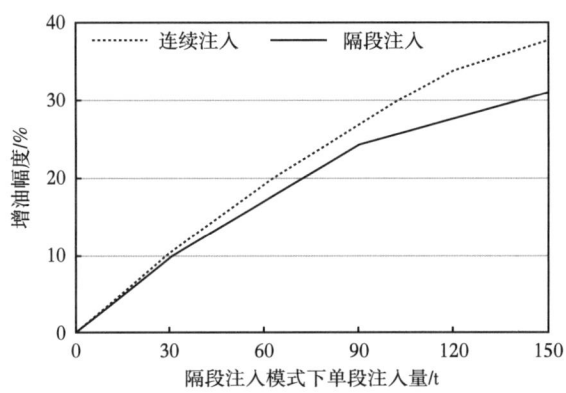

图 8-2-2 注入模式和增油幅度相关性

基于数值模拟结果，设计液态 CO_2 用量为 4330m³，采用隔段注入+单次注入 100~150t 的前置注入模式，单段 CO_2 注入量为 100m³、120m³、150m³ 三类，前置液态 CO_2 注入排量为 2.0~4.0m³/min。

（二）J10043_H 井压裂施工概况

1. J10043_H 井井场布置

CO_2 前置蓄能压裂工艺是在常规压裂的基础上，在实施常规加砂压裂前预先以 CO_2 作为压裂流体介质（地面为液态 CO_2）压开地层造缝后接常规压裂的工艺，采用水基段和 CO_2 注入段分离、顺序注入的方式进行施工，在高压流程管汇上通过三通连接 CO_2 注入端，CO_2 低排量注入，排量为 1~4m³/min。J10043_H 井 CO_2 前置蓄能压裂现场施工示意图如图 8-2-3 所示。

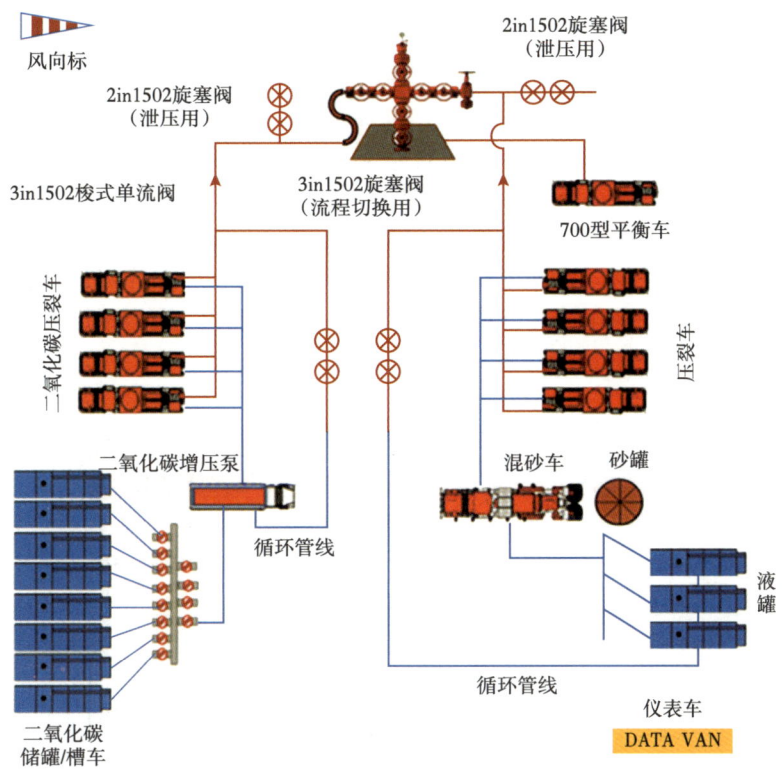

图 8-2-3　J10043_H 井 CO_2 前置蓄能压裂现场施工示意图

2. CO_2 前置蓄能压裂施工参数

2019 年 10 月 13 至 21 日，对 J10043_H 井进行分段压裂改造，共计改造 31 段，压裂共计用总液量 41292m³，前置酸 20.8m³（第 31 段），受供应量限制，实际使用前置液态 CO_2 2618.2m³，单级注入量如图 8-2-4 所示，加砂 2900m³（其中 70/140 目石英砂 290m³、40/70 目石英砂 290m³、20/40 目陶粒 2320m³）。

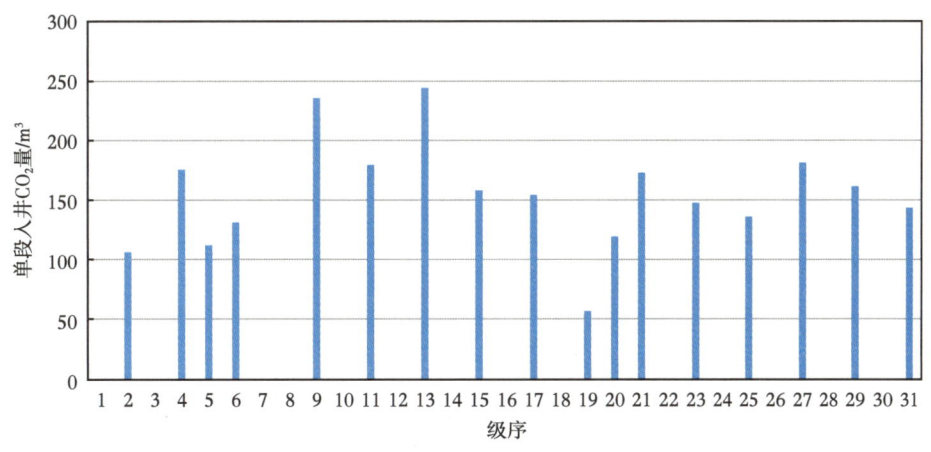

图 8-2-4　J10043_H 井 CO_2 前置蓄能压裂单级 CO_2 注入量

前置 CO_2 排量为 1~3m³/min，前置液排量为 5~14m³/min，施工压力为 66~82MPa；携砂液排量为 8~14m³/min；施工压力为 83~94MPa；施工破裂压力为 70~84MPa，平均为 79.4MPa；停泵压力为 43~49MPa，平均为 45MPa；砂比为 13.95%~16.09%，平均为 15.43%。

整个施工过程分为试压阶段、CO_2 前置蓄能压裂阶段和水基压裂液、携砂液注入阶段（图 8-2-5）。其中 CO_2 前置蓄能压裂阶段前期有明显压降瞬间，但降幅不大，同时整个注入阶段压力波动剧烈，但属于在某个值附近稳定波动，压力没有进一步憋起，后续甚至略有下降，表明 CO_2 打开了层理和天然裂缝并逐渐渗入储层中。作为对比，利用数模软件模拟无法压开地层时的压力变化情况，结果表明，随 CO_2 持续注入但地层无法压开时，将很快达到地层破裂压力并持续上涨，如图 8-2-6 所示。

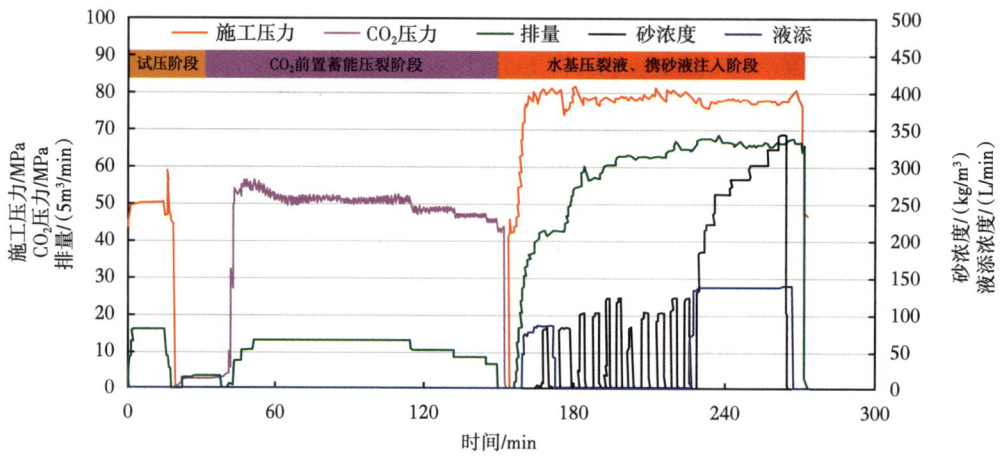

图 8-2-5 J10043_H 井第 13 级 CO_2 前置蓄能压裂施工曲线

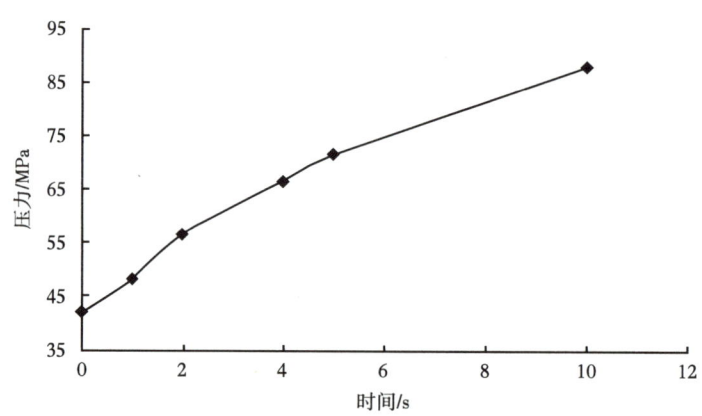

图 8-2-6 无法压开地层时压力持续上涨曲线

统计 J10043_H 井注入 CO_2 的压裂段（表 8-2-1），发现部分段可以观察到明显的起裂点，对应的排量普遍为 2.5m³/min。分析未能压开地层原因：一是排量低（1.5 或 2m³/min），

达不到 CO_2 压裂的破裂压力，只能打开层理、天然裂缝，后续即使提高排量也无法憋起更高压力；二是即使排量为 2.5m³/min，但层理、天然裂缝率先打开，此后压力无法憋起。

表 8-2-1　J10043_H 井 CO_2 压裂段排量及压裂情况统计

压裂段编号	排量/（m³/min）	是否压开
2	2	×
4	2.5	√
5	2	×
6	2	×
9	2.5	√
11	2.5	√
13	1.5	×
15	2	×
17	2	×
19	2.5	×
20	1.5	×
21	2.5	×
23	2.5	√
25	2.5	×
27	2	√
29	2	×
31	2	×

二、CO_2 前置蓄能压裂效果评价与认识

（一）压裂效果

选取部分停泵压降数据相对较完整的、有代表性的相邻井段进行常规和前置 CO_2 蓄能压裂工艺压裂后裂缝形态的对比分析，以论证前置 CO_2 对于裂缝形态的影响。

对压裂施工数据进行停泵压降测试的 G 函数分析，常规压裂（第 1 段）裂缝形态相对简单，以张性破裂单一缝为主（图 8-2-7）；而 CO_2 前置蓄能压裂工艺的压裂段（第 4 段）出现近井复杂状态，近井筒区域以张剪结合破裂机制的网状缝为主，G 函数叠加导数在后期的波动出现复杂和多裂缝特征（图 8-2-8），表明工艺因素对裂缝形态影响较大。

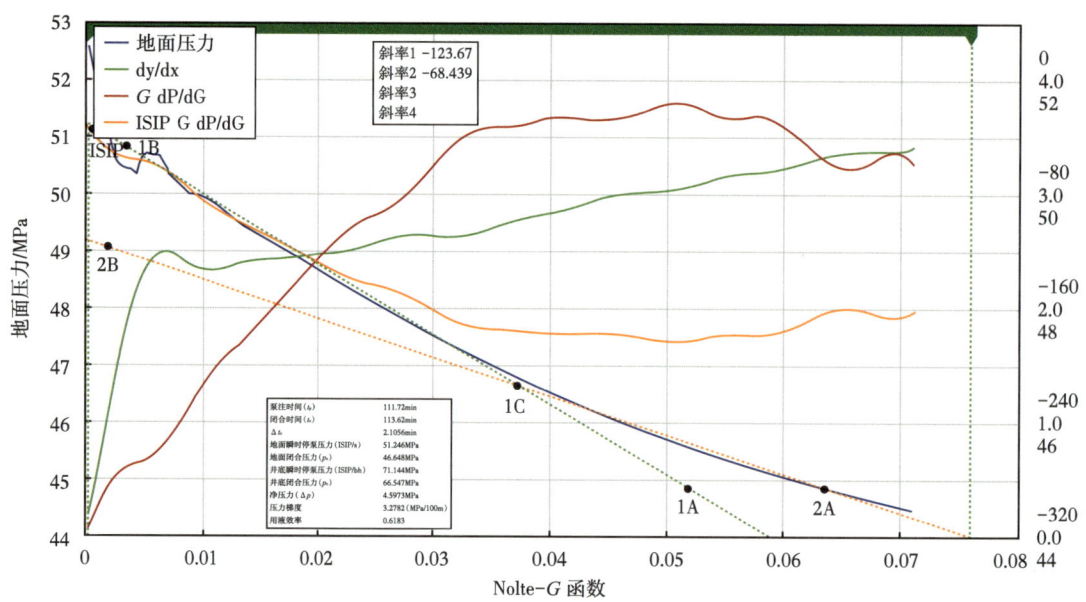

图 8-2-7　J10043_H 井第 1 段（常规压裂）停泵压降测试 G 函数分析曲线

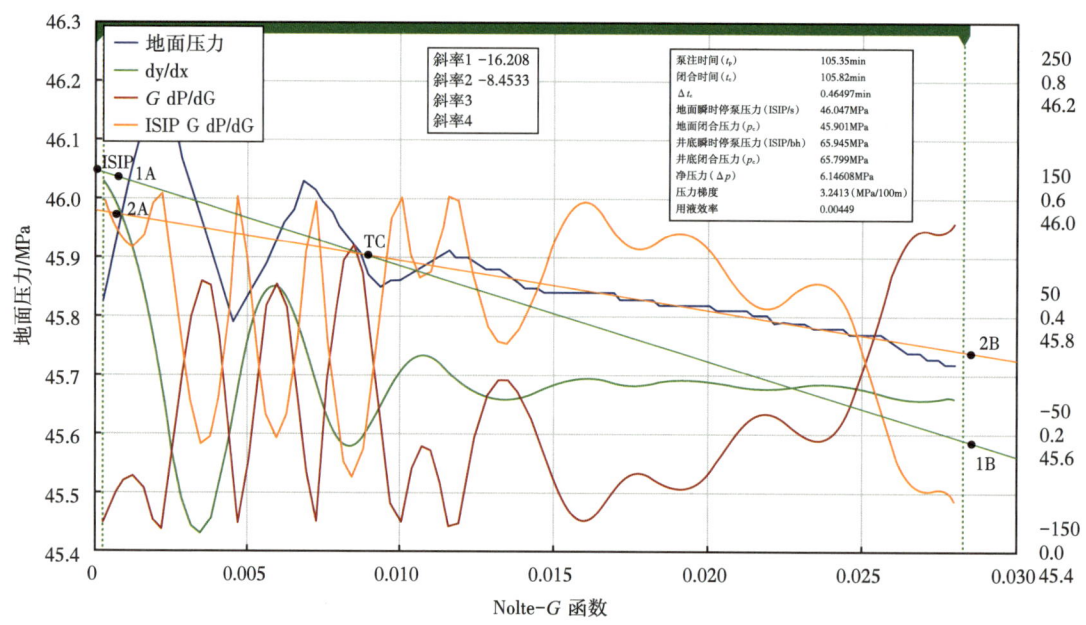

图 8-2-8　J10043_H 井第 4 段（CO_2 前置蓄能压裂）停泵压降测试 G 函数分析曲线

CO_2 前置蓄能压裂工艺的压裂段（第 21 段）（图 8-2-9）与常规压裂（第 18 段）（图 8-2-10）均出现一定的复杂程度，主要表现为近井筒区域张剪破裂的复杂网状缝特征，远井筒区域具有一定程度的剪切裂缝的复杂特征和多裂缝特征，表明地质因素对裂缝形态起主导作用。

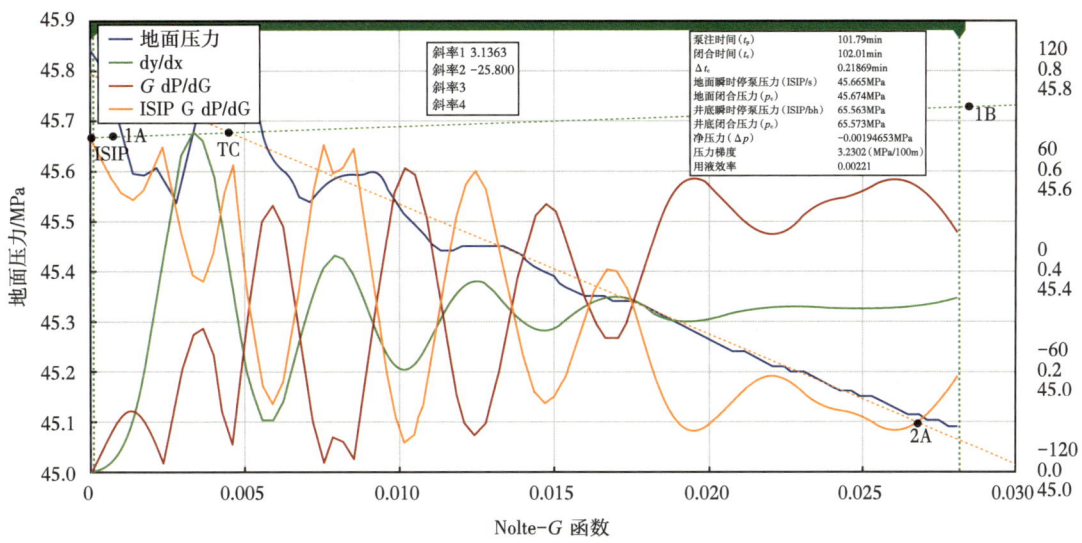

图 8-2-9 J10043_H 井第 18 段（常规压裂）停泵压降测试 G 函数分析曲线

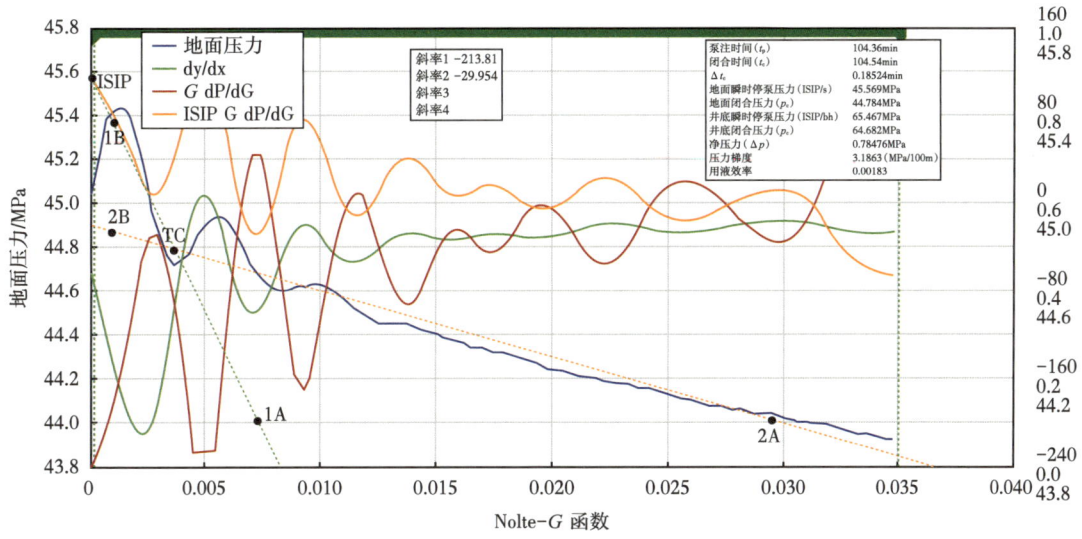

图 8-2-10 J10043_H 井第 21 段（CO_2 前置蓄能压裂）停泵压降测试 G 函数分析曲线

（二）生产效果

J10043_H 井自 2019 年 10 月 21 日压裂后，焖井至 11 月 22 日开井，开井压力为 26.3MPa，日产液为 24.1t，11 月 23 日见油，自 2019 年 12 月 13 日起，产油量连续增长，含水率明显下降。截至 2021 年 12 月 31 日，J10043_H 井累计产液 45059.3t，累计产油 29189.6t，累计产水 15869.7t，累计产气 343738m³，综合产水 23.83%，累计返排率为 36.93%。生产制度 2.0~3.5mm 油嘴，压力 26.8-3.1-11.7MPa。有效生产天数 749d，平均日产油 39.0t，平均日产水 21.2t，平均日产气 458.9m³。对比一年期生产效果，J10043_H 井累计产油较同层邻井平均提升 40%，井口油压递减速率减缓 30%。

CO_2 有降黏、混相、置换、溶蚀和提升裂缝复杂程度的多重作用，能够提升基质供液能力，J10043_H 井生产动态分析显示基质主导的线性流持续时间提升一倍（由 400d 延长到 800d）（图 8-2-11）。

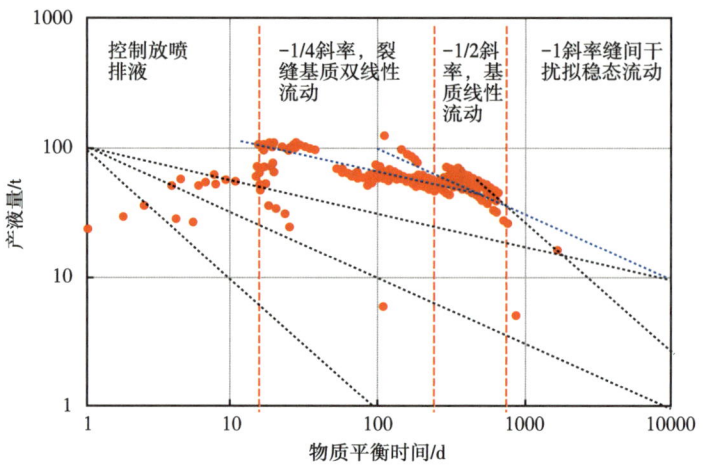

图 8-2-11　J10043_H 井生产数据 RTA 分析

参 考 文 献

何小东，李建民，王俊超，等，2021. 吉木萨尔凹陷页岩油高效改造理论认识、关键技术与现场实践 [J]. 新疆石油天然气，17（4）：28-35.

王俊超，李嘉成，陈希，等，2021. 准噶尔盆地吉木萨尔凹陷二叠系芦草沟组页岩油立体井网整体压裂设计技术研究与实践 [J]. 石油科技论坛，41（2）：62-68.